纺织科学与工程高新科技译丛

技术纺织品手册

技术纺织品应用

[英]A. 理查德 · 霍洛克(A. Richard Horrocks)
[英]苏巴什 · C. 阿南德(Subhash C. Anand) 编著
刘振东 译
王秀丽 校

中国纺织出版社有限公司

内 容 提 要

本书主要介绍纺织品在复合增强、防水透气、过滤、土工、保健与医疗、弹道防护、防刀割砍、隔热防火、个体防护、救生、交通运输、能源等众多广受关注的产业用纺织品领域的应用。全书由多位国际著名专家合作编著，内容翔实、见解独到。全书引用大量权威文献，既总结了相关领域的现状及存在的问题，同时也分析了发展的趋势及方向，对纺织及相关领域的教学、科研及工程技术人员具有一定的参考价值。

著作权合同登记号：01-2019-0559

图书在版编目(CIP)数据

技术纺织品手册：技术纺织品应用 / (英)A. 理查德·霍洛克(A. Richard Horrocks)，(英)苏巴什·C. 阿南德(Subhash C. Anand)编著；刘振东译. —北京：中国纺织出版社有限公司，2021. 1

(纺织科学与工程高新科技译丛)

书名原文：Handbook of Technical Textiles：Technical Textile Applications

ISBN 978-7-5180-6645-2

Ⅰ. ①技… Ⅱ. ①A… ②苏… ③刘… Ⅲ. ①功能性纺织品-手册 Ⅳ. ①TS1-62

中国版本图书馆 CIP 数据核字(2019)第 190152 号

责任编辑：朱利锋　　责任校对：王花妮　　责任印制：何　建

中国纺织出版社有限公司出版发行

地址：北京市朝阳区百子湾东里 A407 号楼　邮政编码：100124

销售电话：010—67004422　传真：010—87155801

http://www.c-textilep.com

中国纺织出版社天猫旗舰店

官方微博 http://weibo.com/2119887771

北京云浩印刷有限责任公司印刷　　各地新华书店经销

2021 年 1 月第 1 版第 1 次印刷

开本：710×1000　1/16　印张：27.5

字数：408 千字　定价：168.00 元

凡购本书，如有缺页、倒页、脱页，由本社图书营销中心调换

原书名：Handbook of technical textiles *Volume 2*：Technical Textile Applications *Second edition*
原作者：*A. Richard Horrocks*，*Subhash C. Anand*
原 ISBN：978-1-78242-465-9

技术纺织品应用（刘振东　译）
ISBN：978-7-5180-6645-2

注意

本书涉及领域的知识和实践标准在不断变化。新的研究和经验拓展我们的理解，因此须对研究方法、专业实践或医疗方法作出调整。从业者和研究人员必须始终依靠自身经验和知识来评估和使用本书中提到的所有信息、方法、化合物或本书中描述的实验。在使用这些信息或方法时，他们应注意自身和他人的安全，包括注意他们负有专业责任的当事人的安全。在法律允许的最大范围内，爱思唯尔、译文的原文作者、原文编辑及原文内容提供者均不对因产品责任、疏忽或其他人身或财产伤害及/或损失承担责任，亦不对由于使用或操作文中提到的方法、产品、说明或思想而导致的人身或财产伤害及/或损失承担责任。

译者序

本书介绍了纺织品增强复合材料,防水透气织物,过滤用纺织品,土木工程中的土工织物,保健与医疗用纺织品,弹道防护技术纺织品,防刀割砍的技术纺织品,用于隔热防火的技术纤维,用于个人热防护的技术纺织品,救生技术纺织品,交通运输中的技术纺织品(陆地、海上和空中),能源采集和储存纺织品,缆绳、绳索、合股线和织带等最新研究进展及发展趋势。内容涉及范围广,资料全面系统,为读者进一步研究提供了有益的借鉴,适用于纺织及相关行业高校教师、科技工作者和研究生学习参考。

中国是一个具有国际影响力的纺织大国,在过去的数十年中取得了长足的发展,在很多方面都可以说是"世界第一"。然而,我们也应该看到,我们所拥有的很多"第一"大多还是技术含量低、劳动力成本低的劳动密集型产品,虽然近年来有所改进,但距离真正的纺织强国还有很长的路要走。当今世界,愈发重视知识产权的保护,产品竞争力的技术依赖度更高,原创性的知识创新以及不可替代的应用效果是高效益的前提。中国纺织出版社有限公司组织各领域专家、学者引进一批代表当今国际前沿水平的最新图书,通过翻译后介绍给国内的读者,是非常具有远见的,必将对中国的纺织行业产生积极的促进作用。当前,要开发一种完全不同于已有结构、满足特定应用要求的技术纺织品,是非常困难的。为此,在已有纤维、织物的产品库里,通过适当方法进行改性或整理,是一种更加可行的方法,这与本书中某些作者的观点是一致的。

在本书翻译过程中,研究生籍鹭鹏(1~7章)、秦阳(8~13章)做了大量基础性的翻译工作,还有多位老师也提出了很多具体的指导意见和建议,在此一并表示衷心的感谢。

由于译者水平有限,经验不足,难免会出现各种错误,恳请读者批评指正。

刘振东

2020年8月

目　　录

1 纺织品增强复合材料

S. L. Ogin[1] *and P. Potluri*[2]

[1]*萨里大学,英国吉尔福德*

[2]*曼彻斯特大学,英国曼彻斯特*

1.1 复合材料

纺织品增强复合材料(TRCMs)是常规工程材料的一部分。从宏观角度讲,将复合材料定义为具有两种及以上组分的材料,因此可以选择组分的分布和几何结构来优化材料的一种或多种性能。纺织品增强复合材料有一个被称为基体的相,被一种纤维增强物增强。

一般来说,纺织品增强复合材料可用的纤维和基体组合与一般复合材料的组合一样多。除了材料选择广,还需要考虑加工路线的附加因素,就是在材料自身被加工的同时赋予产品价值。复合材料的这一特性与其他工程材料(金属、陶瓷、聚合物)形成了鲜明的对比,工程材料通常是先得到这种材料(如钢板),然后再加工成所需的形状。

复合材料的种类很多。增强材料包括S-玻璃、R-玻璃、各种碳纤维、硼纤维、陶瓷纤维(如氧化铝、碳化硅)和芳纶,而且增强材料的形式可以是长纤维(或连续纤维)、短纤维、圆盘或平板、球体或椭球体。基体包括多种聚合物(环氧树脂、聚酯、尼龙等)、金属(铝合金、镁合金、钛等)和陶瓷(碳化硅、玻璃陶瓷等)。加工方法包括手工铺叠、高压釜、树脂转移模塑(RTM)、聚合物基体注射模塑、金属挤压铸造和粉末冶金路线、化学气相渗透、陶瓷预浸路线。对复合材料感兴趣的读者可查阅参考文献[1-2]。

复合材料市场大致可以分为两类:E-玻璃纤维增强不饱和聚酯树脂(占复合材料的大部分)的增强塑料和利用高级纤维(碳纤维、硼纤维、芳纶、SiC 陶瓷纤维等)、高级基体(如高温聚合物基体、金属或陶瓷基体)或先进的设计和加工技术制造的高级复合材料。根据生产纺织增强材料所需的制造技术,纺织复合材料显然是“高级复合材料”。本章主要讨论织物增强的聚合物基体,而且以纺织品增强陶瓷基体的陶瓷纤维也是可能实现的[3-4]。

1.2 纺织品增强复合材料

1.2.1 简介

纺织品增强复合材料已经在工程应用中低调、相对低成本地使用了多年(例如用于扫雷舰的机织玻璃纤维增强的聚合物外壳)。纺织增强材料除了有可能取代金属在一系列新的应用领域发挥作用外,还面临着与相对成熟的、更传统的预浸和高压釜制造方法的复合材料技术的竞争。这是因为 TRCMs 具有降低制造成本和提升可加工性能的潜力,并且具有足够的力学性能,或者在某些情况下改善了力学性能。在 2010 年,全球复合材料生产的主要经济体分别为欧洲(约占全球产量的 20%)、美国(约占 22%)和中国(约占 28%),世界其他经济体约占 29%[5]。在这些市场中,使用不同类型的基于纺织品的复合材料在持续增长。因此,在 21 世纪初期的 20 年里,参加复合材料会议的代表人数迅速增加,还有专门的纺织品增强的复合材料会议(如 TEXCOMP 系列)。

现有的纺织材料增强方法(编织、机织、针织、缝合)中,有很多被认为是成熟的应用。如无卷曲(碳纤维)织物用于制造 A380 后压力舱壁,其质量为 240kg,长 6.2m,宽 5.5m,深 1.6m,属于大型结构件;较小尺寸的增强材料如编织碳纤维经常被用于高性能自行车框架。

对于结构应用,通常首先考虑的性能是刚度、强度和抗损伤/裂纹增长的能力。Ramakrishna 用示意图(图 1.1)说明了到 20 世纪末为止开发的纺织品的范围[6],从那时起,由碳纤维、玻璃纤维或芳纶提供的全厚度增强的三维编织织物的应用研究有了显著的进展。在讨论纺织品增强复合材料之前,有必要了解更为传统的连续纤维增强的层压复合材料的力学性能指标。

1.2.2 增强复合材料的基本力学性能

1.2.2.1 由连续单向纤维制成的复合材料

各向同性材料有效的宏观弹性应力—应变关系不适用于复合材料,除了极为

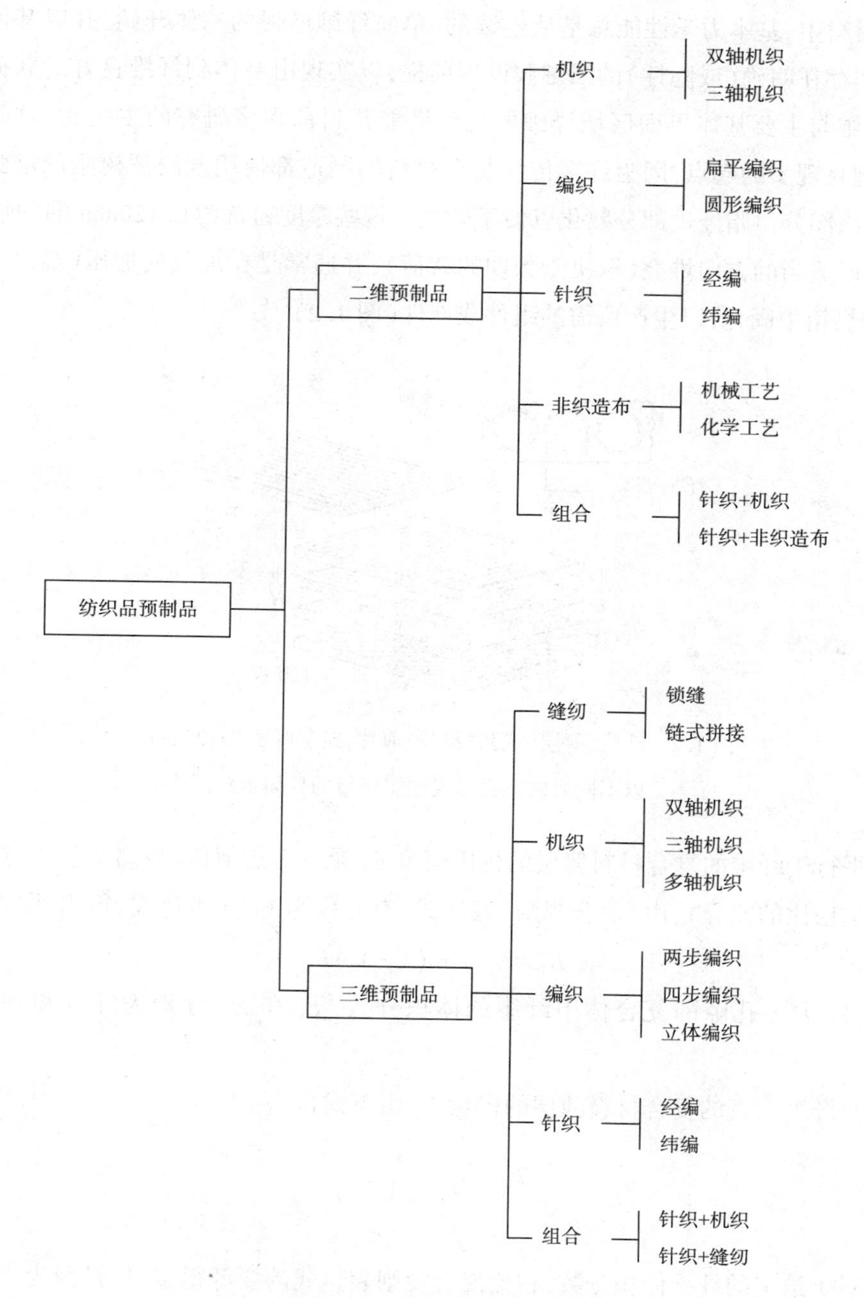

图 1.1 正在开发的复合材料纺织技术[6]

罕见情况下专门设计的各向同性(例如平面内加载的准各向同性层压板)或材料微观结构(如薄片中垂直于纤维方向的平面上的横向各向同性)的自然结果。在复合材料中,基本力学性能总是从连续的、单向纤维增强的基体开始,并以基体与纤维间存在明确(或隐性)的强键假设为前提,以实现由基体到纤维良好的载荷传递(纤维与主要基体界面区域详细的化学性能是目前很多研究的主题)。这是一个合理且现实的起点,因为许多传统复合材料的制造都使用预浸渍树脂的增强纤维片,该部分树脂经过部分熟化以便于处理。这些厚度通常约 0.125mm 的"预浸"板片,以适当的方向堆叠(取决于预期的载荷),并通常是在加载或加压(高压釜处理)的烘箱中固化,以生产所需的组件或部件(图 1.2)[7]。

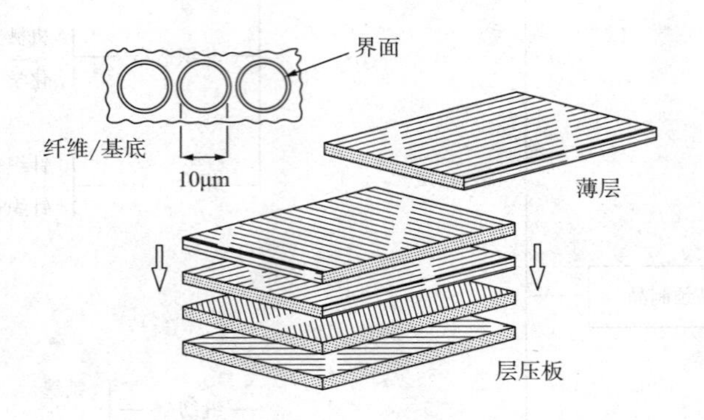

图 1.2　纤维、薄层(或预浸材料薄片,典型厚度 0.125mm)以不同取向堆叠形成的层压板的界面示意图[7]

平行于纤维的复合材料薄层的杨氏模量 E_1 是一个近似值(忽略了基体与纤维之间泊松比的差异),由"混合规则"表达式(有时称为 Voigt 表达式)得出,即:

$$E_1 = E_f V_f + (1 - V_f) E_m \tag{1.1}$$

式中,V_f 为无孔隙的复合体中纤维的体积分数,E_f 和 E_m 分别为纤维和基体的模量。

与纤维垂直的复合材料薄层的模量 E_2 由下式得出:

$$E_2 = \frac{1}{\dfrac{V_f}{E_f} + \dfrac{1 - V_f}{E_m}} \tag{1.2}$$

对于给定的纤维体积分数,它比混合规则表达式的要低得多,这是因为纵向模量为纤维主导,而横向模量为基体主导。

复合薄层的纵向强度也通过混合规则表达式的合理近似来描述,尽管其精确形式取决于基体或纤维哪个的应变破坏更大。例如,如果基体的应变破坏更大,并

且纤维的体积分数在典型的工程复合材料范围内(即10%~70%),复合强度 σ_c 大致由下式计算:

$$\sigma_c = \sigma_{fu} V_f \tag{1.3}$$

式中,σ_{fu} 为纤维强度。

层压复合材料通常是将薄片与不同取向的纤维相结合。为了预测层压板的性能,需要以应力—应变关系来压缩与纤维方向成角度 θ 的层压板,并以面内弯曲状态施加压力。层压复合材料的力学性能已有很好的发展,许多教科书都涉及这一主题[1,8-9]。例如,压力方向与纤维方向为角度 θ 的板层的模量 E_x 表示为:

$$\frac{1}{E_x} = \frac{1}{E_1}\cos^4\theta + \left(\frac{1}{G_{12}} - \frac{2\nu_{12}}{E_1}\right)\sin^2\theta\cos^2\theta + \frac{1}{E_2}\cos^4\theta \tag{1.4}$$

式中,E_1 和 E_2 如前式所定义,ν_{12} 是薄板的主要泊松比(一般为0.3),G_{12} 是薄板的面内剪切模量。

不同于需要两个弹性常数来定义弹性应力—应变关系的各向同性材料,复合薄板(它是一种正交的各向异性材料,即具有三个相互垂直的材料对称面)的各向异性需要知道四个弹性常数才能预测其面内行为。层压板的应力—应变关系可以利用层压板理论(LPT)预测,该理论以适当的方式对每层的面内和面外载荷的贡献求和,层压板理论与由连续单向预浸层(UD)制成的所有类型复合材料实测的层压弹性吻合度很好。另外,除了一些简单的情况以外,预测层压板强度的可靠性要低得多,这仍然是正在进行的研究课题。复合材料结构通常设计成低于结构中第一类可见损伤开始时的应变(即0.3%~0.4%的设计应变),因此缺乏准确预测极限强度的能力并不是缺点。

层压板中的层板取向是参考特定的加载方向,通常将其视为最大载荷施加的方向,该方向通常与纤维方向保持一致以维持最大载荷,这也被定义为0°方向。设计中通常用平衡、对称的层压板,平衡层压板是指其中+θ 和-θ 层数相等的层压板,对称层压板是指相对于层压板的中平面而言在几何形状和性能上是对称的。因此,一种堆叠顺序为0/90/+45/-45/-45/+45/90/0的层压板,写为(0/90/±45),是既平衡又对称的。平衡、对称的层压板响应简单;相反地,非平衡、非对称的层压板对简单的轴向载荷通常会有剪切、弯曲和扭曲。

1.2.2.2 纺织增强材料复合模量概述

用于连续单向纤维增强复合材料的最简单的层压结构之一是交叉铺层层压材

料,例如$(0/90)_s$,即0/90/90/0。对于这样的层压板,0°和90°方向的杨氏模量E_x和E_y是相等的,是E_1和E_2的平均值。

Yang和Chou[10]以示意图的形式显示了一系列纤维架构的碳纤维增强环氧树脂层压板,在具有相同纤维体积分数(60%)的情况下E_x和E_y的变化(图1.3),该图为讨论纤维增强复合材料提供了一个很好的起点。交叉铺层复合材料的E_x和E_y模量约为75GPa,而在八枚缎纹和平纹的双轴织法中,模量分别下降到58GPa和50GPa左右。这些下降反映了交错编织结构中的卷曲,在平纹组织中单位长度的卷曲越多,模量越低。三轴织物具有以60°角交错的三组纱线,其行为类似于一个$(0/\pm60)_s$铺设层压物。这种结构对于面内荷载是准各向同性的,也就是说,它对于层压板平面上的所有方向具有相同的杨氏模量。三轴织物的E_x和E_y值进一步降低到42GPa左右,但这种织物的面内剪切模量(图中没有显示)高于双轴织物。还显示了多轴经编织物(或多层多向经编织物)增强复合材料的预期性能范围处于三轴织物和交叉铺层层压板之间(至少对于模量E_x),这取决于精确的几何

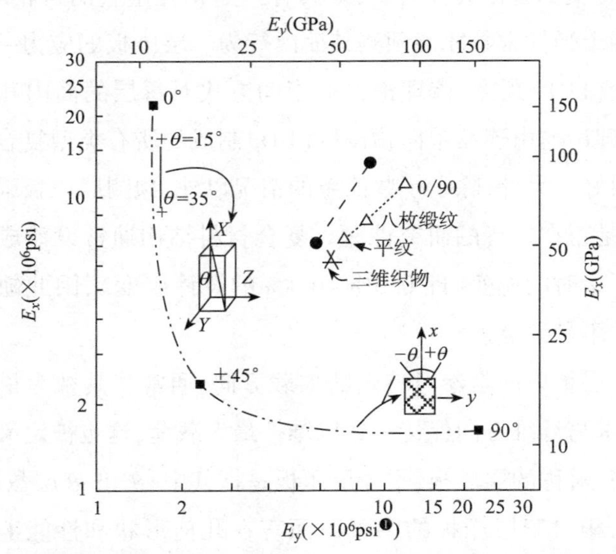

图1.3 一系列相同纤维体积分数(60%)的增强结构的预测模量E_x和E_y;$\pm\theta$角度层($\theta=0°\pm45°/90°$)、交叉层(0/90)、八枚缎纹、平纹、三维机织物,编织($\theta=35°\sim15°$)和多轴经编织物(·—·)[10]

❶ 1psi=6895Pa。

形状。这里经纱、纬纱和斜纱(通常±45°)由透过厚度的链或经编纱缝合在一起。最后,三维编织复合材料呈现的编织角在15°~35°。这种类型的纤维结构具有很大的各向异性的弹性,呈现为非常高的E_x模量(纤维主导)和低的E_y模量(基体主导)。

1.3 机织物增强复合材料

1.3.1 简介

机织物以两种或多种纱线系统交织为特征,是目前应用最广泛的纺织品增强材料,以玻璃纤维、碳纤维和芳纶增强的机织复合材料被广泛应用,包括航空航天(图1.4)。机织物增强材料在经向和纬向上表现出良好的稳定性,并且提供相对于织物厚度而言更高的覆盖或纱线堆积密度[12]。相对于玻璃纤维,由于碳纤维和芳纶具有更高的刚度,因此比玻璃纤维具有更广的应用。到20世纪80年代初,预浸材料生产商已能够提供非织造材料用户所熟悉的预浸机织物[13]。三维机织面料是人们越来越感兴趣的机织面料。

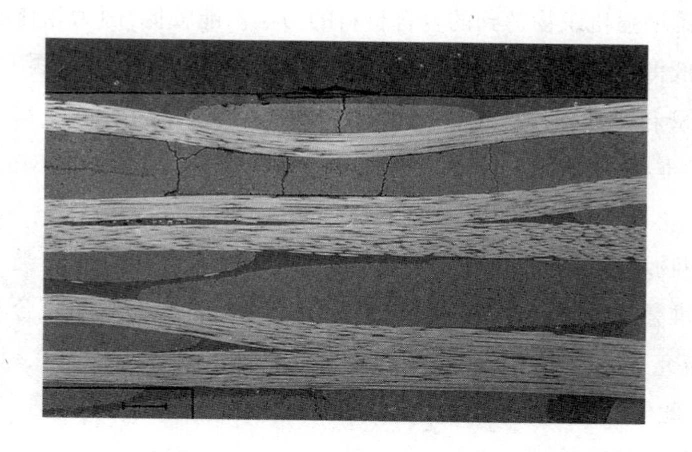

图1.4 在抛光边缘层观察八枚机织CFRP层压板的光学显微镜照片,显示了基体裂纹和相关层分离形式的损伤,比例尺是200μm[11]

与对应的非织造布相比,机织物有许多优良的特性。具有很好的悬垂性,可以形成没有缝隙的复杂形状。由于单一的二维织物取代了两个非织造布层,使得生产成本降低,而且易于操作,更容易实现自动化。与非织造复合材料相比,机织物复合材料表现出更高的抗冲击损伤性能,而且冲击后抗压强度显著提高。然而,获得这些优点的代价是刚度和强度与等效的非织造复合材料相比要低。

1.3.2 力学行为

1.3.2.1 力学性能

Bishop 和 Curtis[14]是将机织物在航空航天应用的潜在优势展示出来的开创者。他们发现,将五枚机织物(3k 丝束,意味着每束 3000 根碳纤维)与等效的非织造碳纤维/环氧树脂层压板进行比较,双轴(0/90)机织层压板的模量与非织造交叉层压板相比略有降低(分别为 50GPa 和 60GPa)。在施加 7J 的冲击力后,其抗压强度增加 30%以上,其他人也发现了类似的结果。例如,Raju 等[15]发现碳/环氧树脂层压板的模量从八枚缎纹(73GPa)下降到五枚缎纹(69GPa)再到平纹(63GPa),这些结果与图 1.3 所示的模量变化一致。机织复合材料的拉伸强度也略低于非织造等效物,例如,Bishop 和 Curtis[14]发现其与 UD 等效层压板相比,拉伸强度降低了 23%。如前所述,三维机织物复合材料会进一步减弱纵向性能。Fujita 等[16]引用的三轴机织碳/环氧树脂层压板的杨氏模量和抗拉强度分别为 30GPa 和 500MPa。

玻璃纤维增强机织物得到的复合材料的力学性能较低,因为相比碳纤维,玻璃纤维的模量低得多。例如,Amijima 等[17]报道了平纹玻璃纤维/聚酯($V_f=33\%$)织物的杨氏模量和拉伸强度值分别为 17GPa 和 233MPa,而 Boniface 等[18]发现八枚缎纹玻璃纤维/环氧树脂复合材料的这两个参数分别为 19GPa 和 319MPa($V_f=37\%$)。

显然,织物增强复合材料的力学性能主要取决于所使用纤维的类型、织造参数以及各层的堆叠和取向。但是,还有另外一些细微之处也会影响复合材料的性能。例如,一些研究人员已经注意到轻微改变力学性能的因素有纱线在织造前是否经过加捻[19]。此外,由加捻或无捻纱线增强制成的层压材料中,在静态和循环载荷下的损伤累积是不同的[20]。

1.3.2.2 损伤累积

机织复合材料在拉伸载荷下的损伤特征是,在远高于 0.3%~0.4%的应变下,离轴丝束会发生基体开裂。大多数的损伤研究都考虑了经向加载的双轴织物,裂纹由纬纱束中开始,而且随着载荷(或应变)的增大,裂纹密度增加。详细的裂纹形态取决于丝束是加捻还是未加捻的,加捻的丝束导致碎裂的基体开裂,无捻的丝束导致的基体开裂与交错铺层层压板产生的90°方向开裂极为相似[20,21]。随着复合材料裂纹的累积,其杨氏模量逐渐降低。在碳纤维机织物系统中,基体开裂会导致相邻丝束中的卷曲区域产生显著层离,从而进一步降低其力学性能[11]。

1.3.3 机织物复合材料分析

大部分机织物复合材料的封闭式分析在很大程度上依赖于层压板理论,数值方法依赖于有限元法(FEM)。在20世纪80年代初,Chou,Ishikawa及合作者发表的一系列论文中[22],提出了三种模型来评价机织物复合材料的热力学性能。镶嵌模型将机织物复合材料视为不对称交叉铺层层压板的组合,不考虑纤维的连续性和波动。纤维波动模型考虑了这些复杂性,通过观察卷曲区域的一个切片,并借助LPT对性能进行平均,该模型特别适用于平纹和斜纹织物复合材料。对于五枚和八枚缎纹织物,纤维波动模型被扩展到桥接模型中,Naik及合作者(例如Naik和shembedkar[19])已经将这些本质上为一维的模型扩展到了二维。

有限元法是一种强大的工具,它利用计算机可以非常快速地求解复杂基体。当应用于分析纺织复合材料时,该过程包括将复合材料分割成在节点处相互连接的若干单元。如果已知单个单元的应力—应变特征,就可利用FEM来评估应力场和整个结构对形变的宏观响应。FEM的难点在于,理想情况下,即使是对于增强结构中的微小变化,也需要重新计算。对于机织物增强材料,特别是相邻层在制造过程中有很大横向移动自由度,需要谨慎对待结果。用这种方法来研究机织物复合材料中应力和应变能密度分布的例子可以在Glaessgen和Griffin[23]以及Woo和whitcomb[24]的论文中找到。Le Page等[25]试图模拟层移对性能的影响,包括裂纹引发;也可以找到损伤效应的封闭式模型(例如Gao等[26]);Lomov等[27]讨论了与机织物相关的纺织复合材料的建模策略。

1.4 编织物增强复合材料

1.4.1 简介

用于复合材料的编织物由两组(或更多)交织的纱线组成,双轴编织物由两组纱线组成,三轴编织物还包括第三组轴向纱线。在二维编织物中,编织纱线在$\pm\theta$

方向引入,交织模式通常为 1×1 或 2×2(图 1.5)[28-30]。为了显著提高厚度方向上的强度,三维编织物增强是一个重要的类别(如 Du 等[31],Potluri[32]),编织结构使复合材料比机织物更能耐受扭曲、剪切和冲击。结合低成本的制造路线,如树脂转移模塑,编织物增强材料有望成为许多航空航天应用(它们可能取代碳纤维预浸体系)或汽车应用(例如在吸能结构中)的竞争材料,尽管目前在实践中的应用还很有限。

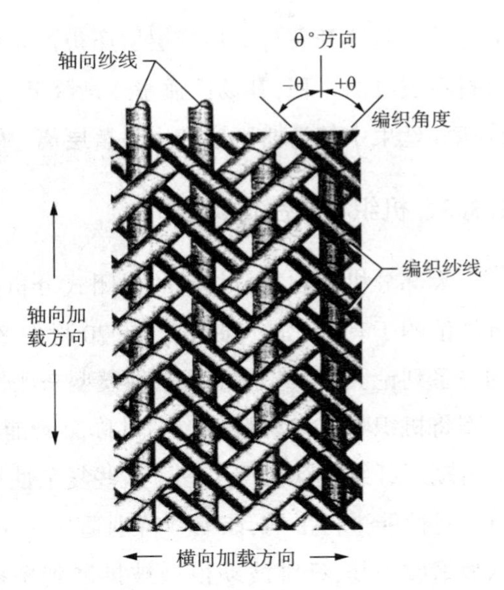

图 1.5　二维编织物增强材料,交织模式为 2×2[29]

可以制成各种形状用于复合材料,从空心管状(采用嵌入式、非交织纱)到实心截面,包括工字梁。与机织物不同,编织结构可以通过穿过编织环直接放置在三维芯轴上(图 1.6),从而产生无缝、近似网状的形状,例如,飞机的螺旋桨叶片就是通过这种技术生产出来的。编织结构的稳定性或顺应性取决于具体的纤维结构,虽然嵌入式纱线的轴向压缩性能可能不佳,但在 0°方向的张力稳定性却得到了改善[12]。一般而言,使用编织增强材料制造的复合材料的力学性能取决于编

图 1.6　芯轴编织

织参数(编织结构、纱线尺寸和间距、纤维体积分数)以及增强纤维和基体的力学性能。

1.4.2 力学行为

本节主要讨论二维编织物增强材料,因为它可以直接与具有 $0/\pm\theta$ 结构的层压复合材料进行比较,并且已经有许多研究人员进行了这样的比较。例如,Naik 等[29]制造了多种结构的碳纤维编织增强环氧树脂复合材料,同时保持了恒定的纤维体积分数($V_f=56\%$)。通过保持轴向纱线含量恒定,改变纱线尺寸或编织角,可以研究各变量对复合材料性能的影响。发现纱线尺寸不敏感(在 6k 到 75k 的丝束尺寸范围内),但编织角对力学性能有显著影响,这跟预期的结果一样。编织结构从 0/±70 转变为 0/±45 时,纵向模量略微增加(从 60GPa 到 63GPa),而横向模量下降幅度大得多(从 46GPa 到 19GPa)。

编织物增强复合材料的强度低于其对应的预浸制复合材料。Norman 等[33]比较了 0/±45 编织物复合材料与等效预浸料(UD)体系的强度,发现预浸料体系的拉伸强度(849MPa)比二维编织物复合材料(649MPa)高 30%左右。Herszberg 等[34]将发现的类似结果归因于编织过程中的纤维损伤。Norman 等[33]还发现编织物增强材料对尺寸达 12mm 的缺口不敏感,而等效的 UD 层压板对这一范围内缺口显示出明显的缺口敏感性。与 UD 系统相比,冲击试验后的压缩也有利于编织物复合材料的无损压缩强度正常化。的确,定制编织物增强材料具有高能量吸收能力,可以使其用于碰撞情况下的吸能结构[34]。Bibo 和 Hogg[35]讨论了包括编织物增强结构在内的各种增强结构的吸能机制和冲击后的抗压行为。

1.4.3 编织物复合材料分析

编织结构特别是三维结构的潜在复杂性,使得结构的表征经常被认为是对增强材料的行为进行建模的主要开始步骤,其目的是给出三维可视化的结构(如 Pandey 和 Hahn[36])或开发描述结构的几何形状的模型(如 Du 等[31])。Chou 等[22]开发的编织物增强纤维卷曲模型进一步发展为预测性能的分析模型,通过将编织物增强材料的代表性“单元格”作为倾斜的单向层板的集合,以适当的方式进行扩展(如 Byun 和 Chou[37]),还开发了集成到个人计算机程序的微观力学分析模型(例如用于设计的纺织品复合材料分析、TEXCAD,参见 Naik[38])。

1.5 针织物增强复合材料

1.5.1 简介

针织物增强复合材料的主要优点是,一方面能够生产出网状/接近网状的预成形物,另一方面针织物优异的悬垂性/可成形性允许其在复杂形状的工具上成形。这两种特性都源于增强纤维/纱线的环回特性,允许织物具有适应复杂形状的可伸缩性(图1.7)。然而,针织物结构的优点也带来了缺点,即由于纤维(玻璃纤维、碳纤维或芳纶)力学性能相对较差,复合材料的面内刚度和强度较低。可通过在某些方向上使用嵌入纱的设计来增强针织物纬向和经向的性能[12]。

经编和纬编的增强都是有可能的。一般来说,经编结构更有利于大规模生产(由于生产速度的提高,允许在同一时间内编织许多纱线)[39]。

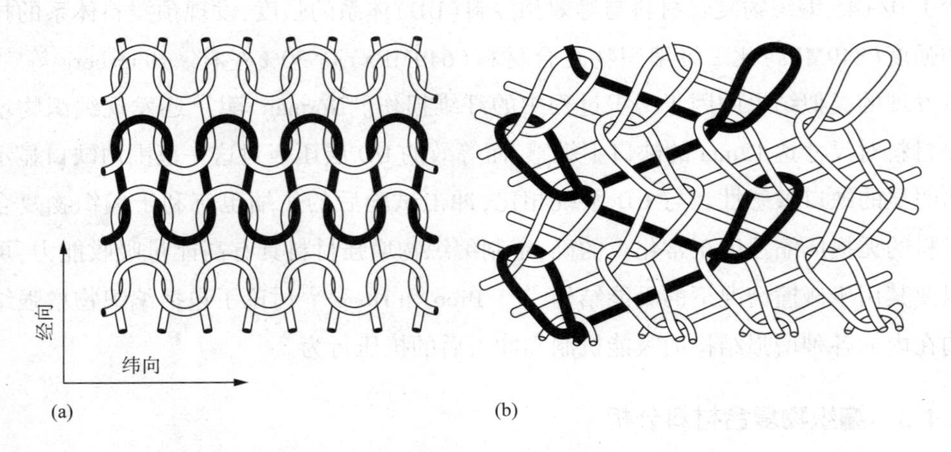

图1.7 纬编(a)和经编(b)增强的示意图[6]。

1.5.2 力学行为

1.5.2.1 力学性能

与已经讨论过的其他类型的织物相比,尽管针织物复合材料的拉伸和压缩性能不好,但与其基本的面内性能相比更有可能被选择其可加工特性和吸能特性。

针织物增强的详细纤维结构导致其面内性能优异,即令人震惊的各向同性或特殊的各向异性。例如,Bannister 和 Herszberg[40]测试了使用全米兰结构和半米兰结构的玻璃纤维增强环氧树脂制造的复合材料,全米兰结构明显比半米兰结构更随机,其结果是在纵、横两个方向上的拉伸强度大致相同。通常,应力—应变曲线近似线性,约为 0.6%的应变[41],然后是急剧转折和假塑性失效行为。拉伸强度与纤维体积分数成正比(基于复合材料强度的混合规则预测的方式,参见 1.5.3 节),纤维体积分数为 45%时的典型值约为 145MPa。然而,失效应变不仅非常大(范围介于 7 布层的约 2.8%至 12 布层的约 6.6%),而且随着层数/纤维体积分数的增加而增加,这种变化的原因可能与复合材料中损伤累积导致复合材料失效的具体方式有关。与相对各向同性的全米兰结构增强材料相比,纤维取向度较高的半米兰结构在两个方向的拉伸强度变化了 50%,并且应变与失效之间的差异甚至更大(约为 2 倍)。

Ramakrishna 和 Hull 研究了碳纤维针织增强材料[42]。一般来说,纬编针织复合材料显示出与纤维体积分数大致线性增加的模量,在纤维体积分数约为 20%的情况下,通常在纵向模量为 15GPa,在横向模量为 10GPa。拉伸强度也以类似的方式纵向增加(对于 20%体积分数的典型值是 60MPa),而横向拉伸强度对纤维体积分数的变化相当稳定,大致在 34MPa,这些差异与在纵向上取向的纤维束比例较高有关。

在压缩时,力学性能甚至更差。对于半米兰结构和全米兰结构玻璃纤维增强复合材料[41],压缩强度源于高度弯曲的纤维结构引起的基体在压缩中的强大优势。结果,在纵向和横向上的压缩强度基本相同,并且随着纤维体积分数从 29%增加到 50%时,压缩强度仅增加约 15%(有趣的是,压缩强度始终高于拉伸强度,可高达 2 倍)。鉴于这些结果,在树脂浸润和复合材料固结前,采用高达 45%的应变使针织物变形对复合材料的抗压强度几乎没有影响就不足为奇了[43]。

其他研究者也报道了类似的发现,Wang 等[44]测试了玻璃纤维增强环氧树脂的 1×1 罗纹针织结构,发现其抗压强度几乎是拉伸强度的 2 倍。该纤维结构的相对各向同性导致杨氏模量和泊松比在纵行和横向上也大致相同。

1.5.2.2 损伤积累

在针织物复合材料中,存在大量潜在的裂纹萌生位点。例如,对于纵向测试的纬编针织物复合材料的观察表明,在针织结构中,裂纹是从围绕针和下沉环周围生成的脱胶开始的。同样地,在横向张力测试中针织物的裂纹发展被认为是由环的边(或腿)开始的[41,42]。与针和下沉环处发生的裂纹引发相比,沿环的腿部(即当复合材料沿横向加载时)开始的裂缝可能更容易发生裂纹连接。Rios 等[45]使用具有加强的外部 0°层的夹层结构研究了纬编针织物中损伤引发的位置,发现最初的损伤发生在沉环交点处的微脱粘,开裂模式与详细的织物结构和织物的取向有关。

针织物的损伤容限比其他增强结构要好。例如,已经发现,纬编针织玻璃纤维增强复合材料($V_f=50\%$)吸收的 0~10J 的冲击能量的百分比高于等效的机织物。此外,观察结果表明,针织物的损伤面积比机织物的 6 倍还大,这大概反映出针织物结构中存在的裂纹引发位点密度的增加。在此冲击能量范围内,针织物的冲击后压缩强度(CAI)仅下降 12%,而机织物的 CAI 值下降达 40%[40]。

1.5.3 针织物复合材料分析

已经开发出针织物增强复合材料的弹性模量和拉伸强度的模型。例如,Ramakrishna[6]将纬编针织物结构划分为一系列的圆弧,每根纱线都有一个圆形截面。然后,通过将杨氏模量随角度(式 1.4)变化的表达式沿规定方向积分来导出复合材料的杨氏模量表达式。实际上,所有的弹性模量都可以用类似的方式计算,尽管预测比实验结果高约 20%。拉伸强度的预测依赖于一种取向纤维复合材料强度的表达式,该表达式有修正项,试图考虑纱线相对于加载方向的平均取向和束强度的统计学变化。预拉伸强度与纵向和横向上的纤维体积分数成比例,这正是 Leong 等[41]发现的结果。Gommers 等[46,47]采用取向张量来表示针织物中纤维取向变化的结果。

1.6 缝合织物

1.6.1 简介

缝制复合材料是提高材料厚度方向上强度的直接途径,这反过来又提高了它们的损伤耐受能力,特别是受到冲击后的压缩性能,这种破坏通常是由分层附近的微屈曲引起的。复合材料的缝合增加了另一个生产步骤,即使用缝纫机在整个厚度方向引入锁线。缝合可以在未浸渍的纤维或预浸渍的纤维上进行,通常应避免后者以免造成过度的纤维损伤,碳纤维、玻璃纤维或芳纶纱线可进行这种缝制。链式或经编生产的一种更复杂形式是由经(0°)、纬(90°)、(可选)偏置(±θ)纱线组成的织物,通常由一种轻质的聚酯纱线由经编缝制在一起(图 1.8),由此生产的织物称为非卷曲织物(NCF)或多轴向经编织物(MWK)(参见 Hogg 等[48],Du 和 Ko[49])。无论用什么术语来描述,经编针织物都是高度悬垂、高度取向材料,其中与机织物相关的丝束卷曲几乎被完全消除(尽管一些轻微的错位是不可避免的)。织物容易成形,从工具上取下时保持稳定,因为缝合能使丝束有足够的相对运动[50]。织物与低成本的制造路线(如 RTM)相结合的潜力,使这些织物不仅拓宽了复合材料的使用范围,而且在许多应用中已取代了更昂贵的预浸路线。在增强纤维之间分散热塑性纤维的能力也提供了一个潜在的非常有吸引力的制造路线[50]。Dransfield 等[51]发表了一篇关于各种缝合对抗脱层性影响的综述,感兴趣的读者也可以参考 Lomov[52] 编辑的 NCF 复合材料综合性能的论述。

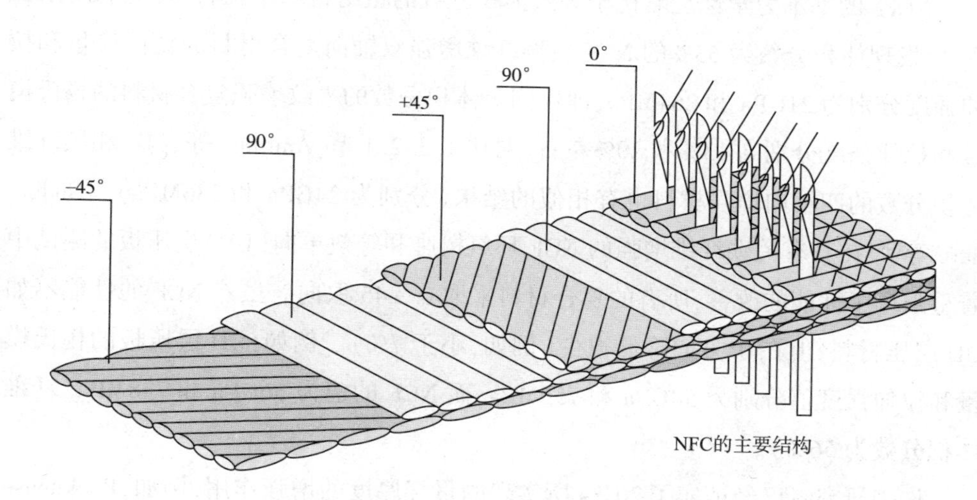

图 1.8　具有-45°、90°、+45°、90°和 0°层的非卷曲织物的示意图
由 SAERTEX GmbH&Co. KG 提供

除了用于二维织物缝合或创立多轴向 NCF 织物的传统缝制技术外,还开发了新型的缝制粘结技术,可穿过坚硬的泡沫[53-54]插入贯穿厚度的纤维(图 1.9)。当夹心结构受到横向冲击时,贯穿厚度的缝合可显著减轻芯—皮剥离。因此,由贯穿厚度缝合组成的夹心结构可承受多重冲击,而且修补成本更低。

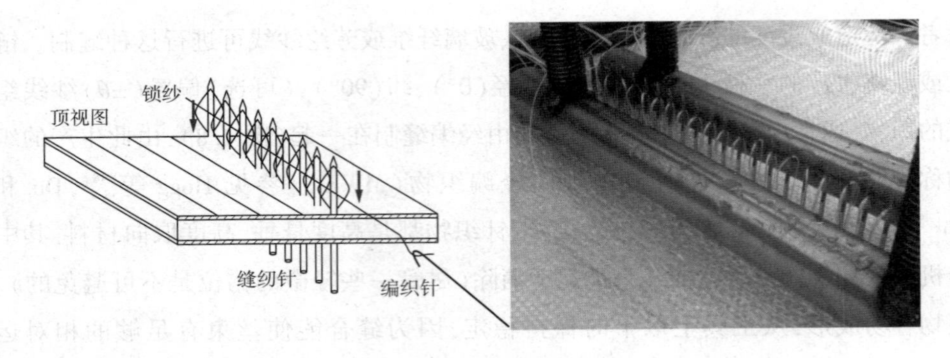

图 1.9 穿过硬夹心材料的缝合[55]

1.6.2 力学行为

1.6.2.1 力学性能

NCFs 的基本力学性能略优于等效体积分数的粗纺机织增强材料。例如,Hogg 等[48]发现体积分数为 33%的 NCF 玻璃纤维增强双轴向复合材料的杨氏模量和拉伸强度分别为 21GPa 和 264MPa,即比同等体积分数的平纹增强复合材料的杨氏模量和拉伸强度分别高 13%和 20%左右(对比 1.3.2.1 节,Amijima 等[17]),相同纤维体积分数的四轴向增强材料也有相似的结果(分别为 24GPa 和 286MPa)。Godbehere 等[56]在其有关碳纤维增强的 NCF 环氧树脂和等效单向(UD)层压板的测试中着重强调了性能的改善,所有的复合材料采取 0/±45 取向。虽然 NCF 的性能不如 UD 层压材料,但在 0°方向降低很少(例如,小于 7%)。例如,UD 层压板的杨氏模量和拉伸强度值分别为 58GPa 和 756MPa,而 NCF 的值为 56GPa 和 748MPa(纤维体积分数为 56%)。

许多研究者已经证实了 NCFs 所实现的贯穿厚度的增强作用,例如,Backhouse 等[57]比较了聚酯缝合的 0/±45 碳纤维 NCF 与等效碳纤维/环氧树脂 UD 层压板分层的容易性。与 UD 材料相比,用于量化 NCF 织物的抗分层性能(模式Ⅰ和模式Ⅱ韧性值)的测量参数有大幅增加,约 140%。

1.6.2.2 损伤累积

由于 NFC 增强复合材料每层中的纤维都是平行的,因此可以预测损伤累积行为与等效的 UD 层压材料非常相似。事实上,Hogg 等[48]发现双轴向玻璃纤维 NCF 中的基体开裂与 90°交叉铺层的 UD 层压板中的基体开裂非常类似。然而,微观结构特征的引入是由于针织纱线在UD层压板中没有纬线。纤维体积分数的局部变化、富含树脂的凹穴和纤维错位都能引起损伤的显著差异。例如,在双轴向增强的NCFs中,横向裂纹优先在针织纱线与横向层交叉的环间开始[58]。

1.6.3 缝合织物分析

对于NCF复合材料的面内特性,与UD材料有很大相似性,在需要近似值时可进行相似的分析(虽然Hogg等[48]认为NCF复合材料的性能可能超过UD等效物的面内性能),鼓励感兴趣的读者参阅Lomov[52]编著的书中有关缝合对NCF复合材料的力学性能和损伤累积影响的建模方法的讨论。

1.7 三维机织物

1.7.1 简介

近年来,三维(3D)织物增强复合材料发展迅速,作为一种解决由预浸(层)单向增强材料形成的层压板和由堆叠的二维机织物复合材料形成的层压板分层问题的方法,两者都可能遭受各板层或层之间的分层问题。对于这些三维纺织复合材料,贯穿厚度(*Z*方向)增强纱线赋予其他纤维增强复合材料所无法比拟的抗分层性能。有三种不同的三维复合材料可供选择:正交、角度互锁和层间,纱线结构示意图如图1.10所示。纤维结构之间的差异与贯穿厚度的丝束(黏合剂)将各层连接在一起的方式有关(表1.1)。在这些类型中,正交预制件(其中贯穿厚度的纱线穿过预制件,平行于厚度方向)通常具有最高的力学性能。三维玻璃纤维增强塑料

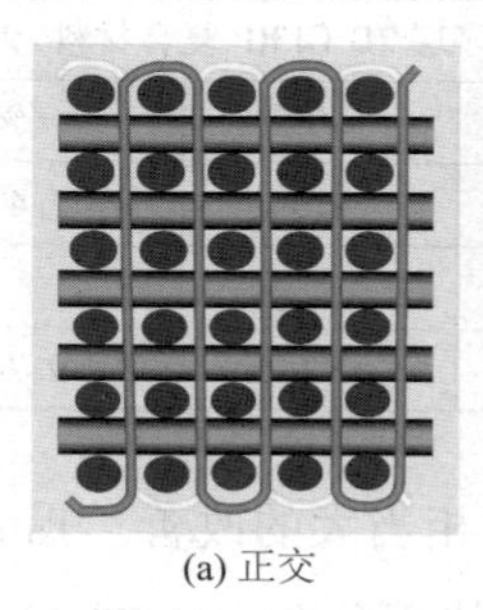

(a) 正交

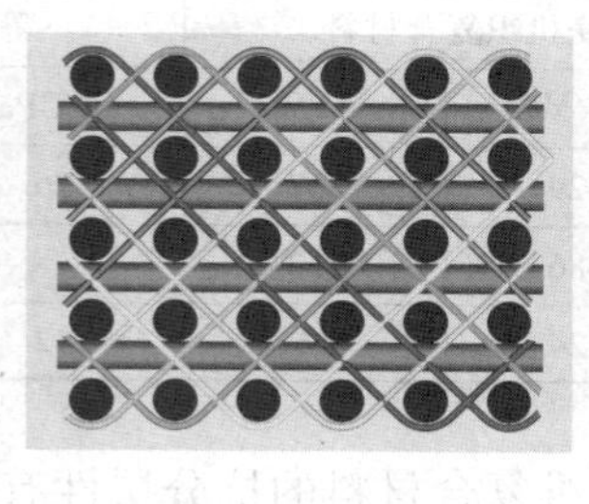

(b) 角度互锁

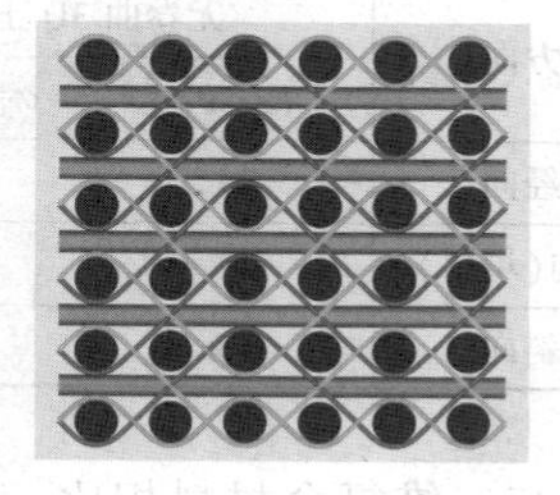

(c) 层间结构

图1.10 纱线结构示意图

(GFRP)和碳纤维增强塑料(CFRP)复合材料的重要应用领域是,防爆(如车辆装甲)、海洋结构物、风能(风力涡轮机翼梁盖)、飞机结构(从小部件到主要的承重结构)、土木工程梁和新型复合材料连接。

表 1.1　三维机织物复合材料的三种纱线结构

结构	描述
正交	贯穿厚度的丝束(黏合剂)将预制件的所有层连接在一起,穿过平行于厚度方向的材料厚度
层间结构	贯穿厚度的丝束将预制件的相邻层连接在一起
角度互锁	贯穿厚度的丝束将预制件的所有层连接在一起,以与厚度方向成一定角度穿过材料的厚度

1.7.2　力学行为

1.7.2.1　力学性能

三维机织复合材料基本的面内力学性能与二维机织复合材料的等效物并无显著差异。例如,Lomov 等[59]将纤维体积分数约为 0.49 的无卷曲三维正交机织复合材料与具有大致相同纤维体积分数 0.52 的等效二维多层平纹组织 GFRP 复合材料进行了比较,表 1.2 给出了经、纬和偏置(即在与经向和纬向成 45°的方向)加载的杨氏模量(E)的结果。二维和三维复合材料的经纬向模量均约为 25GPa,二维和三维偏置方向模量均约为 13GPa。对于三维复合材料,拉伸强度和失效应变略高,可能是由于贯穿厚度的 Z-丝束(黏合剂)的强化效应。

表 1.2　典型 3D 正交机织复合材料和等效多层 2D 机织复合材料的力学性能比较[59]

方向	无卷曲 3D 正交机织复合材料			等效多层 2D GFRP 复合材料		
	E/GPa	σ_{TS}/MPa	ε_f/%	E/GPa	σ_{TS}/MPa	ε_f/%
经向	24	429	2.7	26	413	2.4
纬向(填料)	25	486	3.3			
斜向	13	124	14	12	109	9.7

与二维复合材料相比,三维复合材料的抗分层性有了相当大的改善。Tanzawa 等[60]研究发现,对于具有较小部分贯穿厚度黏合剂丝束(体积分数为 0.77%)的三维正交织物复合材料的层间韧性(即临界应变能释放率,它是抗层间拉伸的指标)

增加了6倍。在二维复合材料或层压板中,分层的阻力是由于在材料层之间的界面上需要产生一个界面裂缝;在三维机织复合材料中,这种阻力得到了贯穿厚度丝束的补充,如图1.11所示。Fishpool等[61]发现,所有三种类型的三维机织物复合材料都具有很高的抗分层性能。

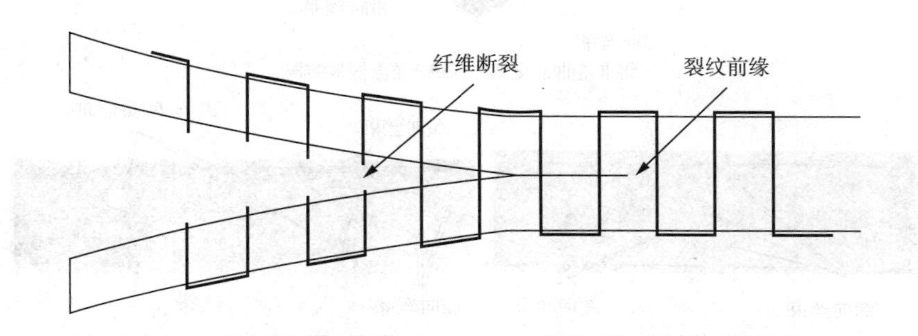

图1.11 三维机织复合材料中贯穿厚度方向Z-丝束(或黏合剂)的层离开裂示意图[60]

1.7.2.2 损伤积累

研究人员对所有类型的三维复合材料中损伤发展的复杂性进行了评论[62-64],这反映了纤维构造的复杂性。例如,图1.12所示为一种三维无卷曲正交编织复合材料[图1.12(a)]和复合材料的两个横截面的示意图:一个截面为水平贯穿的经向丝束照片[图1.12(b)],一个截面为水平贯穿的纬向丝束照片[图1.12(c)]。在图1.12(b)中,看不到示意图中用灰色显示的贯穿厚度的Z-丝束(黏合剂),因为它们不在截面的平面中。但是,Z-丝束可以在图1.12(c)中看到,因为它们的运行方向与经向平行。这些图像表明,三维复合材料的特征是纤维构造在丝束尺寸上的不均匀性以及丝束结构在复合材料表面和内部的不同性质[65]。图1.12所示的例子有三层纬向层和两层经向层,以及贯穿厚度方向增强的Z向丝束。可以看出,Z向丝束将表面纬纱牵拉出并与其平行。这些位置通常称为"Z冠"[66],被认为是准静态和疲劳载荷下损伤引发的位置[59]。通常,已经确定的损伤类型包括:在丝束内部和在边界处的横向基体裂缝,丝束的脱胶和丝束间的局部界面开裂,树脂(基体)袋中的横向断裂,剪切基体裂缝,载荷方向的丝束分裂,纤维断裂,丝束层之间的分层。最近,Bogdanovich等对这种复合材料在准静态载荷下的损伤进行了全面的调查[67]。为了协助这些材料的表征,越来越多地使用X射线计算机断层扫描(μCT),该技术为理解纱线构造和基体与纤维损伤的复杂性提供了独特的机会[68-69]。

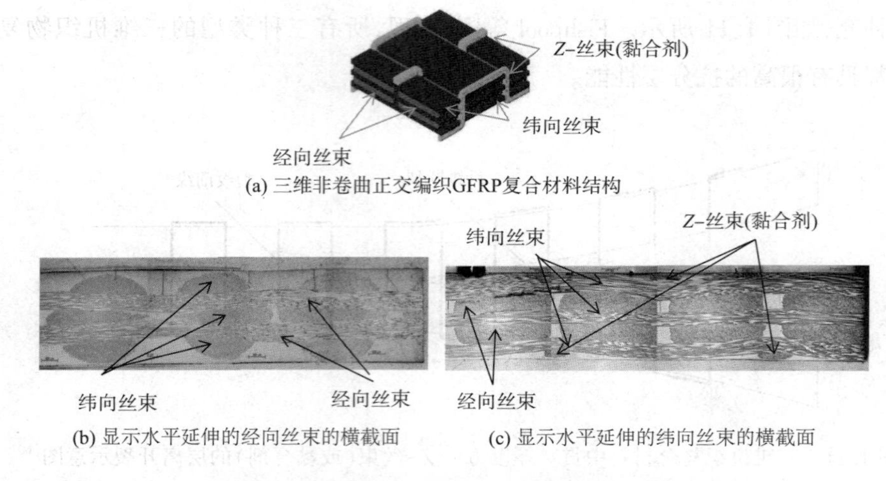

(a) 三维非卷曲正交编织GFRP复合材料结构

(b) 显示水平延伸的经向丝束的横截面

(c) 显示水平延伸的纬向丝束的横截面

图 1.12　编织示意图[63](试样厚度 2.2mm)

对于这些材料,黏合剂(Z-丝束)尤为重要。Potluri 等[70]研究了黏合剂结构对抗冲击损伤和冲击后压缩(CAI)损伤容限的影响。对于三维机织复合材料,CAI 强度似乎没有显著降低到某一损伤阈值以下。

1.7.3　三维机织物复合材料分析

关于建模,Ansar[71]综述了用来预测三维机织复合材料的不同力学性能(如弹性、冲击性能)的各种策略。此外,有许多论著是有关准静态载荷下三维机织复合材料的渐进性破坏和强度预测的数值模拟[72]。关于对结构复杂性进行建模,Green 等[73]已经表明,利用 CT 扫描图像模拟的几何模型有助于对纤维结构的理解。

1.8　结论

21 世纪已经见证了纺织复合材料领域的飞速发展。除了传统的二维机织物外,现在多轴向无卷曲织物已被广泛应用,其中编织物复合材料的应用数量迅速增加。三维编织技术的发展,结合具有优异面内性能的贯穿厚度方向的增强,为必须避免的分层情况提供了新的解决方案。因此,纺织增强材料为全球复合材料提供了重要的新机遇。

参考文献

[1] Matthews FL, Rawlings R. *Composite materials: engineering and science*. London: Chapman and Hall; 1994.

[2] Hull D, Clyne TW. *An introduction to composite materials*. Cambridge: Cambridge University Press; 1996.

[3] Kuo W-S, Chou T-W. Elastic response and effect of transverse cracking in woven fabric brittle matrix composites. *J Am Ceram Soc* 1995;78(3):783-92.

[4] Pryce AW, Smith PA. Behaviour of unidirectional and crossply ceramic matrix composites under quasi-static tensile loading. *J Mater Sci* 1992;27:2695-704.

[5] PlusComposites, 2014, http://www.pluscomposites.eu/publications [accessed 29.06.15].

[6] Ramakrishna S. Characterization and modeling of the tensile properties of plain weft-knit fabric-reinforced composites. *Compos Sci Tech* 1997;57:1-22.

[7] Bader MG. *Short course notes for 'An introduction to composite materials'*. University of Surrey; 1997.

[8] Jones RM. *Mechanics of composite materials*. Washington DC: Scripta (McGraw-Hill); 1975.

[9] Agarwal BD, Broutman LJ. *Analysis and performance of fiber composites*. New York: Wiley Interscience, John Wiley and Sons; 1980.

[10] Yang J-M, Chou T-W. *Performance maps of textile structural composites*. In: Matthews FL, Buskell NCR, Hodgkinson JM, Morton J, editors. Proc. sixth international conference on composite materials and second European conference on composite materials (ICCM6/ECCM2). London and New York: Elsevier Applied Science; 1987.

[11] Gao F, Boniface L, Ogin SL, Smith PA, Greaves RP. Damage accumulation in woven baric CFRP laminates under tensile loading. Part 1: observations of damage; Part 2: modelling the effect of damage on macro-mechanical properties. *Compos Sci Tech*

1999;59:123-36.

[12]Scardino F. An introduction to textile structures and their behaviour. In:Chou TW,Ko FK,editors. Textile structural composites,chapter 1,composite materials series,vol. 3. Oxford:Elsevier Science Publishers;1989. p. 1-26.

[13] Baillie JA. Woven fabric aerospace structures. In: Herakovich CT, Tarnopol YM,editors. Handbook of fibre composites, vol. 2. Oxford: Elsevier Science Publishers; 1989. p. 353-91.

[14] Bishop SM, Curtis PT. An assessment of the potential of woven carbon fibre reinforced plastics for high performance applications. *Composites* 1984;15:259-65.

[15] Raju IS, Foye RL, Avva VS. *A review of analytical methods for fabric and textile composites*. In:Proceedings of the Indo-US workshop on composites for aerospace applications:part 1;1990. p. 129-59. Bangalore, India.

[16] Fujita A, Hamada H, Maekawa Z. Tensile properties of carbon fibre triaxial woven fabric composites. *J Compos Mater* 1993;27:1428-42.

[17] Amijima S, Fujii T, Hamaguchi M. Static and fatigue tests of a woven glass fabric composite under biaxial tension-tension loading. *Composites* 1991;22:281-9.

[18] Boniface L, Ogin SL, Smith PA. Damage development in woven glass/epoxy laminates under tensile load. In:Proceedings second international conference on deformation and fracture of composites, Manchester, UK. London: Plastics and Rubber Institute; 1993.

[19] Naik NK, Shembekar PS. Elastic behaviour of woven fabric composites: I-lamina analysis. *J Compos Mater*1992;26:2196-225.

[20] Marsden W, Boniface L, Ogin SL, Smith PA. *Quantifying damage in woven glass fibre/epoxy laminates*. In: Proceedings FRC '94, sixth international conference on fibre reinforced composites, Newcastle upon Tyne. Institute of Materials; 1994. paper 31, 31/1-31/9.

[21] Marsden W. *Damage accumulation in a woven fabric composite*. unpublished PhD thesis, University of Surrey; 1996.

[22] Chou TW. Microstructural design of fiber composites. Cambridge solid state science series, Cambridge: Cambridge University Press; 1992.

[23] Glaessgen EH, Griffin OH. *Finite element based micro-mechanics modeling of textile composites*. NASA Conference Publication 3311, Part 2. In: Poe CC, Harris CE, editors. Mechanics of textile composites conference. Langley Research Centre; 1994. p. 555-87.

[24] Woo K, Whitcomb J. Global/local finite element analysis for textile composites. *J Compos Mater*1994;28:1305-21.

[25] Le Page BH, Guild FJ, Ogin SL, Smith P. Finite element simulation of woven fabric composites. *Compos Appl Sci Manuf*2004;35(7-8):861-72.

[26] Gao F, Boniface L, Ogin SL, Smith PA, Greaves RP. Damage accumulation in woven baric CFRP laminates under tensile loading: part 2-modelling the effect of damage on macro-mechanical properties. *Compos Sci Tech* 1999;59:137-45.

[27] Lomov SV, Huysmans G, Parnas RS, Prodromou A, Verpoest I, Phelan FR. Textile composites: modelling strategies. *Compos Appl Sci Manuf* 2001;32:1379-94.

[28] Tan P, Tong L, Steven GP. Modelling for predicting the mechanical properties of textile composites: a review. *Compos Appl Sci Manuf* 1997;28:903-22.

[29] Naik RA, Ifju PG, Masters JE. Effect of fiber architecture parameters on deformation fields and elastic moduli of 2-D braided composites. *J Compos Mater* 1994;28:656-81.

[30] Potluri P, Nawaz S. Developments in braided fabrics. In: Gong RH, editor. Specialist yarn and fabric structures: developments and applications. Elsevier, Woodhead Publishing Limited, Cambridge; 2011. p. 333-354.

[31] Du G-W, Chou T-W, Popper P. Analysis of three-dimensional textile preforms for multidirectional reinforcement of composites. *J Mater Sci* 1991;26:3438-48.

[32] Potluri P. Braiding. In: Wiley encyclopedia of composites. John Wiley and Sons; 2012 [Published online].

[33] Norman TL, Anglin C, Gaskin D. Strength and damage mechanisms of notched two-dimensional triaxial braided textile composites and tape equivalents under tension. *J Compos Tech Res*1996;18:38-46.

[34] Herszberg I, Bannister MK, Leong KH, Falzon PJ. Research in textile composites at the Cooperative Research Centre for Advanced Composite Structures Ltd. *J Textil*

Inst 1997;88:52-67.

[35] Bibo GA, Hogg PJ. Role of reinforcement architecture on impact damage mechanisms and post-impact compression behaviour: a review. *J Mater Sci* 1996;31:1115-37.

[36] Pandey R, Hahn HT. Visualization of representative volume elements for three-dimensional four-step braided composites. *Compos Sci Tech* 1996;56:161-70.

[37] Byun J-H, Chou T-W. Modelling and characterization of textile structural composites: a review. *J Strain Anal* 1989;24:65-74.

[38] Naik RA. Failure analysis of woven and braided fabric reinforced composites. *J Compos Mater*1995;29:2334-63.

[39] Leong KH, Ramakrishna S, Hamada H. *The potential of knitting for engineering composites*. In: Proceedings of 5th Japan SAMPE symposium, Tokyo, Japan; 1997.

[40] Bannister M, Herszberg I. *The manufacture and analysis of composite structures from knitted preforms*. In: Proceedings of 4th international conference on automated composites. Nottingham, UK: Institute of Materials; 1995. 6-7 September.

[41] Leong KH, Falzon PJ, Bannister MK, Herszberg I. An investigation of the mechanical performance of weft knitted milano rib glass/epoxy composites. *Compos Sci Tech* 1998;58:239-51.

[42] Ramakrishna S, Hull D. Tensile behaviour of knitted carbon-fibre-fabric/epoxy laminates-part 1: experimental. *Compos Sci Tech* 1994;50:237-47.

[43] Nguyen M, Leong KH, Herszberg I. *The effects of deforming knitted glass preforms on the composite compression properties*. In: Proceedings 5th Japan SAMPE symposium, Tokyo, Japan; 1997.

[44] Wang Y, Gowayed Y, Kong X, Li J, Zhao D. Properties and analysis of composites reinforced with E-glass weft-knitted fabrics. *J Compos Tech Res* 1995;17:283-8.

[45] Rios CR, Ogin SL, Lekakou C, Leong KH. A study of damage development in a weft knitted fabric reinforced composite: part 1-experiments using model sandwich laminates. *Compos Appl Sci Manuf*2007;38(7):1173-793.

[46] Gommers B, Verpoest I, van Houtte P. Analysis of knitted fabric reinforced composites: part 1. Fibre distribution. *Compos Appl Sci Manuf* 1998;29:1579-88.

[47] Gommers B, Verpoest I, van Houtte P. Analysis of knitted fabric reinforced composites: part II. Stiffness and strength. *Compos Appl Sci Manuf* 1998;29:1589-601.

[48] Hogg PJ, Ahmadnia A, Guild FJ. The mechanical properties of non-crimped fabric-based composites. *Composites* 1993;24:423-32.

[49] Du G-W, Ko F. Analysis of multiaxial warp-knit preforms for composite reinforcement. *Compos Sci Tech*1996;56:253-60.

[50] Hogg PJ, Woolstencroft DH. *Non-crimp thermoplastic composite fabrics: aerospace solutions to automotive problems*. In: Proceedings of 7th annual ASM/ESD advanced composites conference, advanced composite materials: new developments and applications, Detroit, Michigan, USA; 1991. p. 339-49.

[51] Dransfield K, Baillie C, Mai Y-W. Improving the delamination resistance of CFRP by stitching: a review. *Compos Sci Tech* 1994;50:305-17.

[52] Lomov SV, editor. Non-crimp fabric composites: manufacturing, properties and applications. Cambridge: Woodhead Publishing; 2011.

[53] Potluri P, Kusak E, Reddy TY. Novel stitch-bonded sandwich structures. *Compos Struct* 2003;59(2):251-9.

[54] Aktas A, Potluri P, Porat I. Development of through-thickness reinforcement in advanced composites incorporating rigid cellular foams. *Appl Compos Mater* 2013;20(4):553-68.

[55] Aktas A. *Multi needle stitch-bonded sandwich composites for improved damage tolerance*. PhD Thesis. School of Materials, University of Manchester; 2011.

[56] Godbehere AP, Mills AR, Irving P. Non-crimped fabrics versus pre-preg CFRP composites-a comparison of mechanical performance. In: Proceedings 6th international conference on fibre reinforced composites, FRC '94. University of Newcastle upon Tyne, Institute of Materials; 1994. p. 6/1-9.

[57] Backhouse R, Blakeman C, Irving PE, et al. *Mechanisms of toughness enhancement in carbon-fibre non-crimp fabrics*. In: Proceedings 3rd international conference on deformation and fracture of composites. University of Surrey, Guildford, UK, Institute of Materials; 1995. p. 307-16.

[58] Sandford S, Boniface L, Ogin SL, Anand S, Bray D, Messenger C. Damage ac-

cumulation in non-crimp fabric based composites under tensile loading. In: Crivelli-Visconti I, editor. Proceedings 8th European conference on composite materials (ECCM-8), Naples, Italy, vol. 4. Abington: Woodhead Publishing; 1997. p. 595-602.

[59] Lomov SV, Bogdanovich AE, Ivanov DS, Mungalov D, Karahan M, Verpoest I. A comparative study of tensile properties of non-crimp 3D orthogonal weave and multi-layer plain weave E-glass composites. Part 1: materials, methods and principal results. *Compos Appl Sci Manuf* 2009; 40: 1134-43.

[60] Tanzawa Y, Watanabe N, Ishikawa T. Interlaminar fracture toughness of 3D orthogonal interlocked fabric composites. *Compos Sci Tech* 1999; 59: 1261-70.

[61] Fishpool DT, Rezai A, Baker D, Ogin SL, Smith PA. Interlaminar toughness characterisation of 3D woven carbon fibre composites. *Plast Rubber Compos* 2013; 42: 108-14.

[62] Ivanov DS, Lomov SV, Bogdanovich AE, Karahan M, Verpoest I. A comparative study of tensile properties of non-crimp 3D orthogonal weave and multi-layer plain weave E-glass composites. Part 2: comprehensive experimental results. *Compos Appl Sci Manuf* 2009; 40: 1144-57.

[63] Vadlamani S, Kakaratsios Z, Ogin SL, Jesson DA, Kaddour AS, Smith PA, et al. *Damage development in a glass/epoxy non-crimp 3D orthogonal woven fabric composite*. In: Proceedings of the 18th International Conference on Composite Materials, ICCM18, Jeju, Korea; August, 2011.

[64] Gude M, Hufenbach W, Koch I. Damage evolution of novel 3D textile-reinforced composites under fatigue loading conditions. *Compos Sci Tech* 2010; 70(1): 186-92.

[65] Kuo W-S, Ko T-H, Chen C-P. Effect of weaving processes on compressive behaviour of 3D woven composites. *Compos Appl Sci Manuf* 2007; 38: 555-65.

[66] Carvelli V, Gramellini G, Lomov SV, Bogdanovich AE, Mungalov DD, Verpoest I. Fatigue behaviour of non-crimp 3D orthogonal weave and multi-layer plain weave E-glass reinforced composites. *Compos Sci Tech* 2010; 70(14): 2068-76.

[67] Bogdanovich AE, Karahan M, Lomov SV, Verpoest I. Quasi-static tensile behavior and progressive damage in carbon/epoxy composite reinforced with 3D non-crimp

orthogonal woven fabric. *Mech Mater* 2013;62:14-31.

[68] Desplentere F, Lomov SV, Woerdeman DL, Verpoest I, Wevers M, Bogdanovich A. Micro-CT characterization of variability in 3D textile architecture. *Compos Sci Tech* 2005;65:1920-30.

[69] Baiocchi L, Capell TF, Mcdonald SA, Ogin SL, Potluri P, Quaresimin M, et al. *Late-stage fatigue damage in a glass/epoxy non-crimp 3D orthogonal woven fabric composite*. In: Proceedings of ECCM16, 16th European conference on composite materials, Seville, Spain; June 2014.

[70] Potluri P, Hogg P, Arshad M, Jetavat D, Jamshidi P. Influence of fibre architecture on impact damage tolerance in 3D woven composites. *Appl Compos Mater* 2012; 19(5):799-812.

[71] Ansar M, Xinwei W, Chouwei Z. Modeling strategies of 3D woven composites: a review. *Compos Struct*2011;93:1947-63.

[72] Bogdanovich AE. Multi-scale modelling, stress and failure analyses of 3-D woven composites. *J Mater Sci*2006;41:6547-90.

[73] Green SD, Matveev MY, Long AC, Ivanov D, Hallett SR. Mechanical modelling of 3D woven composites considering realistic unit cell geometry. *Compos Struct* 2014; 118:284-93.

2 防水透气织物

A. Mukhopadhyay, V. K. Midha

国家理工学院,印度贾兰达尔

2.1 引言

防水透气织物可以保护人体免受外部热、风、水和许多有害物质的伤害,并且允许水汽从内部传递到外部大气中。正如在第9章和第10章所详细讨论的,其应用范围从用于恶劣天气的休闲服装到专门的医疗和军事用途的服装。"透气"一词意味着面料是主动通风的,但实际情况并非如此。透气织物是被动地允许水汽通过扩散的方式传递,从而促进蒸发冷却。这种透气的定义常常与透风或织物吸收皮肤上液态水的能力相混淆,这两种也被称为透气,但取决于完全不同的织物性能。[1,2] 如果离开高防水标准,本文的讨论就没有意义,对于高品质产品,其初始静压头约为500cm(50kPa),低档产品的初始静压头为130cm(13kPa)[3]。防水织物完全阻止了液态水的渗透和吸收,而拒水(或防雨)织物只会延缓水的渗透。通常拒水织物穿着更舒适,但它们的防水性能是暂时的。

传统的防水织物是在织物上涂一层连续的不透水的柔性材料,如动物脂肪、蜡、硬化植物油等,但因为它们相对较高的刚度和不能透过汗液和汗汽,穿着舒适性差。随着技术的进步,防水透气织物可以在许多不利的情况下为穿着者提供更高水平的舒适感。

防水透气织物可防止液态水从衣服外渗透到衣服里面,同时允许衣服里面的水蒸气排放到外面的空气中(图2.1)。由于防水和透气是两个相互矛盾的性能,生产一种兼具这两种性能的织物是制造商面临的一个重大挑战。

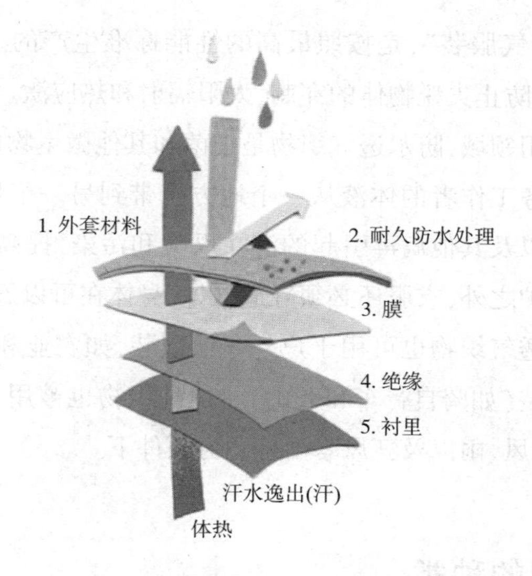

图 2.1 典型的防水透气织物结构

(来自网址:http://www.evo.com/waterproof-ratings-and-breathability-guide.aspx)

2.2 防水透气织物的应用

表 2.1[4]展示了防水透气织物的各种应用,在许多应用中,透气性的概念有更广泛的意义。对任何一种透气织物的性能要求都可能因使用性质的不同而有很大差异,例如,在-50℃~-5℃的冷库中,需要织物具有高的阻热性以及透气性。相反,在消防作业中,由于身体出汗严重,织物应能大量传输水汽,同时保护身体免受外部热量的影响(见第 10 章)。一些军用、海上工作人员和民用应急防水防护服,

表 2.1 防水透气织物的应用

休闲	工作
重型恶劣天气服装:带帽防寒衣,连帽长防风衣,背包,外裤,帽子,手套,绑腿带 正常天气防护服:雨衣,滑雪服装,高尔夫套装,步行靴子的内衬、鞋板和鞋垫以及运动鞋的内衬、鞋板和鞋垫 帐篷 睡袋	恶劣环境服装:救生衣,特种军事防护服,洁净室服装,外科手术服,医院窗帘、床垫、座套,专业防水布,包扎伤口的敷料,过滤材料 家用和运输用:非过敏性床上用品,汽车罩,船上防火烟幕,飞机上的货物包装

通常被称为“恶劣天气服装”,是按照最高的性能标准生产的。除了风、雨和寒冷之外,穿戴者还需要防止尖锐物体的穿刺、太阳辐射和热应激。

在生物医学应用领域,防水透气织物是细菌和其他微生物的屏障,细菌和微生物是通过病人和医务工作者的体液从一个地方携带到另一个地方的。近年来,由HIV、SARS、埃博拉以及其他病毒引起的潜在风险和污染,提高了对医用纺织品的防护要求。除了防护之外,衣服还必须舒适,以使身体在可以忍受的冷热限度范围内保持能量平衡。透气织物也可用于户外职业服装,如农业和建筑业用服装以及艰苦的户外活动服装(如骑自行车和登山)。这种织物也被用于近海防护服,穿着者通常暴露在低温、风、雨以及狂风暴雨等恶劣条件下。

2.3 透气织物的种类

根据透气织物结构中使用的基本组分,将其分为不同的类型。合适的基底对于支撑薄膜和/或涂层是必不可少的。在某些情况下,可以单独使用单一织物,如紧密机织物[4-9]。

2.3.1 紧密机织物

水汽透过无涂层织物的机理包括水汽通过纱线间和纱线内空隙的简单扩散以及通过单根纤维的扩散,前者对扩散最有效。在紧密织物中,纱线内部和纱线之间的空隙应尽可能小,可以最大限度地防风挡雨,同时织物的外表面应是非吸水性和疏水性的,以尽量减少雨、雨夹雪或雪的润湿。因此,外衣织物的设计要考虑防水、抗风和透气性能。属于这一类的透汽织物有:

(1)Ventile:英国雪莉研究所(Shirley Institute)开发出的第一种可透气的机织物,由细而长的埃及棉纤维制成。用低捻、丝光精梳纱线织成非常致密(高覆盖)的牛津结构,即经线为双股线的平纹组织。具有 10μm 纱间孔隙的 Ventile 织物并不防水,但在接触水后,棉纤维膨胀使纱线间隙显著减小至 3~4μm,限制了液态水的通过。根据使用场合,织物克重一般在 170~295g/m^2。如果穿着者浸泡在水中,可以防水渗透 20min[3,5,11]。

(2)细旦合成长丝/纤维:高密度机织物是指细密而光滑的纱线(约 7000 根长

丝/cm)被密集地织成各种织物结构,如塔夫绸、斜纹布和牛津布。微纤维的使用确保了织物的孔隙即使在干燥时也很小(图 2.2)[3]。这种结构的防风织物与使用层压板和涂层的织物相比,具有更优异的水汽透过性能[4,5,12-15]。这些织物比 Ventile 织物具有更好的防水性能,而且手感非常柔软[5,11,16]。织物通常用硅酮或含氟化合物进行防水整理,Teijin Ellettes®和 Unitika Gymstar®就属于这一类别。

图 2.2　微纤织物扫描电镜图[4]

2.3.2　微孔膜和涂层

微孔膜和涂层的作用原理与上面讨论的类似:水滴无法穿透薄膜和涂层的微孔,而湿气分子则被挤压穿过。微孔(0.02 ~ 1μm)比最小的水滴(100μm)更小[17],出汗产生的水蒸气分子通常小于 $40×10^{-6}$μm,很容易通过毛细管扩散作用穿过这些微孔[图 2.3(a)][18]。实验已证明,水蒸气通过微孔膜和涂层的速率与其孔隙率、厚度和孔径有关。在孔隙率和厚度不变的情况下,随着孔径的减小,水蒸气通过表面的透气性增加。此外,随着织物厚度的增加,水蒸气透过性降低[19]。著名的微孔膜是 Gore-Tex®,1976 年由 W Gore 公司开发和推出,这是一种由聚四氟乙烯(PTFE)聚合物铺展的薄膜,据称,每平方厘米含有 14 亿个微孔。Toray Industries 公司的 Entrant®产品和 Porvair 公司的 Porelle®产品都是用聚氨酯制作的微孔膜,其他生产商也生产出由微孔聚偏二氟乙烯(PVDF)直接涂到织物上的类似膜。[4] 典型的膜厚度大约 10μm,因此被层压到传统织物上以提供必要的机械强度。然而,涂层比膜厚得多,它们的应用方式是不同的。

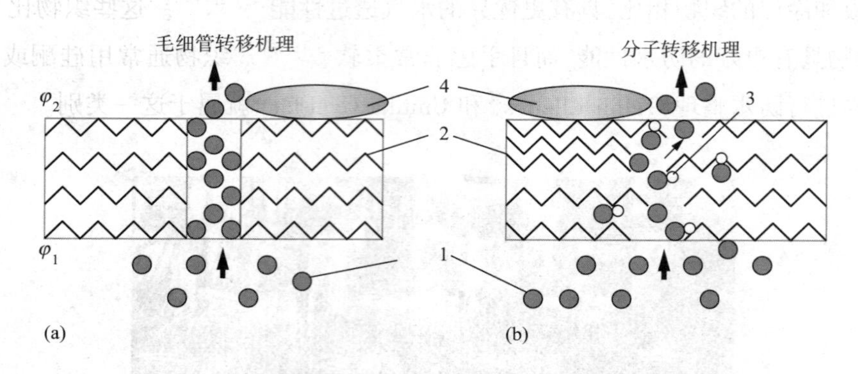

图 2.3　水蒸气通过微孔(a)和亲水膜(b)传递[18]

1—水蒸气分子　2—聚合物分子链　3—活性亲水基团　4—水滴(φ_1 和 φ_2 为相对湿度,$\varphi_1<\varphi_2$)。

微孔涂层也有类似的结构。在多孔膜层压到织物或进行微孔涂层时,孔隙范围为 0.1~50μm。广泛应用的涂层材料是聚氨酯、聚四氟乙烯、丙烯腈和聚氨基酸。其中聚氨酯是最受欢迎的聚合物,因为它具有韧性、良好的耐候耐磨性、柔韧性,以及可以制成薄膜性能以适应最终用途的要求。比较古老的方法是在聚合物薄膜或涂层上建立一个由微孔和通道组成的永久性系统。如果阻隔层外表面的最大孔隙为 2~3μm 或更小,则织物的防水性能通常是足够的。微孔结构是透气的,并能够以生理上可接受的速率传递水汽。微孔透气织物可以进行拒水处理(如用含氟碳化合物或聚硅氧烷),以避免微孔被污染,从而保持一致的性能[11,17]。微孔膜的电镜图如图 2.4 所示。

生成微孔膜和涂层的方法[4,5,20]有:机械原纤化法(只对薄膜)、湿凝结法、热凝法(只对涂层)、泡沫涂层法(只对涂层)、溶剂萃取法、溶解混合物中的组分之一(只对涂层)、射频(RF)/离子/紫外线或电子束辐射法、熔喷法/热熔技术、点焊接技术、纳米纤维网。

2.3.3　亲水膜和涂层

亲水膜是一种无孔膜,通过吸附和解吸的方式将蒸汽分子输送到另一侧,通过“渗透压”进行呼吸,就像人体细胞允许单分子和离子物质通过膜壁扩散一样,然

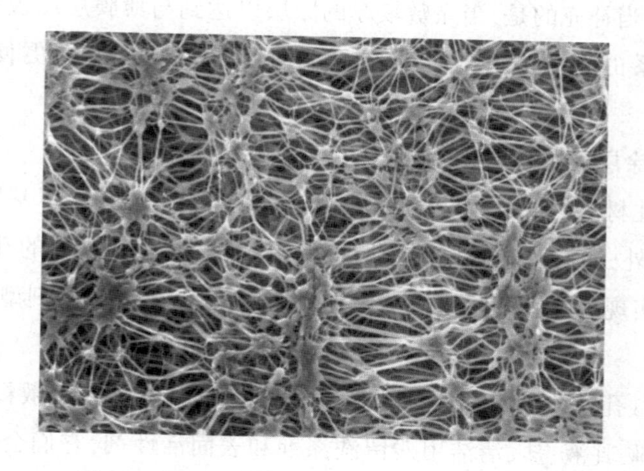

图 2.4 PTEE 微孔膜(GORE-TXE®)的电镜图

(来自网址:http://www.evo.com/waterproof-ratings-and-breathability-guide.aspx)

而,水蒸气传递的驱动力是膜两面间的水蒸气压力差。因此,亲水膜的透气性是一个吸附—扩散—解吸的过程,可被水分子和分子链中的官能团之间的氢键加速。图 2.3(b)为水蒸气穿过亲水膜的机理示意。水蒸气分子首先以较高的蒸汽浓度吸附在表面,占据聚合物分子链之间的自由体积,并在不与聚合物发生化学反应的情况下穿过膜。无定形区域(通常与共聚物结构中"软"链段的位置相关)起到分子间孔的作用,允许水蒸气分子通过,但由于膜的固体性质而阻止了液态水的渗透。在活性亲水基团存在的情况下,水蒸气分子不仅填满自由体积,还与活性亲水基团相互作用[2]。然后,它们通过溶解在聚合物膜中扩散,这就是所谓的活化扩散。当它们到达膜的另一表面时,就被解吸到周围的空气中[18]。

在嵌段共聚物中,通过将亲水性官能团如—O—、CO—、—OH 或—NH_2 引入聚合物可实现水蒸气扩散[21]。任何一种传统的涂层(如 PVC、PU 和橡胶)都不具有激活水运输的亲水机理所需的极性基团。阿克苏(Akzo)公司的 Sympatex®是一种改性聚酯,在其上引入聚醚基团以赋予其亲水性。尽管有大量的亲水聚合物可以利用,如聚乙烯醇和聚环氧乙烷,但它们对水非常敏感,要么与雨水接触时完全溶解,要么膨胀得非常严重,导致其抗弯曲和耐磨性非常差,除非有一定程度的交联。因此,用于涂层的合适的亲水性聚合物应该具有足够的空隙,以允许水蒸气传输,同时保持适当的膜强度。为了获得合适的功能性膜,必须对亲水—疏水性平衡进行优化[20]。应当补充的是,当涂敷较厚的涂层以达到与薄膜层压板相同的防水效果时,上述体系的透气性会下降。与薄膜层压板相比,涂层更便宜且更容易处理[11]。

亲水膜与涂层微孔材料相比具有的优势如下[2,4,5,21-24]:

(1)在微孔材料的湿凝结法中,需要混凝浴、洗涤管线和二甲基甲酰胺(DMF)回收装置。此外,还需要精确控制涂层操作以产生一致的、均匀的孔隙结构,优选低于3μm,以实现透气性和防水性的最佳平衡。另外,传统的溶剂型涂装设备也可用于亲水涂层。

(2)对于微孔透气织物,织物被各种物质污染,包括体脂、微粒污垢、农药残留、驱虫剂、防晒乳液、盐、清洁用残留洗涤剂和表面活性剂,它们会阻塞织物的孔隙并改变织物的表面特性,显著影响防水性和透气性。此外,服装的肘部和膝部受到拉伸时,会使微孔增大,影响防水性。另外,在清洗和拉伸时,衣服的亲水性薄膜和涂层不会丧失性能,并且是耐久的。Sympatex®(Sympatex Technologies GmbH)是一种亲水性聚酯薄膜,据称,即使拉伸300%也能保持防水性和透气性。有时,会将亲水膜用于微孔膜上,以提高其耐水性。

(3)亲水性聚氨酯涂层对织物基体具有良好的附着性,赋予织物高光泽、耐水和耐溶剂性、高透湿性,而且价廉。

(4)当表面被一层冷凝物覆盖时,微孔膜的作用就会失效。另外,固体亲水膜不需要再蒸发就能有效地输送水分。冷凝导致聚合物的高含水量,使聚合物增塑并溶胀,改善了水蒸气相对高温下的传输。然而,低温会抵消塑化的益处,因此应该选择内衬材料来优化服装的整体性能。

(5)表面活性剂会导致微孔膜泄漏,但亲水膜不会。

(6)亲水膜的主要优点包括强度、韧性、防风性、广泛的耐化学和耐溶剂性、优异的气味阻隔性能以及对某些微生物的屏蔽性能。更薄的薄膜使层压板更柔软,手感更接近原始的单层织物,而且可以设计成比微孔材料具有更高水平的透气性,并且通过层压板泄漏的风险更小。

然而,亲水膜和涂层也有一些缺点[2,25,26],例如:

(1)开始透气时需要一个水蒸气“储存室”。

(2)在雨中倾向于表面浸湿并使层压板有湿冷的手感。

(3)湿润时薄膜膨胀,由于穿着者在运动过程中膜层和织物层之间的摩擦而在湿层压板中产生可能的“噪声”效应。

2.3.4 微孔亲水膜与涂层的组合

图 2.5 为用亲水材料覆盖微孔膜的扫描电镜图[4]，双组分微孔膜比纯微孔膜具有以下优点[17,26]：

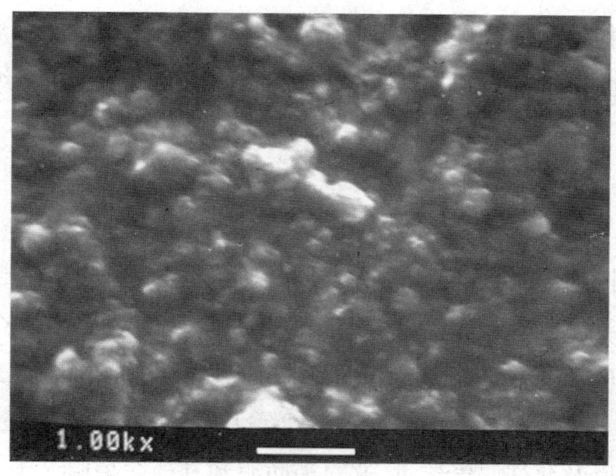

(a) 亲水表面层

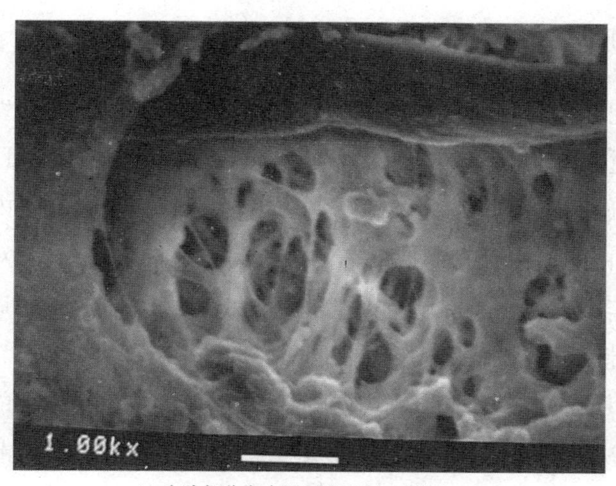

(b) 去除部分亲水层后聚四氟乙烯层(PTFE)

图 2.5 微孔膜的扫描电镜图[4]

(1)亲水层封闭微孔基体，因此降低了通过针孔或大的气孔漏水的趋势。

(2)赋予薄膜额外的强度和韧性。

(3)减轻了拉伸,拉伸可能导致孔隙放大以及水通过层压产品进入。

(4)赋予密实或不透水的层状“防风”性能,并且对于某些溶剂和轻质矿物油具有抗渗透性能。

(5)水蒸气透过孔隙的方式更多的是“机械”而非“化学”吸附。在某些情况下,与完全湿润的固体亲水膜织物相反,它是一种无摩擦噪声的层压板。

(6)在双层层压织物的制造过程中,降低了薄膜与缝纫台之间的摩擦界面。

然而,双组分微孔膜的加入,增加了层压材料的成本和刚度,降低了织物的整体透气性。

2.3.5 逆反射微珠的应用

逆反射织物是使用逆反射的油墨或涂层,经印刷或涂覆在织物表面制成。在某些织物中,油墨涂层含有半球形镀铝微珠。每毫米的印刷点含有数百个透光微珠,其尺寸通常在20~90μm。在印刷或涂覆过程中,这些微珠随机排列,其中只有一部分具有逆反射性。这种印刷或涂覆实际上是“实心”的,但会留下未涂覆的区域,使织物能够“呼吸”以及允许湿气透过,这对消防服和其他防护服尤为重要。

2.3.6 智能透气织物

以聚氨酯为形状记忆聚合物的智能防水透气织物是纺织工业的重要发展和应用之一。这种织物通过阻止蒸汽和热量在低温下的传递来阻止身体热量的损失,而在高温下,它能比普通的防水透气织物将更多的热量和水蒸气从衣服内部传递到外部[25,27-31]。因此,由这些聚合物制成的织物被称为智能透气织物,它对水蒸气传递的控制起着开关作用。在较低温度下,织物上的涂层处于膨胀状态(通过吸收周围的水),导致微裂隙或微孔的闭合。当温度高于玻璃化转变温度时,涂层处于坍塌状态(由于疏水作用占主导),导致微裂纹打开。另一个可能起作用的因素是扩散通量的变化,这取决于水分子通过溶胀和塌陷涂层的扩散系数和扩散路径的变化。由于这两个因素,扩散通量在较低的温度下可能比在较高的温度下要低。

例如,由位于马萨诸塞州纳蒂克的美国陆军和生物化学指挥实验室设计的两栖潜水服,具有使穿着者在水陆环境中都舒适的双重功能。在水中,两栖潜水服可以防止水接触皮肤,一旦离开水,其新颖的三层膜构造可以让汗水排出,防止穿着者过热。智能透气棉织物也可以使用对温度敏感的共聚物,如(N-叔丁基丙烯酰胺—丙烯酰胺(27∶73)无规共聚物[32]。织物以1,2,3,4-丁烷四羧酸为交联剂(50%,摩尔分数)和以亚磷酸氢钠(0.5%,质量分数)为催化剂的水溶液(20%,质量分数)涂覆,然后干燥(120℃,5min),织物表现出热敏膨胀的温度范围在15~40℃。

智能透气织物的另一个独特发展方向是基于仿生学。仿生学是对生物机理的模仿,经过修饰而生产有用的人工制品。织物涂层的水蒸气渗透性可以通过引入叶片气孔的类似结构来改善,叶片气孔在植物需要增加水蒸气蒸腾时打开,而在植物需要减少水蒸气蒸腾时关闭[4]。目前,基于仿生学的防水透气织物研究进展,如下所述。

2.3.6.1 松果效应

湿度响应和自适应性织物会对微气候中的湿度水平做出响应,因此当材料开始饱和时,透气性得到改善[33]。松果根据湿度的变化来打开和关闭它的刺(图2.6),关闭刺可以防止水分进入,而当空气干燥时就会打开刺,织物根据松果原理设计防水透气整理更有效。英国巴斯大学(Bath University)和伦敦时装学院(London College of Fashion)的研究人员报道了设计仿生服装的尝试,这些服装可以同样的方式工作,织物可以制成微小的外层尖刺,只有1/200mm宽。在炎热的条件下,尖刺会打开释放热量,为佩戴者降温。在寒冷的条件下,这些尖刺会向下压平以捕集空气,并提供更有效的隔热效果[34]。

图2.6 松果刺的开合

耐克推出了具有类似效果的鱼鳞样式的"Macro React"系列产品,网球明星玛利亚·莎拉波娃(Maria Sharapova)首次在2006年的美国网球公开赛上穿着这种服装,后来罗格·费德勒(Roger Federer)在温布尔登网球公开赛上也穿了这种服装。当穿着者出汗时,织物上的褶叶会打开以释放热量和水分,从而保持身体干燥和凉爽。最近,该公司推出了一种名为"AeroReact"的响应灵敏、轻便的运动服织物。这种织物经过特殊设计,可以适应跑步者身体温度的变化。织物的双组分纱线支持人体现有的热调节能力,能够感应湿气并打开其结构,最大限度地提高身体活动时的透气性。

MMT 纺织品公司利用松果效应生产了 INOTEK™ 纤维。当湿气积聚时,纤维会通过提高纱线和织物的透气性来减轻潮湿的感觉。与羊毛纤维的表现不同,当这种材料吸收水分时,纤维开始闭合(模仿松果),体积减小,导致纱线的横截面减小,材料中的微气囊打开并增加其透气性。在干燥条件下纤维恢复到原始状态,降低透气性并提高织物的隔热性。INOTEK™ 纤维应用于卫生保健领域的日常服装、运动服、速干衣、内衣、袜子、伤口敷料和床上用品,就是利用其更有效的透气性能。

2.3.6.2 叶内蒸腾作用

蒸腾作用是植物通过气孔损失水蒸气的过程。当天气很热的时候,植物失去的水蒸气会使植物降温,而水分会经由茎和根向上流动或“被拉”进叶子里;当植物水分不足时,脱水的叶肉细胞释放植物激素脱落酸,导致气孔关闭,减少氧气释放和二氧化碳吸收过程中的水分损失,图 2.7(a)所示为植物中开闭气孔的蒸腾作用。

Stomatex®织物是阿克苏诺贝尔(AKZO Nobel)公司开发的,它是由氯丁橡胶织物和有许多小孔状圆顶的泡沫绝缘材料制成,其作用与叶片内的蒸腾过程类似,并能控制水蒸气释放,使穿着者舒适[图 2.7(b)]。在身体产生更多热量时,Stomatex®织物通过更快的泵输送来响应穿戴者的活动水平,当穿戴者处于静止状态时,返回到较被动的状态。Stomatex®可与 Sympatex®系统一起使用(见 2.3.3 节)[4]。

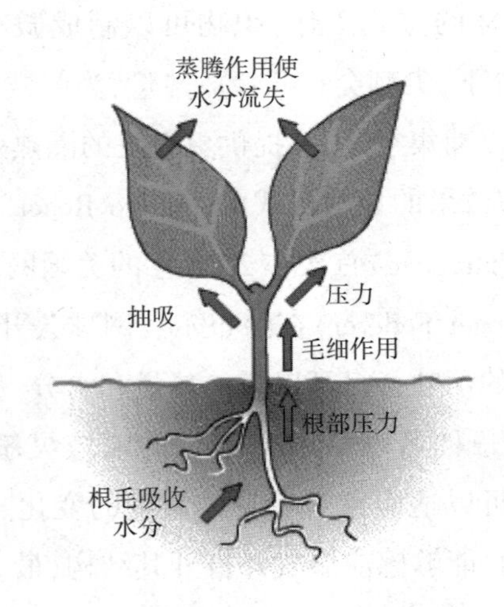

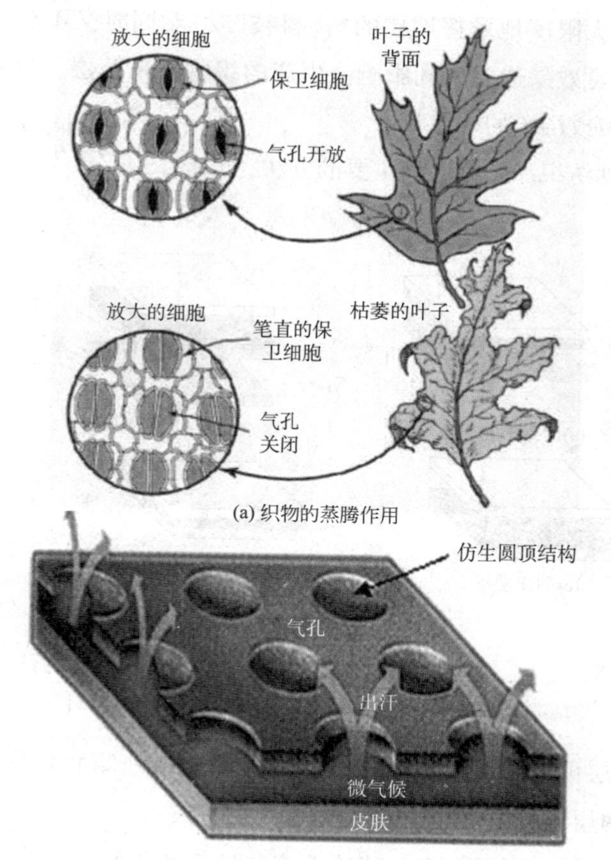

(a) 织物的蒸腾作用

(b) 阿克苏诺贝尔生产的基于蒸腾作用的Stomatex®织物

图 2.7 植物和织物的叶内蒸腾作用原理

2.3.6.3 荷叶表面效应

日本帝人公司通过模仿荷叶的结构开发了一种具有高疏水性的名为 Super-Microft®的织物[33]。水珠如同水银一样从荷叶上滚落,其表面微观结构粗糙,并覆盖着一层低表面张力的蜡状物质。据报道,Super-Microft®织物表现出良好的拒水耐久性和高耐磨性,同时它还具有透湿性和防水性。

2.4 薄膜的整合方法及涂层在透气织物分层结构中的应用

微孔或亲水性膜是脆弱的,并且不能给出织物般的感觉,它们必须被整合到纺织产品中,以便最大限度地发挥期望的“高科技”功能,同时又不会对传统织物的手感、悬垂性和视觉效果造成不利影响。生产的织物将是两层、三层或四层结构,其中一层是被涂覆或层压的透气膜。

将薄膜整合到纺织品中有四种主要的方法,如图 2.8 所示[17]。

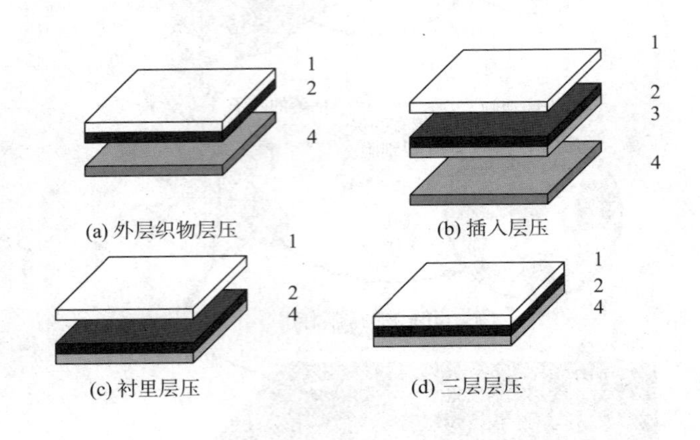

图 2.8 层压类型

1—外层织物 2—透气膜 3—插入织物 4—衬里材料

透气膜或涂层可与以下材料层压:外层(内侧面或外侧面)、中间层、内层,在某些情况下,用内层和外层一起层压。

其中,最后一种很少使用,第二种的手感和悬垂性最好。此外,第二和第三种方法为服装制造商提供了灵活性,因为外层面料可以修饰,以适应时尚的需求。层压的方法可根据预期应用有所不同,如图 2.9 所示[2]。从提升效率、耐久性、环保和节能的角度考虑,热熔黏合比传统的溶剂型黏合更受青睐。这些材料在约 130℃熔化,形成带有交链的黏结。Reifenhauser 已经报道了一种通过组合薄膜挤出和层压工艺生产透气防水薄膜/非织造层压材料的改良的、更经济的方法,这种方法采用静电工艺而不是机械压力来整合涂层[35]。必须慎重选择层压工艺,以确保层压膜的透气性保持在高水平。由于环境问题和消费者的需求,对层压机的黏合要求发生了积极改变,以提高织物的层合性能[2,36]。

根据应用选择层压膜的基材:用于服装和伤口敷料的机织物;用于伤口敷料、衬垫/衬里、屋顶薄膜的非织造布;作为垫衬物的泡沫。

非织造布已经被证明比传统织物更经济有效,原因有很多。例如,融合了熔纺

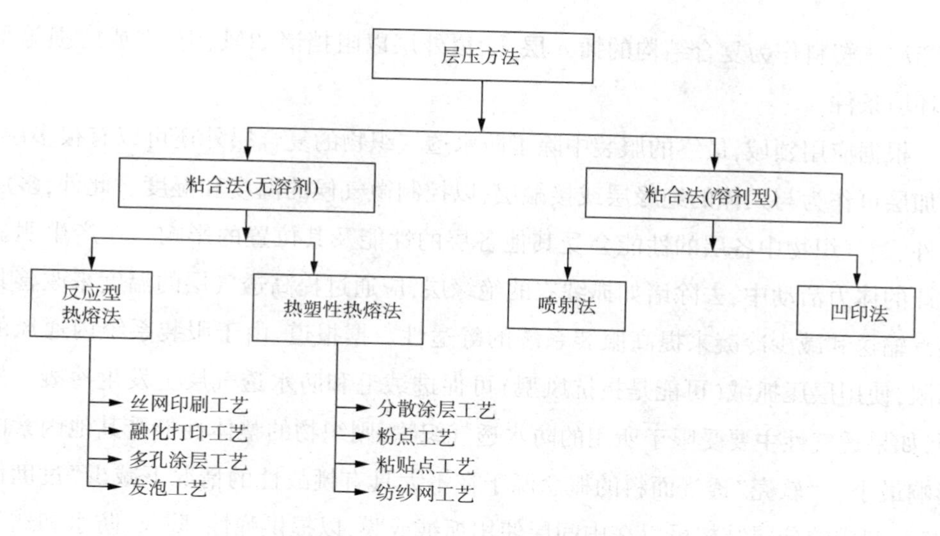

图 2.9 纺织品层压板的生产技术

和水刺特性的 MediSoft®(荷兰聚合物集团公司产品)是一种专利产品,具有更高的柔软性和透气性。在另一项研究中,杜邦公司的 Acturel®产品,由三层组成,包括聚酯非织造内层,杜邦公司的 Hytrel®作为透气膜层,以及纺粘聚丙烯作为外层。前两层通过挤出涂层工艺制成,外层通过黏合层压工艺附着在 Hytrel®层上。同样,不同种类的非织造布也能制成透气织物[37]。

在织物上涂层的传统方法是采用刀辊技术的直接涂层法。有时,涂层由许多方法组合形成多层。为了获得更薄的涂层,使织物更加柔韧,并将涂层应用于经编织物、非织造织物、机织织物和弹性织物而采用转移涂层。在转移涂层的工艺中,薄膜也可以通过涂覆在剥离纸上,随后将其黏附到织物上制成层压体,将涂层施加到织物的一侧成为衣服的内侧。这些"常规"涂层具有良好的耐磨性,不需要用织物衬里来保护涂层表面。聚氨酯也可以通过转移涂层施加到编织物上,从而生产出更柔韧的涂层织物,通常将涂层施加到服装外侧。一些采用上述工艺的商业产品有 Cyclone(Carrington)、Entrant™(Toray)和 Keelatex 等[5,38]。对于给定的聚合物涂层重量,转移涂覆和层压织物比相同纤维类型的直接涂覆织物的渗透性更强,因为在后一种情况下涂覆材料会堵塞间隙[10]。

VÆTREX™(Vapour Attenuating and Expelling Thermal Retaining insulation for EXtreme cold weather clothing,用于极端寒冷天气服装的透湿、排气、保温隔热材料)已被开发用于恶劣天气救生服(还可参见第 10 章)。为了更好地隔热,采用聚

氨酯泡沫塑料作为复合结构的插入层,涂覆外层以阻挡诸如风、雨、雪或磨损等不利环境条件。

根据应用领域,最终的服装中除了防水透气织物的复合层外还可以有很多层。附加层可作为与人体的绝缘层或接触层,以控制微气候的温度和湿度。此外,多层组件、透气织物中各层的性能会受其他各层的性能及其位置的影响。在产生明显排汗的体力活动中,去除诸如抓绒衣的绝缘层,应通过提高透气层的温度来改善其湿汽输送和减少冷凝来提高服装系统的舒适性。据报道,由于服装系统内通风的局限,使用层压抓绒(可能是指抗风型)可促进绒毛和防水透气层上发生冷凝。然而,如果透气性主要受限于所用的防水透气织物,则织物的整体性能受其他因素的影响最小。“软壳”透气面料的概念源于在不太具有挑战性的情况下减少“过度保护”。制成的分层结构可以在中间层使用抓绒或膜,以提供弹性、防风、防水和透气性。然而,对于极端情况,则需要更合适的透气织物来保护。

2.5 防水透气织物的性能评价

在许多应用中,期望透气织物满足除透气性之外的许多功能特性,如织物的撕裂、拉伸和剥离强度;抗弯耐磨性;耐洗性;胶带密封性;热生理舒适性等,并在产品的整个使用寿命内有效地发挥作用[5,11,23,39-42]。表面的改性或缝合也可能对功能性织物产生不利影响。

防水透气织物的性能评价主要是通过测量三种性能来完成的[4]:抗液态水渗透性和抗吸水性;透湿性;防风性。

典型透气织物的一些特征[5,11,39-41]:水蒸气透过率——最低 5000g/m^2/24h;防水性——静水压最低 130cm;防风性——通过空气透过率测量,在 1mbar❶ 时小于 1.5cm^3/(cm^2·秒)。

2.5.1 抗渗透性和抗吸水性

织物的抗渗透性和抗吸水性能可通过两种不同的试验来测量:模拟淋雨试验

❶ 1mbar = 10^{-3}bar = 10^2Pa。

和渗透压试验。

2.5.1.1　模拟淋雨试验

2.5.1.1.1　雾化试验

AATCC 测试方法 22[43]测量的是织物对水的抗润湿性。该测试方法适用于织物的拒水性测试，但不能用来预测织物可能的防雨渗透性。将 180mm×180mm 试样固定在一个直径为 152.4mm 的圆箍上，并以 45°放置在一个斜面上，如图 2.10 所示，允许 250mL 蒸馏水在 25~30s 内从 150mm 高度喷雾到试样表面。喷雾完成后，取下圆箍并在一个固体上轻轻敲击，将湿/斑点图案与仪器提供的评级图表进行比较。

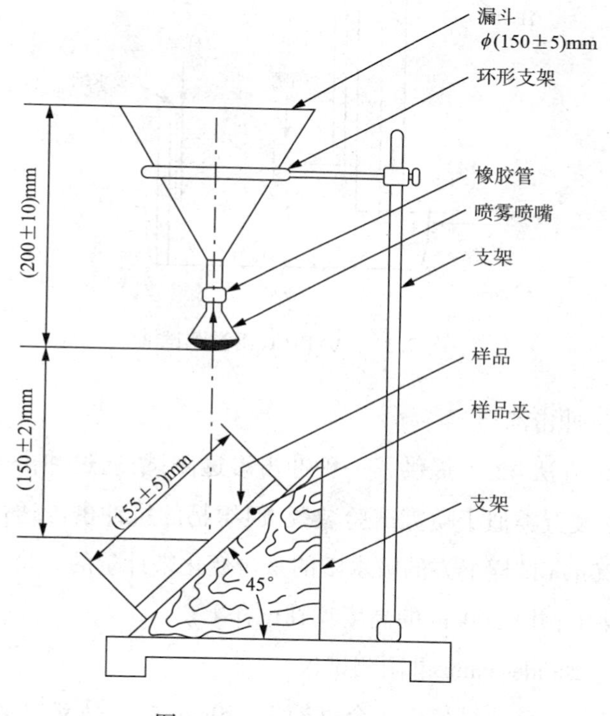

图 2.10　AATTCC 喷雾试验

2.5.1.1.2　雨淋试验

AATCC 测试方法 35[44]提供了一种通过冲击测试水渗透性的方法，该方法可用于预测织物的防雨渗透性能。将 15.2cm×15.2cm 吸水纸背衬于 20cm×20cm 的试样并垂直安装在一个刚性支撑架上，见图 2.11。在距离为 30.5cm 的地方对试样进行水平加压喷雾,持续 5min,用吸水纸的重量变化评价测量织物的耐水渗透性。试验可以在不同的冲击强度下进行,通过在不同的压头下进行试验,可以得到织物或织物组合的抗渗透性能的全貌。压头应以 300mm 的增量变化,以确定没有渗透的最大压头,随着压头的增加渗透性的变化,以及造成"击穿"或渗透超过 5g 水所需的最小压头。

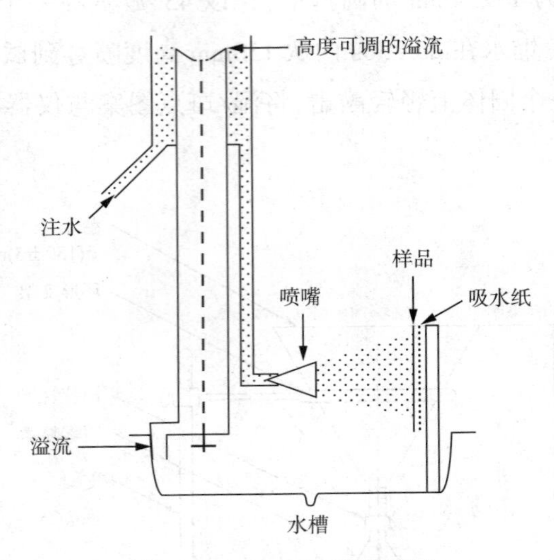

图 2.11　AATTCC 雨淋测试

2.5.1.1.3　冲击渗透

AATCC 测试方法 42[45] 提供了一种冲击渗透测试,通过冲击来测量织物对水的抗渗透性。该装置类似于喷雾试验装置,但织物的抗冲击渗透性能是通过测量置于 178mm×330mm 试样下方的吸水纸的重量变化来计量的。将 500mL 蒸馏水倒入测试器的漏斗中,并从 60cm 的高度喷到试样上。

2.5.1.1.4　Bundesmann 淋雨测试仪

如图 2.12 所示,该测试仪由 4 个直径为 100mm 的样品支架组成,放置在倾斜的杯架上,旋转机构摩擦试样的下侧。试样在 150cm 的高度上,用过滤后的加压水进行模拟降雨,透过织物的水被收集在杯子里,并测其质量。

Bundesmann 淋雨测试仪是 1935 年开发出来的,与 AATCC 所提出的测试方法 35 类似,但计量织物透水性的方法有所不同。Bundesmann 测试仪测量的是被测试织物覆盖并受到模拟降雨的罩杯中所收集到的水,而 AATCC 测试方法 35 测量的

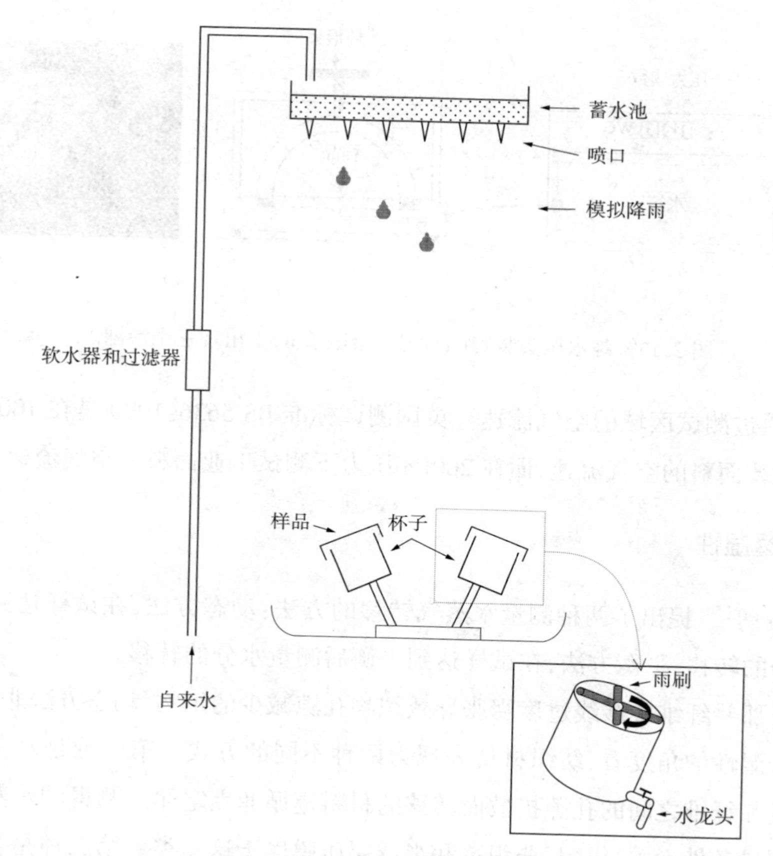

图 2.12 Bundesmann 模拟淋雨测试仪

是在模拟降雨下放置在织物下的吸水纸重量的变化。

2.5.1.2 渗透压试验(静水压测试)

AATCC-127[46] 和 ISO 811[47] 测试方法是测量织物在静水压力下的抗渗水性能。安装在锥形孔下的试样受到持续不断的水压,并以每分钟(10±0.5)cm 增加,直到在它的表面出现三个渗漏点,如图 2.13 所示[48]。在织物表面出现第三个水滴之前,达到的柱高越高,试样的防水性越好。

2.5.2 防风性

织物的防风性能是通过测量织物的空气透过性来评价的。ASTM D737-2012[49] 测量在标准压力下通过织物表面单位面积的空气流速。试样安装在面积为 38.3cm^2 的测试头区域上,用(50±5)N 的力夹紧。当通过试样的压降为 125Pa

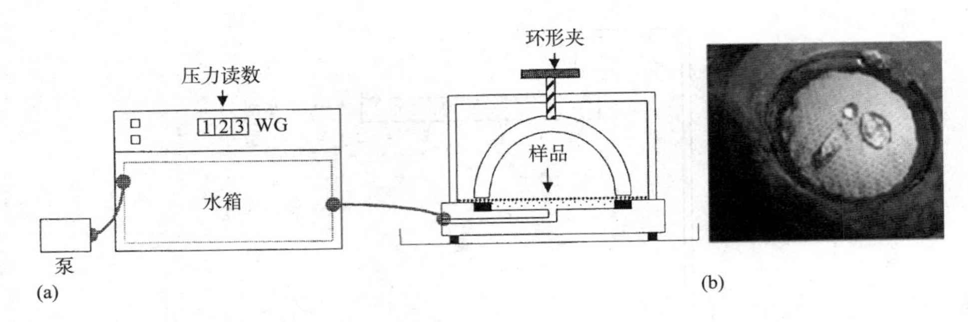

图 2.13　静水压头装置(a)的透气织物(b)上出现三个渗漏点

时,测量通过测试区域的空气流速。英国测试标准 BS 5636:1990 是在 100Pa 压力下测试服装面料的空气流速,而在 200Pa 压力下测试工业面料的空气流速。

2.5.3　透湿性

Hong 等[50]提出了两种测量水蒸气转移的方法:动态方法,在试样达到平衡前测量水分的转移;平衡方法,在试样达到平衡后测量水分的转移。

对于那些纤维或纱线过度膨胀导致织物孔隙减少的织物,动态方法非常重要。

从透湿性的角度看,纺织材料表现为两种不同的方式。第一种是水蒸气主要通过纱线和纤维之间的孔隙扩散而转移的材料遵循菲克定律。测得的水蒸气渗透率值与测量条件无关,机织、非织造和半透层压膜属于这一类。第二种是含有一层亲水膜纺织材料的复合材料,它们的表现非常不同,特别是,通过亲水膜的扩散速率取决于测试条件,如该层中水蒸气的含量或相对湿度[42,51]。

有多种方法可以用来测试纺织品的透湿性,其中常用的是如下所述的方法。

2.5.3.1　杯法

ASTM E96,是材料中水蒸气传递的标准试验方法[52],这些材料如纸张、塑料薄膜、其他板材、纤维板、石膏和石膏制品、木制品和塑料等。这种方法也在纺织品上使用了很长一段时间,尽管它并没有模拟出服装真实的穿着情况。

用直径为 74mm 的圆形试样封在装有水的杯口上,置于标准大气条件下。在织物试样达到平衡后,通过连续称重来观察水分通过织物试样的蒸发情况。杯子里装满 100mL 蒸馏水,水面和织物之间留有 19mm 的高度,试样上方的风速保持在 2.8m/s,如图 2.14 所示。经过适当时间后,例如过夜,将杯子重新称重并记录时间[53]。水蒸气的透过率为:

$$WVT = \frac{G \times 24}{t \times A} \tag{2.1}$$

式中：WVT——水蒸气透过率，g/(m^2·天)；

G——重量变化，g；

t——重量变化 G 发生所需的时间，h；

A——测试面积，m^2。

也可以通过将织物的水蒸气透过率（WVT）相对于参考织物的 WVT 的百分比来表示水蒸气透过性能，即水蒸气透过率指数。该参考织物与试样一起进行测试。这种方法的主要缺点是水杯内部水面与织物之间的静止空气层比织物本身具有更高的耐水汽性。

有时倒立杯子进行实验，使水接触织物的内表面[图 2.14(b)]。这种形式的测试对亲水性薄膜更有利。

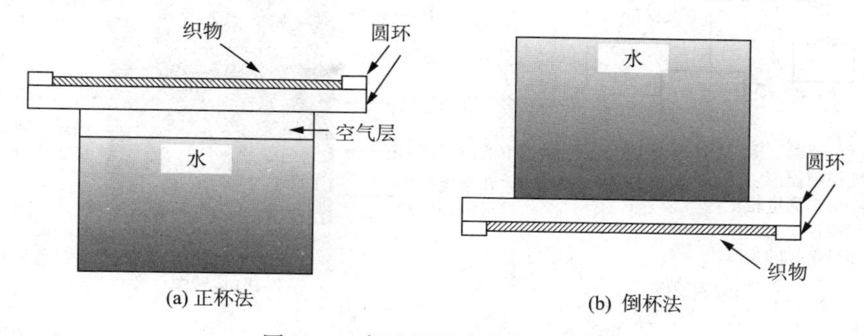

(a) 正杯法　(b) 倒杯法

图 2.14　杯法测量水蒸气透过率

2.5.3.2　干燥剂倒杯法

ISO 15496 采用倒杯法测量织物的水蒸气渗透性。一个装满干燥剂（如醋酸钾）的杯子用圆形的防水透气膜密封，将 180mm 的圆形试样安装在试样夹具的凹槽中，并用另一片防水透气膜覆盖，然后将试样架插入支架内，支架安装有四个垂直可调螺钉，使试样在 23℃ 蒸馏水的水浴中浸入(5±2)mm 的深度。量杯秤量精度为±1mg。倒置并插入试样架，15min 后，取下量杯重新称重[53]，试样的水蒸气透过率计算如下：

$$WVT = \frac{96 \times (a_1 - a_0)}{A} \tag{2.2}$$

式中：WVT——水蒸气透过率，g/(m^2·天)；

a_1——测试后测试样的质量,g;

a_0——测试前测试样的质量,g;

A——测试面积,m^2。

2.5.3.3 出汗防护热板法

ISO 11092 提供了出汗防护热板测试法,通过模拟人体穿着织物的真实情况来测量织物的透湿性[54]。该方法与用于测量织物热传递的防护热板法类似,该仪器测量加热板维持在恒定温度下所需的功率(图 2.15)。当用试样覆盖时,使其保持恒定温度所需的功率与织物的干态热阻相关。如果板用水饱和,则将其保持在恒定温度下所需的功率与水从板表面蒸发并通过织物扩散的速率有关。

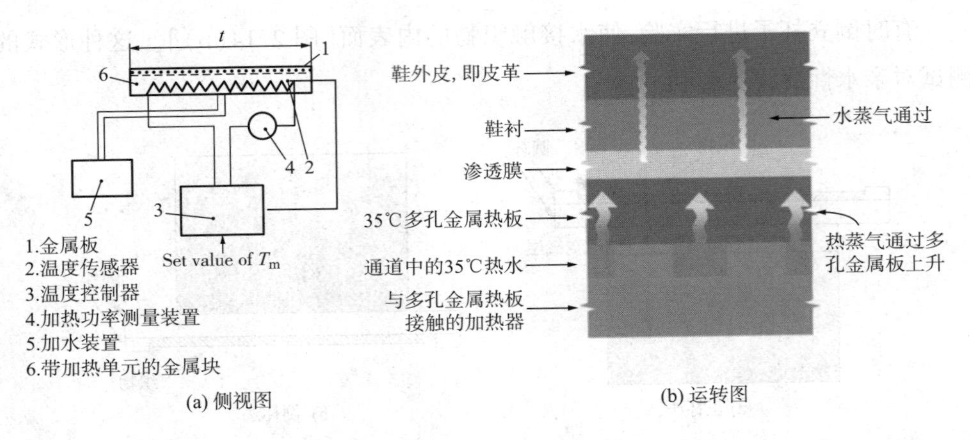

图 2.15 出汗防护热板[55]

将尺寸为 300mm×300mm 的织物试样安装在一个正方形多孔板上,加热到接近体表的恒定温度(如 35℃),通过直接夹在板表面正下方的传感器测量板温度。整个装置安置于箱体内,以便对环境条件进行仔细控制。试样上方的空气流速调节在 1m/s,达到稳态后,织物的总蒸发阻力计算如下[53]:

$$R_{et}=\frac{A(P_s-P_a)}{H-\Delta H_e} \tag{2.3}$$

式中:R_{et}——由织物和边界空气层提供的总蒸发阻力,$m^{-2}\cdot Pa/W$;

A——测试面积,m^2;

P_s——板表面的水蒸气压,Pa;

P_a——空气中的水蒸气压,Pa;

H——加热功率,W;

ΔH_e——加热功率修正项,W。

织物的固有蒸发阻力可以通过减去边界空气层的蒸发阻力得到,通过在无织物的裸板上进行测试来获得:

$$R_{ef}=R_{et}-R_{eb} \tag{2.4}$$

式中:R_{ef}——织物固有蒸发阻力 $m^2 \cdot Pa/W$;

R_{eb}——由边界空气层提供的蒸发阻力,$m^2 \cdot Pa/W$。

在用于水蒸气渗透性测试的各种方法中,只有出汗防热板法模拟了真实的服装穿着情况,其结果与人类的热生理反应有关。在其他方法中,当在同一织物上进行时,立杯法的水蒸气透过率通常最低,其次是倒杯法和干燥剂倒杯法。

2.6 不同织物的比较评价

虽然各大织物厂商都声称织物具有透气性,但大多数织物并没有按照类似的测试程序也没有在实际情况的模拟状况下进行测试。此外,由于下列因素,在防水性和舒适度方面进行客观比较往往是困难的。

(1)许多织物能承受130cm的静水压头,但由于测试方法的多样性,以及测试过程中的条件甚至远不能反映所设计的织物所针对的极端外部条件(例如多雨天气),因此蒸汽透过率往往难以比较。

(2)在一系列的研究中[56-58],发现在稳态、下雨、刮风以及下雨并且刮风条件下,不同类型产品的蒸汽传递行为有很大的不同。一般来说,风会提高而雨会降低织物的水蒸气传递速率,大多数织物的透气性最终会因长期暴露于严重的多雨条件而终止。

(3)一项生理学试验结果表明,使用仪器假人穿着由各种材料制成的完全相同式样的服装进行测试。当织物以服装的形式穿着时,各种材料之间的透气性差异比实验室测试数据要小得多[59]。

在对几种透气织物[Ventile、PTFE薄膜层压织物(Gore-Tex®)和PU涂层三种类型]的对比评价中可以看到,通常Ventile具有低的防水性能,但透气性较高。Gore-Tex®层压织物具有高的透气性和防水性能,但价格昂贵(表2.2)[42]。为了比较一系列织物的透气性,Salz[60]开创了一种采用加热杯法结合人工降雨装置的实验方法。试验表明,微孔涂层和层压织物的性能优于亲水层压织物(表2.3)。在多数情况下,对双层PTFE层压织物而言,雨水下的水蒸气透过率显著降低。还发现层压织物在寒冷的环境条件下比涂层织物表现更好,可传递更多的水蒸气,防止冷凝形成的时间更长[4]。一般来说,与层压织物相比,涂层的优势是基材价格更低和生产过程更灵活[61]。

表2.2 不同透气织物性能的比较

性能	织物		
	棉织物	PTFE层压织物 GORE-TEX®	PU涂层
防水性能 静水压头(cm)	160~200	>2127	630~2127
35℃下立杯渗透性 [g/(m²·24h)]	4100~5150	4850~5550	2500~4650

注 PTFE=聚四氟乙烯;PU=聚氨酯。

表2.3 不同条件下通过雨衣织物的水汽输送量(WVT)

材料	WVT[g/(h·m²)]	
	干	湿
微孔PU涂层织物A	142	34
微孔PU涂层织物B	206	72
双层PTFE层压板	205	269
三层PTFE层压板	174	141
亲水性PU层压板	119	23
微孔AC涂层织物	143	17
微纤织物	190	50
PU涂层织物	18	4

注 PU=聚氨酯;PTFE=聚四氟乙烯;AC=腈纶

Holmes等[62]根据BS 7209的透气性测试方法(经过一些修改),将透气性织物按性能下降的顺序排列如下:首先是紧密机织物(合成长丝织物、棉纤维织物);其次是薄膜(微孔膜、亲水膜);最后是涂层(亲水涂层)。

然而,另一项研究发现与上面的结论相矛盾,因为发现在极端条件下亲水膜优于微孔膜[63]。英国国防服装和纺织局测试了各种透湿面料的性能,并对其进行一般性的比较(表2.4)[20,64]。

表2.4 透湿面料的性能比较

面料类型	透湿性	液体实验	成本	注释
PTFE层压物	5星	5星	高	市场引领者,全能型。价格昂贵
微孔PU	2~5星	2~5星	中等到高	使用广泛,耐久性可接受
亲水性PU和聚酯	2~3星	3~5星	低到中等	便宜,来源广,存在耐久性问题
高密度机织物	5星	1星	中等到高	Ventile价格昂贵,防水性低
防渗透层	—	2~5星	低到中等	不舒适

注 星级评定:* 为差,* * * * * 为优;PU=聚氨酯;PTFE=聚四氟乙烯。

如前所述,大多数织物的透气性最终会因长时间暴露在恶劣的多雨条件而终止。在多雨和多风的情况下,透气性终止的时间按以下(递增)顺序排列[56-58]:微纤、棉Ventile、多孔聚氨酯层压织物、PTFE层压织物、聚氨酯涂层织物、亲水层压织物。

为了阐明用于服装的防水透气织物的水蒸气扩散传递的机理,采用简单的玻璃器皿,在有温度梯度和无温度梯度的稳定状态下的气候室中进行试验。研究发现,气隙内的水汽压力和自然对流也会影响水汽传递的程度。根据是否存在温度梯度,不同织物的水蒸气传递速率排序不同。有温度梯度时,织物的排序如下:微纤织物>PTFE层压织物>棉Ventile织物>亲水层压织物>多孔聚氨酯层压织物>聚氨酯涂层织物。存在温度梯度的情况下,还发现冷凝是一个主要因素,尤其在气温低于0℃时。在PTFE层压织物内表面的冷凝量最小,其次是棉Ventile织物、微纤织物、亲水层压织物、多孔聚氨酯层压织物和聚氨酯涂层织物[56-58]。然而,在另一项关于四层织物组合中水汽传递和冷凝效应的研究中,对于亲水性膜层压在亲水性织物内层的样品来说冷凝是最少的。层压在外壳下面的亲水层通常比类似的疏水层吸收更多的水分,这一现象揭示了水分从外层到内层的转移过程[65]。除上述性能外,许多其他性能也很重要,这取决于应用领域和其他标准,如材料的耐久性能。聚氨酯涂层织物比聚四氟乙烯和聚酯层压织物具有更好的抗机械损伤性能。另外,亲水膜在后处理(干洗)和耐久性(耐磨性)方面具有优势。

2.7 发展趋势

设计透气织物的技术不断发展,以实现功能的改进,并为各种应用提供成本低、效益高的制造工艺,技术的发展包括改进材料配方,以提高薄膜的性能、控制孔径及其分布、开发改进的单片薄膜和涂层材料。智能透气织物,特别是基于仿生学的织物也显示出它们的潜力。在未来,由电纺纳米纤维网制成的透气织物也可能具有所需的多孔结构,从而赋予织物阻隔性和舒适性。高比表面积、柔韧性好、重量轻、多孔结构的独特组合,可能比传统透气织物性能更好。此外,透气层/膜的构造、膜的结合方式、涂层技术、织物衬底及衬里材料,尤其是服装构造也在发生变化,在透气服装的设计中也起着至关重要的作用。

参考文献

[1] Tanner JC. Breathability, comfort and Gore-Tex laminates. *J Coated Fabrics* 1979;8:312.

[2] Painter CJ. Waterproof, breathable fabric laminates: a perspective from film to market place. *J Coated Fabrics* 1996;26(2):107-30.

[3] Fung W. Products from coated and laminated fabrics. In: *Coated and laminated textiles*. Cambridge, England: The Textile Institute, Woodhead Publishing Ltd; 2002. p. 149-249.

[4] Holmes DA, Horrocks AR, Anand SC. Waterproof breathable fabrics and textiles for survival. In: *Handbook of technical textiles*. Cambridge, England: The Textile Institute, Woodhead Publishing Ltd; 2000. p. 282-315. 461-489.

[5] Sen AK. *Coated textiles: principles and applications*. Lancaster, Basel: Technomic Publishing Co. Inc.; 2001. p. 133-54.

[6] Gretton JC, Brook DB, Dyson HM, Harlock SC. Moisture vapour transport through waterproof breathable fabric and clothing systems under a temperature gradient. *Text Res J* 1998;68(12):936-41.

[7] Yadav AK, Kasturiya N, Mathur GN. Breathablility in polymeric coatings. *Man-Made Text Ind*2002;45(2):56-60.

[8] Save NS, Jassal M, Agrawal AK. Polyacrylamide based breathable coating for cotton fabric. *J Ind Text*2002;32(2):119-38.

[9] White PA, Sleeman MJ, Smith PR. (Fixed Constructions, Mining), 2004. Retroflective Fabrics and Method of Production. EP 1402107.

[10] Lomax GR. Design of waterproof, water vapour permeable fabrics. *J Coated Fabrics* 1985;15(1):40-66.

[11] Shekar RI, Yadav AK, Kumar K, Tripathi VS. Breathable apparel fabrics for defence applications. *Man-Made Text Ind*2003;46(12):9-16.

[12] Bajaj P. Eco-friendly finishes for textiles. *Ind J Fibre Text Res* 2001;26(1-2):162-86.

[13] Hoechst - UK - ltd. More efficient breathable garments. *App Int* 1988; 13(1):15.

[14] Kirtk O. *Encyclopedia of chemical technology*. 4th ed. New York: John Wiley and Sons; 1995. p. 654-5.

[15] Hemmerich J, Fikkert J, Berg M. Porous structural forms resulting from aggregate modification in polyurethane dispersions by means of isothermic foam coagulation. *J Coated Fabrics*1993;22(4):268-78.

[16] Roey MV. Water resistant breathable fabrics. *J Coated Fabrics* 1991;21(1):20-31.

[17] Mayer W, Mohr U, Schrierer M. High-tech textiles: contribution made by finishing, in an example of functional sports and leisurewear. *Int Text Bull* 1989;35(2):16-32.

[18] Gulbinienė A, Jankauskaitė V, Sacevičienė V, Mickus KV. Investigation of water vapour resorption/desorption of textile laminates. *Mat Sci* 2007;13(3):255-61.

[19] Whelan ME, Macttattie LE, Goodings AC, Turl LH. The diffusion of water vapour through laminae with particular reference to textile fabrics. *Text Res J* 1955;25(3):197-223.

[20] Scott RA. Coated and laminated fabrics. In: Carr CM, editor. *Chemistry of the*

textiles industry. Bishopbriggs, Glasgow: Blackie Academic Professional; 1995. p. 210-47.

[21] Lomax GR. Hydrophilicpolyurethane coatings. *J Coated Fabrics* 1990;20(2):88-107.

[22] Johnson L, Schultze D. *Breathable TPE films for medical applications*; 2000. Available from: http://www.devicelink.com/mddi/archive/00/07/003.html [last accessed 20.07.05].

[23] Weder M. Performance of rainwear material with respect to protection, physiology, durability and ecology. *J Coated Fabrics* 1997;27(2):146-68.

[24] Desai VM, Athawale VD. Water resistant breathable hydrophilic polyurethane coatings. *J Coated Fabrics*1995;25(1):39-46.

[25] Ding XM, Hu HL, Tao XM. Effect of crystal melting on water vapor permeability of shape-memory polyurethane film. *Text Res J* 2004;74(1):39-43.

[26] Mukhopahdyay A, Midha VK. A review on designing the waterproof breathable fabrics part I: fundamental principles and designing aspects of breathable fabrics. *J Ind Text* 2008;37(3):225-62.

[27] Hayashi S, Ishikawa N, Giordano C. High moisture permeability polyurethane for textile application. *J Coated Fabrics* 1993;23(7):74-83.

[28] Hu J, Ding X, Tao X, Yu J. Shape memory polymers at work. *Text Asia* 2001;32(12):42-6.

[29] Russell DA, Hayashi S, Yamada T. The potential use of shape memory film in clothing. *Asian Text J*1999;8(11):72-4.

[30] Mitsubishi, Hayashi S. *Makeup material for human use*. US Patent application 5155199. Oct-426989;1999.

[31] Crowson A. Smart materials based on polymeric systems, smart structures and materials. In: *Smart materials technologies and biomimetics*; 1996. Bellingham, WA.

[32] Save NS, Jassal M, Agarwal AK. Smart breathable fabric. *J Ind Text* 2005;34(3):139-55.

[33] Hongu T, Phillips GO. *New fibres*. 2nd ed. Cambridge, England: Woodhead Publishing Limited; 2001. p. 79-81.

[34] Dawson C, Vincent JFV, Rocca AM. Biomimetics in textiles. In: *Textiles engineered for performance*. Manchester: UMIST; 1998.

[35] Anon. *Nonwoven backing gives new strength to breathable films*. BPR; 2001. p. 20-1.

[36] Schledjewski R, Schultze D, Imbach KP. Breathable protective clothing with hydrophilic thermoplastic elastomer membrane films. *J Coated Fabrics* 1997; 28: 105-14.

[37] Ellen W. Finding room to breathe. *Nonwoven Industry* 2004; 35(12): 28-37.

[38] Woodruff FA. Coating and laminating techniques. In: *Clemson University presents-industrial textiles*. USA: Conference at Clemson University; 1998.

[39] Lomax GR. Breathable, waterproof fabrics explained. *Textiles* 1991; 20(4): 12-6.

[40] Krishnan S. Technology of breathable coatings. *J Coated Fabrics* 1991; 22: 71-4.

[41] David AH. Performance characteristics of waterproof breathable fabrics. *J Ind Text* 2000; 29(4): 306-8.

[42] Keighley JH. Breathable fabrics and comfort in clothing. *J Coated Fabrics* 1985; 15(2): 89-104.

[43] AATCC test method 22-2005. *Water repellency: spray test. AATCC technical manual*, vol. 82. 2007.

[44] AATCC test method 35-1980. *Water resistance: rain test. AATCC technical manual*, vol. 82. 2007.

[45] AATCC test method 42-2000. *Water resistance: impact penetration test. AATCC technical manual*, vol. 82. 2007.

[46] AATCC test method 127-2003. *Water resistance: hydrostatic pressure test. AATCC technical manual*, vol. 82. 2007.

[47] ISO 811: 1981. *Textile fabrics-determination of resistance to water penetration-hydrostatic pressure test*. International Standards Organisation; 1981.

[48] Midha VK, Dakuri A, Midha V. Studies on the properties of nonwoven surgical gowns. *J Ind Text*2012; 43(2): 174-90.

[49] ASTM D737-2012. *Standard test method for air permeability of textile fabrics*. American Society for Testing and Materials.

[50] Hong K, Hollies NRS, Spivak SM. Dynamic moisture vapour transfer through textiles: part I: clothing hygrometry and the influence of fiber type. *Text Res J* 1988; 58:697.

[51] Gibson PW. Factors influencing steady state heat and water vapour transfer measurements for clothing materials. *Text Res J* 1993;63(12):749-64.

[52] ASTM E96-1995. *Standard test method for water vapor transmission of materials*. American Society for Testing and Materials;1995.

[53] Huang J, Qian X. Comparison of test methods for measuring water vapour permeability of fabrics. *Text Res J* 2008;78(4):342-52.

[54] ISO 11092:2014. *Textiles-physiological effects-measurement of thermal and water-vapour resistance under steady state conditions (Sweating Guarded Hotplate Test)*. International Standards Organisation;2014.

[55] Mckeown D. Evaluating comfort using the SATRA STM 511 sweating guarded hotplate. SATRA Bull.

[56] Ruckman JE. Water vapour transfer in waterproof breathable fabrics: I under steady state conditions. *Int J Cloth Sci Tech* 1997;9(1):10-22.

[57] Ruckman JE. Water vapour transfer in waterproof breathable fabrics: II under windy conditions. *Int J Cloth Sci Tech*1997;9(1):23-33.

[58] Ruckman JE. Water vapour transfer in waterproof breathable fabrics: III under rainy and windy conditions. *Int J Cloth Sci Tech* 1997;9(2-3):141-53.

[59] Gray NC, Millard CE. Moisture vapour permeable garments-a physiological assessment. DERA, Farnborough Report PLSD/CHS5/CR96/010, 1996.

[60] Salz P. *Testing the quality of breathable textiles*. In: Performance of protective clothing: second symposium. Philadelphia: ASTM Special Technical Publication 989, American Society for Testing and Materials;1988. p. 295.

[61] Kannekens A. Breathable coatings and laminates. *J Coated Fabrics* 1994;24(1):51-9.

[62] Holmes DA, Grundy C, Rowe HD. The characteristics of waterproof breathable

fabric. *J Cloth Tech Manag*1995;12(3):142.

[63] Uedelhoven W, Braun W. Testing the hydrostatic pressure resistance of membrane materials. *Melliand Textilber*1991;72(3):E71.

[64] Scott RA. Textiles in defence. In: *Handbook of technical textiles*. Cambridge, England: The Textile Institute, Woodhead Publishing Ltd; 2000. p. 425.

[65] Rossi RM, Gross R. Water vapour transfer and condensation effects in multilayer textile combinations. *Text Res J* 2004;74(1):1–6.

[66] Mukhopahdyay A, Midha VK. A review on designing the waterproof breathable fabrics, part II: construction and suitability of breathable fabrics for different uses. *J Ind Text* 2008;38(1):17–41.

3　过滤用纺织品

T. H. Shah[1] ,*A. Rawal*[2]

[1]*博尔顿大学,英国博尔顿*

[2]*印度理工学院,印度新德里*

3.1　引言

过滤是指借助一种干预介质(过滤器)将一种物质与另一种物质如固体、液体和气体分离开的机械或物理过程。例如,通过使用过滤器将固体从固液混合物中分离出来,只有流体才能通过,而固体被过滤器保留。通过的液体称为滤液,被保留的固体称为滤饼。但是,如果分离不完全,滤液将受到固体微粒的污染,这取决于过滤器的孔径尺寸、孔径分布和厚度。许多的应用中,用过滤来分离悬浮液中的颗粒和流体,流体可以是液体、气体或超临界流体。根据应用,可以分开一个或两个组分。过滤是化工中广泛应用的单元操作之一,可与化工厂的其他单元操作组合使用。

过滤不同于其他分离过程,如筛分、磁分离和吸附。筛分,是经过单一的穿孔层上进行分离,太大的颗粒不能通过孔眼而被筛网保留;而在物质的磁分离中,却不使用过滤器。在吸附分离中,导致物质分离的不是颗粒的物理尺寸,而是表面电荷的作用。许多含有活性炭和离子交换树脂的吸附装置是可商用的,并被用于许多生物和化学分离操作。然而,在过滤过程中,多层网格保留了那些无法循着过滤器曲折通道运动的颗粒。

通过纺织过滤介质将固体从液体或气体中分离出来,是无数工业过程中必不可少的一部分,有助于节能、提高工艺效率和产品的纯度、回收贵重材料和污染控制的总体改进。由于织物性能对一个操作的成功至关重要,因此使用过程中织物的失效可能会导致严重的后果,例如产品的损失、维护和生产成本的损失,以及可能的环境污染成本。

纺织过滤介质过滤的最终产品可能会最终进入人们的日常生活,可食用的产品如糖、面粉、油、脂肪、人造黄油、啤酒和烈酒,以及其他产品,如染料和颜料(用于服装、家具和油漆)、黏胶纤维和薄膜、镍、锌、铜、铝、煤、水泥、陶瓷、肥皂、洗涤剂、化肥等。除了这些日常使用产品的精制外,纺织过滤介质还可用于工业和生活污水的净化,从而有助于营造更清洁的环境。

根据需要分离的物质类型,有不同种类的过滤。空气过滤用于从气体中分离固体,通常是空气中的灰尘,颗粒过滤的机制包括重力、碰撞、拦截、扩散和静电[1]。在粒子与纤维碰撞时拦截机制发挥作用,而碰撞是惯性导致粒子碰撞并黏附在纤维表面的结果。当粒子在气流中飘移时发生扩散,它们相互之间以及与纤维表面碰撞的机会提高(布朗运动)。静电分离机制是空气中的颗粒与带电纤维表面相互吸引的结果,而引力效应则是粒子质量和引力作用的结果。

一种非常简单的过滤器形式是利用筛分机制提供表面保留。这种过滤方法主要通过直接拦截发挥作用,其孔隙或孔洞起到筛子的作用。当颗粒尺寸大于开口时,阻止其通过过滤介质。在颗粒沉积在过滤器表面的过程中,过滤介质的孔径逐渐减小,这对过滤器的性能有显著影响[2]。这种被称为滤饼的沉积物,进一步收集灰尘颗粒,形成二级过滤器,并降低过滤器的透过性。最终,需要清除这些积聚的颗粒,否则过滤器出口流量的降低将导致过滤系统的故障。

在考虑固液分离时,可以采用多种方法来实现,包括沉降、浮选、旋液分离器、蒸发、磁力、静电、重力、离心、真空和压力。在真空和压力分离方法中,大多使用与纺织品相关的过滤介质。从液体中分离出液体,从固体中分离出固体,通常分别使用蒸馏和筛分。

从液体中去除颗粒的机制可确定为筛分、滤饼过滤和深度过滤。正如从气体中去除颗粒物一样,筛分是一种保留比孔洞或开口大的颗粒的方法。滤饼过滤是基于颗粒积聚,其具有过滤的作用。

当颗粒作为过滤基质时,基底织物则起支撑作用。当颗粒通过静电和范德瓦耳斯力[3]附着在织物过滤器的纤维内时,就会产生深度过滤,这些作用力使得小于过滤器孔径的颗粒被捕获在纤维里面。

本章将介绍常见的固气(粉尘收集)和固液过滤机制,详细讨论过滤介质生产中使用的原材料、聚合物、纤维和不同类型的织物结构,以及几种典型的织物整理工艺,还将简要介绍过滤器市场的发展。

3.2 集尘

3.2.1 前言

在处理固体材料的任何地方都会产生气载粉尘颗粒,如输送机、冶炼工艺、料斗灌装、粉碎工艺、燃烧工艺、铣削工艺、装袋等。粉尘可能造成环境污染问题或由于其毒性、可燃性和可能的爆炸危险引起的其他问题。所述颗粒可能只是需要去除并不具有内在价值,也可能构成可销售产品的一部分,例如糖或水泥。通常在0.1~25μm 范围,可以用沉降室、旋转净化器、颗粒过滤器、静电除尘器和织物收集器收集。可以说,这其中最有效、用途最广的是织物收集器,尤其是在处理非常细小的颗粒时,颗粒沉降缓慢,并且由于其更大的光散射,肉眼更容易看到。

3.2.2 集尘理论与原理

有关颗粒被未使用过的过滤介质所捕集的各种机制,已经有许多著述[4]。通常是根据球形粒子对单根纤维的作用来解释,可以概括为重力、碰撞、拦截、扩散(布朗运动)和静电沉积,如图 3.1 所示。

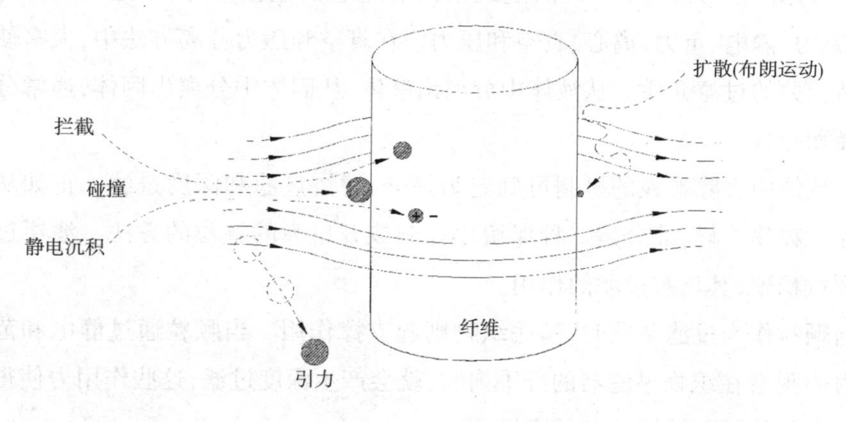

图 3.1 粒子收集机制

有研究认为[5],这些机制背后的理论可能对于某些空气过滤应用是有效的,其中总粒子捕获至关重要;然而,对于工业除尘来说,它们的价值是有限的。另一种筛分机制可能更合适,其中介质孔径的大小起着更加主导性的作用,至少在纤维积累了一层灰尘之后,灰尘就可以发挥筛分作用。

3.2.3 实际意义

在实际操作中,织物集尘器可以将含尘气体吸入透气织物。透气织物通常采用管状套管、纵向封套或褶裥元件的结构。当气体通过织物时,气流中的颗粒被保留,导致织物表面形成一层灰尘,通常称其为“尘饼”。经过一段时间后,积聚的灰尘导致材料通透性降低,并在织物的出口一侧压降增加。因此,必须在适当的时间间隔内清洗织物,以使压降恢复到可接受的水平,然后再次收集灰尘,使过滤器继续进行灰尘的积聚和清洁,该机制如图 3.2 所示。

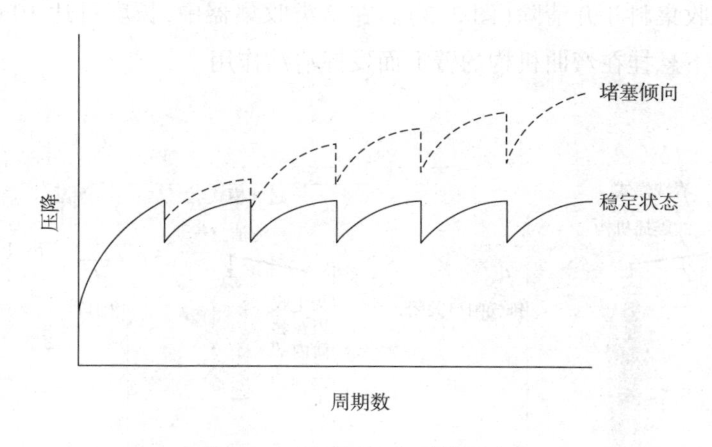

图 3.2 通过过滤介质的阻力

从图中可以看出,清洗后的压降并没有回到原来的水平,这是因为织物仍然保留了部分灰尘。实际上,这些灰尘通过对织物孔隙的桥接形成有助于过滤的多孔结构,正是这种桥接结构决定了后续过滤周期的过滤效率。从图中还可以看出,每次清洁循环后的压降都在不断上升,直至达到稳定状态。否则(虚线)压降将继续上升到需要比风扇所能产生的能量更大的功率才能将气体拉入系统的程度。这将导致流速下降,织物损坏,最终系统关闭。

由此可知,在稳态条件下,清洁过程中除去的灰尘量几乎等于过滤阶段积累的量。实际上,压降可能会出现微小的、几乎难以察觉的增加,从而导致最终需要更换织物过滤器的情况。但是,由于这种增加通常每月小于 1mm WG(水位计),因此通常至少要几个月后才需要进行更换。

3.2.4 清洁机理

织物集尘器通常根据清洁机理进行分类,即震摇、逆向空气和喷气脉冲。无论采用哪种机制,重要的是设计方案可提供最佳的除尘水平。换言之,清洁不应过度,否则破坏粉尘形成的多孔结构,将导致排放问题,但也不能不清洁,否则会导致不可接受的压降。

3.2.4.1 震摇清洁

震摇清洁涉及关闭排气扇并借助震摇机构弯曲过滤元件(或套筒),可以手动,如同传统部件中那样,或自动进行。在这两种情况下,其效果都是释放灰尘,然后灰尘落入收集料斗并清除(图 3.3)。在这类收集器中,长度可达 10m 的过滤套在控制张力下悬挂在弯曲机构的臂上而发挥清洁作用。

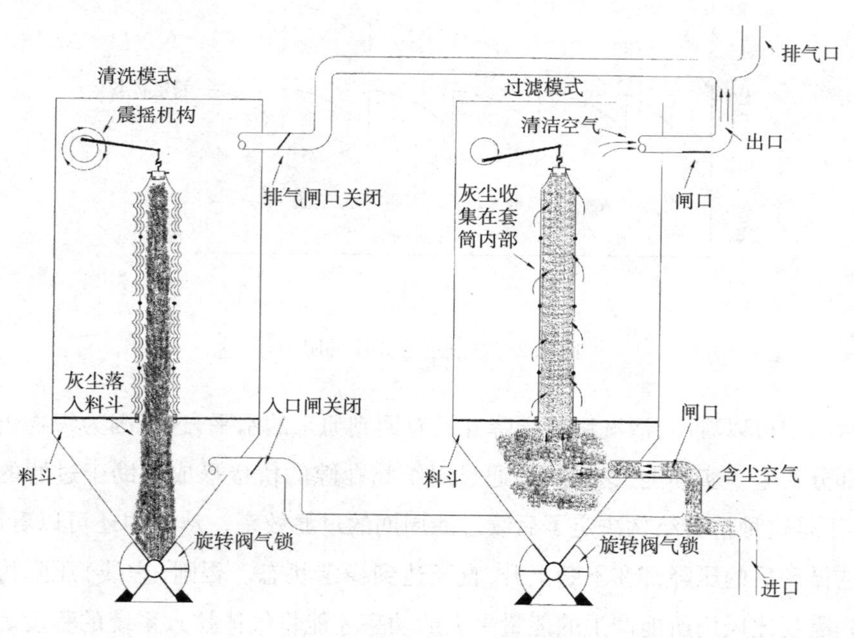

图 3.3 震摇收集器

3.2.4.2 逆向空气清洁

逆向空气清洁也是通过关闭排气扇实现清洁,是将气流从外侧逆向反流到套筒的内侧,逆向空气收集器有两种基本类型。第一种,使套管在收集阶段膨胀而在低压逆向空气清洁阶段部分塌缩；第二种，涉及更高的清洁压力，套管在制造时沿套管的长度方向间隔地预先插入很多金属环，以防止套筒完全塌缩。在某些情况下，逆向空气清洁也可以与震摇机制组合，以提高清洁性能。

3.2.4.3 脉冲喷气清洁

与通常在套筒内部除尘的机制相比，脉冲喷气集尘器是在套管外部收集灰尘。在这种情况下，通常将长 3m，直径 120～160mm 的套管安装在铁丝笼上（图 3.4）。运行中，灰尘的清除是通过一个短脉冲的压缩空气来实现的，8～14L 的体积在 6×10^5Pa 的压力下，该压缩空气被注入位于元件开口的文丘里管。所传递的冲击脉冲足以克服排气扇的力并造成过滤器套管快速膨胀。因此，灰尘就从套筒上落下，并被收集到料斗中（图 3.5）。前述的三种机制中，脉冲喷气是应用最广泛的。

图 3.4 笼架上过滤套筒部分

3.2.5 织物设计与选择

3.2.5.1 热与化学条件

实际上，气流的热与化学条件决定了要使用的纤维类型。表 3.1 列出了用于除尘的比较常见的纤维类型及其基本限制。例如，如果气流的温度高于纤维所能

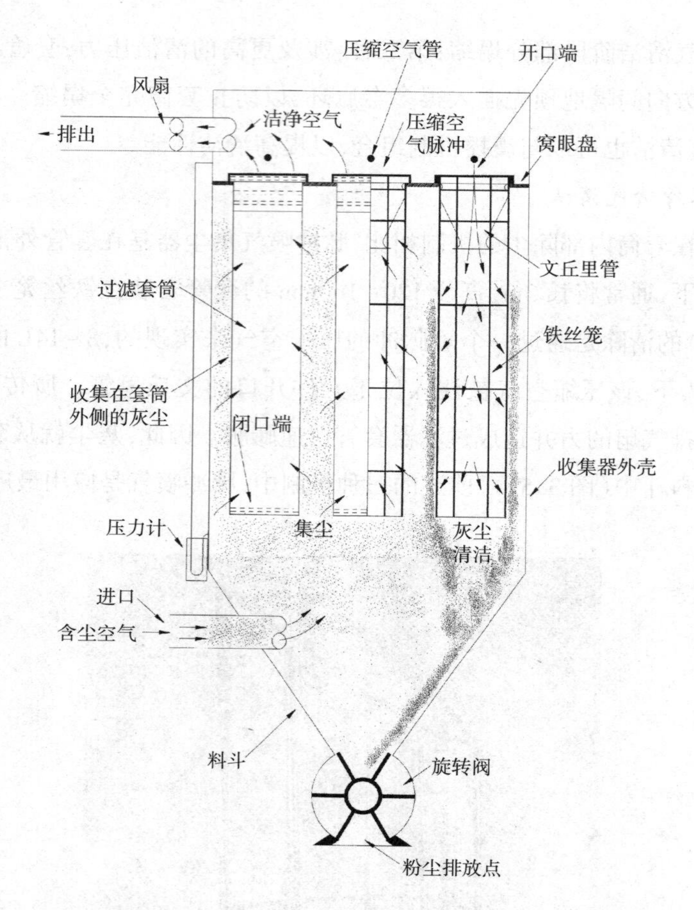

图 3.5 脉冲喷射式集尘器

承受的温度,而且出于成本考虑,排除了在收集灰尘之前进行气体冷却的可能性,则必须寻求替代的收集方法,如利用陶瓷元件。根据暴露持续的时间,高温可能会对纤维产生若干影响,其中最明显的是氧化导致的韧性损失和布料收缩导致的清洁效果降低。

从表 3.1 可以看出,每种纤维的最高工作温度可能看起来很低,特别是与各自的熔点相比。可以这样说,尽管纤维可以承受高于标示温度 20~30℃ 的短时温度激增,但经验表明,高于所列温度的连续操作将导致纤维韧性逐渐降低。

高于 100℃ 气流中存在的水分将以过热蒸汽的形式存在,也会导致许多纤维通过水解迅速降解,其降解速率取决于实际的气体温度及其含水量。类似地,气流中痕量酸也会对滤布造成非常严重的危害。最显著的例子是化石燃料的燃烧,在

表 3.1 纤维的耐化学和耐磨性

类型	例子	最高工作温度(℃)	耐磨性	耐酸性	耐碱性	一些破坏性试剂
聚酯	Dacron Trevira	150	VG	G	P	生石灰,浓无机酸,蒸汽水解
聚芳酰胺	Nomex Conex	200	VG	P	VG	草酸,无机酸,酸式盐
聚酰亚胺	P84	260	VG	P	VG	草酸,无机酸,酸式盐
纤维素	棉及黏胶纤维	100	G	P	VG	硫酸铜,无机酸,酸式盐,细菌
硅酸盐	玻璃纤维	260	P	F	F	氯化钙,氯化钠,强碱
均聚丙烯酸	Dolanit Zefran Ricem	140	G	G	F	氯化锌,氯化铁,硫酸铵,硫氰酸盐
共聚丙烯酸	Dralon Orlon	120	G	G	F	如同上面所述均聚物
聚丙烯	Moplefan(Trol)	90(125)	G	E	E	硫酸铝,氧化剂,如:铜盐、硝酸
聚四氟乙烯	Teflon Rastex	260	F	E	E	氟
聚酰胺	Nylons	100	E	P	E	氯化钙,氯化锌,无机酸
多肽	羊毛	110	G	G	P	碱,细菌
聚苯硫醚	Ryton Procon	190	G	VG	E	强氧化剂
聚醚醚酮	Zyex	250	VG	G	G	硝酸

注 E:极好,VG:很好,G:好,F:一般,P:差,PEEK:聚醚醚酮。

燃烧过程中,存在于燃料中的硫被氧化形成 SO_2,在某些情况下,也可能释放出 SO_3。后者在潮湿的情况下会形成硫酸。因此,如果让收集器温度低于酸的露点,超过 150℃,则会导致纤维的快速降解。聚芳酰胺纤维对酸解特别敏感,在可能发生这种酸水解的情况下,最好选用耐水解纤维,例如由聚苯硫醚(PPS)制成的纤维。另外,PPS 纤维不能维持连续暴露在温度高于 190℃(或者含有超过 15%氧的环境)的条件下,否则必须考虑更昂贵的材料,如聚四氟乙烯(PTFE)。

由于大部分织物集尘器并没有面临这种热或化学的限制,因此最常用的集尘纤维是聚酯,它能够在相当高的温度(150℃)下连续工作,而且具有价格竞争力。另外,聚酯对水解作用非常敏感,如果这成为严重困扰,腈纶将是首选。

3.2.5.2 过滤要求

若不能有效地收集灰尘颗粒,将不可避免地导致大气污染,即使不是绝对有害,但也是不希望的。因此,重要的是,首先对织物进行设计,使之能够最大限度地捕集粒子。颗粒尺寸和尺寸分布决定了织物的结构。如果颗粒非常细,就可能导致侵入(甚至穿过)织物的主体,导致织物孔隙堵塞、无法清洗和过早的高压降,织物可能会变得“堵塞”。因此,选择或设计的织物应有助于在表面或附近形成合适的灰尘孔结构,并在很长一段时间内维持可接受的压降。

由于颗粒的磨蚀性将导致内部磨损,套管受到的弯曲作用将进一步加剧内部磨损。传统的纺织品磨损试验方法在预测织物性能方面微不足道,除非能引入一种实际正在处理的粉尘的磨损试验机制。

输送到收集器的颗粒也可能带有预先施加或在途中获得的静电荷[6],如果被带入收集隔室,就会积聚起来,具有潜在的爆炸后果。Morden[7]的一篇论文就是此种情况,涉及白糖粉尘的处理系统。由于静电本质上是一种表面效应,如果这种电荷的积累可能会带来严重的风险,那就必须考虑构建抗静电的过滤织物,例如,通过特殊的表面处理或通过使用抗静电纤维如不锈钢或碳涂层聚酯(导电)。如果介质正确接地,将使电荷易于消散。

通过测量置于织物表面两个同心环之间的表面电阻率(Ω),可以容易地评估织物的抗静电性能,每个同心环的电位差为500V。

一家纤维制造商[9]声称,他们使用一种摩擦电性能差别很大的纤维混合物来制造过滤介质,这种过滤介质可以获得优异的收集效率。更进一步指出,借助于这种效率的提高,可以使用更开放的结构,而且使含尘空气通过收集器所需的功耗下降。然而,尽管这种过滤介质在室内空气过滤应用中具有一定的优势,但要充分认识并利用工业除尘中的摩擦电效应,还需要进行大量的研究。

另一个问题是存在非常热的粒子。无论是燃烧、干燥或其他过程中,这些颗粒都被认为是随气流进入过滤室的,它们会带来严重的火灾危险。在一定情况下,甚至发现不易燃的聚芳酰胺纤维也会被点燃。因此,如果没有进行颗粒筛分,织物可能需要特殊的阻燃处理。

粉尘收集中最困难的是气流中存在水分,或由于在前处理过程中产生的粉尘具有黏性。如果随后织物晾干,就会加剧黏附,导致粉尘颗粒形成节点或团块,导致尘饼重量增加,最终达到临界堵塞的情况。针对这种情况,建议织物在整理过程中进行特殊的疏水或疏油处理。

3.2.5.3 设备注意事项

设备方面要考虑清洗机构,特别是由它们所施加的力。在震摇收集器的情况下,过滤器套筒将经受相当剧烈的弯曲,这导致在弯曲疲劳的情况下织物上形成折痕并最终形成孔洞。如前所述,这种情况会由于气流中存在磨蚀性颗粒而加剧。因此,过滤器套筒除了能抵抗灰尘负荷重量的拉伸外,还需要具有优异的柔韧性(至少在关键的弯曲点上),才能使设备具有更长的使用寿命。

相比之下,在喷气脉冲收集器中,织物套筒安装在金属丝笼上,间隔性地向金属丝笼内频繁注入压缩空气脉冲。这使得织物在横向短暂膨胀,之后排气风扇的力量加上织物的弹性回复特性,使该元件恢复到与丝笼紧密配合。Sievert 和 Loffler[10] 对此作用进行了深入的研究,关键因素是实际的脉冲力和清洗频率,保持架的设计和条件,以及过滤套与保持架本身的"合身"与否。太紧的过滤器会导致清洗效率低下,太松的过滤器导致笼架线的损坏或干扰相邻的元件。如果清洗频率增加,这种情况将会恶化,如同粉尘负荷较高时可能会发生的情况。

过滤器的样式也决定套筒设计的复杂性。除了为此目的以管状形式生产的针织物外,首先必须将所选择的过滤介质切成适当的宽度,然后制成管。可以通过缝合来实现,如果聚合物具有热塑性,则可以通过热空气焊接来实现,后者具有更高的生产速度和无需缝纫线的优点。在诸如聚苯硫醚(PPS)等高成本材料的情况下,这可能是一笔可观的节省。

实践中,通常以相当长的滤布(如 100m),来制造"管",之后再切割为各个套筒的预定尺寸,以准备下一阶段的制造。在逆向空气和震动收集器的情况下,这可能涉及安装防塌缩环和可能的金属帽——过滤器套筒可以悬挂在过滤器中的附件,还可以包括其他增强件,以使套筒能够承受频繁弯曲的影响。

相比之下,喷气脉冲收集器中的过滤套筒位于单元板的开口处,它们可以垂直或水平安装。由于灰尘是收集在这些套管的外部,如果要避免过滤器的旁路和随后的灰尘排放到大气中,那么定位点上的夹具至关重要,一些可能的密封安装如图 3.6 所示。

3.2.5.4 成本

尽管介质制造商经常需要考虑全部的设计因素和性能保障,但这仍然是一个竞争非常激烈的行业。因此,通过审慎地采购原材料或通过更高效的生产(包括制造)技术,尽一切努力降低介质的制造成本。

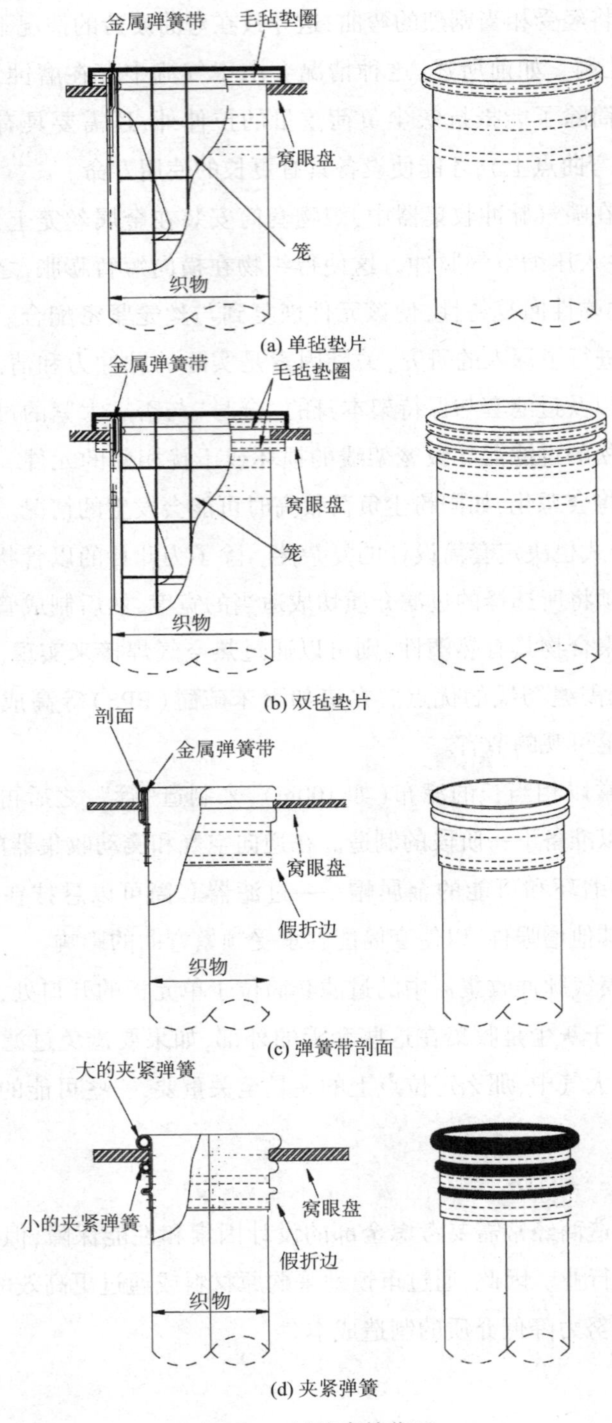
金属弹簧带
毛毡垫圈
窝眼盘
笼
织物
(a) 单毡垫片
金属弹簧带
毛毡垫圈
窝眼盘
笼
织物
(b) 双毡垫片
剖面
金属弹簧带
窝眼盘
假折边
织物
(c) 弹簧带剖面
大的夹紧弹簧
窝眼盘
小的夹紧弹簧
假折边
织物
(d) 夹紧弹簧

图 3.6　过滤套筒位置

3.3 织物结构

织物集尘器有三种基本的结构:机织、非织造和针织。前两种为平型的,要求裁切至合适的宽度并转换成管状套,而针织物可直接以管状形式生产。

3.3.1 机织物

用作过滤介质的机织物在纤维周围有孔隙,所采用的织造结构在很大程度上取决于所织造的过滤器的预期应用。最简单的结构是平纹,其中纱线上下成棋盘图案。这种组织通常是最紧密的,织物上的孔最小。因此,它能很快地保留颗粒。这种织物并不常用于过滤,是因为过滤器倾向于高压降。这些织物主要用于震摇集尘器,这类过滤织物可采用包括加捻的连续长丝纱线、短纤维纱线(棉或羊毛纺纱系统),或两者的组合。织物组织可以是基本的斜纹,例如 2/1、2/2 或 3/1,也可以是简单的缎纹,后者具有更大的柔韧性,从而具有更好的抗弯曲疲劳性和更光滑的表面,以便更好地释出滤饼。

斜纹织物具有良好的流平性,并不会像平纹织物那样保留颗粒,因此,过滤器速度不会像平纹织物过滤器那样快速堵塞。在缎纹织物中,纱线在两个方向以上一下四织造。这种织物在保持颗粒方面效率不高,但具有最佳的滤饼释放特性,因此,相对容易清洗。机织物的面密度一般在 $200 \sim 500 g/m^2$。

总之,过滤特性受组织类型的影响很大,因为这将增加或减少纤维间的开放空间,影响织物的强度和透气性。织物的透气性影响了在特定压降下通过过滤器的空气量。例如,在密纹织物中,低透气性有利于捕捉小颗粒,但代价是压降高。

织物设计时要考虑抗粉饼质量的拉伸性、抗震摇清洁机构的弯曲疲劳性、利于粉尘高效释放的表面、影响最大限度颗粒捕获同时具有最小的气体流动阻力的结构。

对于纱线的选择,机织物可以选择光滑连续的长丝纱线以提供更光滑的表面,也可选择短纤维纱线以提供更大的纤维表面。虽然前者具有优越的滤饼释放特性,但后者由于具有更多的孔隙,会有更高的过滤速度、更大的层流,因此,穿过织物的压降更低。通过使用连续长丝经纱和短纤维纬纱的组合,优选缎纹组织,可以获得更光滑的表面和更大的灵活性。在这种情况下,通过对纬纱进行机械起绒处理,可以进一步提高过滤效率。

3.3.2 非织造布

非织造布涵盖了广泛的加工技术,每一种都为最终用途的应用提供了不同的性能。表3.2列出了一些可用的典型技术及其属性。非织造布广泛用作过滤介质,具有优异的过滤效率和耐化学性。然而,这些材料的抗拉强度和耐磨性还不能满足要承受高磨损率和拉伸力的过滤器的应用。通过适当的处理,可以改善和优化过滤介质的这些特性,以便在工艺中使用。这种结构的截面图如图3.7所示,是目前为止在集尘过程中应用最广泛的结构,有无限多的孔洞数量,并且比机织物的过滤速度要快得多。

表3.2 非织造布生产工艺的一些共同特点

性能	非织造布加工技术及特性						
	热法黏合法	化学键合		纺粘法	熔喷法	针刺法	喷涂黏合
		干法	湿法				
拉伸强度	高	尚可	尚可	极好	差	好	差
撕裂强度	好	尚可	差	好	差	好	差
模量变化	差	好	差	差	差	好	尚可
机械稳定性	好	好	好	好	差	好	尚可
透气量范围(cfm)	低到高	中	低	低	中	高	低
耐久性	好	好	好	好	差	极好	尚可
深度载荷	尚可	尚可	差	差	差	好	好
耐磨性	好	好	好	好	尚可	好	尚可

注 cfm=立方英尺每平方英尺每分钟,在1/2英寸水位。

在大多数情况下,它们是通过在机织底布或稀松布的两边针刺一层棉纤维(通过交叉铺设制成的多层梳理纤维网)来生产,可以连续进行,也可以单独预成型和预针刺棉絮附件来实现。在将纤维"绷"到稀松布上后,通常借助更细的针,将其进行二次、更密集的针刺操作,从而将其结成一体。这种操作通常通过"双刺"同时处理毡布的两面。

机织稀松布的使用(虽然并非用于所有情况),为非织造布提供了稳定性和必

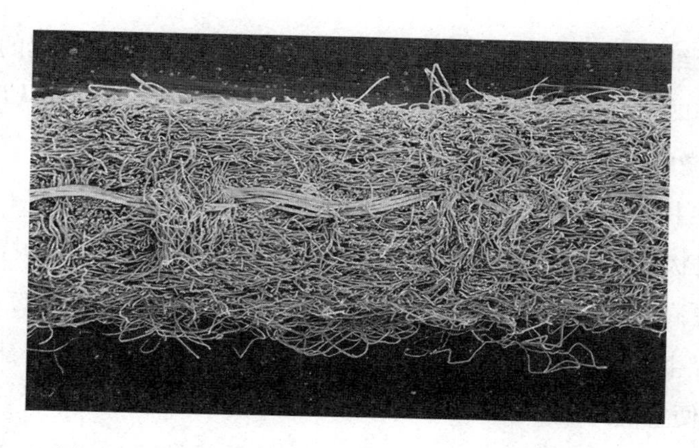

图 3.7 非织造布粉尘过滤器横截面的扫描电镜照片

要的抗拉特性,以承受脉冲清洁机构施加的应力,而棉絮提供了必要的过滤效率,也是对底布免受不断弯曲而引起磨损的一种保护措施。根据非织造布的拉伸规范,稀松织物的面密度通常在 50~150g/m^2。

不可避免地,针刺过程会对稀松布造成一定的损伤,尤其在它是由连续的长丝纱线组成时,因此,稀松布的设计经常通过"过度设计"来弥补这一点。损伤也可以通过选择针刺参数即针的设计样式、针的细度、针的取向、针板样式、针刺方案(即穿孔率和穿透率)来减轻。

自身长度通常为 75~90mm 的针安装在板上,其排列或样式尽可能设计成可提供一个均匀且没有"针迹线"的表面。横截面通常为三角形,针上有一系列的倒刺,这些倒刺设置在角落。每根针通常有 9 根倒刺,它们被设计在冲孔动作的向下行程中与纤维接触,而在向上行程中完全避开。因此,这些纤维被机械地锁定在组件中的其他纤维上,也被锁定在机织的稀松布上。倒刺可以在针叶片的长度上规则地间隔开或者更紧密地间隔开,以用于更密集的针刺,从而形成更密集的结构。在另一设计中,倒刺仅位于三角中的两个角,这种设计用于需要对稀松织物中的一种组分进行最大保护的情况。

针板上的针密度、针刺的频率、针的样式和穿透结构的深度,都将对控制最终组件的厚度和密度以及稀松布所保留的强度产生影响[11]。

形成棉絮的纤维通常在 1.66~3.33dtex,尽管已经有更细的"微纤维"(如小于 1dtex)。虽然微纤维单位面积将提供更高的孔数,过滤效率更高,但它们也需要更高程度的梳理,从而显著降低生产效率。在另一项研究中,类似的结构可以通过所谓的可剥离纤维来实现,这种纤维包括多种在挤压阶段黏合在一起的成分。然而,由于随后梳理的机械作用(或水溶性黏合剂的水处理),各个成分从母体结构上剥离下来,形成微纤维非织造布的外观。

尽管集尘用的纤维大多为圆形截面,不规则形、多叶状纤维(如 Lenzing 的 P84®)和花生状纤维(如 DuPont 的 Nomex®)也有应用。后者具有特殊的价值,因为它们具有更高的比表面积,因此可生产具有优异颗粒收集能力的非织造布。一些制造商已经生产在表面使用高颗粒收集效率纤维的“贴面”结构,同时在背面保留更粗糙、更便宜的纤维。

非织造织物的面密度通常在 300~640g/m^2,质量较轻的用于逆向空气和震摇集尘器,较重的用于脉冲喷气集尘器。实际上,大多数非织造布的面密度为 400~510g/m^2,通常有利于更高的过滤速度。然而,对于磨蚀严重的灰尘,面密度在 540~640g/m^2 的材料预期寿命会更长。

3.3.3 针织物

由于能够以无缝管状的形式生产,因此从理论上讲,纬编针织物提供了一种具有吸引力的、经济的、替代机织和针刺非织造织物的途径。通过在针织物中加入适当的纱线,调控其弹性来提高颗粒收集能力[12]。不利的一面是,在关键应用中,过滤效率低于非织造布,而且不能完全满足大套管直径的工业需求,经常用于机织和非织造结构的表面的物理和化学整理也不能完全用于针织物。

3.4 表面处理

过滤介质织物的整理可分为化学、机械或热机械整理。化学整理是将化学试剂作为涂料应用于织物表面,或将织物浸渍于化学添加剂或填料中。机械整理是改变织物表面的纹理,通过在织物的表面纤维上的物理的重新定向或塑形完成。热机械整理是利用热和压力改变织物的尺寸或物理性能。

这些处理本质上是为了改善织物的稳定性、过滤收集效率、粉尘释放以及抗潮湿和化学物质损害的性能。为了实现这些目标,采用了许多整理工艺,例如热定形、烧毛、膨松、轧光、化学处理和特殊的表面处理。

3.4.1 热定形

为了防止使用过程中的收缩,有必要提高稳定性。这种收缩可能是由于在生产过程中施加在纤维或纱线上的张力松弛造成的,也可能是由于原材料本身固有的收缩特性造成的。

集尘器中常见的热环境有助于织物的松弛,而且如果在生产过程中没有得到有效的解决,可能会在使用中出现严重的收缩问题。例如,在脉冲收集器中,横向收缩会导致织物在支撑笼上变得太“紧”,清洗效率低下,最终导致不可接受的压降。

由于热是收缩的主要原因,因此通过热方法来实现织物的稳定性是合乎逻辑的。这种操作通常被称为热定形,可以通过表面接触技术、通过空气设备或拉幅来实现,优选后两种方法,因为它们能使热量更多地渗透到结构的实体中。这对于非织造布的情况特别重要,因为稀松布在某种程度上被棉絮隔离。无论采用哪一种技术,为了确保使用过程中的稳定性,热定形操作的温度总是明显高于所述材料的最大连续操作温度。此外,由于纤维的完全松弛是一种温度—时间相关的现象,制造商也会以适当的速度进行加工,以达到预期的效果。

除了使织物稳定之外,热定形过程还会由于纤维的密实度的升高导致结构面密度的增加。这反过来又将进一步提高过滤效率。

3.4.2 烧毛

由短纤维制成的过滤织物,尤其是非织造布,总是具有突出的纤维末端的表面。由于这些凸起物可能会黏附灰尘,从而阻碍滤饼的释放,所以清除它们是一种常见的做法。这是通过烧毛来实现的,在烧毛的过程中,织物以相对较快的速度在一个裸露的气体火焰上通过,或者,在一个加热的铜板上通过。热量使纤维收缩到织物表面,对于热塑性纤维,它们形成小而硬的聚合物珠(图 3.8),烧毛条件(即速度和气体压力)通常根据聚合物的类型、最终用途、个别制造商的偏好或所要求的强度进行调整。

3.4.3 膨松

虽然烧毛是为了清除织物突出的纤维,而膨松实际上是为了在滤套的出口一侧形成纤维状的表面,以提升织物的集尘能力。因此,膨松基本上是为含有短纤维纱线的机织物设计的(至少在纬向)。在操作中,织物被拉过一系列称为“起绒”和“压绒”的旋转辊,每一个辊轮上都覆盖着钢丝,并同心地安装在直径约 1.5m 的大圆筒上。当圆筒旋转时,压辊使纤维表面膨松,而反压辊使纤维更加有序。起绒织物可由 100%的化学短纤维或者是复丝与短纤维纱线组合而成,后者以缎纹织造,其中正面主要为复丝纱线,反面主要为短纤维纱线。由复丝提供的光滑表面将有助于滤饼释放,而背面凸起的短纤维纱线将提高颗粒收集效率。在此过程中,总是会发生宽度收缩显著的尺寸变化,因此在设计织物时必须注意这一点。

图 3.8 烧毛非织造布表面的扫描电镜图

3.4.4 轧光

轧光工艺实现了两个目的,第一是改善了织物表面的光滑度,因而有助于粉尘释放;第二是调节织物的密度和透气性,以此提高织物的过滤效率。由于后者,纱线和纤维变得更紧密,使得颗粒更难以通过甚至进入织物的主体。

工业上绝大多数的轧光机至少由两个辊组成,一个由镀铬钢制成,另一个由更富弹性的材料制成,如尼龙或高度压缩的棉花或羊毛纤维。钢制辊配有热源,如气体、电气元件、过热蒸汽或循环热油。因此,通过改变工艺温度(通常根据聚合物类型)、压力和速度,可以达到所需的密度和表面光洁度。实际上,更常见的控制参数不是密度,而是织物透气性的大小,通常用单位 cfm(立方英尺每平方英尺每分钟,在 1/2 英寸水位)或升每平方分米每分钟,在 20mm 水位[13]。

棉或合成材料制成的辊也可能具有弧形的轮廓,以抵消在施加压力时发生的偏转(弯曲),否则可能导致不均匀的轧光。或者,因为这个曲面只适用于设计的工作压力，通常优选的方法是采用由设备制造商 Kusters 和 Ramisch-Kleinwefer 开发的轧光机，无论施加多大的力，织物在整个宽度上都能保持一致的压力。

虽然轧光机很有用，尤其是在调节透气性方面，但它不应被认为是减少针刺密度的更经济的替代方法，或对于机织物，不应被认为是更经济的调节线间距的替代方法。在织物完全"适应"环境之前，过滤器中的破坏性条件很可能会完全抵消轧光操作的效果。当过滤介质中的纤维具有特别的弹性时，这一点尤其重要，例如丙烯腈类纤维。

3.4.5 化学整理

化学整理通常用于以下两种情况之一：①有助于粉尘的释放，特别是在遇到可能含有油或水汽的潮湿的黏尘时；②提供保护，免受化学气体腐蚀，如 SO_2 和 SO_3。但是，在有 SO_3 的情况下，这种化学处理在水分存在下的有效性低于100%，在这种情况下，必须寻求耐化学性更好的纤维。

其他化学整理也可用于更有针对性的目的，例如，专门的处理，通常涉及硅酮或聚四氟乙烯，在脉冲或震摇清洗中提高纱线对纱线或纤维对纤维的"润滑性"。同样，易燃性是一个潜在的危险，有必要填充市售的阻燃化合物。

3.4.6 特殊表面处理

这类处理目的是进一步提高织物的过滤效率和滤饼释放特性，有两种类型的处理：①更高效膜的附着，例如在层压操作中的双轴拉伸 PTFE（图 3.9）；②低密度微孔泡沫的应用（图 3.10）。

这两种处理都是尽可能地将灰尘颗粒限制在织物表面，从而减少堵塞现象。在这方面，具有非常精细结构的 PTFE 膜特别有效。它可以通过特殊的黏合剂或在适当的情况下通过火焰焊接层压到织物表面。虽然效率很高，但像蛛网一样的表面非常纤弱，在使用这种材料制作滤套时必须小心。此外，由于 PTFE 层压织物相对昂贵，其使用通常局限于必要的应用领域，例如灰尘颗粒非常细或具有特别危险的性质，或在尘饼释放方面这种类型的表面显示出独特的优势。

泡沫处理的步骤如下：①机械产生低密度乳胶泡沫；②将这种泡沫通过辊上刮刀（或空中飞刀）技术涂在织物上；③适当温度下烘干泡沫；④将泡沫压碎成开放的蜂窝结构；⑤在较高的温度下固化泡沫成交联的化学结构。虽然处理的主要成

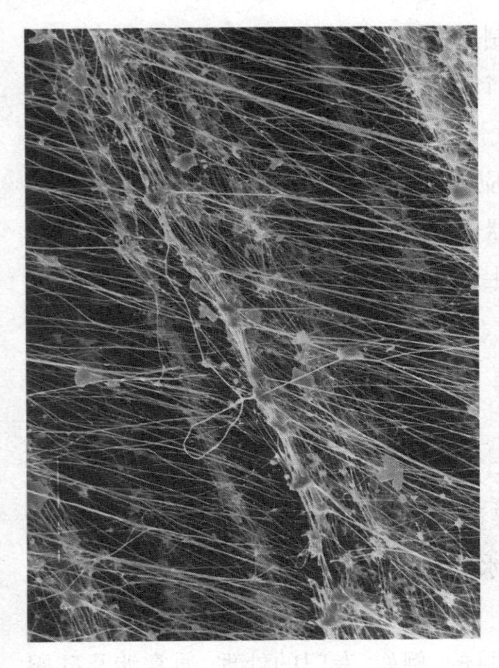

图 3.9　双轴拉伸的 PTFE 膜的扫描电镜图

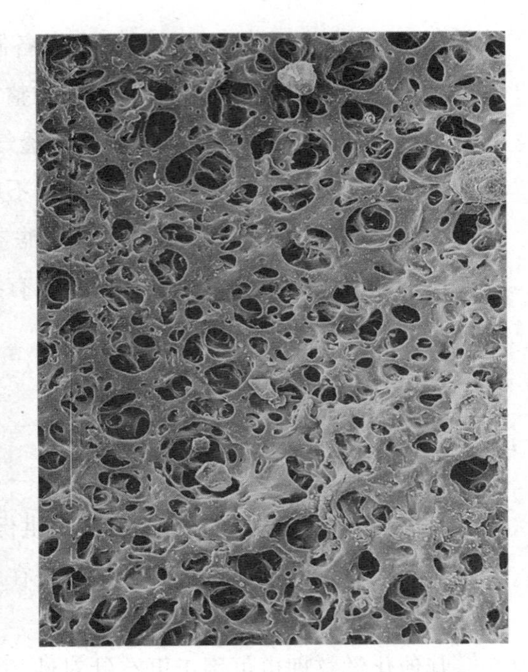

图 3.10　针刺毡基底上微孔涂层的扫描电镜图

分通常是水性丙烯腈乳液,确切的配方可能包括各种化学试剂,以确保得到精致、规则、稳定的孔隙结构,也许还能提供诸如抗静电或疏水的特性。产生泡沫的材料的实际密度也至关重要,过高的密度会导致基体过度润湿并导致不可接受的透气性;过低的密度则会导致渗透不充分,机械结合不良,因而有分层的危险。

以这种方式生产的丙烯腈泡沫涂层非织造面料能够在高达约 120℃ 温度下连续操作。但是,它们通常不耐水解,否则会导致结构塌缩,产生过早增压。尽管如此,鉴于泡沫涂层结构在相对“安全的条件下”的成功运行,未来无疑将会出现更先进的此类产品,其结构不仅能更有效地捕获粒子,还能够在更具化学和热挑战性的环境中运行。

防静电整理对于过滤有诸多好处。大量的过滤介质是用合成纤维制成的,其回潮率和导电性都很低,通过对纤维的整理,可以获得更高的导电性。一层薄薄的抗静电材料会吸引一薄层湿气,同时也会带着与纤维相反的电荷中和静电。耐久性的抗静电整理剂包括碳、聚酰胺和气相沉积金属。

抗菌整理可防止微生物(如细菌和真菌)在纤维和过滤器表面生长,这些处理包括对过滤材料使用卤素、醇和金属(如硝酸银)。采用防水整理还可形成一个屏障来降低纤维表面的临界张力。拒水性是通过化学整理剂实现的,包括铬络合物、硅树脂和氟化物。硅树脂的使用还会增加织物表面的光滑度,然而,整理需要经历一个固化过程。

紫外线会对聚合物造成损伤,导致光降解以及纤维和过滤器强度的丧失。使用紫外线吸收剂和聚合物稳定剂可以通过屏蔽纤维或吸收光线来保护滤布。它们可以通过浴液施加,或者添加到聚合物中。用阻燃材料对织物进行整理可以降低燃烧的倾向或降低火焰扩散的倾向,阻燃剂可以使燃料炭化、熄灭燃烧反应、吸收热量、放出冷却气体或置换氧气。

使用去污化学品对过滤织物是有益的,可以通过两种方式减轻脏污问题:使用含氟化学品去除污渍和污垢,或在使用聚丙烯酸类化学品进行清洗时创建一个有助于去除污垢的表面。

涂层是非织造黏合织物整理的基本且重要的形式,涂层的方式取决于基材、可用的设备、待涂覆的物质以及预期的效果。压碎的泡沫涂料可以根据树脂的添加量和压碎的程度,对过滤织物的孔隙度从零开始向上进行调整。塌缩进织物中的泡沫阻力最小,更适用于高气流要求[14]。

用于深度过滤的另一种整理工艺是织物的植绒[15],通过机械或静电的方法进行植绒,选择合适的施加黏合剂的方法,可以对整个表面进行植绒或制成图案。该黏合剂与用于层压的黏合剂类似,包括聚氯乙烯增塑溶胶、聚氨酯双组分黏合剂和各种水分散黏合剂。一项已经完成的研究演示了新型纳米非织造布的生产,即在传统湿法非织造布基体中三维分布的纳米碳纤维[16]。这些纳米非织造布的制备涉及分散和植绒纳米碳纤维,以及优化湿法成形过程中的胶体化学,这些纳米非织造布在用于气溶胶过滤时效率提高。

3.5 固液分离

3.5.1 简介

虽然有多种方法可实现固液分离(如沉降、浮选、旋液分离器、蒸发、磁性、静电、重力、离心、真空和压力),但本节集中讨论的机构是消耗大量纺织过滤介质的压力和真空机构。

除纺织面料外,还有许多其他形式的过滤介质也用于这些机构。表 3.3 列出了一些比较常见的类型及其相对收集效率。

表 3.3　各类过滤介质颗粒收集效率的比较

介质类型	保留的近似的最小粒径(μm)	介质类型	保留的近似的最小粒径(μm)
平网筛	100	助滤剂(粉末/纤维)	1
编织金属网	100	薄膜	0.1
烧结金属板	3	编织单丝	<10
陶瓷元件	1	其他机织物	<5
多孔塑料板	0.1	针刺毡	5
纱线(奶酪缠绕)筒	2	“链接”面料	200
压缩纤维板	0.5		

3.5.2　面料设计和选择

3.5.2.1　热和化学条件

在合成材料出现之前,工业上唯一可用的纤维是天然纤维,如亚麻、羊毛和棉。即使在现在,棉仍然有所使用,这种纤维在受潮时膨胀,有助于生产潜在的高效过滤织物。另外,工业过程中普遍存在的各种化学条件,使化学稳定性更强的合成纤维得到广泛应用。聚酰胺即尼龙 66 是第一种也是最广泛使用的合成材料,它对强酸条件非常敏感,聚酯也会在强碱性条件下降解。

相比之下,聚丙烯抗强酸和强碱,它是液体过滤中应用最广泛的聚合物。不利的一面是,这种材料对氧化剂(硝酸和重金属盐[17])的耐受性较差,因而应用受到局限(图 3.11)。在温度为 90~95℃时也可能遇到稳定性的问题,尤其是当过滤织物受到相当大的应力时。该材料对有机溶剂和矿物油的耐受性也是有限的。

工业过滤中使用的一些较常见的纤维(及其一般性质)见表 3.4。表 3.4 所示的最大工作温度略低于前一表格,反映了连续暴露于水环境下的影响。但是,在没有正式公布的数据的情况下,这些数据只能作为一般性比较的指导。

图 3.11 氧化损伤聚丙烯纤维的扫描电镜照片

表 3.4 纤维及其性质

纤维类型	密度(g/cm³)	最高工作温度(℃)	耐受性		
			酸类	碱类	氧化剂
聚丙烯	0.91	95	E	E	P
聚乙烯	0.95	80	E	E	P
聚酯(PBT)	1.28	100	G	F	F
聚酯(PET)	1.38	100	G	P	F
聚酰胺 66	1.14	110	P	VG	P
聚酰胺 11	1.04	100	P	VG	P
聚酰胺 12	1.02	100	P	VG	P
PVDC	1.70	75	E	VG	VG
PVDF	1.78	100	E	E	G
PTFE	2.10	120+	E	E	VG
PPS	1.37	120+	VG	E	F
PVC	1.37	75	E	E	F
PEEK	1.30	120+	G	G	F
棉	1.5	90	P	G	F

注 PBT=聚对苯二甲酸丁二醇酯,PET=聚对苯二甲酸乙二醇酯,PVDC=聚偏二氯乙烯,PVDF=聚偏二氟乙烯,PVC=聚氯乙烯,PEEK=聚醚醚酮,E:非常好,VG:很好,G:好,F:一般,P:差。

3.5.2.2 过滤要求

3.5.2.2.1 滤液澄清度

织物介质去除颗粒的机理有以下几种。

(1)筛分或过滤：这是一种简单的机理，粒子只有在遇到比自己小的孔径时才会被介质保留下来。

(2)深度过滤：在这种机理下，颗粒通过附着在过滤介质内部的纤维上而被捕获，例如，由于范德瓦耳斯力或静电力，即使它们可能比形成的孔径小也会被保留，这与非织造介质尤其相关。

(3)滤饼过滤：这无疑是工业过滤中最常见的机理，它涉及"桥接"在一起的颗粒在织物表面的多孔结构中的聚集。由此可知，滤饼一旦形成，实际上就成为过滤介质，随后，织物只是作为一种支撑物。在粒子难以形成天然多孔滤饼的情况下，可使用特殊的预涂料或采用"饲料"方式协助完成这一任务。

以上各种机理如图3.12所示。这已成为许多论文的主题，其中比较有意义的论文是由Purchas[18]总结的，很有说服力。

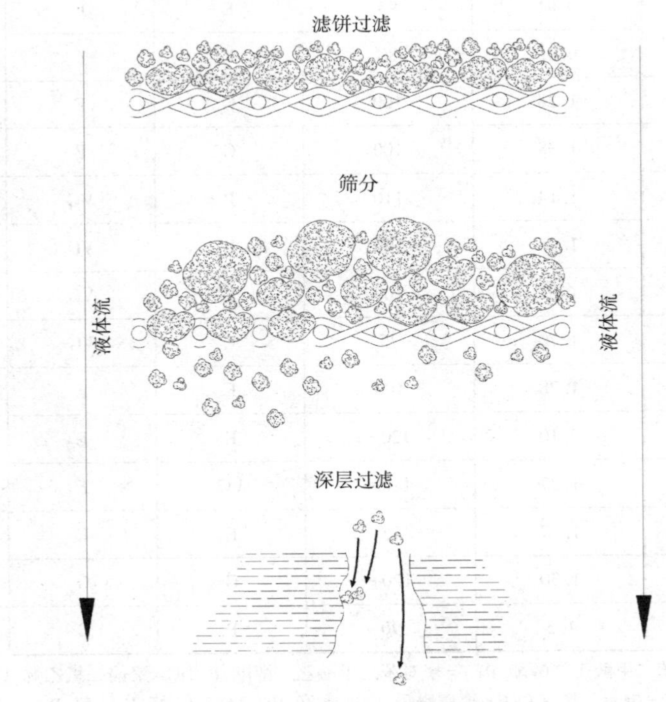

图3.12 慢速/液体过滤机理

尽管滤布是用来最大限度地分离液体和颗粒，但并非总是要绝对澄清。在某些重力或真空辅助的筛分操作中，滤布的设计只是为了捕获大于特定尺寸的颗粒。而在其他过滤系统中，在滤饼过滤发挥作用并达到必要的澄清度之前，滤液中一定量的固体是可以接受的，在某些情况下，如固体是泥浆中更有价值的成分；而在另一些情况下，关注的是液体的澄清度，因此固体的价值很小或没有。

3.5.2.2.2 滤液通量

虽然很大程度上滤液通量由设备决定，但未使用过的滤布对流量的限制可能会给工厂造成损失，在某些应用中，还会在形成令人满意的滤饼，同时带来另外的问题[19]。因此，在实际操作中，如果能够容忍滤液中存在一定量的固体，通常会在通量和澄清度之间做出一定的妥协。

3.5.2.2.3 滤饼含水率

由于在转到下一道工序之前通常需要干燥滤饼，而且加热干燥是高能耗的。因此在实际干燥操作之前，用机械方法去除尽可能多的液体很重要。类似的情况也适用于废水处理作业，如果处理后的排出物被运到垃圾填埋场，要降低其含水率，首先是为了满足当地的法律法规，其次运输水是不经济的。

与滤液通量一样，虽然原料的选择和滤布的构造对控制滤饼含水率起到作用，但在很大程度上是由滤布内部的力来控制，如用压缩空气挤压膜和干燥滤饼。

3.5.2.2.4 抗堵塞

堵塞是一个常用于过滤织物的术语，在经过正常的清洁操作后，被嵌入织物的固体污染物，对滤液的流动阻力高得令人无法接受。堵塞可能是暂时性的，也可能是永久性的。暂时性是指通过特殊的洗涤或原位清洗使织物部分或全部恢复原状，如用化学品和/或高压软管冲洗（图3.13和图3.14）；永久性是指固体不可逆地滞留在织物内部或纤维和丝线之间。

浆料的可压缩性质、颗粒的形状和尺寸以及在此过程中晶体生长的可能性是应当解决的因素，尤其是在选择织物成分时。这将在3.6节中进一步讨论。

3.5.2.2.5 良好的滤饼释放特性

在过滤循环结束时，必须将脱水滤饼从织物上取下，为下一个循环做准备。重要的是，此时必须有效地排出滤饼，因为任何延迟都会导致过滤循环时间延长，从而降低工艺效率这在压滤机操作中尤其适用。在压滤操作中，可能需要人工干预才能除去黏性的滤饼。因此，除了花费更长的时间外，还必须考虑操作人员的成

图 3.13　织物清洁前的扫描电镜照片

图 3.14　织物清洁后的扫描电镜照片

本。在某种程度上,滤饼的释放特性可能与其含水率有关,因为从广义上讲,较湿的滤饼与布粘得更牢。设备制造商已部分地解决了该问题,如高压冲洗喷嘴和清洗刷装置,并且过滤介质生产商也致力于继续开发更完美的、无需辅助的滤饼释放面料,从而实现全自动操作。

3.5.2.2.6　耐磨性

磨蚀力来自于浆料中颗粒的形状和性质,像石英那样具有坚硬、锋利边缘的材料会导致内部磨损,使纤维和丝线断裂,最终成为一个弱点,甚至在织物上形成针孔。由于该孔是流动阻力最小的点,随后孔洞增大(图 3.15),导致大量固体进入滤液。因此,滤布的设计应尽可能承受这种力的冲击,这可以采用适当的纱线和织物结构来实现,理想的是解决方案是采用与应用化学条件一致的、最坚韧的聚合物。

图 3.15 来自磨蚀性颗粒的机械损伤的扫描电镜照片

3.5.2.2.7 过滤辅助设备和物料给料

在确定过滤要求时,在某些情况下,过滤织物可能需要额外的帮助,如利用助滤剂、物料给料甚至是滤纸。助滤剂有许多类型,有的被设计成用一层粉末,如将硅藻土预涂到织物上。其目的是:防止过滤织物堵塞;辅助收集特别细小的颗粒;形成滤饼使过滤更有效。在特殊情况下,也可以使用滤纸,尤其是在要求绝对澄清的情况下。另外,物料被添加到要过滤的浆料中,形成更多孔的滤饼,从而提高过滤流速。

3.5.2.3 过滤设备因素

优选出聚合物类型并明确各种过滤要求后,确保过滤织物能够在设备上提供无故障的性能同样重要。过滤设备应具备抗拉伸性、抗弯曲疲劳性以及可能存在的对过滤器本身的耐磨性。

3.5.2.3.1 抗拉伸性

大多数过滤器都有明显的拉伸倾向,可能是由于布的张紧机制、内部压力或其他力,如滤饼的质量及其施加在织物上的引力而产生的力。对于过滤带,过滤器张紧力过大,可能在极端的情况下导致滤带延长到机器所能承受的最大长度,导致驱动问题,因此需要缩短滤带,甚至更换它。这将在 3.9.1 节中进一步讨论。

在压滤机操作中,由于滤饼的质量引起的过度拉伸可能导致滤布上的孔与滤板上相应的孔错位,从而限制滤液流出压滤机。同样地,在其他过滤系统中,如压力叶片过滤机,同样的拉伸会导致形成折痕,最终对织物造成机械损伤。

3.5.2.3.2　抗弯曲疲劳性

除了由于持续高张力引起的过滤织物整体尺寸的变化之外,在较高的温度下会加剧这种变化,还可能会面临纱线间距发生相应的变化,这可能导致织物结构更加疏松,过滤效率降低。在旋转真空鼓和旋转真空盘式过滤器上也观察到类似的扰动,这是由弯曲疲劳引起的。

在这种系统中,滤布可用于包裹滤芯,也可以简单地填入滤芯的排水表面,在真空和压力模式下运行(图3.16)。在初始阶段,被负压吸到浸没织物表面的浆料开始脱水,随着设备的旋转,脱水一直持续到大约完成2/3的旋转。此时,真空被压缩空气取代,导致织物膨胀,这进而导致已脱水的滤饼在重力作用下碎裂并从织物上脱落。

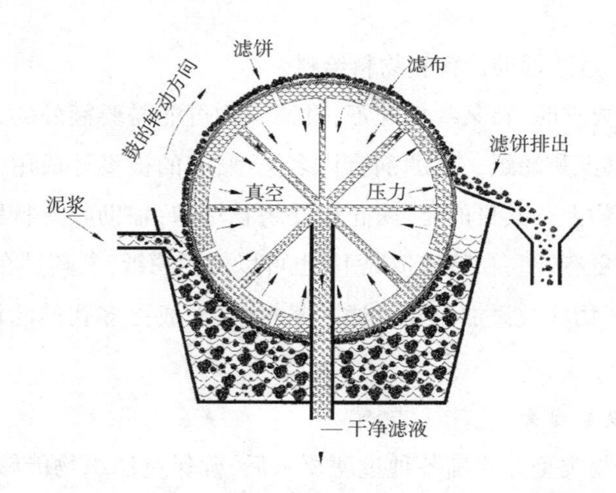

图3.16　旋转式真空过滤器

在从真空到压力变化的过程中,织物所受到的不断弯曲会导致一定程度的疲劳和丧失过滤效率,这种情况会由于浆液中存在磨蚀性颗粒而进一步恶化。

3.5.2.3.3　耐磨性

源于过滤器本身的设计和/或构造的研磨力有多种形式。对于滤带,磨损的一个潜在原因是为确保卸料点最大限度地清除滤饼所使用的刮刀刀片持续的、可能是过度的压力。除了由刀片引起的一般模式的磨损外,还要承受由于捕获颗粒、纱线结、织物折痕等导致的局部损伤,也会影响滤液的澄清度。磨蚀性浆料的存在将再次加剧磨损。

除刮刀外,磨蚀性损伤和通常的滤布变形也常见于带式过滤器的边缘跟踪或导向机构,特别是在维护不善的情况下。在这种情况下,可以通过增强织物的边缘来减轻损伤,如用树脂或热熔聚合物浸渍。

在压滤操作中,织物的操作面也会影响织物结构的选择。虽然先进塑料的引入大大减少了以前粗糙的铸铁表面对织物造成的损害,但仍有大量的应用需要使用铸铁。

这种情况下,如果常用滤布不能承受这种性质的磨擦力,可能需要特殊的制造技术或使用背衬布。作为一种更为坚固的结构,后者被设计成利于滤液自由通过主滤布的样式。

综上所述,从技术角度来看,织物的最终选择可能并非在所有方面都是理想的。因此,作为一般性指导,表 3.5 提供了关于最适合某一特定应用的纱线类型。

表 3.5 纱线类型对过滤性能的影响

按优点排序	最大澄清度	最大处理量	滤饼最低含水量	抗堵塞性	滤饼释出容易性	耐磨性
1	短纤维	单丝	单丝	单丝	单丝	短纤维
2	复丝	复丝	复丝	复丝	复丝	复丝
3	单丝	短纤维	短纤维	短纤维	短纤维	单丝

3.5.2.4 成本

大多数应用表明,过滤织物的成本在产品总成本中所占的比例相对较小。尽管如此,不可避免的是,在任何应用中,过滤织物在某个阶段需要被更换。因此,面料生产商有责任开发性价比高的材料,以确保连续工作的时间尽可能长。

3.6 纱线类型和织物结构

在设计过滤织物时,有四种基本的纱线类型可供选择,即单丝、复丝、原纤化带纱线和短纤维纱线。

3.6.1 单丝

由热塑性聚合物制成的单丝,是将熔融的聚合物薄片通过精心设计的孔挤压制成的。从挤出点出来后,熔融聚合物通常在水浴中冷却,然后通过一系列的拉伸,使分子定向,并赋予单丝所需的应力—应变性能。单丝通过的浴槽也可能有添加剂,如有助于织造的润滑剂,以及避免高速弯曲时产生冲击的抗静电剂,还可减轻对尘埃和“飞物”的吸引。单丝的直径范围为0.1~1.0mm,较小的直径主要用于压滤机、压叶和烛式过滤器、旋转式真空盘和旋转式真空鼓式过滤机,较大的直径主要用于相对粗糙的过滤应用中,包括重载真空带式过滤器或多辊压滤机。虽然通常挤压成圆形截面,但对于特殊应用,也可以是方形或椭圆形。

单丝织物的主要特征(图3.17)可归纳为:抗堵塞性;高滤液通量;过滤循环结束后,高效的滤饼释放。这些特性归因于光滑的纱线表面,就滤饼的释放而言,缎纹结构可以进一步提高这一优点。不利的是,在相邻的纱线之间和在织物的交织点上形成的孔(在单丝织物中能进行过滤的唯一点)对于染料和颜料等非常细小的颗粒的分离来说太大,尽管经线非常密集,超过110根/cm,每根直径0.15mm的织物并不少见。单丝织物的耐磨性通常也很低,在可能出现问题的情况下,需要某种形式的增强。

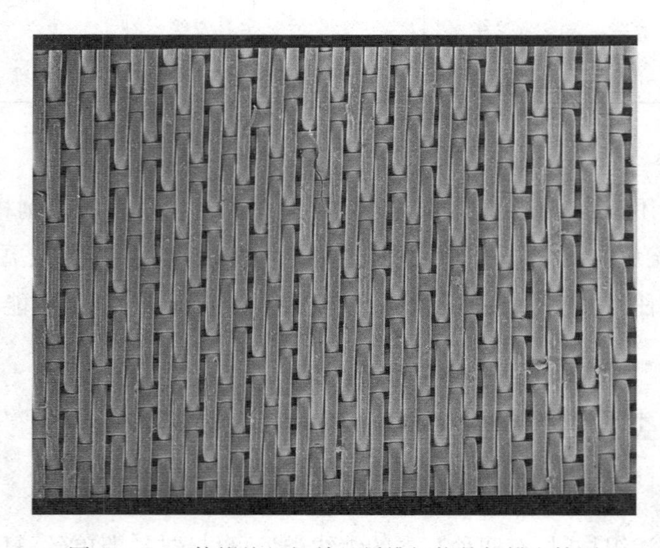

图3.17 五枚缎纹组织单丝纤维织物的扫描电镜图

对于大多数涉及单丝的过滤应用，采用的直径大多分布在0.15~0.35mm，织物面密度为180~450g/m²。重载滤带应用通常采用直径为0.3~1.0mm、面密度为500~1700g/m² 的织物。

3.6.2 复丝

虽然像单丝一样，复丝也通过精密加工挤出，但相似性仅限于此，由复丝织成的织物含有更多更小的孔。此外，被挤出的材料可以再次采用熔融聚合物的形式或溶剂型涂料的形式，挤出过程中挥发的溶剂可以回收再利用。再次对丝线进行拉伸，以使分子定向并形成适当的韧性，其拉伸强度通常是5.5~6.5cN/tex。

在实际生产中，用于工业过滤的复丝制造商会生产多种线密度标准的产品，线密度为120~2200dtex，每根丝的线密度为6~10dtex。由此可见，这种丝的直径约为0.03 mm。

复丝纱线可以通过空气混合、纹理化或扭曲组合在一起(图3.18)，后者作为经纱时，因为织机的摩擦力会影响纱线强力(特别是在织造过程中，纱线处于相当大的张力下)，可能会导致纱线断裂。虽然通过适当的选择和添加润滑剂可以提高织造性能，但确定纱线的最佳捻度水平对整经和织造至关重要。捻度过大会给整经带来困难；捻度过小会导致纱线损坏、织造效率低下以及织物质量不合格。

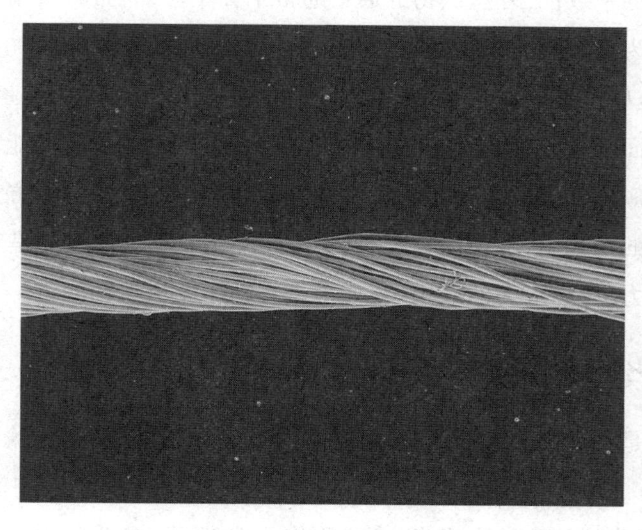

图3.18 复丝纱线的扫描电镜图

细丝通过加捻紧密地结合在一起,复丝织物(图3.19)具有高强度和抗拉伸性能,这些性能随着纱线韧性的增强而增强。复丝比单丝更柔韧,这有助于织出更紧密和更有效的机织物。这种织物在很高的过滤压力下(某种情况下会超过100bar)过滤细微颗粒(<1μm)特别有效。

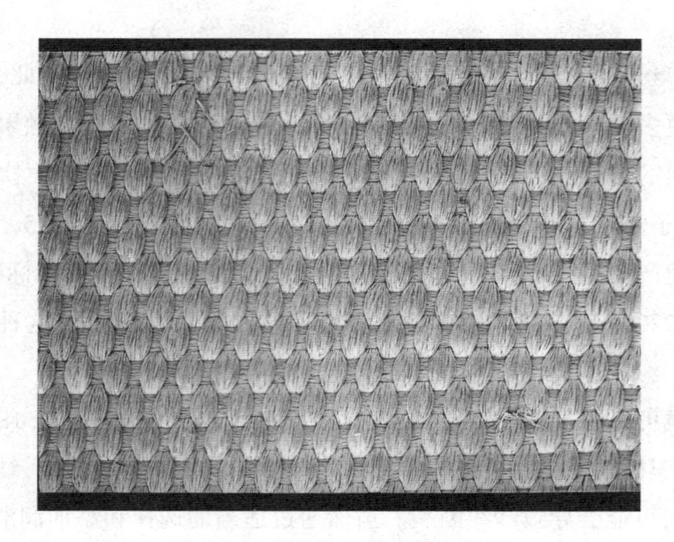

图3.19 复丝织物的扫描电镜图

因为织物的紧致性,复丝织物的通量通常不如单丝织物,其抗堵塞性也同样会降低。这是因为,除了在相邻的线之间进行过滤外,粒子也被捕获并可能永久地陷于线体内部,这些颗粒的积累导致纱线膨胀,孔径减小,相应滤液通量下降。

这类织物面密度为100~1000g/m²。根据应用,较轻的织物可能需要有支撑布或背衬布给以额外的辅助。这是为了避免磨蚀滤板,或者是为了防止织物变形到滤板表面自身的凹陷中,从而阻碍滤液的逸出。较重的织物主要是在无支撑的情况下用于更费力、更高应力的应用中,如垂直自动压滤机上的滤带。

3.6.3 原纤化带(分裂膜)纱线

这些纱线是采用较窄的聚丙烯薄膜,再分成若干份,并通过加捻结合在一起制成的(图3.20)。原纤化带纱线可以看作是相当粗糙的复丝纱,由于它们比复丝纱硬得多,因此通常不用作滤布本身,而是用作孔隙度更大的编织背衬织物,因此,其作用是为较脆弱的初级过滤织物提供保护,避免其表面损伤,同时允许滤液从过滤室自由流出。在这方面,使用“仿纱罗”编织结构(图3.21)是理想的。这种织物的面密度一般为400~600g/m^2,采用的纱线线密度大约是2200dtex或更高。

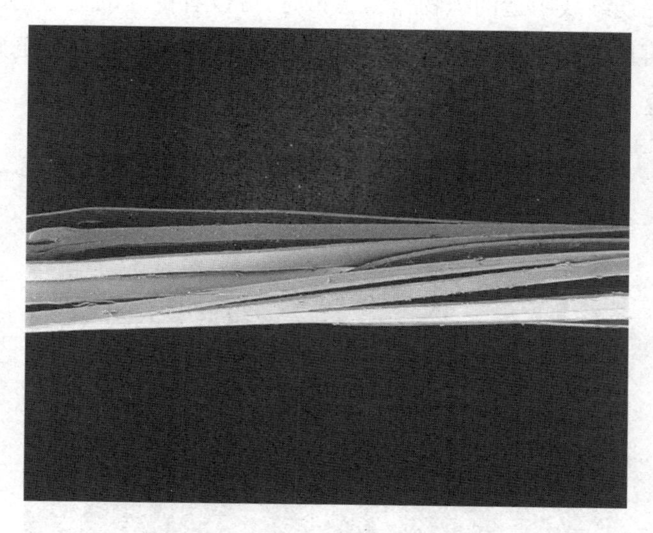

图3.20 原纤化纤维的扫描电镜图

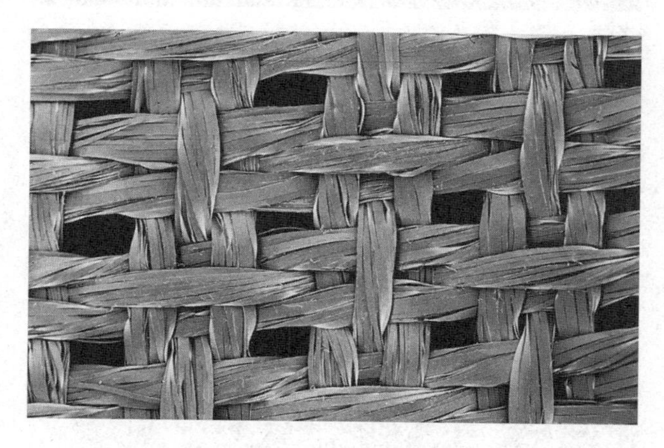

图3.21 原纤化纤维织物的扫描电镜图

3.6.4 短纤维纱线

短纤维纱线使用的合成纤维也是通过连续挤压工艺生产,然后切成短纤维长度,这将有助于采用转子或棉、羊毛环锭纺纱系统进行加工。棉纤维更纤细,而羊毛则更蓬松(图3.22)。同样地,对于任何给定线密度的纱线,棉纱往往比毛纺纱更强,伸长性更差,这一特性可在需要更好的抗拉伸性时加以利用。另外,由于其体积大,在用毛纺纱线织造的织物作为滤布时,可以有更高的通量(图3.23),而且对于固体、不可压缩颗粒(不同于可压缩黏泥)的抗堵塞性能也会更好。虽然难以证实,但据说这一特征与颗粒容易进出蓬松的毛纺结构有关。

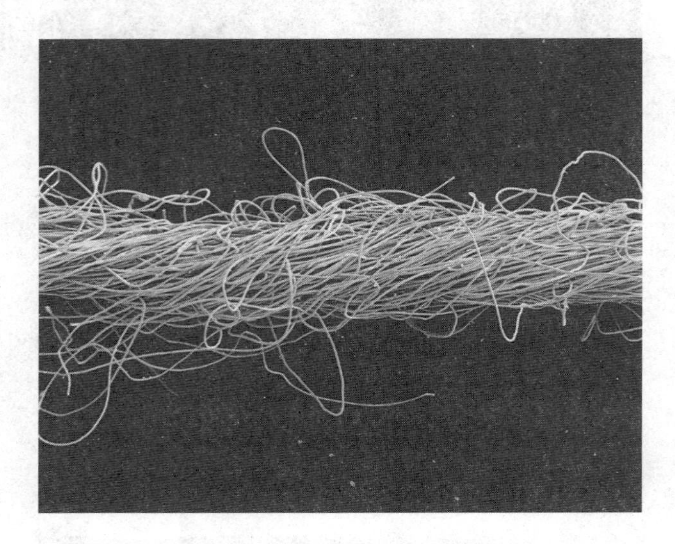

图3.22 羊毛环锭纱的扫描电镜图

图3.23 羊毛环锭纱织物的扫描电镜图

除了颗粒收集效率外，由羊毛短纤维纱线生产的织物的耐磨性很好，能用于粗糙的、可能被化学腐蚀的铸铁过滤板上。用于此过滤目的的织物，通常由3.3dtex纤维纺成130~250tex的相对较粗的纱线，并进一步织造而成。这类面料的面密度为350~800g/m^2，较轻和中等的织物一般用于压叶和旋转真空鼓过滤器，较重的织物用于压滤机。

织成平纹时，通常要求其有较高过滤大效率和尺寸稳定性，而织成斜纹时，通常要求其更大的体积和更高的耐磨性或抗压性。

3.6.5 纱线组合

通过调整织物经纬成分，可以创造出一种利用每种成分的最佳特性的结构。在这方面，最常见的组合是复丝经纱和短纤维纬纱（图3.24）以及单丝经纱和复丝纬纱。在这两种情况下，经纬纱密度之比至少为2∶1，而且可能更高，这有助于生产可有效释放滤饼的曲面光滑的织物。

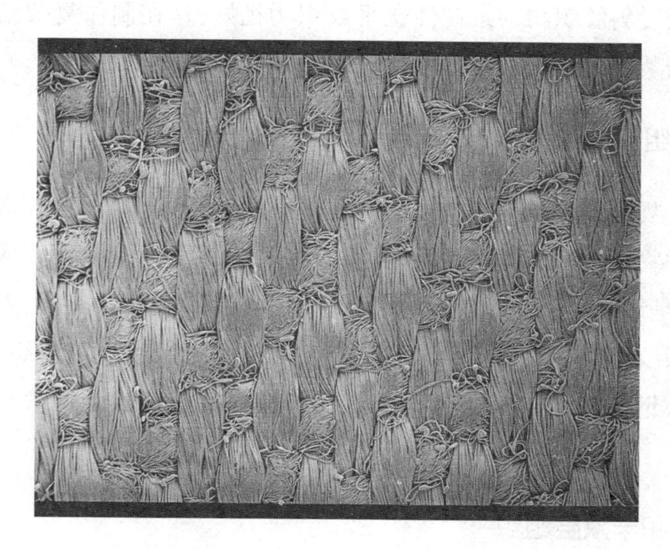

图3.24 用复丝（经纱）和羊毛环锭纺纱线（纬纱）织成的织物的扫描电镜图

此外，织物在经纱方向具有更高的拉伸性能，使织物对沉重的滤饼具有更大的抗拉伸性能。在复丝和短纤维纱线组合的情况下，短纤维纬纱可以提高抗机械损伤，保持高效率的颗粒收集，保持可接受的生产率。同样地，在单丝和复丝织物中加入复丝纬纱也会提高过滤效率，特别是对它进行适当的纹理化时，提高过滤效率更明显。

3.7 织物结构与性能

3.7.1 平纹组织

这是所有织物结构中最基本的组织,为所有单层过滤织物中最紧密和最刚性的框架(图 3.19)。由于纱线遵循正弦曲线路径,这种组织特别适用于复丝和短纤维类的柔性纱线。这种组织也非常适合应用于由于高的内部压力而以其他组织形式又可能会发生线位移的情况。

3.7.2 斜纹组织

通常采用简单的 2/2 或 2/1 斜纹,斜纹组织比平纹组织单位长度可织入更多纬线,如图 3.23 所示。因此,斜纹组织适合生产面密度高、体积更大的织物,特别适合毛纺纱线。斜纹织物的柔韧性比平纹织物稍好,这在制作复杂结构的滤布或者在将滤布安装在过滤器上时是有利的,例如将滤布填缝到凹槽中。

3.7.3 缎纹组织

规则和不规则缎纹组织都可使用。不规则的有四枚缎纹组织,常用于织造更密集的高效织物,通常是两根经线合成一股(图 3.24)。虽然主要要求是达到最大分离效率,但是织物结构和复丝线的组合也产生了一个光滑的表面,对滤饼释放有利。规则的缎纹组织,如八枚缎纹组织(图 3.25)和十六枚缎纹组织,滤饼的有效释放和过滤通量更重要。由此可以理解,具有较长浮长的组织通常与单丝纱线一起使用。

3.7.4 双层和半双层组织

这种组织经常但不是完全地见于带式过滤器中,无论是真空、连续多辊加压式还是垂直自动压力式。由于线的交错方式,有可能生产一种具有一定可靠性和稳定性的织物,能完美地适合于指定的过滤器类型。不利的方面是,织造这种高密度织物的成本较高,无法用于除有限的小众用途之外的所有用途。

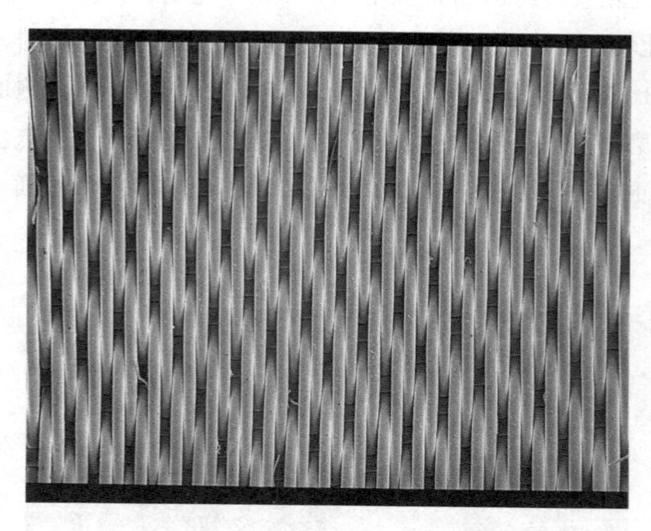

图 3.25 缎纹织物(八枚)扫描电镜图

3.7.5 链接织物

如图 3.26 所示,链接织物的生产采用了一种新颖的技术,将涤纶单丝缠绕成螺旋状,再与反向螺旋缠绕的类似单丝啮合而成,随后由一根直的单丝将螺旋连接在一起。通过这种结构,可以生产连续的过滤带,而不需要特殊的连接技术。

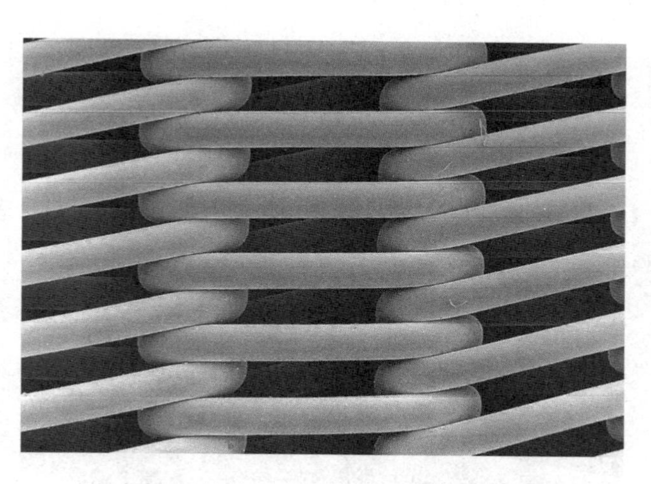

图 3.26 链接结构织物表面(俯视)扫描电镜图

链接织物是由直径约 0.7 mm 的相对粗糙的单丝制成,链接结构通常是开放式的,并且用于化学絮凝污泥的过滤,相对容易分离,但需要有效的排水机构。从横截面视图(图 3.27)可以看到,单丝采用相对于皮带运动方向的“跑道”构型,这就保证了单丝的磨损是均匀分布的,而机织物中的经纱在经纬交错点会受到局部磨损。如果需要更有效的链接结构,可以如图 3.28 和图 3.29 所示插入额外的单丝(或其他纱线)。

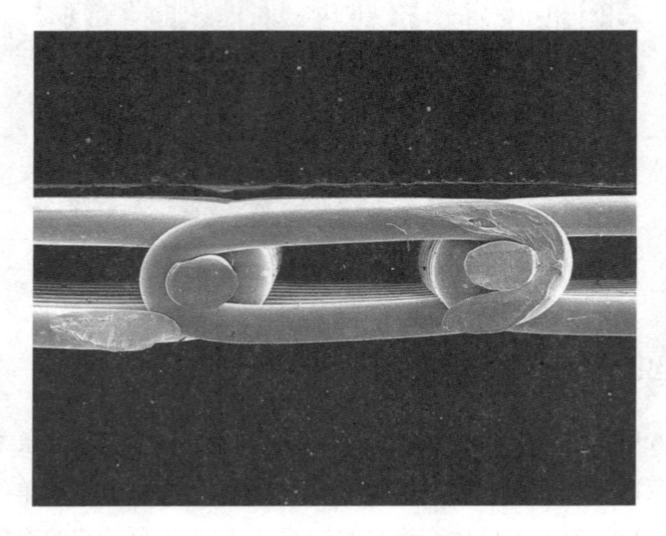

图 3.27　链接结构横截面的扫描电镜图

图 3.28　链接结构与填充线表面(俯视图)的扫描电镜图

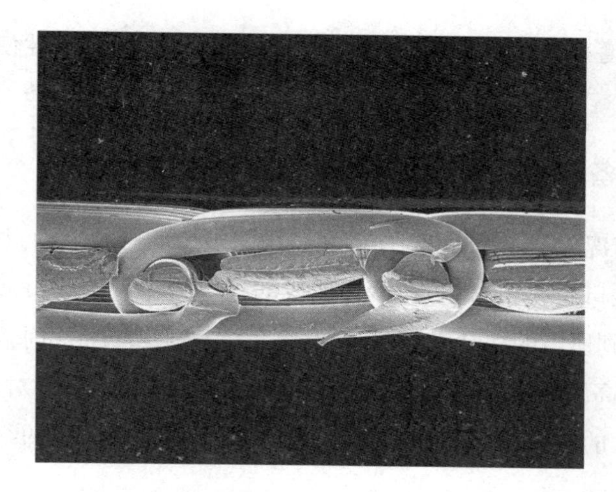

图 3.29 链接结构与填充线横截面的扫描电镜图

这些结构主要由聚酯单丝制成,非常适合多辊连续压滤器,结合了重力和压滤机制,这种过滤器广泛应用于煤炭复垦和废水处理作业中。

3.7.6 非织造布

非织造布的构造已在 3.3.2 节中概述,对于该主题的进一步阅读可参考 Purdy[20] 的专著。

非织造布广泛应用于集尘,在液体过滤中的应用十分有限,由于其厚度和密度的原因,导致它们在应用中容易堵塞,但对于金属精矿的过滤非常成功,如铜的水平真空带式过滤器。这种用途要求过滤织物是抗强侵蚀性的,因此,经过适当设计和整理的非织造布通常比昂贵的针织物具有更好的成本效益,特别是在需要长度约为 80m、宽度可达 6m 的情况下。这种应用中捕获的固体很快在非织造布表面形成饼状物,如果发生渗透,如同毛纺纱的情况,材料的蓬松性质为颗粒逸出提供了空间。在这种应用中,要求非织造布的面密度为 800~1000g/m^2。

3.8 生产设备

3.8.1 整经设备

在固液分离过程中占主导地位的机织过滤织物有多种品质规格的要求。因此,需要各种长度和宽度的织物,所以,分段整经所提供的灵活性使其成为整经准备技术的首选。

3.8.2 织造设备

在大多数情况下,在柔性或刚性剑杆织机上织成的过滤织物,与传统的织机相比需要的插纬梭口更小,因此对经纱片造成的损害较小。因为过滤织物的密度通常很高,为了达到所需的纬纱密度,织机在幅宽达到或超过 4m 时需要的打纬力是 15kN/m 左右。高纬纱密度也需要高的经纱张力,而这反过来又对送经、脱落和卷绕机构施加很大的应力。因此,只有在这些区域得到充分加固的织机才适合长期使用。

相比之下,重载带式过滤器需要的织物宽度可达 8m。为了达到这一要求,经纱通常由一系列精密缠绕的"微梁"或线轴组成,经加工后,安装在织机的普通输出轴上,后者在结构上必须极为坚固。

虽然在这些重载机器上的引纬也可以采用剑杆,但常规机织或射梭引纬更常见于较宽的织机。此外,由于引纬率比较窄的传统织机低约 66%,生产效率不是特别高。

3.9 整理工艺

用于液体过滤的织物的整理工艺有三个基本目的:确保使用中的尺寸稳定性;进行表面修饰,使滤饼释放更有效;调节织物的渗透性,更高效地收集颗粒。

3.9.1 尺寸稳定性整理

生产机织过滤织物时,纤维和纱线都受到相当大的应力。虽然在大多数情况下,由于所施加的力处于材料的弹性限度之内,不可能导致永久形变,但会产生一定程度的拉伸,随着时间的推移,这种拉伸会回复。加热将加速这一回复过程,同样,加热也可能导致一定程度的收缩,这是纤维或长丝固有的性质。这种收缩,无论是纤维固有的还是应力回复现象,可能会在使用过程中产生一些问题,例如,实际安装滤布到过滤器上时的困难、滤布和过滤器上孔的错位、在极端情况下未过滤的浆液部分绕过滤布。如果织物也经过热滚洗程序,这些问题将进一步加剧,故在暂时性堵塞后使材料恢复效力很有必要。

在生产用于除尘的织物时,热同样有助于必要的织物稳定性。可以通过热水处理、热定形或两者的组合来实现。在水处理中加入表面活性剂以去除纤维和纱线加工中多余的助剂。制造商应标注机器的速度和温度,这对于使用过程中实现最大效果是必要的。

在液体过滤中,为了克服由纤维或纱线收缩引起的不稳定性,确保材料对由设备本身或其实是由滤饼质量带来的力同样稳定也很重要。在大多数情况下,通过选择合适韧性的纱线就可以实现,但对用于带式过滤器设计的过滤织物,需要额外的辅助。在这种应用中,织物受到热拉伸作用,除了增加织物的初始模量外,还消除了在纱线制备或织物织造过程中引入的任何张力。

3.9.2 表面修饰

表面修饰包括烧毛,这已经在 3.4.2 节中讨论过。

虽然通过物理/热方法,如烧毛和轧光,可以显著改善织物表面,但随着化学涂层的发展,已生产出如麦迪逊过滤器公司(以前的 Scaba 过滤公司)的 Primapor(图 3.30)这样更加高效的过滤介质。拉伸聚四氟乙烯膜在液体过滤中的应用也有报道,尽管这种材料被质疑相当脆弱而应用较少。

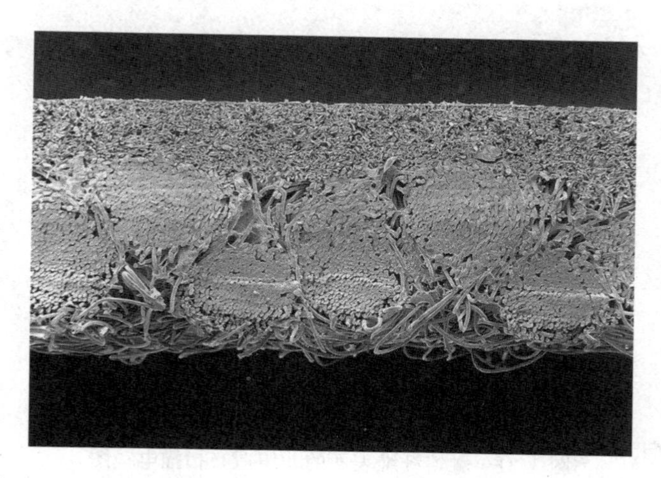

图 3.30 麦迪逊过滤器公司的 Primapor 微孔织物横截面扫描电镜图

在粉尘收集中,表面涂层技术已有很多年了,处理的目的是使其具有微孔结构,可有效限制渗透深度在几微米的所有颗粒。因此,滤饼很快在涂层表面形成,并将颗粒限制在表面,滤饼在过滤循环结束时很容易排出。然而,与除尘涂层不同的是,过滤液体时微孔结构必须承受更高的压力,否则将导致结构塌缩和过滤器过早地增压。

据预测,未来在这一领域将有更多的开发工作,特别是在结构稳定性和耐化学和耐磨性物质方面将出现更高效和更耐久的涂层。

3.9.3 渗透性调节

3.9.3.1 轧光

关于轧光的内容可另见 3.4.4 节。轧光可以改变织物表面,还可以通过热压调节织物的渗透性。织物加工的速度也将对操作的有效性产生控制性作用。

对非织造布,通过将纤维压缩成更致密的结构(可能需要高达 300decaN/m 的载荷)使孔径尺寸减小,且通过选择合适的条件,也可以通过表面纤维的部分融熔获得更耐久的表面(图 3.31)。对于机织物,为了获得最佳的过滤性能,纱线可能需要发生一定的形变。对于用单丝纱线织成的织物特别加以图解,如图 3.32 和图 3.33 所示。

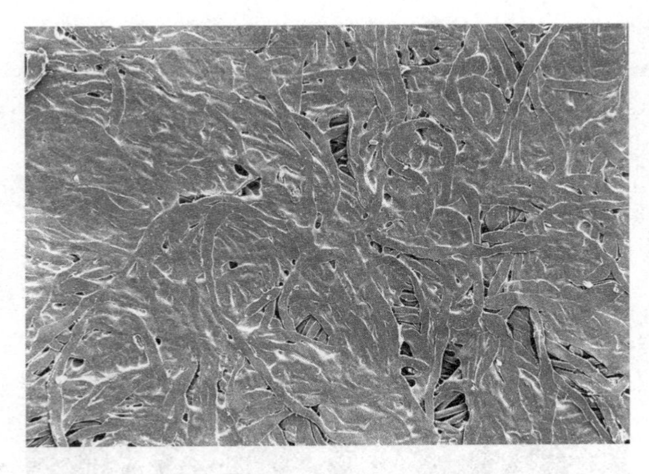

图 3.31 融熔纤维表面的非织造布扫描电镜图

图 3.32 轧光前单丝纤维织物的扫描电镜图

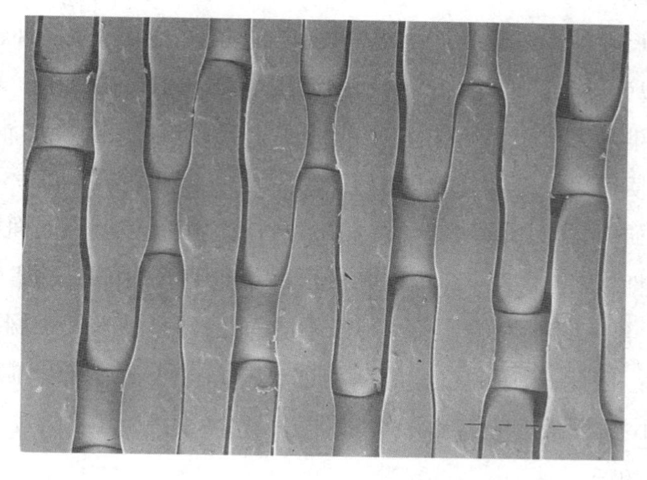

图 3.33 轧光后单丝纤维织物的扫描电镜图

3.9.3.2 其他技术

利用纤维和纱线固有的收缩特性，仅通过单独加热就能使渗透性降低。其原理是通过加热把线拉得更紧，从而减少织物的孔隙/孔径，使织物更紧密、过滤更有效。

3.10 纳米纤维在过滤中的应用

基于纳米技术的材料也被用于过滤。除了涂层外，聚合物纳米纤维在近年来也被用于过滤领域。随着纳米纤维生产技术的发展,其使用正在不断增加。与较粗的纤维相比,在截留和惯性冲击区域压降相同的情况下,使用亚微米纤维的过滤效率更好。对于纳米纤维,还必须考虑纤维表面的滑流效应[21]。过滤理论通常是基于纤维周围连续流动的假设,且在纤维表面无滑移[22]。

纳米纤维生产技术取得了良好的进展,并出现了多种静电纺丝工艺[23,24]。在一个典型的静电纺丝工艺中,施加的电场将聚合物溶液从毛细管的尖端牵拉到收集器上,施加的电压使溶液的细射流被拉向接地收集器。细束射流在目标表面凝固,形成可收集的纳米纤维,通常呈现为很细的网(纳米网)。在静电纺丝过程中选择合适的聚合物、溶剂体系和工艺参数,可以生产直径在40~2000nm的纳米纤维[25,26]。可以制备不同尺寸的纤维,并将其沉积在各种基质的表面,包括玻璃、聚酯、尼龙和纤维素。

预计较小尺寸纳米纤维会产生更高的压降,并且截留和惯性冲击效率会更快地增加,这可以弥补压降的增加。纳米网已用于许多空气过滤中。采矿设备乘员舱内的空气污染是采矿工人所关注的,据报道,与标准(纤维素)过滤介质相比,纳米纤维过滤介质可以显著降低舱内粉尘浓度[27,28]。

Qin等[29]研究了采用静电纺丝技术在纺粘或熔喷基体上不同面密度的纳米纤维层的过滤特性,测定了纳米纤维网和子层的纤维直径、孔径、过滤效率和过滤阻力。结果表明,纳米纤维网的孔径远小于子层的孔径,且纳米纤维网孔径的变异系数也小于子层。因此,子层的过滤效率和过滤阻力均低于纳米纤维网。研究人员还发现,在最小压降情况下,存在一个最佳过滤效率区域,并且熔喷网的最佳附加重量比纺粘网的低。

最近,通过采用无针电纺丝技术在非织造布基材上沉积平均直径约为100nm的聚乙烯醇(PVA)纳米纤维,制备了一种复合气溶胶过滤介质[30]。复合过滤器的过滤性能通过测量氯化钠纳米颗粒[(75±20)nm]的过滤效率进行评价。结果表明,复合过滤介质对纳米颗粒的过滤效率随纳米纤维厚度的增加而增加,而这受静电纺丝工艺沉积时间的控制。

有一些商业用的静电纺丝过程,如Nanospider™静电纺丝纳米纤维,它可以在传统的过滤基材上提供薄涂层,使材料的过滤性能提高很多倍。这种技术可以生产直径分布窄、直径大小不同的纳米纤维,可用于优化许多应用领域中过滤基体的过滤性能,其中颗粒保留效率是一个关键条件。这些亚微米纤维可以显著提高各种介质和过滤器的空气过滤效率。在拦截和惯性冲击条件下,亚微米纤维过滤效率更高[31]。

为了确定商品化纤维过滤介质的纳米颗粒过滤特征,使用 3~20nm 的纳米银颗粒,以三种不同的面速度,进行了范围广泛的过滤介质纳米颗粒的渗透测量[32]。采用纳米动态机械分析(DMA)方法对粒径进行分级后,采用超细凝聚粒子计数器(UCPC)对测试过滤器的上游和下游进行粒径计数,以确定每个特定粒径的纳米粒子的渗透情况。结果表明,在该研究中测试的所有过滤介质均具有很高的均匀性和小的误差。根据经典过滤理论,颗粒的穿透率将持续降低至 3nm。

3.11 织物测试程序

为了确保过滤介质能正确发挥其功能,需要一系列重要的特性。过滤介质的主要特性是根据过滤精度分类去除颗粒的能力,以及对过滤器性能具有直接影响的织物特性。虽然过滤介质必须清除一定数量的废物,但它们还必须能够抵抗各种污染物和机械作用。

过滤器评级提供了在特定操作或测试条件下的性能的定量数据,评价了过滤器从一种流体中清除特定直径颗粒的能力。对过滤器评级有许多方法,包括绝对评级、标称额评级、平均过滤额评级、β 比率、微生物评级、过滤渗透率和脉动流的影响。

绝对评级是根据通过孔口的最大颗粒的尺寸来评定,它与过滤器的实际孔径有直接关系。然而,这种评价是非常主观的,因为性能可能会受孔隙和颗粒形状影响而改变。另一个重要的因素是,由于污染物的累积,可以预期在实际和评定性能之间存在相当大的差异。

标称额评级是由过滤器制造商确定的值,指的是特定污染物的重量保留百分比。平均过滤额评级是对过滤元件平均孔径大小的测量。这是具有不同孔径的滤芯所具有的更大特性,比标称额评级和绝对评级更符合实际。β 比率是为制造商和用户提供准确和具有代表性的数据的评级,它实际上是大于指定大小的上游粒子数与大于指定大小的下游粒子数之比。β 比率越高,过滤器保留的粒子越多,因此效率越高。

微生物评级通常用于杀菌工业中使用的膜过滤器,表示为过滤器对液体的杀菌能力。过滤渗透率表达为过滤介质对流动的阻力。这种直接的方法除了可以确定渗透率,还可以提供与流体温度和黏度、过滤器尺寸以及时间有关的流量和压降数据。脉动流的作用是通过搅动过滤器使细颗粒松散。

由于任何过滤器的主要功能都是杂质的去除和分离,并且过滤器的评级有许多不同的方式,因此必然会有许多测试以证实这些评级。测试包括用于确定平均过滤额评级的气泡点测试和提供液压和润滑过滤器的 β 比率的多通测试。

污垢容量和压降测试的相似之处在于它们可以使用相同的设备,污垢容量测试可用于确定过滤介质的持污能力或寿命值,压降测试用于确定不同流量下过滤器的压降。与污垢容量测试不同的是,压降测试分析中不添加污染物,但是,如果添加了污染物,则该测试将被归类为破坏性测试,一直测试到过滤器失效为止。

已经提到的测试通常涉及过滤器在特定条件下阻止给定尺寸颗粒物的能力,然而,还有其他一些特性可在过滤器中发挥作用。显然,过滤器运行的环境会直接影响所用材料和这些参数的测试。同样地,可以在实验室条件下对用于过滤器的材料进行测试,以提供用于质量控制目的的定性方法。

用于过滤介质的织物基材需要具有一定的特性,这取决于应用的情况,所需的典型性能包括耐磨性、抗拉伸性、尺寸稳定性和抗弯曲疲劳性。所有这些性能标准都可以通过使用合适的测试方法进行评价。过滤织物还将测试正确的经纬密度、透气性、厚度、密度和拉伸性能。所有这些因素都会影响过滤器的性能,因为它们都是直接相关的。对机织物,孔隙率将直接与密度有关,因此也与透气性有关。纤维类型、织物结构和涂层基材的组合将为过滤器制造商提供一系列用于各种场合的材料性能。

3.11.1 一般性质量控制测试

这些测试是在普通的纺织品实验室中进行的,其目的是确保所测试的材料是按照设计规格制造的,以及监控任何短期、中期或长期使用的材料的性能趋势。这些测试主要涉及面密度、织物经纬密度、纱线类型和线密度、织物结构、透气性、厚度和密度(主要是非织造布)、抗拉伸性能和尺寸稳定性。

抗拉伸性能尤为重要。从前面的章节可知,虽然过滤织物很少会受到导致拉伸断裂的力的作用,但它们可能会受到导致严重后果的一定程度的拉伸。因此,从控制的角度来看,在相对较低的负荷下(例如,每 5cm 宽度织物受力小于 100N)的拉伸阻力特别重要。此外,由于这种现象与温度有关,因此在高温下进行这种测量也是有价值的。

收缩性测试采用的形式取决于应用在湿环境还是干环境。对于集尘应用,在空气循环烘箱中测量织物的自由收缩是标准做法,暴露时间和温度根据具体的测试程序而变化。

相比之下,由于在液体过滤应用中通常是将布从过滤器中取出并进行洗涤操作,因此必须设计一种实验室测试程序,重现工业滚筒洗衣机产生的机械诱导收缩。由于涉及大量布料,这种作用不可避免地比家用洗衣机更剧烈。

虽然存在测量织物的液体渗透性的测试程序(例如,通过测量指定体积的水通过织物的时间),但是,无论是在重力下(下降柱)或在指定的真空下,通常在空气中量化织物的渗透性更方便。DIN 53887 中给出了一个典型的测试程序[13]。

重要的是,无论使用哪种技术,尽管渗透性结果是表征织物过滤效率的一个有用指标,但不能孤立地看待它,而应与其他织物参数相结合,如厚度(非织造布)、面密度、单位面积上的线程(织物密度)。

3.11.2 性能测试

虽然上述程序对于常规的质量控制来说是理想的,但它们对孔径大小以及滤布处理已知尺寸的颗粒的实际效率几乎没有指导性。对于大网格单丝筛分织物,可以通过简单的线程直径和线程间距来计算孔径大小。而对于更加紧凑的结构,必须采取另一种方法。

用气泡点法[33]测量"等效孔径"可能是最广为人知的方法,其步骤是:将织物浸入合适的润湿液中,然后测量在织物表面形成气泡所需的气压。可以计算出孔隙大小:

$$r = 2T \times 10^5 / \sigma P g$$

其中:r 是孔隙半径(μm),T 是液体的表面张力(mN/m),σ 是水在测试温度下的密度(g/cm^3),P 是气泡压力(mm H_2O),$g = 981 cm/s^2$。

Barlow[34]提出了一种可能更合适的评价过滤效率的方法,是将粉煤灰在甘油中的稀释悬浮液泵送通过织物,借助库特计数器测量通过织物之前和之后的粒度分布(并且在滤饼形成之前)就可以获得过滤效率的量度。

结合以前的经验,从上述方法中获得的信息,有利于为特定的应用选择合适的织物时。

使用少量的浆液样品在实验室压力真空叶片或活塞压滤机上进行测试[35],还可以进一步改进测试方法。(当然,这是假设泥浆是具有代表性的样本,其性质在离开制造厂后不会发生不可逆转的改变。)通过这些试验,可以对参数进行快速比较,例如通量、滤液澄清度、滤饼含水量,以及对滤饼的释放的主观评价。请注意,从这些方法中通常看不到中/长期的堵塞情况。

在除尘中,实验室的测试程序是为了支持特定的理论而设计的。Barlow[34]描述了一个更实用的程序,建造一个实验性除尘器,该设备有 4 个过滤套,可在反向空气和脉冲清洗模式下工作,具有足够的灵活性,以便改变送尘比率、速度、清洗频率和脉冲压力。凭借其设计和构造,该设备能够连续运行数天,这有助于更好地"感受"被测媒介是否能够应付特定的情况。

Anand 等[36]描述了一种更方便的方法,同时仍保留了上述测试中一些实用的要素。在此过程中,将一个较小套筒安装在一个"塑料笼"上,并置于透明的 Perspex®圆柱形外壳里。加入一定量的灰尘,然后通过在部件底部注入压缩空气将其转化为云状。含尘空气被吸入套管表面,随后由计算机监控压差。任何通过织物的颗粒物排放都被超滤器捕获并进行重量测量。可以再次调节气流速度、清洗频率、脉冲压力和脉冲持续时间,借助透明的圆柱形外壳,可以直观地观察到测试效果。

虽然上述两种方法都提供了有用的对比数据,但这些信息只能作为介质选择的指导,不能作为指定过滤参数或评定实际过滤性能的手段。热和化学条件以及过滤器内笼的状态,这些都不能在实验室简单地重现,很可能使实验室的预测失去意义。

3.12 过滤市场发展趋势

据估计,全球每年过滤市场的规模超过 500 亿美元[37],其中包含许多不同的应用领域。全球过滤器需求以每年 6.2%增长,2018 年达到 800 亿美元[38],目前,美国和中国是最大的过滤器市场,分别占全球需求的 21%和 14%,在水、废水和发电基础设施方面的持续投资也将支持世界范围特别是发展中国家的过滤器需求。

过滤市场的主要驱动力是对提供更高纯度、更高效率、更低能耗产品的需求，非织造布的创新在过滤方面起着至关重要的作用。最大的过滤需求是住宅和商业应用，包括火炉、冰箱、其他空气和水过滤器（通常使用碳、薄膜和非织造过滤介质）。在工业部门，用于烟囱气体净化的过滤元件空气过滤应用的主体，用于制药过滤的膜和非织造布占工业部门液体分离部分的近40%。在与车辆、船舶、铁路机车和飞机有关的应用中，非织造布用于过滤燃料、冷却剂、进入空气、舱室空气，以及需要润滑和流体动力的部件，包括气动和液压过滤器。油气行业有相当大的市场，该行业使用凝聚过滤器元件去除气体中夹带的水滴。

虽然这一数字涵盖了所有过滤介质，但用于过滤介质的纺织面料在全球的销售额超过30亿美元。由复丝和单丝制成的机织过滤织物在干湿两种应用中都占据着过滤市场的主导地位。然而，由于成本、处置和生产优势，非织造技术的最新进展已使该方法获得了市场份额[39]。

非织造布是一种用途广泛的材料，广泛用于气体和液体过滤，包括制药、食品和饮料、真空吸尘器和工业应用。在汽车工业，作为性能方面的考虑，包括减少污染和细菌保护，以及减轻重量和对环境的影响，这些要求可以通过使用一系列通用的非织造生产工艺来实现。

除了推动过滤介质发展和共享的特定行业需求外，影响其发展趋势的另一个因素是日益重要的环境问题。

立法指令正成为工业和城市水处理的主要驱动力，例如《综合污染与预防控制指令》的实施[40]，废水处理给工业生产带来了越来越大的压力。欧盟正在强制执行更严格的标准，而美国则引入了新的环境标准，限制直径小于2.5μm的颗粒物，世界各地也有要求减少使用汞、镉、铅和其他有毒金属的标准。注意，织物过滤器在去除这些污染物方面优于其他空气过滤装置[41]。

饮用水指令已促使膜系统等先进水处理设备的大量增长，因其能提供高水平的可靠性和处理复杂污染物诸如杀虫剂，以确保饮用水的安全供应，这些系统将进一步发展[42]。微孔涂层可用于许多应用领域，既可用于技术纺织品领域，也可更具体地用作过滤基材。当与载体织物结合时，涂层可以提供更好的性能，提高过滤性能。而且，与具有层压膜的织物不同，涂层织物不能分层，因为膜是在过滤器表面形成的。该微孔涂层可应用于各种织物载体，包括非织造布和机织物，以及不同类型的纤维，如玻璃纤维、PES、PP和聚丙烯腈纤维。

含有微孔涂层的过滤介质有许多优点。由于在表面纤维间形成的嵌入式膜涂层,因此颗粒收集效率高,颗粒渗透性降低。基于 PTFE 的不粘涂层还改善了滤饼的释放,对于 Ravlex MX 嵌入膜,耐热高达 250℃。这种特定产品的其他优点还有高耐磨性、阻燃性和抗裂性。

Movchan 和 Lemkey[43]提出了一种方法,在真空中高速电子束蒸发以及随后凝结成不同材料,为制备具有微孔结构的无机材料提供了可能性。这可能对过滤器和膜的各种应用的进展和制造产生积极影响,特别是对于在高温下的应用。此外,纳米纤维可以提高过滤效率,而过滤压降却没有明显增加。应用已证明,在除尘过滤中脉冲清洁滤芯的寿命延长了,并提高了采矿车人员舱空气过滤器的效率。

参考文献

[1] Dickenson C. *Filters and Filtration Handbook*. Oxford: Elsevier Science; 1992.

[2] Tien C. Effects of particle deposition on the performance of granular filters. In: *Fluid Filtration: Gas*, Vol. 1. ASTM STP 975; 1986. p. 975.

[3] Crittenden JC. Montgomery Watson Harza. In: *Water Treatment: Principles and Design*. 2nd ed. Hoboken, NJ: John Wiley; 2005.

[4] Davies CN. *Air Filtration*. London: Academic Press; 1973.

[5] Rothwell E. Fabric dust filtration. *Chem Engineer* 1975 March;138.

[6] Plaks N. Fabric filtration with integral particle charging and collection in a combined electric and flow field. *J Electrostatics* 1988;20:247.

[7] Morden K. Dust explosion hazards in white sugar handling systems. *Int Sugar J* 1994;96(142):48.

[8] BS6524. 1984 *British Standard Method for Determination of the Surface Resistivity of a Textile Fabric*; 1984.

[9] Handermann AC. *Basofil Filter Media-Efficiency Studies and an Asphalt Plant Baghouse Field Trial*. Enka, North Carolina: BASF Corporation, Fibre Products Division; 1995.

[10] Sievert J, Loffler F. Actions to which the filter medium is subjected in reverse jet bag filters. *Zement-Kalk-Gips*1986;3(3):71-2.

[11] Purdy AT. *The structural mechanics of nonwoven filter media*. In: Second World Filtration Congress. London: Filtration Society, Uplands Press; 1979. p. 117-32.

[12] Anand SC, Lawton PJ. The development of knitted structures for filtration. *J Textile Inst* 1991;82(3):297.

[13] DIN 53887. *Determination of Air Permeability of Textile Fabrics*; 1986.

[14] Fung W. *Coated and Laminated Textiles*. Cambridge: Woodhead Publishing; 2002. p. 191-193.

[15] Karwa AN, Barron TJ, Davis VA, Tatarchuk BJ. A novel nano-nonwoven fabric with three-dimensionally dispersed nanofibers: entrapment of carbon nanofibers within nonwovens using the wet-lay process. *Nanotechnology* 2012;23(18):185601.

[16] Binzer JC, Plohnke K, Jeide G. *Filter medium having flock islands of fibres anchored by calotte shaped adhesive deposits*; 1993. US 5219469 A.

[17] Haczycki SJ. *The behaviour of polypropylene fibres in aggressive environments*. University of Bradford; 1989. unpublished PhD thesis.

[18] Purchas DB. *Practical applications of theory*. Croydon: Solid/Liquid Separation Technology, Uplands Press; 1981. Chapter 10, 595-693.

[19] Rushton A, Griffiths PVR. In: Orr C, editor. *Filtration, Principles and Practices, Part I*. New York: Marcel Dekker; 1977. p. 260.

[20] Purdy AT. *Needle-Punching*. Monograph no. 3, Manchester: The Textile Institute; 1980.

[21] Brown RC. *Air Filtration*. Oxford: Pergamon Press; 1993.

[22] Gearheart R, Vetcher AA. Cellulose acetate electrospun nanfibres. Correlation of morphology with rheology of solution. In: Huang X, editor. Nanotechnology Research: New Nanostructures. Nova Science Scienec Inc; 2008. pp. 15-25.

[23] Doshi J, Reneker DH. Electrospinning process and applications of electrospun fibres. *J Electrostatics*1995;35:151-60.

[24] Tsai PP, Schreuder-Gibson H, Gibson P. Different electrostatic methods for making electret filters. *J Electrostatics* 2002;54:333-341.

[25] Chun I, Reneker DH, Fong H, Fang X, Deitzel J, Beck Tan N, et al. Carbon nanofibres from polyacrylonitrile and mesophase pitch. *J Advanced Materials* 1999; 31

(1):36-41.

[26]Reneker DH,Chun I. Nanometre diameter fibres of polymer,produced by electrospinning. *Nanotechnology*1996;7:216-33.

[27]Garcia JJ,Gresh RE,Gareis MB,Haney RA. *Effectiveness of cabs for dust and silica control on mobile mining equipment*. In: Proceedings of the 8th US Mine Ventilation Symposium. University of Missouri at Rolla; June 1999.

[28]Presentation by the Mine Safety and Health Administration (MSHA) at a training seminar. 'One-Day Metal/Nonmetal Seminar',held 21 March 2000 in Dallas,Texas.

[29]Qin XH,Wang SY. *J Applied Polymer Science* 2006;102:1285-90.

[30]Li J,Gao F,Liu LQ,Zhang Z. *eXPRESS Polymer Letters* 2013;7(8):683-9.

[31]http://www. elmarco. com/application-areas/air-filtration/.

[32]Kim SC,Harrington MS,Pui DYH. *J Nanoparticle Research* 2007;9(1):117-25.

[33]BS3321. 1969,The Equivalent Pore Size of Fabrics (Bubble Pressure Test). *BS Handbook* 1974;11.

[34] Barlow G. *Fabric Filter Medium Selection for Optimum Results*. In: Filtech Conference. Croydon: Uplands Press; 1981. p. 345.

[35] Purchas DB, editor. *Solid/Liquid Separation Equipment Scale Up*. Croydon: Uplands Press; 1977.

[36]Anand SC,Lawton PJ,Barlow G,Hardman E. *Application of Knitted Structures in Dust Filtration*. Manchester: Filtration Society Meeting; 15 May 1990.

[37]Guy SB,Bernard SM. *Filtration Industry Analyst* 2005 Feb;6-8.

[38]Freedonia,World Filters-Demand and Sales Forecasts,Market Share,Market Size,Market Leaders,Study no. 3152,published: July 2014.

[39]I Holme,Technical Textile Int. ,2005 Jan/Feb 15.

[40]http://ec. europa. eu/environment/water/water-framework/info/intro_en. htm.

[41]Filtration Trends,www. mcilvainecompany. com (4 April 2005).

[42]Industrial News,'European laws to shape equipment markets',www. filtsep. com (20 March 2005).

[43]Movchan BA,Lemkey FD. *Surf Coat Technol* 2003;165:90-100.

4 土工织物

A. Rawal[1], T. H. Shah[2], S. C. Anand[2]

[1] 印度理工学院,印度新德里

[2] 博尔顿大学,英国博尔顿

4.1 引言

土工织物"Geolextiles"由两部分组成:"geo"和"textiles"。geo一词来源于希腊语,意为"地球",所以土工织物可以被定义为与土壤或任何其他土木工程材料结合使用的可渗透纺织材料。按照《纺织品术语和定义》,土工织物定义为:"任何用于过滤、排水、分离、加固和稳定目的的渗透性纺织材料,作为土石方土木工程结构的组成部分或其他建筑材料"[1]。上述土工织物的定义清楚地表明,纺织材料的设计和制造必须使其可用于岩土或土木工程。

如《圣经》(《出埃及记》5∶6~9)所述,在建筑中使用天然材料的历史可以追溯到公元前5000~4000年,其中的住所是用芦苇或稻草加固的泥/黏土砖建造的。现存最早的两个用天然纤维材料加固的例子是Dur-Kurigatzu(现称为Agar-Quf)古城的塔庙和中国的长城[2]。3000年前,巴比伦人用芦苇编织的垫子和编结的绳子作为加固材料,建造了Dur-kurigatzu塔庙。而且,数千年来,人们一直在使用兽皮、灌木和草泥复合材料来改善软土的地基,但将这些材料称为"土工织物"是不切实际的。它们区别于现代土工织物的重要因素是它们不能按照特定和一致的特性制造。由于应力传递到抗拉元件的刚性方式和填充物的"胶结"性质,这些类型的结构更类似于钢筋混凝土,而不是今天的加固土技术。

1926年,美国南卡罗来纳州的路政署首次使用棉织物作为土工织物,其目的是减少道路建设中的裂缝、沉陷和故障[3]。施工的基本步骤是将棉织物铺在预先铺好底土的地基上,然后用热沥青覆盖,在这种情况下,织物充当土工膜而不是土工织物。一般来说,土工织物和土工膜的主要区别在于前者具有引导流体流动的能力,而后者具有限制流体流动的能力。另一个最早用于路基支撑的土工织物的例子是20世纪30年代在阿伯丁用黄麻纤维建造了一条公路[4]。土工织物在地基工程中的应用始于20世纪50年代末,最早的两个应用:①在佛罗里达州,在混凝土砌块护岸下方采用渗透性机织物用于控制侵蚀;②在1956年,荷兰工程师开始测试由手工编织的尼龙带制成的土工织物,用于三角洲工程(Deltawerken)[5,6]。

在20世纪60年代早期,合成聚合物的发展使得制造商能够开拓更多的应用,如作为建筑业的土工织物。制造商改进它们的产品,以适应工程师的需求,而不是工程师使用现有的材料来完成必要的功能。在某种程度上,可以通过改变纤维的细度和横截面积来确定满意的拉伸模量、断裂功、蠕变、松弛、断裂力和延展量。这促进土工织物工业合成材料的大量生产,无论成本如何,这些合成的土工织物已经在经济和生态上垄断了市场。20世纪90年代,全球合成土工织物生产面积超过8亿平方米,成为工业/技术面料行业覆盖面最大、增长最快的市场[7,8]。总之,在20世纪的最后20年里,土工织物的使用已经遍及全球,就面积而言,其应用几乎呈指数增长。预计到21世纪,它们的使用将持续增加,不会减少,特别是在发展中国家。

4.2 土工织物的功能

4.2.1 补强

土壤的抗压性较强,但抗拉性很弱。因此,如果在土壤中加入抗拉夹杂物(土工织物)并与之形成紧密接触,就可以形成一种复合材料,这种复合材料的力学性能优于单独的土壤。在拉伸加载过程中,这两种材料必须经受相同的延展,同时加固单元将内部局限应力重新分配给土壤(假设不发生滑移,即在土壤/织物界面有足够的剪切强度)。因此,加固起到防止土壤横向移动的作用,如图4.1所示,这种加固土壤的方法可以推广到斜坡和路堤的稳定。

4.2.2 过滤

过滤是土木工程中纺织品最重要的功能之一。土工织物起到过滤作用,它允

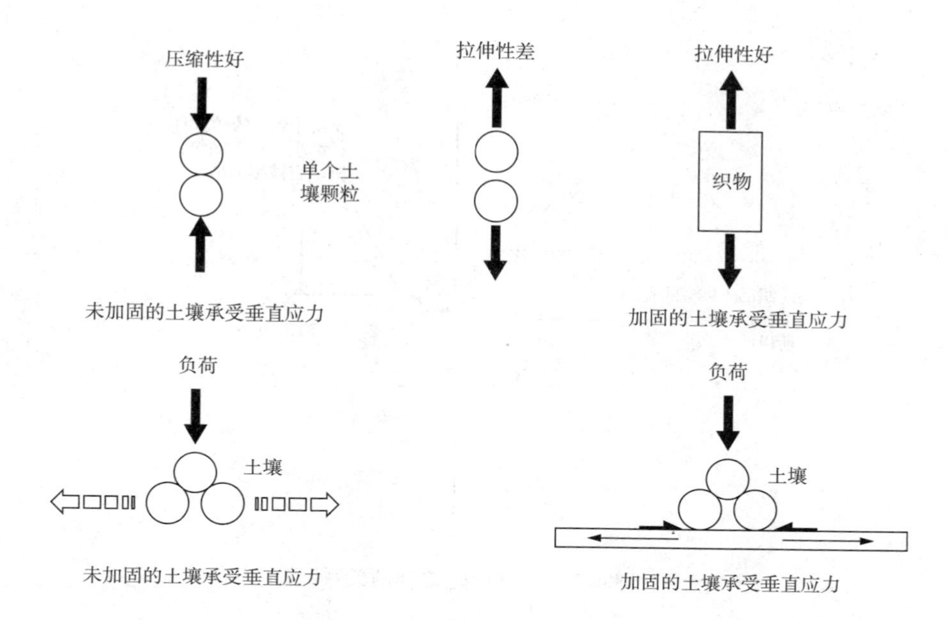

图 4.1 土壤颗粒的加固原理

许液体和气体流动,但防止土壤颗粒通过,而土壤颗粒会因土壤流失而沉降。土工织物内部的孔径选择是为了避免堵塞。通过将土工织物紧贴土壤放置来实现过滤效果,从而保持液体通过的裸露土壤表面的物理完整性。为了在严峻的水力条件下保持稳定,土工织物结构与土体匹配的步骤是,纺织品结构的最大孔隙与土壤的最大颗粒直径相等($O_{90}=D_{90}$),如图 4.2 所示。在水力条件要求不高的情况下,织物最大孔隙的直径可达土壤颗粒最大直径的 5 倍($O_{90}=5D_{90}$)。需要注意的是,最大孔隙和最大粒径是通过考虑织物和土壤的尽可能大的部分来评估的。为了评估更大粒径的实际指标,采用 90%的土壤通过的筛网尺寸作为名义尺寸。按照惯例,该尺寸称为 D_{90}。类似地,土工织物上最大孔隙的指标是织物上最大孔的 90%,即 O_{90}。

4.2.3 排水

土工织物在收集和输送液体或气体到出口时起排水的作用[9],流体在织物的平面方向上传输而不损失任何土壤颗粒。一般来说,土工织物通常作为周围的透水单元,将排水单元与颗粒材料隔离开[10]。实际排放主要取决于两个因

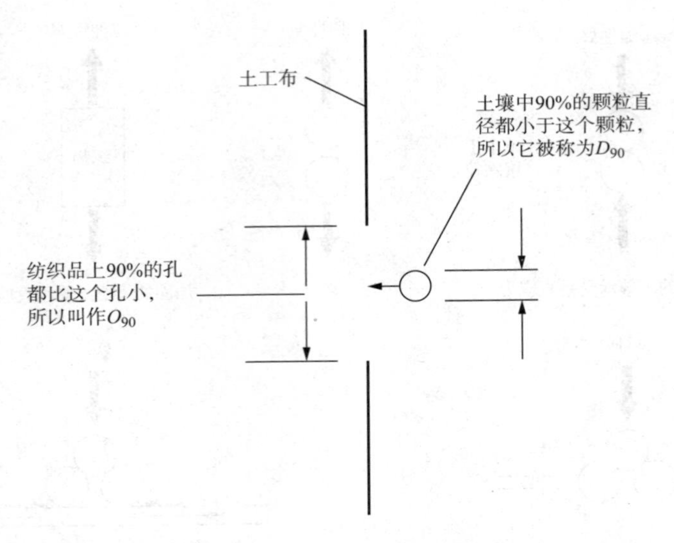

图 4.2　O_{90} 和 D_{90} 之间的关系

素,即排水量和可能在排水单元上产生的压力梯度。在排水管道上没有压力梯度的情况下,尽管排水单元具有较大的排水能力,但不会排出(地面)水。一般而言,排水系统可消散额外的孔隙水压,因此,可以进行固结从而提高土体强度,如图 4.3 所示。通过在土体中设置临时排水沟,可以提高多余的孔隙水压的消散速率,缩小排水路径。这种类型的排水只需要在有限的时间内进行,直到发生固结为止。

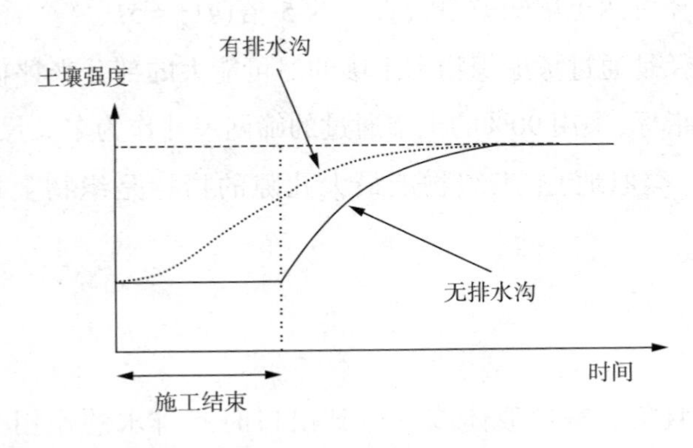

图 4.3　有无固结排水沟的土壤上排水时间和土壤强度的比较

4.2.4 分离

土工织物通过阻止粗、细土壤材料的混合充当分离器,同时允许水自由通过土工织物。例如,当土工织物被放置在未铺砌道路的地基和颗粒基层之间时,它可以防止物料在最初的压实以及随后过往车辆的动态荷载过程中被压入土壤中。重要的是,土工织物的孔径不应大于土壤介质中较大的粒径,特别是在载荷下土工织物受限制的一侧。可以预计,该介质中的较细颗粒将首先通过土工织物,如图 4.4 所示,这会形成一个由残留颗粒骨架形成的过滤器。较细颗粒的损失会限制沉降量,通过循环荷载可以消除颗粒骨架。如果出现这种循环载荷,则应使用孔隙小的土工织物。

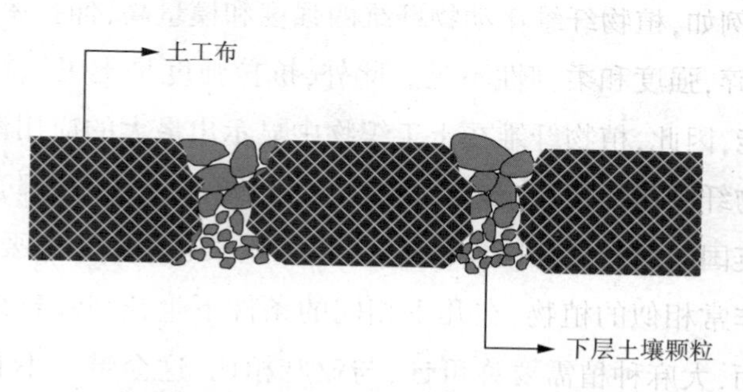

图 4.4　土壤颗粒通过土工织物孔隙通道

4.2.5 其他功能

Giroud[11] 指出土工织物的其他功能如下。

(1)铺面材料:在需要光滑平整的地面时,土工织物起面层作用,并防止土壤颗粒从土壤表面移除。

(2)固体屏障:土工织物在阻止固体运动时,起固体屏障的作用。

(3)容器:当土工织物容纳或保护诸如沙子、岩石、新拌的混凝土等材料时,起到容器的作用。

(4)张拉膜:当土工织物夹在两种具有不同压力的材料之间时,起着张拉膜的作用,使用土工织物的原理是通过平衡土工织物的张力来消除压差。

(5)纽带:土工织物在连接能够分开的结构的各个部分时,起着纽带的作用。

(6)滑动面:置于两种材料之间的土工织物,通过使结构的摩擦特性最小化发挥作用。

(7)吸收器:土工织物在分担传递到需要保护的材料上的应力和应变时,发挥吸收器的作用。

4.3 土工织物用纤维

天然纤维和合成纤维都能用于生产土工织物。天然纤维可以根据其来源分类,即植物、动物以及矿物纤维。植物纤维因其优异的工程性能,在土工织物中的应用潜力最大,例如,植物纤维比动物纤维的强度和模量高,伸长率比较低,矿物纤维价格昂贵、易碎,强度和柔韧性不足。此外,抗拉强度是土工织物成功实现加固功能的重要性能,因此,植物纤维在土工织物中显示出最大的应用潜力。用于土工织物生产的植物纤维包括黄麻、剑麻、亚麻、大麻、蕉麻、苎麻和椰壳纤维。大麻和亚麻可以在如英国的温带气候国家种植,大麻在生长过程中不需要任何农药处理,大麻和亚麻是非常相似的植物,在几乎相同的条件下生长/栽培,得到几乎相似的纤维特性。然而,大麻种植需要许可证,与亚麻相比,这会带来不利影响。黄麻在土木工程领域应用刚刚起步,并已发现在防侵蚀行业具有市场潜力,但对其他最终用途可能缺乏耐久性。蕉麻的强度可能优于剑麻,但剑麻的整体性能/经济性可能超过蕉麻,这是因为全世界只有两个国家种植蕉麻,其产量不到剑麻纤维产量的1/5。对于叶纤维,必须在收获后48h内进行沤麻,否则植物汁液会变成胶,使纤维的提取变得更加困难,产生的纤维也会不干净。椰壳纤维的性能与其他纤维不同(它具有低强度和高伸长率),但椰壳纤维在特定应用中使大多数的其他纤维黯然失色。到目前为止,打开椰壳纤维所需要的能量是所有植物纤维中最高的,这表明它能够承受突然的冲击或拉力。此外,它是在保持强度性能和生物降解率方面最好的纤维之一(在淡水和海水中)。天然纤维土工织物的主要优点之一是它们是可生物降解的,因此这些材料可以专门用于临时性作用。综上所述,在土工织物中使用天然纤维的主要优点有:成本低、坚固耐用、强度以及耐久性好、可用性好、悬垂性好、生物降解性好以及对环境友好[12]。

合成纤维是土工织物的主要原料。用于土工织物生产的四种最常见的合成纤维是聚丙烯、聚酯、聚酰胺和聚乙烯[12]。聚丙烯因其低成本、可接受的拉伸性能和化学惰性而成为土工织物生产中使用最广泛的纤维之一,该纤维的一个额外优势就是它的低密度,这使得其单位体积的成本非常低。聚丙烯的主要缺点是对紫外线的敏感性,而且,在高温条件下其性质很容易劣化,蠕变特性差。用于土工织物生产的另一种重要的合成纤维是聚对苯二甲酸乙二醇酯(PET),俗称聚酯,它具有优异的拉伸性能和较高的抗蠕变性能,由聚酯做成的土工织物可在较高的温度下使用。聚酯纤维的主要缺点是在pH大于10的土壤中容易水解降解。其他合成纤维如尼龙66和尼龙6属于聚酰胺类,土工织物制造中也有少量应用。尽管聚酰胺是一种常见的成纤聚合物和纺织材料,但它很少用于土工织物,其成本和整体性能不如其他聚合物。

开发"混合"纤维基土工织物是弥补天然纤维和合成纤维优缺点的最简单的方法之一,例如,天然纤维具有良好的力学性能,但这些纤维在其力学性能上表现出固有的变异,对土工织物的各种性能都有不利影响[13]。在这些情况下,天然纤维基土工织物难以符合一些土木工程应用的标准和规范。此外,天然纤维的降解可能比预期的时间更早,不能实现土工织物的应用目的。一定量的合成纤维可以补充天然纤维的固有变化,并且提高土工织物的耐久性。因此,由天然纤维和合成纤维按需要量组合而成的"混合"土工织物中,每一种都能弥补另一种的缺点。有研究人员分别以黄麻、聚丙烯纤维混合制备非织造土工布和以100%聚丙烯(PP)制备非织造土工布,对其各种物理力学性能进行了比较研究[14]。结果表明,与100%聚丙烯基非织造土工织物相比,掺有40%(质量分数)黄麻的非织造土工布的性能更好,具有相当的拉伸性能,特别是在横向(优先)上。此外,如果在混合土工织物中引入一个圆孔作为损伤,发现与100%聚丙烯基非织造土工织物相比,黄麻/聚丙烯土工织物的横向拉伸强度损失较小。同样,在另一项研究中,用黏胶(高达40%,质量分数)制备的混合土工织物具备取代100%聚丙烯或聚酯基土工织物的潜力[15]。因此,使用混合非织造结构作为土工织物的主要优点是这些材料比较经济且性能优良,有可能用于临时或长期的土木工程应用。

4.4 土工织物的生产

大部分土工织物是采用经典或传统的织造技术生产的。土工织物按制造工艺大致可分为经典和特种土工织物两类[11]。在经典土工织物中,考虑的是纺织工业的产品,如机织物、针织物、非织造布等,而特种土工织物虽然具有与经典土工织物相似的外观,却不是纺织技术的直接产品,如织带、垫子和网。土工织物生产的典型分类如图 4.5 所示[11]。

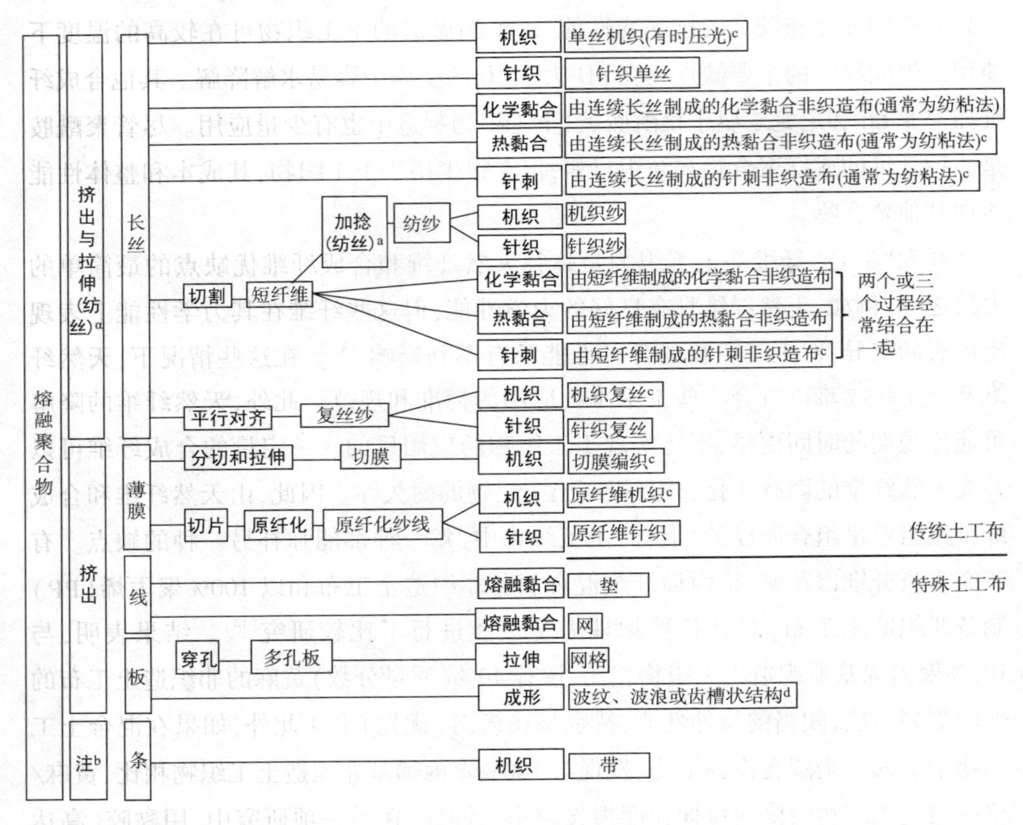

图 4.5 土工织物的生产[11]

(白体字表示产品,黑体字表示流程,所有的特种土工织物目前均在用)

a"纺纱"一词有两个意思,通过喷丝头挤出制成长丝和用短纤维制成纱线;b 条带可采用任何适当的工艺制造,如挤出、压延、织造、纱线缠绕、织物涂层等;c 这些经典土工布比其他的使用得更多;d 瓦楞纸、波浪状或蜂窝状结构通常不单独使用,它们被用来制造复合土工布。

4.4.1 土工织物的构成材料

经典的土工织物分两步制造,即长丝、纤维、切膜(带)或纱线的生产,然后将这些材料转换成织物。生产土工织物所需的材料如下[11]。

(1)长丝:长丝是由各种挤出技术生产的,即湿法、干法和熔融法。熔体挤出用于聚合物,例如聚酯、聚丙烯,广泛用于生产合成纤维土工织物。在这里,熔融聚合物通过喷丝板或模具挤出,然后沿长丝方向的丝轴拉伸,从而改善沿长丝方向的分子取向,获得更高的拉伸性能。当许多长丝同时通过喷丝器挤出时,称为复丝纱线。

(2)短纤维:长丝被切成长度在 2~10cm 的纤维,也就是短纤维。然后将这些短纤维捻在一起形成纱线。

(3)切膜:使用狭缝模具通过熔融挤出工艺生产膜片,随后用锋利的刀片切割。这些膜片可以进一步原纤化,并打碎成纤维束,称为原纤纱。

4.4.2　经典土工织物的类型

上述线性单元,即长丝、短纤维、切膜或纱线,可以转换成几种类型的经典土工织物。

(1)机织土工织物:机织物由两组正交交织的长丝或短纤维纱组成,织物的设计或图案由纱线或长丝的交织方式决定。纵向和横向放置的长丝或纱线分别称为经纱和纬纱。与复丝、短纤和原纤机织土工织物相比,单丝和切片机织土工织物更薄。

(2)非织造土工织物:非织造织物被定义为通过摩擦和/或黏合和/或黏附结合在一起的定向或随机取向的纤维/长丝的片、网或絮垫。一般来说,非织造织物的成型有两步过程:成网(使纤维具有一定的取向特征),通过机械、热或化学方法黏合这些纤维[16]。根据两步法工艺对非织造布结构进行分类,即梳理、气流成网、纺粘、熔喷、针刺、水刺、黏合剂黏合、热黏合、缝合等。下面讨论一些用于非织造土工织物生产的重要工艺。

①纺丝成网:这一过程包括各种步骤,即长丝挤出、拉伸、铺设和黏合。前两个步骤可以很容易地设想为一个典型的熔融挤出过程,后面的步骤是长丝以随机方式沉积到传送带上。需要注意的是,纺粘非织造布通常是自黏合的,但是,为了提高其力学性能,还可以通过热、化学或机械的方式进行粘接。

②化学黏合:用一种黏合剂如胶、橡胶、酪蛋白、乳胶、纤维素衍生物或合成树脂,将长丝或短纤维黏合在一起,这些材料被称为化学或黏合剂黏合的非织造土工

织物。

③机械黏合:这可分为两类,针刺和水刺。针刺是一种物理方法,通过使用带倒刺的针将一些纤维从水平方向重新定向到垂直方向,机械地将纤维网互锁。水刺是利用水刺技术,多排高压水射流代替机械针,将松散的纤维阵列重新定向和缠结成自锁和连贯的织物结构。应当指出,很大一部分针刺非织造布用于土工织物。

④热黏合:这些织物是通过将热能施加于纤维网中的热塑性组分制成的,并且聚合物借助表面张力和毛细管作用流动,在纤维交叉区域形成所需数量的黏合点[17]。它主要分为两类:通过空气黏合和压延。在空气黏合中,纤维网通过加热的空气室(烘箱),在纤维交叉位置形成黏结。压延是使纤维网通过一对加热的辊,施加高压和高温以熔化热塑性纤维。

(3)针织土工织物:通过将一系列的长丝或纱线的环互锁形成一个平面结构来生产,针织结构中的环以不同的方式互锁,类似于机织物的结构设计。

(4)编织土工织物:编织通常用于通过对角交织的三股或更多股长丝或纱线来生产狭窄的绳状材料,编织结构中的股线交错的拓扑结构与机织物的拓扑结构相似。因此,平纹、2/2 斜纹和 3/3 斜纹分别类似于棱形、规则和大力神编织结构。此外,编织结构可分为双轴编织和三轴编织,它们都有两组编织线,每一股沿着偏置方向排列,但后者还有另外一组平行于编织轴排列的股线[18]。

4.4.3 特种土工织物的生产[12]

(1)织带:由中等宽度的条带制成,类似于粗织的切片织物。

(2)织垫:是由粗而硬的长丝制成,具有类似于开放式非织造布的弯曲形状。

(3)织网:由两组沿偏置方向排列的挤出线束组成,并在交点处黏结,通常是由其中一股或两股线部分熔化而成。这些网状结构也可以通过使用熔融挤出工艺生产,该工艺使用旋转模具,模具的外围有狭孔,熔融的聚合物通过这些狭孔挤出[19]。

此外,复合土工织物也可以通过将上面列出的几种产品组合起来制造。例如,针织/机织/非织造材料的多层组合可以通过缝合、针刺、热黏合等方式生产。类似地,织垫/织网/塑料片可以夹在不同类型的土工织物中用于各种土木工程应用。

4.5 土工织物的工程性能

4.5.1 力学性能

土工织物的机械响应主要取决于纤维的取向和规则性，以及制成纤维的聚合物类型。最常用的两种土工织物是机织和非织造结构，它们在单轴或双轴拉伸载荷条件下的变形行为有显著不同[20]。一般来说，非织造土工织物不及机织土工织物硬，却具有更高的拉伸性，比较适用于某些岩土工程，如图4.6所示。需要指出的是，非织造织物的生产方法或组织结构对实现土工织物的拉伸性能要求起着重要的作用。典型土工织物的拉伸性能可以通过带式或抓斗试验方法来确定[20]。土工织物的拉伸特性应以模拟土工织物在有限应力工作状态的方式确定。因为，在较高的受限应力下，应力—应变曲线的形状会受到显著的影响。在过去，限定条件下测定的拉伸试验研究中最重要的发现之一是，土工织物的刚度和强度与非限定条件的试验数据相比有显著提高。一般来说，在土工织物上施加单轴拉伸载荷会使中心区域的尺寸随着纵向应变的增加而减小，导致变形试样的侧面呈抛物线形状，也称为缩颈[21]。在理想情况下，可以假定在试样长度上横向应变是一致的，但由于夹紧作用，试样的两端为零，而中心区域达到最大。因此，泊松比（横向收缩与纵向应变之比）往往被高估了。其他力学性能，如抗穿刺性能也依赖于土工织物的拉伸性能，如下式所示[22,23]：

$$T_f = \frac{F_p}{2\pi r} \tag{4.1}$$

其中：T_f 为每单位宽度拉伸力；r 为柱塞半径；F_p 为穿刺力。

当受到垂直于平面的集中应力的土工织物保持在预拉伸状态时，这些应力的分布和大小会导致穿刺失效[23]。一般来说，双轴拉伸破坏比单轴拉伸试验更能模拟穿刺失效。土工织物的刺穿性能受织物和土壤参数的影响较大[24-30]。

土壤与土工织物界面的摩擦剪切阻力也至关重要。织物结构提供的阻力可以归因于土工织物的表面粗糙特征（土壤滑动）以及土壤颗粒渗入织物的能力，即土工织物的孔隙或孔径的大小与土壤的颗粒大小的关系，影响黏结和承载阻力（图4.7）。当土壤颗粒与土工织物互锁，并允许孔径中这些“锁定”的颗粒剪切土

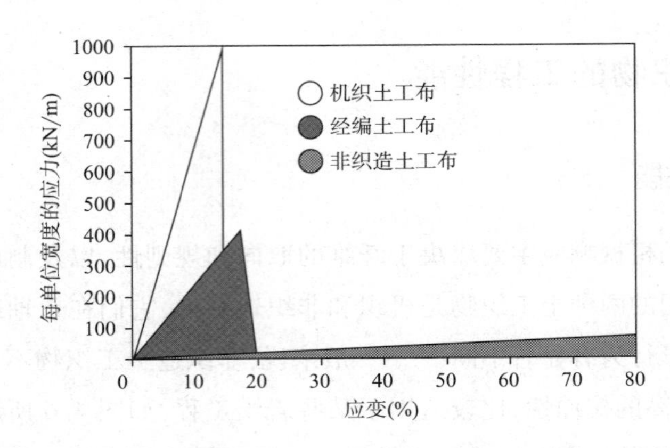

图 4.6　土工织物的应力—应变特性(土工织物的拉伸行为的非线性部分未在图中表示出来)

工织物表面上下附近的环境土壤时,就会产生黏结阻力。一般而言,土—土工织物相互作用可分为两种主要形式:剪切(黏结)和拉拔(锚固)相互作用[31,32]。剪切涉及的是土工织物上土壤滑移的条件,而拉拔则揭示了与加筋土结构中土工织物滑移相关的条件。应该注意的是,土—土工织物剪切试验容易进行,但土工织物的变形不能移动,而拉拔试验方法由于在土—土工织物界面复杂的相互作用而不易解释[33]。

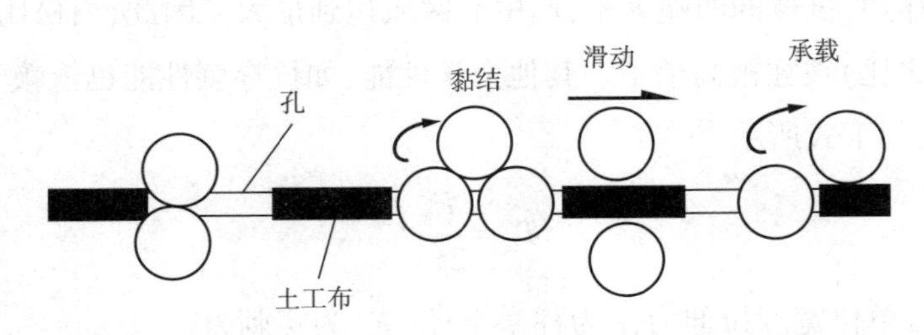

图 4.7　抗剪切形式:滑动、黏结和承载

土工织物的最终使用性能还受到静态、准静态或动态压缩负荷条件的影响。例如,行人或车辆经过土工织物加固的道路时,会对加固产生动态效应。预计土工织物会吸收压缩能,并在恢复后保持结构特性。应用压缩负荷条件后,确定土工织物结构完整性的最简单方法之一是计算典型压力—厚度曲线中的压缩回复参数,如下式所示[34]:

$$\alpha = \frac{(T_0 - T_f)/T_0}{\ln\left(\frac{P_f}{P_0}\right)} \tag{4.2}$$

$$\beta = \frac{\ln(T_f/T_0)}{\ln(P_0/P_f)} \tag{4.3}$$

其中:α 和 β 分别是压缩和回复参数;T_0 和 T_f 分别是起始和最终厚度;P_0 和 P_f 分别是起始和最终压力。

土工织物的结构参数,即孔径大小也会受到影响,孔径大小取决于土工织物的厚度。厚度与孔径之间的典型关系如下式所示[35]:

$$\frac{O + d_f}{O' + d_f} = \sqrt{\frac{T}{T'}} \tag{4.4}$$

其中:d_f 为长丝直径;O 和 O' 分别为对应厚度 T 和 T' 的平均开孔或孔径尺寸。

土工织物在压力载荷下的形变行为本质上是非常复杂的,因为基于土工织物的类型,构成纤维在微观水平上发生多种类型的形变。在微观尺度上发生的形变包括弯曲、剪切、拉伸和扭转。

土工织物另一个重要的力学性能是蠕变,它的定义是在施加恒定应力时,材料的应变随时间的延长而增加。如果土工织物承受过高的机械应力,蠕变会导致土工织物的物理失效。已经发现,如果应力水平维持在足够低的水平,聚酯和聚乙烯纤维基土工布都能稳定抗蠕变。虽然聚丙烯在任何应力水平下似乎都不稳定,但它在小应力下的蠕变速率很低,因此在实际应用中可以认为存在"无蠕变"状态。任何特定聚合物的以伸长率衡量的无蠕变条件是根据织物的极限承载力确定的(通常以百分比表示),对聚酯纤维大约是60%,对聚乙烯纤维大约是40%,对聚丙烯纤维大约是20%。因此,极限抗拉的强度/宽度为100kN/m 的聚酯织物不能在大于60kN/m 的应力下长期加载。在此点之上施加的应力水平越高,蠕变破坏的发生就越快。图4.8显示最常用土工织物的安全负荷极限。

蠕变还会影响土工织物的其他功能,例如,在土工织物的分离功能中,理想的情况是织物应能分离具有不同尺寸的土壤层,但由于允许织物伸长,因此其不利于减少土壤变形。同样,较高的伸长率会改变土工织物的孔径大小,从而影响土工织物的过滤特性[36]。以往的研究指出,材料的性能、土工织物的结构、载荷条件、温度和时间都是控制土工织物蠕变行为的重要因素[37]。

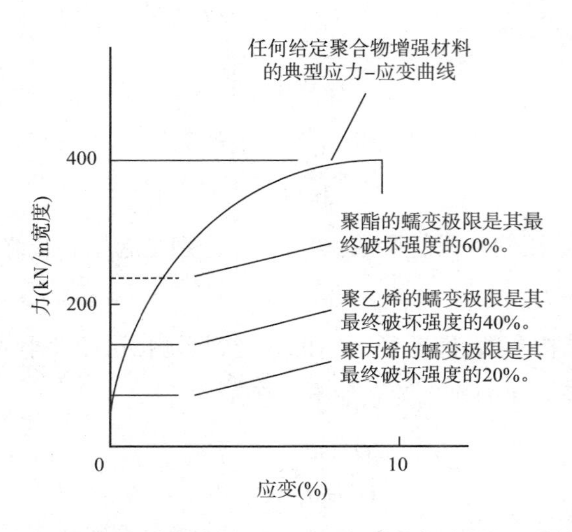

图 4.8 由不同聚合物制成的土工织物的抗蠕变性的近似极限

翼撕裂和抓斗撕裂是土工织物应用中可能有价值的其他力学性能,因为它们模拟了现场损坏情况,例如,巨石掉落、机器直接的过度运行以及在安装土工布期间发生的损坏。

4.5.2 水力性能

通常,土工织物本质上是多孔的。因此,其水力性能,包括面内(导水系数)和跨面渗透性,都受到孔隙或孔洞的显著影响,因为,众所周知,当且仅当这些孔隙相互连通时,介质内的流动才会发生[38]。此外,流体流动的力学性能取决于孔隙的宽度,它决定了流体的流量,以及孔隙的深度,代表流体流动的自由路径[39]。因此,土工织物中纤维网的结构在决定流体流动特性方面起着关键作用[40]。例如,非织造土工织物内部孔隙的尺寸、形状和毛细管几何形状都非常复杂。这些孔隙可以用总孔隙体积(或孔隙率)、最小和最大孔隙尺寸、孔隙大小分布、孔隙取向以及连通性来表征[17]。孔隙率是一个平均物理参数,它定义了土工织物整体的多孔性。因此,孔隙率可以定义为孔隙所占的体积与土工织物的体积之比。然而,土工织物真正的多孔性并不是通过孔隙率来解释的。换句话说,孔隙率可能无法识别包括土工织物在内的任何多孔材料的流体流动特征,然而,孔隙体积是决定液体吸收能力的关键参数。

土工织物的渗透性特征要求使用空气或水等流体测量,在这种方法中,确定每单位横截面积的流体流动的体积流量,并根据规定的压差记录空气或水的渗透性[17]。透气性对土工织物的应用非常重要,土工织物在废弃或无序的旧式垃圾填埋场中用作气体收集层[41]。同样地,土工织物的水渗透特性对于过滤和排水的应用是至关重要的,因为过滤和排水功能要求水分别在面内和跨面方向通过,却不损失土壤颗粒。

流体通过土工织物的流动通常用水力传导系数来表示,也称为渗透系数。它通常通过土工织物厚度的归一化,分别求出跨面方向和面内方向的介电常数和导水系数,如下式所示[42]:

$$k_n = \frac{q}{WL}\frac{t_g}{h} \tag{4.5}$$

$$\psi = \frac{k_n}{t_g} = \frac{q}{WL}\frac{1}{h} \tag{4.6}$$

$$k_h = \frac{q}{Wt_g}\frac{L}{h} \tag{4.7}$$

和

$$\theta = k_h t_g = \frac{q}{W}\frac{L}{h} \tag{4.8}$$

其中:k_n 是跨面水力传导系数;k_h 是面内水力传导系数; q 是流速; h 是流动方向的水头损失;W 是土工织物宽度; L 是土工织物长度; t_g 是土工织物厚度;ψ 是介电常数;θ 是导水系数。

人们发现土工织物的导水系数和介电常数取决于各种参数,包括原材料特性、工艺参数、土工织物的结构特性和法向应力水平[9,43-46]。对于机织土工织物,其结构参数,即纱线直径、卷曲度、纱线间距和织物类型都会影响其渗透性能[45]。一般来说,机织土工织物比相应的非织造土工织物的渗透性差。此外,通过对针刺非织造土工织物对空气和水透过率的对比研究发现,土工织物透气性比透水性高几个数量级[47],这是因为空气的黏度和密度都大大低于水。此外,还观察到施加的法向应力对土工织物的空气透过率没有显著影响,与面内水渗透性试验相反。然而,土工织物的跨面以及面内的水力传导系数应在工作条件下研究,特别是对于加筋土结构[42-44]。一般来说,土壤颗粒饼的累积,导致土工织物的渗透特性下降,这部分归因于土工织物中土壤颗粒的渗透和滞留,最终流动通道或孔隙堵塞。

4.5.3 化学性能

土工织物的最终用途在各种环境中都有广泛的应用,在设计或制造土工织物时,至关重要的是考虑环境的化学成分,其应用包括市政及危险废物填埋场、斜坡及路基的土工织物加固以及土壤保持系统。如前所述,天然纤维和合成纤维都用于制造土工织物,聚酯和聚丙烯基土工织物是土工技术应用中最常用的材料。这些土工织物形式的聚合物纤维材料可能会暴露在恶劣的环境中,这会导致其形态和化学结构变化。众所周知,聚合物材料主要由结晶区和无定形区组成,这些区域对化学改性的敏感性是通过水解或氧化反应发生的。由于无定形区分子链排列高度无序,结晶区域比非晶或无定形区域更能耐受化学改性。

尽管纤维降解中涉及的化学机理很复杂,但有四种主要的性能恶化因素:有机、无机、光照和老化[48]。有机因素包括微生物和大型生物的攻击,这些可能不被认为是恶化的主要原因,微生物可能通过产生有害的副产物而破坏土工织物。对土工织物来说,可能最苛刻的环境是在海洋的冲浪区,那里富氧的水允许微生物和大型生物的繁殖,流动的水带来严酷的物理应力。无机侵蚀一般局限于极端的 pH 环境,聚合物土工织物实际上是惰性的,然而,聚酯在玻璃化转变温度及以上时,在酸性和碱性条件下均表现出水解降解[49]。在碱性条件下,聚酯土工织物的降解危害更大。另外,聚丙烯土工织物对 pH 条件相对惰性,并且其力学性能在这样的 pH 条件下不会受到显著影响。然而,聚丙烯在紫外光照射下易氧化,导致土工织物的力学性能恶化,这种作用在高温下更为突出。因此,如果暴露在紫外线下的时间很长,某些土工织物会变质,即使是在干燥、黑暗、凉爽的实验室条件下储存,纤维的性能也会随着时间的推移而恶化。因此,老化本身是环境温度和热降解结果的一种破坏性因素,是土工织物性能退化的原因之一。

表 4.1 汇总了各种应用中发挥土工织物功能所需的性能详细信息。

表 4.1 土工织物的性能要求

土工布功能	拉伸强度	伸长率	耐化学性	生物降解性	柔韧性	摩擦属性	互锁	抗撕裂强度	穿透性	抗穿刺性
补强	iii	iii	ii-iii	iii	i	iii	iii	i	i	i

续表

土工布功能	拉伸强度	伸长率	耐化学性	生物降解性	柔韧性	摩擦属性	互锁	抗撕裂强度	穿透性	抗穿刺性
过滤	i-ii	i-ii	iii	iii	i-ii	i-ii	iii	iii	ii	ii
分离	ii	iii	iii	iii	iii	i	ii	iii	iii	ii
排水	na	i-ii	iii	iii	i-ii	na	ii	ii-iii	iii	iii
腐蚀侵蚀控制	ii	ii-iii	i	iii	iii	ii	i	ii	ii	i-ii

土工布功能	蠕变性	渗透性	流动阻力	土壤属性	吸水性	填埋性	抗紫外性	耐气候	质量保证与控制	成本
补强	iii	na-i	i	iii	iii	iii	ii	na	iii	iii
过滤	na	ii-iii	i	ii	iii	iii	na	iii	iii	iii
分离	na	ii-iii	i	na	iii	iii	na	i	ii	iii
排水	na	iii	i	na	iii	iii	na	iii	iii	iii
腐蚀侵蚀控制	na	ii	iii	na	iii	na	iii	iii	i	iii

注　iii=非常重要,ii=重要,i=一般,na=不适用。

4.6　土工织物的设计和耐久性

土工织物的设计对于任何土木工程应用都是至关重要的。过去人们认为土工织物的选择应该通过“按功能设计”的路线来实现,以便明确其性能[50]。下文讨论了实现土工织物功能的一些重要设计方法。

在过去的几年中,土工织物过滤器因其具有可比性、改善的经济性、一致性以及易更换性,已经成功取代了分级过滤器。土工织物过滤器的这些特点主要取决于其设计,可用于排水和过滤。土工织物过滤器的设计类似于分级颗粒过滤器,分级颗粒过滤器是由带孔隙的土壤颗粒组成,而土工织物则是由带孔的细丝或纤维组成。如前所述,土工织物的孔隙形状和尺寸非常复杂,然而,土工织物的孔径可以通过实验测量,土工织物的过滤特性可以通过土工织物对土壤颗粒的保留能力,同时维持所需的流量来确定。因此,土工织物成为有效过滤器的三个原则是:首先,土工织物中最大孔隙的尺寸小于土中较大颗粒的尺寸,那么土壤颗粒就不会通过过滤器。其次,如果土工织物上的大多数开口比土壤中的较小颗粒大足够多,土工织物就不会堵塞。最后,需要大量的开口或孔来保持通过土工织物适当的流量。

当过滤、排水和分离等主要功能相互作用时,排水性能才可能得到改善[52]。如前所述,土工织物作为一种分离器,可以防止组成基层的较粗和较细的颗粒与沙子、淤泥或黏土组成的路基土壤的混合,在某些载荷条件下,还可以防止细粒从路基进入基层。因此,土工织物的开口或孔径应能在干、湿两种情况的动态荷载下防止路基细粒向上移动到基层[53]。土工织物开口尺寸小于土体尺寸的85%时,可充分发挥土工织物的分离功能。然而,对于细淤泥和黏土,土工织物的表观开口尺寸应按85%土壤尺寸的0.5倍计算。此外,当土工织物被加载并压在集料上时,土工织物应能很好地抵抗穿刺。

用作增强材料的土工织物的设计标准相当复杂,因为这种体系取决于颗粒填料、路基、土工织物夹杂物的相互作用及其相关的应变相容性要求。在一个可用于常规设计计算的简单模型中,很难考虑所有构件的形变。因此,基于半经验程序制定了简单的设计图表[54-56]。土工织物可以通过三种不同的方式提高土壤—土工织物体系的承载力(虽然在实践中它们是同时发挥作用的)[57]:①土工织物改变了失效模式,并倾向于造成全面的而非局部性失效;②土工织物倾向于将集中的负荷分布在较大的路基面积上;③土工织物由于具有膜效应而提供辅助支撑,变形土工织物提供了一个等效的垂直支撑。在实践中,最重要的功能是膜增强,它与载荷分布有关,这进一步取决于土工织物的刚度[10]。一般情况下,斜坡加固以两种方式促进稳定性:第一,提高了陡坡面上土壤的抗剪切能力;第二,保持了平衡状态下未增强的土体质量,不对下层土壤造成过大的应力,所需的平衡力取决于坡度几何形状、土壤性质、孔隙水压以及施加的表面载荷。除了平衡概念外,还可以在斜坡上增加所需的加固层数,以提供所需的力。需要指出的是,所需力的大小和分布取决于材料的性质和安全系数,这是一个土壤力学中的概念。

土工织物的耐久性可以定义为材料在工程的整个生命周期内保持完整并有效履行其规定功能的能力[12]。土工织物应具有足够的强度和抗拉伸、断裂、刺穿、切割、压缩、磨损和切划的能力,它还应该具有所需的过滤特性、足够的水流阻力、低堵塞和吸湿性。此外,土工织物必须具有生物和化学稳定性,并能抵抗紫外辐射(UV)的影响。土工织物在最终使用过程中暴露于许多降解因素,很少暴露于单一的降解因素，而这些因素经常以一种复杂的方式组合在一起，往往很少为人所知。土工织物的许多土木工程应用要求设计具有耐久性。值得一提的是，它受土工织物的搬运、储存和安装的影响[58]。因此，要确保土工织物在运输、储存、安装和装载过程中保持性能，并在使用过程中发挥其功能，需要考虑的环境因素是温度、紫外线辐射、pH、湿度、土壤的化学条件以及建筑材料。

聚酯和聚丙烯纤维由于较高的生物和化学稳定性在土工织物中广泛应用[59]。由于聚合物的自然老化，在复杂的自然气候条件下，在使用的最初3~5年内，由这些纤维制成的土工织物的强度只损失了初始强度的10%~20%。然而，聚酯纤维的缺点是暴露在氢氧化钙（碱性介质）中会显著降低强度。这就预先确定了这些纤维不适用于土工织物与石灰或混凝土层（如在隧道施工中）接触的应用中。另外，聚酯纤维基土工织物对热沥青相对不敏感，因为纤维的熔点约为250℃。类似地，非稳定化的聚丙烯的耐候稳定性是一个主要问题，尤其是当土工织物在高温下暴露在紫外线辐射下时。因此，非稳定的聚丙烯基土工织物不应该在炎热的气候下长期使用，特别是如果土工织物暴露或使用在地表附近。然而，使用UV稳定剂已经解决了这个问题，取得了不同程度的成功。UV稳定剂是在二苯甲酮和苯并三唑结构的基础上发展起来的，它们充当UV吸收剂。最近，还开发了位阻胺光稳定剂（HALS）。炭黑也是一种有效的稳定剂，广泛用于提高聚丙烯土工织物的抗紫外性能，特别是在安装过程中。

如前所述，土工织物已广泛应用于土木工程和地质环境工程的排水和过滤。土工织物在环境工程中的应用显著增加，也要求对这些产品进行研究，特别是在垃圾填埋场的渗滤液收集系统中。垃圾填埋场的渗滤液通常是一种高强度废水，其特征是极端的pH、化学需氧量（COD）、生化需氧量（BOD）、无机盐和毒性[60]。一般来说，它是一种复杂的物质，会由于堵塞造成过滤器的物理、化学和生物上的损害。由于它是来自不同类型的处置材料的多种化合物的混合物，也可能来自系统内的生物和非生物过程[61]，所以渗滤液可造成严重堵塞，使土工织物在最终使用过程中无法发挥其功能[43,62-68]。渗滤液的成分高度依赖于土壤的性质、废物的类型和天气条件，因为有许多参数影响着土壤和废物中的有机和无机成分的溶解性。

类似地，使用再生聚合物生产土工织物也会影响其长期耐久性。再生纤维通常是混合型的，因此，用这些纤维生产的土工织物可能不具有与那些原始材料基土工织物相同的性能和一致性。因此,在设计这些材料以满足所需的应用时,必须考虑土工织物的化学和机械耐久性特征。

4.7 结论

土工织物是土工合成材料家族的重要成员,广泛用于土木工程。这些土工织物的工程设计依赖于纤维/长丝、制造技术和耐久性特征等因素。“混合”土工织物的概念可以通过以最佳比例,利用天然和合成纤维来实现某些要求。同样地,制造技术的选择也应考虑通过其功能来实现预期应用要求的土工织物的性能。因此,选择土工织物最重要的一步是“按功能路线设计”。在纺织、土木、化学和材料科学等各个学科的共同努力下,通过多学科结合的方法可以成功地实现这一步。

参考文献

[1] Denton MJ, Daniels PN. *Textile Terms and Definitions*. 11th ed. Manchester, UK: Textile Institute; 2002.

[2] Jones CJFP. *Earth Reinforcement and Soil Structures*. London: Thomas Telford; 1996.

[3] Beckman WK, Mills WH. Cotton fabric reinforced roads. *Eng News Record* 1957;115:453-5.

[4] Rankilor P. Designing textiles into the ground. *Textile Horizons* 1990 March; 14-5.

[5] Mandal JN. Potential of geotextiles. *Indian Textile J* 1995 May;14-9.

[6] Mandal JN. The role of technical development of natural fibre geotextiles. *Man-made Textiles India* 1988;XXX1:446.

[7] Anon. Aspinwall launches geotextiles project based on jute/coir. *Asian Textile J* 1995 Feb;49-51.

[8] Homan M. Geotextile market update. *Market Report* 1994;37.

[9] Hwang GS, Lu CK, Lin MF, Hwu BL, Hsing WH. Transmittivity behaviour of

layered needlepunched nonwoven geotextiles. *Textile Research Journal* 1999;69:565-9.

[10] Zanten RVV, editor. *Geotextiles and Geomembranes in Civil Engineering*. Accord MA:A A Balkema Publishers; 1986. 02018, Netherlands.

[11] Giroud J-P. Geotextiles and geomembranes. *Geotextiles and Geomembranes* 1984;1:5-40.

[12] Rawal A, Shah T, Anand SC. Geotextiles: production, properties and applications. *Textile Progress* 2010;42:181-226.

[13] Rawal A, Anandjiwala RD. Comparative study between needlepunched nonwoven geotextile structures made from flax and polyester fibres. *Geotextiles and Geomembranes* 2007;25:61-5.

[14] Rawal A, Sayeed MMA. Mechanical properties and damage analysis of jute/polypropylene hybrid nonwoven geotextiles. *Geotextiles and Geomembranes* 2013; 37: 54-60.

[15] Rawal A, Saraswat H. Stabilization of soil using hybrid needlepunched nonwoven geotextiles. *Geotextiles and Geomembranes* 2011;29:197-200.

[16] Rawal A, Lomov SV, Ngo T, Verpoest I, Vankerrebrouck J. Mechanical behavior of thru-air bonded nonwoven structures. *Textile Research J* 2007;77:417-31.

[17] Russell SJ, editor. *Handbook of Nonwovens*. Boca Raton, USA: Woodhead Publishing;2007.

[18] Potluri P, Rawal A, Rivaldi M, Porat I. Geometrical modeling and control of a triaxial braiding machine for producing 3D preforms. *Composites: Part A* 2003;34:481-92.

[19] Rawal A, Davies PJ. Expert system for the optimisation of melt extruded net structures. *Plast Rubber Compos* 2005;34:47-53.

[20] Wang Y. A method for tensile test of geotextiles with confining pressure. *J Industrial Textiles* 2001;30:289-302.

[21] Giroud J-P. Poisson's ratio of unreinforced geomembranes and nonwoven geotextiles subjected to large strains. *Geotextiles and Geomembranes* 2004;22:297-305.

[22] Cazzuffi D, Venesia S. The mechanical properties of geotextiles: Italian standard and inter laboratory test comparison. In: Proceedings of 3rd international conference on geotextiles, Vienna, Austria; 1986. p. 695-700.

[23] Ghosh TK. Puncture resistance of pre-strained geotextiles and its relation to uniaxial tensile strain at failure. *Geotextiles and Geomembranes* 1998;16:293-302.

[24] Murphy VP, Koerner RM. CBR strength (puncture) of geosynthetics. *Geotechnical Testing J* 1988;3:167-72.

[25] Wilson-Fahmy RF, Narejo D, Koerner RM. Puncture protection of geomembranes, part I: theory. *Geosynthetics International* 1996;3:605-27.

[26] Narejo D, Koerner RM, Wilson-Fahmy RF. Puncture protection of geomembranes, part II: experimental. *Geosynthetics International* 1996;3:629-53.

[27] Rawal A, Anand SC, Shah T. Optimization of parameters for the production of needlepunched nonwoven geotextiles. *J Ind Textil* 2008;37:341-56.

[28] Giroud J-P. Designing with geotextiles. *Geotextiles and geomembranes: definitions*. St Paul, Minnesota: Properties and Design, IFAI, Publishers; 1984.

[29] Lhote F, Rigo JM. Study of the effect of the soil bearing capacity on the geotextiles puncture resistance. In: Proceedings of international nonwoven fabrics conference; 1988.

[30] Antoine R, Couard L. Perforation strength of geosynthetics and sphericity of coarse grains: a new approach. *Geotextiles and Geomembranes* 1996;14:585-600.

[31] Fourie AB, Fabian KJ. Laboratory determination of clay-geotextile interaction. *Geotextiles and Geomembranes* 1993;6:275.

[32] Collios A, Delmas P, Gourc J-P, Giroud J-P. *The use of geotextiles for soil improvement*. Portland, Oregon: ASCE National Convention; 1980.

[33] Kabeya H, Karmokor AK, Kamata Y. Influence of surface roughness of woven geotextiles on interfacial frictional behaviour-evaluation through model experiments. *Textile Research J* 1993;63:604-10.

[34] Kothari VK, Das A. Compressional behaviour of nonwoven geotextiles. *Geotextiles and Geomembranes* 1992;11:235-53.

[35] Giroud J-P. Designing with geotextiles. *Materiaux et Constructions* 1981;14:257-72.

[36] Wu CS, Hong YS, Wang RH. The influence of uniaxial tensile strain on the pore size and filtration characteristics of geotextiles. *Geotextiles and Geomembranes* 2008;

26:250-62.

[37]Hoedt GD. Creep and relaxation of geotextile fabrics. *Geotextiles and Geomembranes* 1986;4:83-92.

[38]Fatt I. The network model of porous media I. Capillary pressure characteristics. *Petroleum Transactions AIME* 1956;207:144-59.

[39]Komori T, Makashima F. Geometrical expressions of spaces in anisotropic fibre assemblies. *Textile Research J* 1979;49:550-5.

[40]Rebenfield L, Miller B. Using liquid flow to quantify the pore structure of fibrous materials. *J Textile Institute* 1995;86:241-51.

[41] Bouazza A. Effect of wetting on gas transmissivity of nonwoven geotextiles. *Geotextiles and Geomembranes* 2004;22:531-41.

[42]Ling HI, Tatsuoka F. Hydraulic conductivity of geotextiles under typical operational conditions. *Geotextiles and Geomembranes* 1993;12:509-42.

[43]Palmeira EM, Gardoni MG. The influence of partial clogging and pressure on the behaviour of geotextiles in drainage systems. *Geosynthetics International* 2000; 7: 403-431.

[44]Wei KY, Vigo TL, Goswami BC, Duckett KE. Permeability of soil-geotextile systems. *Textile Research J* 1985;55:620-6.

[45]Ariadurai SA, Potluri P. Modeling the in-plane permeability of woven geotextiles. *Textile Research J* 1999;69:345-51.

[46] Rawal A. A cross-plane permeability model for needlepunched nonwoven structures. *J Textile Institute* 2007;97:527-32.

[47] Koerner RM, Bove JA, Martin JP. Water and air transmittivity of geotextiles. *Geotextiles and Geomembranes* 1984;1:57-73.

[48]Horrocks AR. Degradation of Polymers in Geomembranes and Geotextiles. In: Hamidi SH, Amin MB, Maadhah AG, editors. London & New York: Marcel Dekker; 1992. p. 433-505.

[49]Jeon HY, Cho SH, Mun MS, Park YM, Jang JW. Assessment of chemical resistance of textile geogrids manufactured with PET high-performance yarn. *Polymer Test* 2005;24:339-45.

[50] Koerner R. Should I specify a woven or nonwoven? *Geotechnical Fabrics Report* 1984;2:26-7.

[51] Christopher BR, Fischer GR. Geotextile filtration principles, practices and problems. *Geotextiles and Geomembranes* 1992;11:337-53.

[52] Sato M, Yoshida T, Futaki M. Drainage performance of geotextiles. *Geotextiles and Geomembranes* 1986;4:223-40.

[53] Narejo DB. Opening size recommendations for separation geotextiles used in pavements. *Geotextiles and Geomembranes* 2003;21:257-64.

[54] Koerner RM. *Designing with geosynthetics*. Englewood Cliffs, NJ: Prentice Hall; 1986.

[55] Giroud J-P, Noirey L. Geotextile-reinforced unpaved road design. *Geotechnical Division ASCE* 1981;107:1233-54.

[56] Holtz RD, Sivakugan N. Design charts for roads with geotextiles. *Geotextiles and Geomembranes* 1987;5:191-9.

[57] Espinoza RD. Soil-geotextile interaction: evaluation of membrane support. *Geotextiles and Geomembranes* 1994;13:281-93.

[58] Ingold TS. Civil engineering requirements for long-term behaviour of geotextiles. In: Seminar organized by RILEM, the International College of Building Science and International Geotextile Society, Saint-Rémy-lès-Chevreuse, France; November 1986. p. 4-6.

[59] Lebedev NA. Use of chemical fibres in production of geotextiles and evaluation of their operating properties. *Fibre Chemistry* 1994;25:505-8.

[60] Keenan JD, Steiner RL, Fungaroli AA. Landfill leachate treatment. *J Waste Pollution Control Federation* 1984;56:27-33.

[61] Oman C, Hynning PA. Identification of organic compounds in municipal landfill leachates. *Environ Pollut* 1993;80:265-71.

[62] Palmeira EM, Remigio AFM, Ramos MLG, Bernardes RS. A study on biological clogging of nonwoven geotextiles under leachate flow. *Geotextiles and Geomembranes* 2008;26:205-19.

[63] Faure YH, Baudoin A, Pierson P, Ple O. A contribution for predicting geotex-

tile clogging during filtration of suspended solids. *Geotextiles and Geomembranes* 2006; 24:11-20.

[64] Gourc J-P, Faure Y. Soil particles, water and fibres-a fruitful interaction now controlled. In: Proceedings of the 4th international conference on geotextiles, geomembranes and related products, The Hague, Netherlands; 1990.

[65] Koerner RM, editor. *Biological activity and potential remediation involving geotextile landfill leachate filters*. Philadelphia PA, USA: ASTM STP 1081; 1990.

[66] Lafleur J. Selection of geotextiles to filter broadly graded cohesionless soils. *Geotextiles and Geomembranes* 1999;17:299-312.

[67] McIsaac R, Rowe RK. Change in leachate chemistry and porosity as leachate permeates through tire shreds and gravel. *Can Geotech J* 2005;42:1173-88.

[68] McIsaac R, Rowe RK. Clogging of gravel drainage layers permeated with landfill leachate. *ASCE J Geotechnical and Geoenvironmental Engineering* 2007; 133: 1026-39.

5 保健与医疗用纺织品

S. Rajendran[1], *S. C. Anand*[1], *A. J. Rigby*[2]

[1]*博尔顿大学,英国博尔顿*

[2]*原博尔顿学院,英国博尔顿*

5.1 引言

纺织工业的一个重要且不断增长的领域是医疗及相关的保健和卫生部门,这种增长是由于纺织技术和医疗程序的不断改进和创新。为满足特定需求而设计的纺织材料和产品,适用于任何需要兼具强度、柔韧性,而且有时还需要透湿性和透气性的医疗和外科应用,所使用的材料包括普通的和特殊的可生物降解纱线、单丝和复丝纱线、机织物、针织物、非织造布以及复合材料。应用范围广泛多样,从单线缝合到复杂的骨骼替代复合结构,从简单的清洁擦拭到手术室使用的高级屏障织物。这些材料可分为以下四个独立、专门的应用领域。

①非植入材料:伤口敷料、绷带和石膏等。

②植入材料:缝合线、血管移植物、人工韧带和人工关节等。

③体外装置:人工肾脏、肝脏和肺。

④保健/卫生产品:床上用品、服装、手术服、桌布和湿巾等。

保健和医疗纺织器具的市场潜力的增加愈加显著,仅在欧盟,医疗纺织品的销售额就高达70亿美元,已经占到技术纺织品市场的10%。欧盟每年消耗10万吨纤维,并以每年3%~4%的量增长。全球医疗器具的市场价值超过1000亿美元,其中430亿美元来自美国市场,西欧是第二大市场,占全球医疗器具行业的近25%。

英国是世界上最大的医疗器具市场之一,这个市场由国家卫生服务部(NHS)主导,占医疗支出的80%,私营部门较少。

高级伤口敷料有非常大的市场潜力,伤口护理行业在2003~2006年间产生了35~45亿美元的市场,主要来自美国和欧洲。全球的高级伤口护理市场是增长最快的领域,2018年达到163亿美元[1]。

医疗保健和医疗器具市场受以下因素驱动:人口增长;人口的老龄化;生活水平的提高和对生活质量的更高期望;健康态度的转变;创新的出现和日益发展的高技术的可用性。

尽管纺织材料在医疗和外科应用中已被广泛采用多年,但还在不断发现新的用途。利用新型的和现有的纤维和织物成型技术,促进了医疗和外科纺织品的进步,处于这些发展最前沿的是纤维制造商,它们生产各种纤维,这些纤维的性能决定着产品的性能和最终的应用,无论是要求吸水性、柔韧性,还是可生物降解性。

5.2 使用的纤维

5.2.1 商品纤维

用于医学和外科手术的纤维,可根据其制成原料是天然的还是合成的、可生物降解的还是不可生物降解的进行分类。用于医疗用途的所有纤维必须无毒、无致敏、无致癌性,并且能够在不改变其物理或化学特性的情况下进行消毒。

常用的天然纤维包括棉和蚕丝,也包括再生纤维素纤维(黏胶纤维),这些纤维广泛应用于非植入材料以及保健和卫生产品中。各种各样的产品和特定的应用利用了合成纤维所具有的独特性能,常用的合成材料有聚酯、聚酰胺、聚四氟乙烯(PTFE)、聚丙烯、碳和玻璃纤维等。

可生物降解纤维是指植入人体后2~3个月内可被人体吸收的纤维,包括棉纤维、黏胶纤维、聚酰胺纤维、聚氨酯纤维、胶原和海藻酸盐纤维。纤维在体内吸收缓慢并且降解需要超过6个月的,则被认为是不可生物降解的,包括聚酯纤维(如Dacron®)、聚丙烯纤维、PTFE以及碳纤维。

5.2.2 特种纤维

5.2.2.1 胶原蛋白

已发现多种天然高分子如胶原、海藻酸盐、甲壳素、壳聚糖等是各种医疗应用的极其重要的材料,包括伤口敷料、缝合线、非织造的毡布和网状物以及现代医用敷料。它们可生物降解,由交联的聚合物链组成,通过主链上的肽、半缩醛、酯、磷酸酯等键水解成为水溶性的低分子量化合物,然后被周围的体液吸收。同样,含有合成聚合物的酸酐、碳酸酯、酯和原酸酯的可水解单元也是可生物吸收进入人体组织的。从牛皮中获得的胶原是一种纤维或水凝胶(明胶)形式的蛋白质,具有出色的生物相容性,是人造组织和伤口敷料的一种主要成分,广受欢迎。胶原蛋白最重要的多肽形式是天然纤维性胶原蛋白,纤维敷料产品就是由其制造的。分离纯化胶原蛋白的方法各不相同,而且很大程度上取决于胶原蛋白的来源,可溶性胶原蛋白产品,胶原蛋白可以通过化学和酶法得到。如缝合线,因其很低的免疫原性,很容易被人体接受,这一特征也引导研究人员能够开发出一系列类似于宿主组织的纤维胶原的外科植入物[2]。用作缝合线的胶原纤维,和丝绸一样坚固且可生物降解。植入物的密度在0.01~0.3g/m^3,孔径分布在30~250μm的孔隙,有助于细胞生长。交联技术有助于胶原蛋白提高其力学性能[3]。当胶原蛋白在5%~10%的水溶液中交联时,生成的透明水凝胶具有高透氧性,可加工成柔软的隐形眼镜。有关胶原基生物材料的各种应用的全面综述已在其他地方发表[4],合成胶原纤维的制备可通过使用5%~30%的多肽溶液混合六氟异丙醇、甲酸和卤化锂得到[5]。

5.2.2.2 海藻酸盐

海藻酸盐是存在于海藻中的天然聚合物,它们是海藻酸的盐,由两种单体D-甘露糖醛酸(M)和L-古罗糖醛酸(G)组成,以"蛋盒"结构排列,如图5.1所示。1883年,苏格兰科学家Edward Stanford首次从海藻中提取纤维,通过在含有钙盐的纺丝浴中从海藻酸钠溶液中挤出海藻酸盐聚合物,将其转化为纤维。由海藻酸盐制成的纱线的干强度与黏胶纤维的相当,但其湿强度很差,使得它们不适合作为纺织材料。然而,海藻酸盐纤维产生一种湿润的环境,湿润的环境比干燥的环境更适合伤口愈合,所以海藻酸盐纤维已成为最重要的伤口敷料之一。当海藻酸盐吸收伤口渗出物时,会形成胶冻状物质并在愈合过程中创造一种湿润的环境。同时,与传统纱布的简单接触相比,海藻酸钙与血液接触后迅速释放钙离子以交换钠离子,能更大限度地促进血小板活化和血液凝固。除了产生湿润的愈合环境外,海藻酸盐敷料还有助于提高伤口分泌物的吸收。

通过将亲水性的阳离子抗菌剂加入纺丝浴中,制备出了抗菌的海藻酸盐纤维。从含有多粘菌素B和盐酸四环素的溶液中挤出抗菌海藻酸盐纤维,这两种物质都

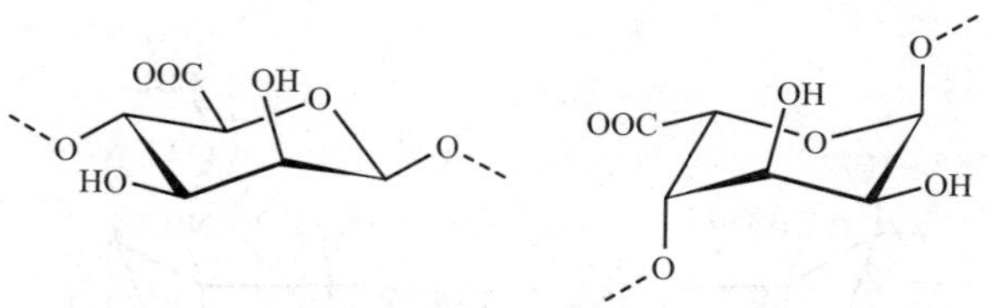

图 5.1 海藻酸盐结构

是已知的抗生素。载药纤维也可以用同样的方法制成,例如,在从纺丝浴中挤出纤维前,可以将磺胺嘧啶钠(SSD)混合进海藻酸盐纺丝液中,也可以用硝酸银代替SSD。类似地,已经开发出负载纳米银颗粒的海藻酸钙支架,它可以在很长的时间内输送银离子[6]。海藻酸盐通过与药物甲硝唑组合可使其抗菌[7]。其他的进展包括具有高拉伸强度、低附着性的海藻酸盐纤维敷料,品牌为 Algosteril®。更进一步的开发是一种将非海藻酸盐聚合物与海藻酸盐聚合物混合,制造更高吸收性的伤口敷料的工艺。通过海藻酸盐与茶树油相结合,开发了一种专为治疗受感染伤口的先进敷料[8]。

5.2.2.3 甲壳素和壳聚糖

甲壳素是最丰富的含氨基糖天然高分子之一,氨基糖是人体大多数润滑液、组织细胞的基底膜和其他重要的生物分子的基本结构。甲壳素/壳聚糖的结构与纤维素类似,只是2位的羟基被乙酰氨基取代(图5.2)。目前,甲壳素的商业来源是虾壳,这种聚合物也存在于螃蟹和龙虾的壳中。此外,甲壳素还存在于蝴蝶等昆虫的翅膀以及酵母、蘑菇等真菌的细胞壁中。

壳聚糖是对甲壳素聚合物部分脱乙酰化或去除乙酰基得到的。需要注意的是,壳聚糖不是天然存在的,壳聚糖纤维最早是由 Von Weimarn 在 1926 年纺制的。壳聚糖纤维可用碱处理甲壳素并将所得溶液纺成丝得到,其强度与黏胶纤维相近。天然存在的抗菌剂可从蟹壳中提取的壳聚糖衍生而来,并且已发现对细菌有效。它还能防止形成令人不快的气味和治疗脚气。甲壳素和壳聚糖都可以制成各种需要的形式,包括凝胶、珠子、薄膜、海绵和纤维。最近,研究人员一直致力于改进甲壳素的结构,以提高其力学和化学性能。因此,由甲壳素或由壳聚糖的醋酸酯或甲酸酯聚合物制备了具有高抗拉伸强度的甲壳素。甲壳素非织造布作为人造皮肤黏附在身体上,促进新皮肤的形成,加速愈合速度并减轻疼痛。用碱处理甲壳素得到的壳聚糖,可纺成强度与黏胶纤维相当的长丝。壳聚糖目前正被开发用于缓释药

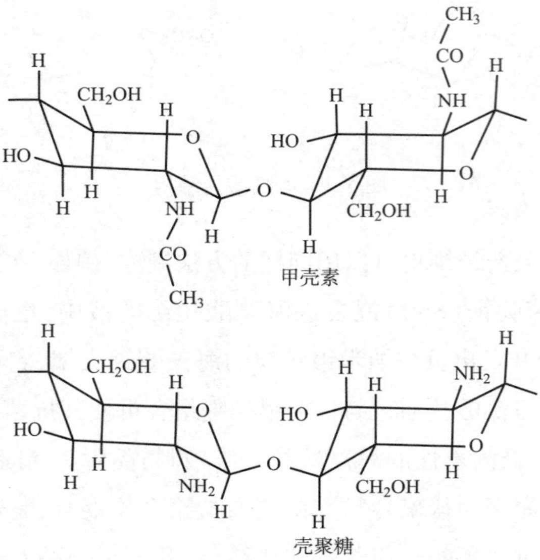

甲壳素

壳聚糖

图 5.2　甲壳素和壳聚糖的结构

物膜[9],其他已经开发的纤维包括聚己内酯(PCL)和聚丙内酯(PPL),它们可以与纤维素纤维混合,生产柔韧性高、价格低廉的可生物降解的非织造布[10]。由乳酸制成的熔融纺丝纤维具有与尼龙相似的强度和热性能,而且也是可生物降解的[11]。抑制微生物生长的物质可作为涂层应用于天然纤维或直接加入人造纤维中[12]。甲壳素被广泛应用于药物控释系统[13]、蛋白质载体[14]以及包装材料,因为甲壳素具有天然的抗菌活性[15]。

5.2.2.4　肠线

肠线是另一种生物来源的蛋白质纤维,来源于动物的小肠,主要是绵羊或牛。为获得肠线,通过机械和化学剥离过程去除软组织和其他残留物后的牛的肠道,用铬盐溶液处理。得到了许多带状物,这些带状物被捻成股线,然后用合适的方法浸出铬盐。铬制肠线通常保存在酒精或甘油溶液中,以防止其干燥。因为肠线干燥时会变硬,这给操作用肠线制成的产品带来了问题。

已经研究了与肠线缝合(DemeTECH)相关的组织反应,并且发现炎症活动减少,以及在植入 12 个月后,缝合线完全退化[16]。肠线也被用于治疗神经损伤症状[17]。但最近的一项综述显示,使用肠线缝合治疗过敏性鼻炎的证据有限[18]。

最近发现了一种新的强度迅速丧失的肠线缝合线。肠线缝合线很难处理，强度迅速下降的肠线缝合线的开发使其更加灵活，这有助于外科医生更容易地将缝合线穿过皮肤，而不会对活组织造成伤害。

5.2.2.5 可吸收纤维

植入物中使用的主要纤维类型为聚乳酸（PLA）和聚乙醇酸（PGA）生物可吸收纤维。制造聚乳酸的起点是玉米淀粉中的糖，发酵后形成乳酸，然后乳酸聚合形成链，产生 PLA。PGA 是通过 100%乙醇酸聚合合成的。PLA 的异构体有聚-L-丙交酯（PLLA）和聚-DL-丙交酯（PDLLA），PLLA 比 PDLLA 更透明。不同于 PLA（吸收缓慢），PGA 在植入后几个月内即可被吸收，因为它具有更高的水解敏感性。

纤维可以用单一聚合物或通过 PLA 和 PGA 的共聚物来生产，改变 PLA 和 PGA 的比例可以改变纤维的降解速率和强度保留时间。所以，这些特性可以根据特定医疗应用的需要来调节。

5.3 非植入材料

5.3.1 简介

这些材料是体外应用，可能会也可能不会与皮肤不接触。表 5.1 说明了该类纺织材料的范围，所用的纤维及主要制造方法。

表 5.1 非植入材料

产品应用		纤维类型	制造方法
伤口护理	吸水垫	棉，黏胶纤维	非织造
	伤口接触层	丝绸，聚酰胺纤维，黏胶纤维，聚乙烯纤维	针织，机织，非织造
	基材	黏胶纤维，塑料膜	非织造，机织
绷带类	简单的非弹性/弹性材料	棉，黏胶纤维，聚酰胺纤维，弹性纱	机织，针织，非织造
	轻型支架材料	棉，黏胶纤维，弹性纱	机织，针织，非织造
	压缩材料	棉，聚酰胺纤维，弹性纱	机织，针织，

续表

产品应用		纤维类型	制造方法
绷带类	矫形材料	棉,黏胶纤维,聚酯纤维,聚丙烯纤维,聚氨酯泡沫	机织,非织造
	膏药	黏胶纤维,塑料膜,棉,聚酯纤维,玻璃纤维,聚丙烯纤维	针织,机织,非织造
	薄纱	棉,黏胶纤维	机织,非织造
	纱布	棉	机织
	填絮	黏胶纤维,棉絮,木浆纤维	非织造

5.3.2 伤口护理

有许多的伤口敷料类型,可用于各种医疗和外科应用,这些材料的功能包括防止感染、吸收血液和渗出物、促进愈合以及在某些情况下,对伤口进行药物治疗。常见的伤口敷料是一种复合材料,其是由伤口接触层与柔性基材之间的吸收层组成的,吸收层吸收血液或其他液体并提供保护伤口的缓冲作用,伤口接触层应能防止敷料黏附在伤口上,易于移除而不会干扰新组织的生长。基础材料通常涂布丙烯酸黏合剂,以使敷料敷着在伤口上[19]。涂层技术的发展使得压敏黏合剂涂层在室温下变得黏稠,但仍保持干燥和无溶剂状态,从而有助于伤口敷料的性能。胶原蛋白、海藻酸盐和甲壳素纤维的应用已被证明在许多医疗和外科应用中是成功的,因为这些纤维有利于愈合过程。当海藻酸盐纤维用于伤口接触层时,海藻酸盐和伤口渗出液之间的相互作用产生了海藻酸钠钙凝胶。这种凝胶是亲水性的,可透过氧,而细菌不能透过,有助于新组织的形成[20]。

应用于伤口敷料的其他纺织材料包括薄纱、纱布和填絮。纱布是一种稀松的组织,是吸水性织物,当涂上石蜡时,用于治疗烧伤和烫伤。在外科应用中,当用于垫片形式(棉签)时,纱布是作为吸收材料。掺入含硫酸钡的纱布,可使棉签被 X 射线检测到[21]。纱布是一种平纹棉织物,用作急救和轻度烧伤的保护性敷料[22]。填絮是一种高吸水性的材料,用非织造布覆盖,以防止伤口粘连或纤维损失[21]。

5.3.3 绷带

绷带是根据最终医疗需求所执行的各种特定功能来设计的,它们可以是机织的、针织的或非织造的,并且可以是弹性的或非弹性的。绷带最常见的应用是将敷料固定在伤口上,这种绷带可以是用棉或黏胶制成的轻量化针织或简单的稀松织物,将其剪成条状,然后进行洗涤、漂白和消毒。在织物结构中加入弹性纱线,赋予织物支撑力和贴合的特性。针织绷带可以在经编或纬编机上以不同直径的管状形式生产。机织的轻质支撑绷带用于处理扭伤或拉伤,并通过织入高捻度的棉绉纱获得弹性。同样的性能也可以通过将两条经线编织在一起来实现,一条经线在正常张力下,另一条经线在高张力下。当施加足够的张力时,绷带的拉伸和回复性能为扭伤的肢体提供支持。压缩绷带用于治疗和预防深静脉血栓形成(DVT)、腿部溃疡和静脉曲张,并设计用于对腿部施加所需的恒定压力。压缩绷带按其对踝关节可施加的压力进行分类,包括超高、高、中等和轻度压力(表 5.2)。它们可以是机织物并含有棉和弹性纱,也可以是管状或全成形的经、纬编织物。3a 级绷带提供 14~17mmHg 的轻度压力,3b 级绷带提供中度压力(18~24mmHg),3c 级绷带提供 25~35mmHg 的高压力[23],3d 型特高压绷带(最高可达 60mmHg)并不常用,因为产生的高压会减少皮肤的供血。必须指出的是,脚踝处 30~40mmHg 的压力,在小腿处降至 15~20mmHg 通常已足以治愈大多数类型的腿部静脉溃疡[24],压力袜对治疗 DVT 和静脉曲张以及预防腿部静脉溃疡提供了支撑,分为轻型支撑(第 1 类)、中型支撑(第 2 类)和强力支撑(第 3 类)[25]。

表 5.2 压缩绷带的分类

类别	绷带类型	绷带功能
1	轻量贴合	提供非常低水平的绷带压力,用于将敷料固定到位
2	轻型支撑	提供中度绷带压力,用于预防水肿或治疗混合性病因溃疡
3a	轻型压力	在脚踝处施加 14~17mmHg 的压力
3b	中等压力	在脚踝处施加 18~24mmHg 的压力
3c	高压力	在脚踝处施加 25~35mmHg 的压力
3d	超高压力	在脚踝处施加高达 60mmHg 的压力

应该注意的是,如果使用不当,压缩绷带可能是有害的。在对肢体应用压缩绷带前,必须对几个标准进行全面的评估。例如,要考虑压力的大小、压力的分布、压力的持续时间、肢体的半径和绷带的层数。绷带提供的压缩能力取决于其结构和拉伸时弹性纤维产生的拉力。压力大小可以用拉普拉斯定律来计算,该定律规定

压力与绷带在使用过程中的张力和所使用的层数成正比,而与肢体的周长和绷带宽度成反比[26]。因此,压缩绷带的结构被认为是实现压力均匀分布的重要因素。理想的压缩绷带是:

①提供适合个体的压力;

②提供在解剖学轮廓上均匀分布的压力;

③提供从脚踝到小腿上部逐渐减小的梯度压力;

④保持压力并在下一次换药前保持在原位;

⑤从脚趾的根部延伸到胫骨结节无间隙;

⑥功能与敷料互补;

⑦无刺激性和非过敏性。

在石膏模和压缩绷带下,使用矫形缓冲绷带以提供衬垫并防止不适。非织造矫形缓冲绷带可由聚氨酯泡沫、聚酯或聚丙烯纤维制成,并含有天然或其他合成纤维的共混物。非织造绷带经轻微针刺,以保持体积和蓬松度。缓冲绷带材料需要全面设计制造的针刺结构,与现有的材料相比,具有优越的缓冲性能[27]。

图 5.3 和图 5.4 给出了一些绷带和由非植入材料制成的产品。

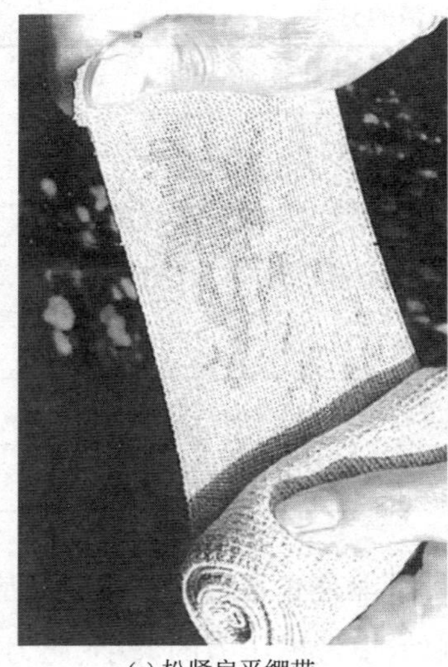

(a) 松紧扁平绷带

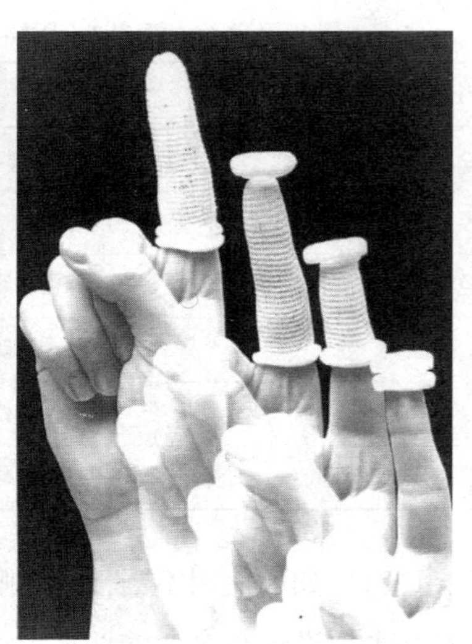

(b) 管状手指绷带

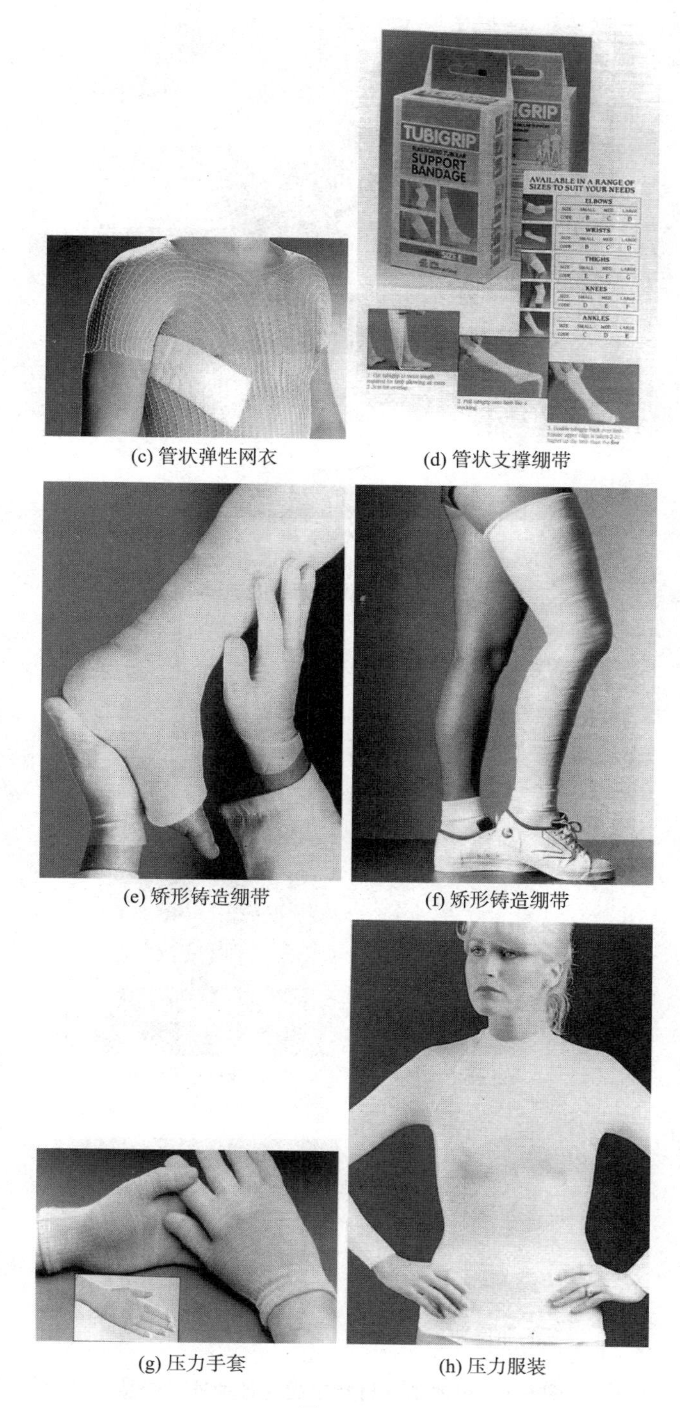

(c) 管状弹性网衣　(d) 管状支撑绷带

(e) 矫形铸造绷带　(f) 矫形铸造绷带

(g) 压力手套　(h) 压力服装

图 5.3

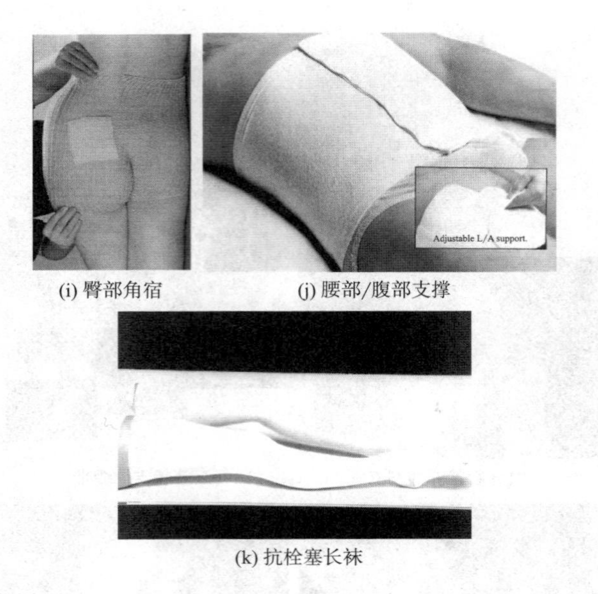

(i) 臀部角宿　(j) 腰部/腹部支撑

(k) 抗栓塞长袜

图 5.3　不同类型的绷带及其应用

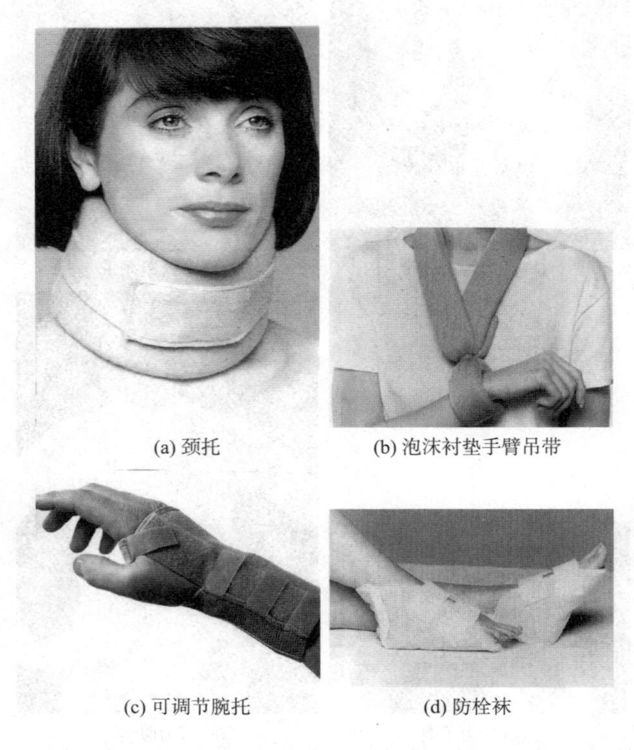

(a) 颈托　(b) 泡沫衬垫手臂吊带

(c) 可调节腕托　(d) 防栓袜

图 5.4　由非植入材料制成的各种外科产品

在英国,多层压缩系统被推荐用于治疗腿部静脉溃疡。临床医生普遍认为,多层绷带对患者来说过于笨重,且费用高昂。市面上有各种各样的压缩绷带,每一种都有不同的结构和性能,这影响了绷带性能的变化。另外,在锻炼小腿肌肉泵时,长拉伸压缩绷带往往会膨胀,从而使其对小腿肌肉泵的有益作用消失[28]。对于高达200%伸展度的弹性压缩绷带,在延伸率为50%及重叠率为50%的情况下使用,以获得肢体所期望的压力,这是一种行之有效的做法。一直以来,护士们都面临一个难题,就是如何将绷带精确地拉伸到50%,同时又不失去从脚踝到小腿的拉伸力,尽管有一些预期拉伸程度的指标,比如将绷带上的矩形拉伸成正方形。

如表5.2所示,弹性压缩绷带按其产生预定压缩水平的能力分为四组(3a、3b、3c和3d),选择合适的压缩绷带类型一直是治疗的难点。已出现在英国的非弹性短拉伸绷带(类型2)系统,其优点是可在肢体上充分拉伸(扩张高达90%)的情况下使用。当小腿肌肉泵运动并且肌肉的力量被引导回腿部时,短拉伸绷带不会扩张,从而促进静脉回流[28]。短拉伸绷带的局限性是腿部体积的小幅增加将导致压力大幅增加,这意味着绷带在人直立时能提供高压力,而在不需要时,即人在平卧时提供很少的或没有压力[29]。在步行和其他运动中,绷带的压力急剧上升,而在休息时压力相对下降。因此,患者必须活动才能获得有效的压缩,而运动是这种压缩形式的重要组成部分[30]。此外,当肢体肿胀减轻时,压力也会降低,因为短拉伸绷带是非弹性的,并且已经被拉伸到最大限度。

博尔顿大学进行了一项创新研发计划,针对腿部静脉溃疡的治疗开发一种智能的单层新型压缩治疗系统,这种新型的单层压缩系统是基于三维针织间隔织物的[31]。与二维机织、针织和钩编织物不同,间隔织物由织物的顶层和底层组成,与类似于瓦楞纸(三维结构)的长丝纱线相连。据说,这种单层方案将显著节省治疗的时间和花费,因为它旨在取代目前的多层绷带系统。目前所用的最经济的系统是包含填充物和压缩绷带的两层结构,但在英国最常用的压缩治疗是四层结构绷带。

5.3.4 体外装置

体外装置是用于血液净化的机械器官,包括人工肾(透析仪)、人工肝和机械肺,这些装置的功能和性能都得益于纤维和纺织技术。体外装置必须具备一定的要求,如抗菌性,而且它们必须是抗过敏和无毒的,具有良好的透气性,以及耐受灭菌的能力。表5.3说明了每台装置的功能及其制造中使用的材料。

表5.3 体外装置

产品应用	纤维类型	功能
人工肾	中空黏胶纤维,中空聚酯纤维	清除病人血液中的废物
人工肝	中空黏胶纤维	分离并处理患者血浆,并供应新鲜血浆
机械肺	中空聚丙烯纤维,空心硅胶纤维,硅胶膜	清除患者血液中的二氧化碳,并供应新鲜血液

人工肾的功能是通过一种薄膜来实现血液循环的,这种薄膜可以是一片扁平的薄片,也可以是一束玻璃纸形式的中空再生纤维素纤维,其可以截留不想要的废物[9]。也可采用由多层具有不同密度的针刺非织造布组成的多层过滤器,快速高效地去除废物[32]。人工肝利用与人工肾类似的中空纤维或膜来完成其功能[9],器官的细胞被置于纤维周围,血液在纺织装置内流动。机械肺的微孔膜具有对气体的透过性和对液体的低渗透性,其功能与天然肺相同,允许氧气与患者的血液接触[33]。目前的研究重点已从传统的体外装置转到生物工程装置,以提高性能。生物工程人工肾执行更为复杂的任务,提高了患者的存活率[34]。

5.4 可植入材料

5.4.1 简介

可植入材料用于对身体进行修复,如伤口闭合(缝合)和置换手术(血管移植、人工韧带等)。表5.4说明了产品类别、材料类型和制造方法。纺织材料要被人体接受,其生物相容性至关重要,四个关键因素将决定人体对植入物如何反应:

(1)最重要的因素是孔隙度,它决定了人体组织在其上生长和包裹植入物的速度。

(2)直径较小的圆形纤维比不规则截面的较大直径纤维被人体组织包裹得更好。

(3)纤维聚合物不得释放有毒物质,纤维无表面污染物,如润滑剂和上浆剂。

(4)就其生物降解性而言,聚合物的性质将影响植入的成功与否。

表 5.4 植入材料

产品应用		纤维类型	制造方法
缝合线	可生物降解的	胶原蛋白纤维，聚乳酸纤维，聚乙醇酸纤维	单丝，编织
	不可生物降解的	聚酰胺纤维，聚酯纤维，PTFE 纤维，聚丙烯纤维，钢纤维	单丝，编织
软组织移植	人工腱	PTFE 纤维，聚酯纤维，聚酰胺纤维，丝绸，聚乙烯纤维	机织，编织
	人工韧带	聚酯纤维、碳纤维	编织
	人工软骨	低密度聚乙烯纤维	非织造布
	人造皮肤	甲壳素	
	隐形眼镜/人工角膜	聚甲基丙烯酸甲酯纤维，硅胶，胶原蛋白纤维	
骨科植入物	人工关节/骨头	硅胶，聚缩醛纤维、聚乙烯纤维	
心血管植入物	人工血管	聚酯纤维、PTFE 纤维	针织，机织
	心脏瓣膜	聚酯纤维	机织，针织

聚酰胺是最活泼的材料，由于生物降解作用，仅 2 年后其强度就全部丧失，而 PTFE 是最不活泼的材料，聚丙烯和聚酯则介于两者之间[35]。

5.4.2 缝合线

用于伤口闭合的缝合线可以是单丝或复丝，缝合线可分为可生物降解的和不可生物降解的。可生物降解缝合线主要用于内部伤口闭合，不可生物降解缝合线用于外露的伤口闭合，待伤口充分愈合后移除。单丝纱线具有较高的硬度，这给外科医生在打结时带来了问题。同样，表面粗糙的编织复丝尽管更柔韧，但可能会造成创伤并具有更大的断裂倾向。良好的缝合线材料应具备的性能包括：良好的可打结性和安全性、惰性，足够的拉伸强度，在体内环境中的强度保持性，以及良好的愈合特性。此外，纤维必须与周围的人体组织具有生物相容性，并且对于生物可吸收缝合线，还必须具有可预测的降解和吸收能力。

没有一种通用的缝合材料可以满足上述所有要求，但多种天然和合成纤维在不同程度上满足上述某些要求。通过将单丝拉伸至-50°到 0°持续 30s~4h，可使缝合线的韧性、直拉强度和结拉强度得到改善。然后将长丝拉伸或退火，以生产外科缝合线[36]。这些长丝也被用来生产适用于修复动脉、静脉和导管的假体。用于制造复丝缝合线的常规纱线加捻工艺可以用简单的缠结方法代替，该方法是通过流体喷射工艺将长丝混合在一起的[37]。据称,这一工艺减少了50%的纺丝整理剂。拉伸性能是任何缝合线成功的重要条件,已经建立了编织缝合线极限拉伸强度的几何模型[38]。Naleway等[39]根据《美国药典》中概述的程序,研究了在直缝和打结中常用缝合线的拉伸性能。发现聚酰胺(30.9N)和聚丙烯(18.9N)具有最高的直缝和打结缝合的不可吸收缝合线的失效载荷,而丝绸(8701MPa)具有最高的初始模量。

蚕丝纤维作为缝合线已使用多年,但存在着拉伸强度不足、组织反应不良等缺点。聚酯、聚酰胺和聚丙烯缝合线具有高强度和优异的强度保持性能,并主要用作不可吸收缝合线。由天然存在的生物可吸收和生物可降解纤维制成的缝合线,如肠线和胶原蛋白,也有某些缺点,如强度保持性不佳和商业可用性有限。DemeTech是一种可吸收的肠线缝合线,源于牛或羊的肠道。DemeTech肠线缝合线的拉伸强度可保持长达10天,并在70天内完全吸收。最近研究了DemeTech缝合线邻近组织的形态学变化,发现组织炎症明显减轻[16]。

由乙交酯均聚物、乙交酯/丙交酯共聚物和聚二氧杂环己酮得到的合成脂肪族聚酯缝合线,可用作可吸收缝合线,这引起了血管外科医生和显微外科医生的极大兴趣[40]。一项研究表明[41],由乙交酯均聚物制成的缝合线的强度保持率高于普通的羊肠线缝合线。还观察到,较高的初始强度是植入后的一个附加优势。许多研究人员研究了将乙交酯均聚物缝合线用于大鼠上其强度随时间的变化和感染率的影响[42-44],他们发现,在植入后3个月末缝合线完全吸收。此外,它们比其他缝合材料更能抵抗感染。同样,由90%~92%的乙交酯和8%~10%的丙交酯共聚物制成的缝合线也可吸收,并表现出与聚乙醇酸缝合线相似的特性[45]。酯键的亲水性使得聚乙醇酸缝合线可被体液降解[46],采用三亚甲基碳酸酯可以降低聚乙醇酸缝合线的刚性和不弯曲性[47]。已确定聚二氧杂环己酮缝合线可减轻组织损伤,并容易被吸收进组织中。Tuchmann和Dinstl[48]观察到,术后168天里机体仅吸收了54%的聚二氧杂环己酮缝合线。涂有PTFE[50]的聚丙烯[49]和PET基聚酯缝合线主要用于血管外科。某项研究[51]的重点是利用等离子体表面改性技术通过对二甲苯沉积或等离子体气体来改变市售合成可吸收缝合线Dexon®(聚乙醇酸)、Vicryl®(聚乙交酯—丙交酯的无规共聚物)、PDS11®(聚二氧杂环己酮)和Maxon®[聚(乙交酯—三亚甲基碳酸酯)]的水解降解速率。结果表明,改善程度取决于缝合线的类型、处理条件、水解时间。聚乙交酯—聚丙交酯共聚物和聚二氧杂环己酮缝合线在拉伸强度保持方面有更大的改善[52]。已观察到用γ射线处理后加速了由聚乙醇酸和乙交酯—三亚甲基碳酸酯嵌段共聚物纤维制成的合成缝合线的水解降解速率。聚偏二氟乙烯用于制造具有增进愈合和打结安全性的缝合线[53]。Matveev[54]生产了一系列基于碳纤维纱线和由单羧基/纤维素/金属/配体复合物组成的改性纤维素长丝的外科缝合线。在受控环境下熔融挤出和淬火的聚酰胺长丝,以3.0~5.5的拉伸比拉伸,随后在120~185℃下退火30min,制成了微细直径缝合线(69~10μm)[55]。缝合线的拉伸和打结强度以及结构稳定性均有增强。强度和结构稳定性的提高,使得缝合线不会因消毒而使其减弱。

5.4.3 软组织植入物

纺织材料的强度和柔韧特性使其特别适合于软组织植入物,许多外科应用都利用这些特点在重建和矫形手术中替换肌腱、韧带和软骨。人工肌腱是用硅树脂护套包围的机织或编织多孔网或带,在植入过程中,天然肌腱可以通过人工肌腱环绕,然后缝合在其上,以连接肌肉和骨骼。用于替代受损膝关节韧带的纺织材料不仅要具有生物相容性,而且必须具有所需的苛刻物理特性。

众所周知,膝关节是由四个韧带来稳定的,即前交叉韧带(ACL)、内侧副韧带(MCL),外侧副韧带(LCL)和后交叉韧带(PCL),其中ACL(图5.5)是胫骨上非常重要的股骨稳定器,用于防止胫骨在跳跃、奔跑等快速或突然的身体运动中旋转和向前滑动。它是最容易受伤的韧带,在每公斤体重33N或3.3倍体重的力下会被撕裂[56]。合成材料如聚酯、碳和其他材料,已被用于替换撕裂的ACL。Proflex韧带由聚对苯二甲酸乙二醇酯(PET)制成的多个编织管组成[57]。Gore-Tex®是一种在每端都有小圆孔的针织线材[58]。用于ACL重建的聚氨酯脲弹性纤维已通过湿纺法生产[59],这些纤维具有高强度、高耐磨性和组织相容性,已成功测试了由聚氨酯脲纤维制得的ACL的降解速率和生物相容性[59]。由聚乙烯纤维制成的

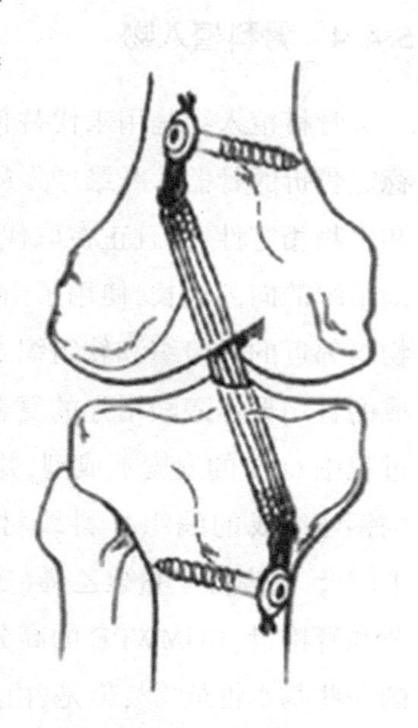
图5.5 前交叉韧带(ACL)

ACL的形态学行为和骨骼锚固性能也已另有报道[60]。类似地,用于绵羊ACL的聚丙烯酰胺纤维的评价也有报道[58]。人工韧带必须具有至少三个重要的特性,如高拉伸强度、高伸长率以及合适的刚度,以匹配正常ACL的顺应性[58]。

英国Surgicraft公司对ACL缺陷膝关节的假体韧带的设计、开发和评价进行了广泛的研究,该设计基于若干股线,每一股线都是由聚酯和碳纤维纱线构成,所有的股线被编织在一起,在假肢的两端形成小孔。据报道,包含4000根以上长丝的超高分子量聚乙烯(UHMWPE)编织的ACL植入物与其他假体韧带的并发症无关[61]。

编织聚酯人工韧带韧性强,并对循环载荷表现出抗蠕变性,含有碳纤维和聚酯长丝的编织复合材料特别适合于膝关节韧带的替换。人体内有两种类型的软骨,每一种履行不同的任务。透明软骨硬而致密,见于需要硬度的地方;相比之下,弹性软骨更灵活并提供保护性缓冲[62]。低密度聚乙烯用于替换面部、鼻子、耳朵和喉咙的软骨,这种材料特别适合这种应用,因为它在许多方面类似于天然软骨[33]。碳纤维增强复合材料用于修复滑膜关节(膝关节等)中因骨关节炎而造成的关节软骨缺陷[63]。

5.4.4 骨科植入物

骨科植入物是用来代替骨骼和关节的硬组织材料,还包括固定板,将其植入以稳定骨折的骨骼。纤维增强复合材料可以设计成具有这些应用所需的高结构强度和生物相容性,并且正在取代人工关节和骨骼的金属植入物。为了促进植入物周围组织的向内生长,使用了由石墨和PTFE(如Teflon™)制成的非织造毡作为植入物与邻近的硬组织和软组织之间的界面[64]。由聚(D,L-丙交酯—氨基甲酸酯)组成的且用聚乙醇酸增强的复合材料具有优异的物理性能,该复合材料可以在手术过程中60℃的温度下成型,并可应用于硬组织和软组织[65]。由直径为13~130μm的钢丝组成的编织外科线材用于稳定骨折的骨骼或将骨科植入物固定到骨骼上[66]。超高分子量聚乙烯(UHMWPE)正越来越多地用于人工髋、膝、肘、腕、踝关节和脊椎盘,UHMWPE的高分子量(>3.1原子质量单位)提供了骨科植入物所需的一些基本性能[67],但是,由UHMWPE产生的磨屑与骨质溶解和植入物的松动有关。通过在UHMWPE复合材料中加入多壁碳纳米管(MWCNT)解决了该问题。结果表明,植入物的磨损率明显降低[68]。Puertolas和Kurtz[69]综述了矫形应用的

UHMWPE/碳纳米管和 UHMWPE/石墨烯复合材料[68],碳纳米管复合材料越来越多地用于骨骼修复和再生[70]。据报道,碳基假体是可以模仿骨骼自然功能的很有前途的材料[71]。

5.4.5 心血管植入物

在外科手术中,血管移植被用来替换直径为 6mm、8mm 或 1cm 受损的粗动脉或静脉[9]。血管植入物是由聚酯(如 Dacron)或 PTFE(如 Teflon)制成的,具有机织或针织结构(图 5.6)。采用纬编或经编技术,可以制作直的或有分枝的植入物[21]。聚酯血管植入物可加热定形成卷曲状,改善操作特性。在植入过程中,由于其卷曲或波纹,外科医生可以弯曲和调整植入物的长度,使得植入物保留其圆形截面[21,35]。针织血管植入物具有多孔结构,这使得植入物被新组织包裹,但多孔性可能是不利因素,因为可能在植入后直接通过孔隙发生血液渗漏(出血)。这种不利作用可以通过机织植入物来减轻,但机织植入物较低的孔隙率会阻碍组织生长。此外,机织的植入物通常也比针织等效物更硬[72]。有人研究了非侵入性成像、磁共振成像(MRI)在聚偏氟乙烯(PVDF)纤维基血管移植中的应用,这项技术用来直接观察体内血管移植物,以监测其重塑和再吸收。将超小的超顺磁性氧化铁(USPIO)纳米颗粒加到 PVDF 聚合物中,并将挤出的纤维针织成血管植入物[73]。

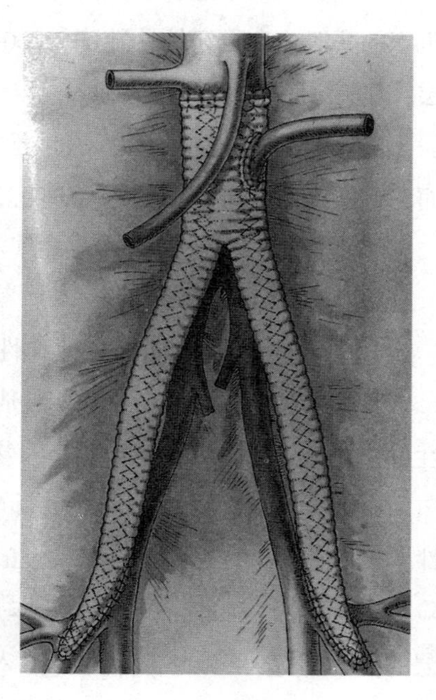

图 5.6 血管假体

为了降低出血的风险,已经开发出内部和外部拉绒表面的针织植入物,以填充植入物的孔隙。还有一种方法是在移植过程中密封或用病人的血液预凝植入物,这是一个耗时的过程,其有效性取决于患者的血液和外科医生的技术。预密封的植入物在植入时没有孔隙,但会变得多孔,以允许组织向内生长。植入物用胶原蛋白或明胶浸渍,经过 14 天后降解,使组织包裹[74]。好的血管植入物需要满足以下要求:生物相容性、无磨损、灵活性、耐久性、耐受杀菌、抗菌性、不形成血栓。

此外,植入物的纤维结构必须有足够的孔隙,以允许组织生长,并在植入物的内表面形成一层薄的纤维蛋白基抗血凝层。血管假体可以机织也可以针织[75],植入物在经向和纬向上都表现出高度的稳定性,高强度和低孔隙率[50~200mL/(min·cm^2)]。由于其低孔隙率,假体在大内径、高流量动脉应用中无需预涂层。由于机织结构强度更大,因此,它们更适合于高应力部位,如胸主动脉。针织假体可以是单面针织或经编拉绒结构。在针织结构中,植入物的强度和孔隙率受植入物环形结构的影响。针织植入物比机织的一般具有更高的孔隙率[2000mL/(min·cm^2)]和低的强度。针织假体需要预涂层,以防止植入期间过度失血。

在早期的研发中,移植前预涂人血是一种常见的做法,以防止血液渗漏。然而,通过下面的新技术进行处理后,不再需要对假体血管进行预涂:

①假体血管浸入水中。

②排除内表面多余的水。

③利用合适的生物相容性弹性体涂覆血管的内壁。

涂覆材料通常是一种共聚酯基的聚合物,但是,胶原蛋白、白蛋白、壳聚糖和弹性纤维衍生物也被用来涂覆植入物[75]。聚乙二醇处理的植入物降低血小板和蛋白质的黏附,减轻免疫和炎症反应[76]。用碳涂覆以改善 Dacron 假肢的产热特性[75]。银涂层植入物(Silver Graft, Integrated Silver)降低了感染和生物被膜的风险[77]。目前正在进行的研究工作是,开发一种新技术,利用两种与人体动脉相匹配的纱线制造柔顺的混合血管植入物。使用乳酸、PLA 和聚氨酯的生物降解性的移植物也在开发中[75]。采用多孔 PTFE 管开发了内径为 1.5 mm 的人造血管,该管是由可防止血栓形成的胶原蛋白和肝素的内层以及为管自身提供强度的生物相容性胶原蛋白外层组成[9]。人工心脏瓣膜是一种带金属支撑的笼形球阀,由聚酯(如 Dacron)织物覆盖,以便将瓣膜缝合到周围组织[64]。

1952 年,Voorhess 等[78]成功地将纤维蛋白沉积在织物的孔隙中,并发现相邻软组织最先发生成纤细胞向内生长,随后内皮细胞迁移,这一发现激发了研究人员进一步研究和开发血管假体的兴趣。1955 年,Edwards[79]首次利用编织的聚酰胺织物进行商业化尝试,随后在 1957 年,聚酰胺由 PTEE 取代。PET 在 1961 年被引入经纬纱线[80]。如今的植入物是由各种各样的合成材料制成的,包括 PET、膨胀 PET(ePET)、PTFE、聚丙烯和聚丙烯腈等。然而,PET、ePET 和 PTFE 是目前最常用的血管假体(表 5.5)。ePTFE 的植入物是无孔的,广泛用于股腘静脉和腋股动脉旁路。PET 和

ePET 植入物移植效果良好,两者的通畅率无显著差异。

表 5.5 商业血管移植物

制造商	材料
Bard	PET(机织、纬编、丝绒纬编和经编)
Meadox	PET(机织、经编、丝绒经编,脐静脉)
Golaski	PET(纬编、丝绒纬编)
SorinBiomedica	PET(碳涂层机织和针织的双面丝绒)
Rhone Poulenc	PET(丝绒经编)
Coates-PatonIntermedia CS	PET
Gore	ePET
Impra	ePET
Johnson & Johnson	ePET,牛颈动脉
St Jude Medical	牛颈动脉
Socol	牛颈动脉
Genetics Lab	脐静脉

聚乳酸(PLA)、聚乙醇酸(PGA)以及 PLA 和 PGA 的共聚物主要用于生产支架。它们除了持续的生物降解性,还具有良好的细胞生长相容性和黏附性。利用碳纤维在支架上的应用,Blazewicz 和 Plenk[81]进行了体内研究。将碳编织物植入兔的皮下组织和大鼠的骨骼肌中,并作为支架,考察了骨缺陷的重建。发现,碳纤维表面酸性基团的存在增强了巨噬细胞对碳纤维材料的吞噬作用,并观察到不同的骨伤口愈合率[81]。聚乳酸(PLA)/聚乙二醇(PEG)/多壁碳纳米管(MWCNT)电纺纳米纤维支架用作抗癌药物递送系统[82]。众所周知,小直径(<6mm)的植入物是一个需要解决的问题,在大多数情况下,植入物在体内的失败是由于原生血管和血管植入物之间存在机械不匹配。作为解决这一问题的一种潜在解决方案,电纺聚左旋乳酸(PLLA)血管植入物出现了[83]。

5.5 保健卫生产品

5.5.1 简介

保健卫生产品是医学和外科领域的重要部分,可用的产品范围广泛,但出于对医护人员和患者的卫生、护理和安全考虑,它们通常用于手术室或医院病房。表 5.6 所示为常见医疗/卫生产品,包括所使用的纤维和/或材料以及制造方法。

表 5.6 医疗/卫生产品

产品应用		纤维类型	制造方法
手术服装	手术服	棉,聚酯纤维,聚丙烯纤维	非织造布,机织
	帽子	黏胶纤维	非织造布
	口罩	黏胶纤维,聚酯纤维,玻璃纤维	非织造布
手术遮盖物	帘子	聚酯纤维,聚乙烯纤维	非织造布,机织
	衣服	聚酯纤维,聚乙烯纤维	非织造布,机织
床具	毯子	棉,聚酯纤维	机织,针织
	床单	棉	机织
	枕套	棉	机织
服装	制服	棉,聚酯纤维	机织
	防护服	聚酯纤维,聚丙烯纤维	非织造布
尿失禁尿布/尿片	保健卫生用透气织物	聚酯纤维,聚丙烯纤维	非织造布
	吸收层	木质绒,超强吸收剂	非织造布
	外层	聚乙烯纤维	非织造布
布/湿巾		黏胶纤维	非织造布
外科袜子		聚酰胺纤维,聚酯纤维,棉,弹性纱	针织

5.5.2 感染控制材料

感染控制是具有挑战性的,也是一项相当大的卫生保健负担。随着高危多重耐药病原菌的出现,与卫生保健相关的感染已成为一个严峻的问题,尤其是在医院环境中。英国政府任命的一个专家委员会最近预测,如果不采取紧急行动来解决这一问题,到 2050 年,全球每年因耐药感染而死亡的人数将超过 1000 万人,这比目前死于癌症的人数还要多。目前全球每年有 70 万人死于多重耐药超级细菌。在欧盟和美国,由于抗生素耐药性每年造成至少 5 万人死亡,预计到 2050 年死亡人数将增加 10 倍以上,这将对经济造成沉重打击,预计成本约为 100 万亿美元[84]。

在医院获得性感染(HAI)使得英国国家医疗服务体系(NHS)每年花费 10 亿

英镑，并导致约5000患者的死亡。卫生部估计，这种感染使得每个病人额外花费4000~10000英镑。最近在英国发布了预防HAI的循证指南[85]。尽管采取了一些预防性措施，但在医院控制伤口感染仍然是医护人员的日常难题，急性和慢性伤口都易受细菌感染。细菌通过伤口敷料和医院纺织品的交叉感染在医院中日益常见，且多年来一直是一个重要问题。在英国，1992年只有少数患者感染了耐甲氧西林金黄色葡萄球菌（MRSA），但这一数字在2001年上升到了4904人。根据英国国家统计局的数据，英格兰和威尔士因感染金黄色葡萄球菌而死亡的人数从2001年的1212人增加到2005年的2083人。由艰难梭状芽孢杆菌引起的死亡率上升69%。老年人易受感染，2007年85岁及以上年龄组的死亡人数为767人。必须指出的是，某些细菌，例如MRSA超级细菌，甚至对抗生素也有抗药性。该病菌具有传染性，可通过皮肤和在医院环境中医院用纺织品的接触传播。应该注意的是，目前可用的伤口敷料只能对少数几种细菌有效，而且没有敷料能对包括MRSA在内的广谱病原菌提供完全的防护。从广义上讲，理想的伤口敷料应满足许多要求，其中包括对广谱病原微生物的高阻隔性。高度渗出的伤口、浸软以及溃烂的伤口常常有感染的危险，伤口中微生物的存在严重延迟伤口的愈合。在英国，约有8%的住院病人发生感染，在重症监护病房，这一数字增加到23%。为了解决这个问题，特别是与MRSA和艰难梭状芽孢杆菌相关的问题，由生物技术和生物科学研究委员会（BBSRC）、医学研究理事会（MRC）、国家卫生研究所（NIHR）以及英国威康信托基金会联合创建了一个有420万英镑资金的联盟。该项目的研究范围是，在出现一种特别致命毒株的MRSA时，从组织快速响应，立即采取行动，并分析其特殊特征以便能够迅速检测和控制。此外，该项目着眼于寻找改变医务人员、患者和访客习惯的最佳方法，以防止感染的发生和扩散。该联盟将研究诸如快速检测和控制MRSA致命菌株的传播、医院器材如乳胶手套的传播模式以及确定预防此类问题的最佳策略。

银敷料常用于控制感染，但它对包括超级细菌在内的多种细菌无效。此外，一些患者对银离子产品敏感，长期使用会导致银离子的吸收，而从体内清除银时对肾脏有很大的影响[86]。银制品与白细胞计数低有关，如果发生这种情况，应停止使用银敷料[86]。

为了开发这种纺织材料，已经利用有机和无机化合物、抗生素、杂环化合物、季铵盐化合物等进行了大量的研究。最近研究了一种涉及组合抗菌阻燃棉织物的抗菌产品的制备工艺[87]。经处理的织物对大肠杆菌和金黄色葡萄球菌的抗菌活性较高,分别为97%和96%。同样,Ibanescu 等讨论了组合光催化与抗菌的 Ag/ZnO 处理的棉和棉/聚酯混纺织物[88]。由含有聚硅酸(Visil®)和铝硅酸盐(Visil AP®)的黏胶纤维制成的织物经尿素过氧化物处理,具有抗菌和除臭功能[89]。纤维素已经用杀生剂化学改性,伴随着氧化还原反应,在棉和其他纤维素织物上实现持久和可再生的抗菌活性。聚六亚甲基双胍盐酸盐(Reputex 20®)整理剂赋予棉和棉混纺材料抗菌性能,可有效对抗广谱的细菌、真菌和酵母菌,并且 50 次洗涤后仍具有抗菌性。已经研究了 3-(三甲氧基硅烷基)-丙基二甲基十八烷基氯化铵(Si-QAC)对不同纤维类型如棉、丝和羊毛的抗菌作用,而且发现 Si-QAC 对棉纤维最有效,对羊毛纤维的效果较差,对丝纤维的活性最差[90]。壳聚糖处理的棉织物对金黄色葡萄球菌和大肠杆菌具有抗菌活性[91]。而且,聚酯、聚酰胺、腈纶等合成纤维织物也可以用抗菌剂处理制成抗菌织物。最近的一篇综述着重介绍了主要抗菌剂如季铵盐化合物、卤胺、壳聚糖、聚双胍、三氯生、贵金属和金属氧化物的纳米颗粒以及植物源生物活性产品在织物上的应用[93]。

在过去的几十年中,通过使用不同的合成抗菌剂,如三氯生、金属及其盐、有机金属、酚类和季铵盐化合物,已经开展了旨在开发新技术以提高纺织品的抗菌活性的研究[94]。虽然合成抗菌剂对多种微生物非常有效,并对纺织品产生耐久的效果,但由于其副作用和诸如水污染的生态问题,它们引起了人们的关注。因此,基于生态友好试剂的抗菌纺织品,不仅有助于减少与微生物在纺织材料上的生长有关的不良影响,而且还符合管理机构施行的法定要求。具有抗菌活性成分的天然产物资源丰富,植物源产品是其中的主要系列[95]。一些植物材料的治愈力自古以来就在世界范围内广为人知,并得到了广泛的应用。已经报道了将抗微生物印楝种子和树皮提取物整合到棉[96]和棉/聚酯混纺织物[97]中的系统研究。将天然产物应用于纺织品的主要挑战之一是这些植物材料大多是几种化合物的复杂混合物,而且同一植物的不同部位之间的成分也不同。天然产物的耐久性、保质期和抗菌效率是另外值得关注的领域。为了解决这些问题,应在由天然产物制成的生物活性纺织品方面开展进一步研究,以使其成为由合成产品制成的抗菌纺织品的可行的替代品。

生物活性纤维和聚合物是高分子量的天然和合成高分子及其复合物,生物材料的研究重点是促进伤口愈合和抗菌,其中生物活性分子的设计和作用机理在纺织纤维的功能中起着关键作用。通过更深入地了解分子在纺织品表面的实际作用,有可能开发出新型的促进伤口愈合和抗菌的材料。纤维活性直接与纤维周围复杂的生物环境相关,因此,这个跨学科的研究领域汇集了自然科学学科的纺织合成、分析和高分子化学,以及生命科学学科的医学、生物化学、生物物理学和微生物学。

一个多世纪以来,科学家们一直致力于制造更有效的伤口敷料和抗菌纺织品。现在对疾病过程的分子基础有了更好的了解,并且我们对生物活性分子的结构和功能有了基本的认识,确实能够生产出可以选择性地与其生物环境相互作用的生物活性纤维。一些科学家创造了"智能织物"这个术语来描述这类纺织品具有的目标功能,以及它们在伤口愈合、动脉植入物或抗菌活性中发挥特定功能的能力。

许多类型的伤口敷料已经开发出来,包括非药物的和药物的。由聚氨酯膜组成的市售合成伤口敷料,能够最大限度地减少伤口的蒸发水分损失并防止细菌入侵,因此在治疗浅表二度烧伤中很有用。理想的敷料结构由外层的膜和内部的三维织物或海绵组成。外膜防止体液流失、控制水分蒸发以及保护伤口不受细菌入侵;内部基质通过组织生长进基质中促进伤口黏附。银/纳米银掺入伤口敷料中,作为对各种细菌的抗菌屏障。银的抗菌作用在古代就已经知道了,大约公元前4000年,人们使用银质的用具和容器来储存和运输水,以防止细菌的形成,确保高水质。最近开发了一些含银的伤口敷料,Thomas 和 McCubbin[98] 批判性地讨论了银在伤口敷料中的作用。这些敷料是通过持续释放低浓度的银离子发挥作用,通常会促进愈合以及抑制微生物。与其他局部治疗一样,银浸渍敷料的评价包括体外抗菌研究、动物模型和临床试验。

有人认为,在现代的伤口敷料中,单独强调抗菌效果这一特性是不够的,还需要强调促进伤口愈合的特性。基于此,去除伤口环境中影响愈合的任何不良细菌的能力将是一个值得关注的特性,例如,将细菌内毒素(细胞死亡时释放的毒素)与银敷料结合将是有益的。现代银基敷料中加入的材料,如亲水胶体、木炭和聚合物,不仅有助于伤口管理,还能调节银离子的释放。银通过对细胞膜、呼吸酶和DNA 的作用,在细菌细胞和酵母中表现出选择性毒性。银浸渍聚酰胺纤维织物是一种有效的抗菌产品,旨在将银离子输送到伤口部位而没有潜在的副作用。银是无害的,因为它会随着伤口的愈合自然流失。银的系统性毒性还没有很好的文献记载,但是用于烧伤治疗的磺胺嘧啶银被认为是白细胞减少和肾损伤的原因。除了银之外,蜂蜜、芦荟和印楝等天然产物是现代伤口敷料的潜在抗菌剂。关于蜂蜜在伤口敷料中的应用的系统综述已经有论文发表[99]。

手术室使用的纺织材料包括外科医生的手术服、帽子和口罩、病人的遮盖和各种尺寸的盖布(图5.7)。手术室的环境必须清洁,并严格控制感染。病人可能的感染源是护理人员洒落的带有细菌的污染物颗粒。手术服应起到屏障的作用,防止污染物颗粒释放到空气中。传统上,手术服是机织棉制品,不仅能释放来自外科医生的颗粒,而且产生大量的灰尘(棉绒),也是一种污染源。一次性非织造手术服已经被用来防止这些污染源,通常是由非织造布和聚乙烯薄膜组成的复合材料[19]。

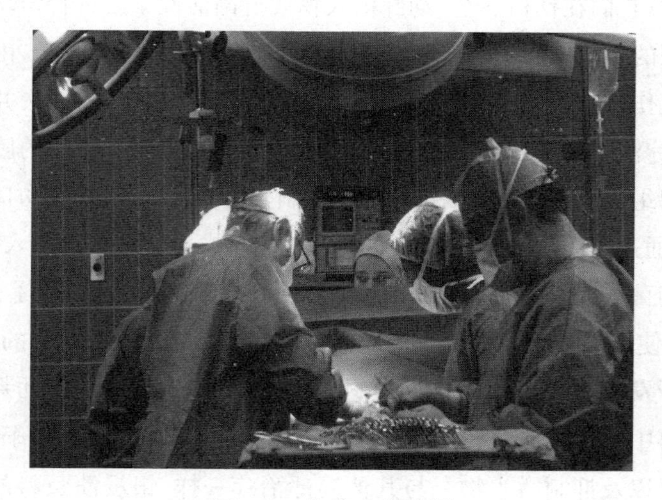

图5.7 外科手术服装

防护服用于保护病人和医疗专业人员不受医院交叉感染,通常包括罩袍、实验服、工作服、帽子、鞋子和面部防护。根据医院环境如手术室、术后留观区和住院区的防护要求,这些罩袍可以是单层的,也可以是加强的双层和多层型。单层罩袍可能是一种高度隔绝性织物,旨在用于防护等级低的地方。双层化和多层的罩袍适用在需要高水平防护的地方。一件高防护性三层罩袍由坚韧的抗磨损和防穿刺的外层、抗流体渗透的中间层和有舒适感的柔软的内层组成。罩袍的孔径设计强调防止微生物的渗透但允许气体交换,在液体密集的手术过程中,不透水的罩袍可以防止渗透。与传统的棉或混纺织物相比,防护服通常很重,主要是因为防护服含有适当的罩面涂层或层压物。遮盖布旨在预防医院获得性感染,可用于单次或多次使用。单次使用和可重复使用的罩袍和遮盖布通常由棉、聚酯、聚丙烯及其混纺物制成,并在欧洲广泛使用。在别的地方可以找到供进一步阅读的很好的参考资料[100-102]。

一种可重复使用的手术服需要满足必要的标准,例如屏蔽病源菌、血液和液体的拒斥性,导致了应用于洁净室环境的织物技术的研究,特别是用于半导体制造的织物技术。一次性使用的材料比可重复使用的产品更受青睐,主要是因为它们在更大程度上降低了交叉感染的风险。尽管一次性使用产品的可处置性带来了环境问题,但非织造布医疗产品在医院的使用越来越多。水刺和纺粘非织造的复合材料都用于生产外科手术服和遮盖布。水刺非织造材料改善手术服舒适性和美学性能,但纺粘非织造材料提供优越的阻隔性能。纺粘—熔喷—纺粘(SMS)产品具有最高的防护等级,并且其柔软性和舒适性有显著的改善。典型的隔离服和罩衣由单层的纺粘基层覆盖物或三层 SMS 织物组成,用以提高阻隔性、柔软性和舒适性。SMS 面料也用于生产实验服、夹克和工作服。含有聚乙烯薄膜的非织造手术服的克重为 30~45g/m²[103]。非织造罩衣和遮盖布的生产有不同的阻隔防护等级(1~4 级),以保障在医院不同区域的使用。例如,1 级代表一种轻质材料,用于与血液或体液接触很少或没有接触的环境,而 4 级则是一种强阻隔材料,用于容易与血液和体液接触的区域。外科口罩的中间层是超细玻璃纤维或合成微纤维,两侧均覆盖一层丙烯腈黏合的干铺或湿铺的非织造布。这种口罩要求有高过滤能力、高透气性、重量轻且不致敏。一次性手术帽通常是采用纤维素纤维制成的干法或纺粘非织造材料。手术室一次性产品正越来越多地由水刺非织造布制成。在手术室中,外科手术的遮盖布用于遮盖病人或覆盖病人周围的工作区(遮盖布)。1~4 级非织造手术服的构造在其他地方讨论过[103],是通过使用抗生素和氟化衍生物处理/涂覆纺织品,赋予防护纺织品高水平的抗菌性以及血液和流体排斥性。

非织造材料广泛用于医用遮盖布,并且由在一侧或两侧背衬有非织造布的薄膜组成。薄膜对细菌是完全不可渗透的,而非织造背衬对身体的汗水和伤口的分泌物都有高吸水性。疏水剂也可以应用于材料,以达到所需的细菌屏障特性。外科手术遮盖布目前使用环状凸起的经编聚酯织物,这种织物背对背层压并在中间含有微孔 PTFE 薄膜,具有渗透性、舒适性和抗微生物污染的特性。

第二类用于保健卫生产品的纺织材料,是医院病房为病人护理卫生经常使用的纺织材料,包括床上用品、衣服、床垫套、尿失禁用品、布和擦拭巾。传统的羊毛毯已被棉质纱罗机织毯所取代,减少了交叉感染的风险,并且由具有良好热性能的软纺双股纱制成,耐用,易于清洗和消毒。这些产品,包括护理人员和病人所穿的物品,除了舒适和耐用性外没有其他特殊要求,因此由常规面料制成。在隔离病房和重症监护病房,应穿戴一次性防护服,以减少交叉感染。这些物品是由复合织物制成的,这种复合织物由聚酯或聚丙烯的纺粘网增强的组织构成[19]。

用于患者尿失禁的产品有尿布和床单两种形式。一次性尿布是由内覆盖层(保健卫生用透气织物)、吸收层和外层组成的复合材料,内覆盖层是用亲水整理剂或纺粘聚丙烯非织造材料处理的纵向取向的聚酯网。由聚酯制成的纬编和经编起绒织物也被用作复合材料的一部分,其中包括泡沫以及用作尿失禁垫的 PVC 片。布和擦拭巾是由薄绉纱或黏合非织造布制成的,可用防腐整理剂浸泡。这种布或擦拭巾可用于伤口敷料施用前清洁伤口或皮肤,或用于治疗皮疹或烧伤[63]。

5.6 结论

纺织材料在医学和外科的各个方面都非常重要,这些材料应用的范围和程度反映了它们的广泛用途。新的发展继续利用现有的各种纤维和织物成形技术,持续的研究和创新证明了这些技术对于伤口管理是有效的。目前,创新主要来自拥有自己的研发部门的大型纺织医疗器械公司。然而,许多新型伤口敷料产品仍由中小型企业开发,尽管主要是通过与大学和其他相关研究机构的合作。各种高级复合材料已被开发用于需要生物相容性和强度的领域。这些材料需要进行大量的特性和性能标准研究,预计复合材料将继续在这一领域产生更大的影响。非织造布应用于医疗和外科纺织品的各个领域,其更短的生产周期、更高的灵活性和多功能性以及较低的生产成本是其在医用纺织品中广受欢迎的部分原因。

参考文献

[1] Anon, 2015, https://www.visiongain.com/Report/940/Advanced-Wound-Care-World-Market-Prospects-2013-2023 [accessed 10.03.15].

[2] Anon. *Med Textil* 1994;(4):6.

[3] Wang MC, Pins GD, Silver FH. *Biomat* 1994;15:507.

[4] Parenteau-Bareil R, Gauvin R, Berthod F. Collagen-based biomaterials for tissue engineering applications. *Materials* 2010;3(3):1863-87.

[5] Milam MW, Hall M, Pringle T, Buchanan K. *Infect Control Hosp Epidemiol* 2001;22:653.

[6] Pankongadisak P, Ruktanonchai UR, Supaphol P, Suwantong O. Development of silver nanoparticles-loaded calcium alginate beads embedded in gelatin scaffolds for use as wound dressings. *Polymer Int* 2015;64(2):275-83.

[7] Sarheed O, Abdul Rasool BK, Abu-Gharbieh E, Aziz US. An investigation and characterization on alginate hydogel dressing loaded with metronidazole prepared by combined inotropic gelation and freeze-thawing cycles for controlled release. *AAPS PharmSciTech* 2015;16(3):601-9.

[8] Catanzano O, Straccia MC, Miro A, Ungaro F, Romano I, Mazzarella G, et al. Spray-byspray in situ cross-linking alginate hydrogels delivering a tea tree oil microemulsion. *Eur J Pharmaceut Sci* 2015;66:20-8.

[9] Hongu T, Phillips GO, Takigami M. *New Millenium Fibres*. The Textile Institute. Cambridge: Woodhead Publishing Ltd; 2005. pp. 52-54, 175, 179-80, 254.

[10] Anon. *Med Textil* 1990 (October);1-2.

[11] Anon. *JTN* 1993 (November);(480):14.

[12] Anon. *Medical Textiles* 1991 (October);1-2.

[13] Korpe DA, Malekghasemi S, Aydin U, Duman M. Fabrication of monodispersive nanoscale alginate-chitosan core-shell particulate systems for controlled release studies. *J Nanopart Res* 2014;16(12):9.

[14] Calvo P, Remunan-Lopez C, Vila-Jato JL, Alonso MJ. Novel hydrophilic chitosan-polyethylene oxide nanoparticles as protein carriers. *J Appl Polymer Sci* 1997;63(1):125-32.

[15] Van Den Broek LAM, Knoop RJI, Kappen FHI, Boeriu CG. Chitosan films and blends for packaging material. *Carbohydr Polymer* 2015;116:237-42.

[16] Kuznetsova IV, Maiborodin IV, Shevela AI, Barannik MI, Manaev AA, Brombin AI, et al. Local tissue reaction to implantation of biodegradable suture materials. *Bull*

Exp Biol Med 2014;157(3):390-4.

[17] Liu C, Li R, Song X, Feng X. Effect of catgut implantation at acupoints on GABAB and mGluRI expressions in brain stem of rats with spasticity after stroke. *J Tradit Chin Med* 2014;34(5):566-71.

[18] Li XR, Zhang QX, Liu M, Chen Q, Liu Y, Zhang FB, et al. Catgut implantation at acupoints for allergic rhinitis: a systematic review. *Chin J Integr Med* 2014;20(3):235-40.

[19] Krull M. In: Lunenschloss J, Albrecht W, editors. *Nonwoven bonded fabrics*. UK: Ellis Horwood; 1985. p. 399-403.

[20] Anon. *Med Textil* 1991 (February);1-2.

[21] Thomas GB. *Textiles* 1975;4:7-12.

[22] Chitre SY, Saha C. *Sasmira Technical Digest* 1987;20:12-20.

[23] Cullum N. Compression for venous leg ulcers. *Cochrane Review*. Oxford: The Cochrane Library; 2002.

[24] Simon D. *Ostomy Wound Management* 1996;42:34.

[25] Veraat JC, Pronk G, Neuman HA. Pressure differences of elastic compression stockings at the ankle region. *Dermatol Surg* 1992;23(10):935-9.

[26] Ramelet AA. *Dermatol Surg* 2002;28:6.

[27] Rigby AJ, Anand SC, Miraftab M, Collyer G. In: Proceedings of Medical Textiles 96 Conference. Cambridge: Bolton Institute, UK, Woodhead Publishing; 1997. p. 35-41.

[28] Charles H. Compression healing of venous leg ulcers. *J Dist Nursing* 1991;10(3):4-8.

[29] Callam MJ, Haiart D, Farouk M, Brown D, Prescott RJ, Ruckley CV. Effect of time and posture on pressure profile obtained by three different types of compression. *Phlebology* 1991;6:79-84.

[30] Todd J. *Living with Lymphedema*. London: Marie Curie Cancer Care; 1996.

[31] Lee G, Rajendran S, Anand SC. Novel single layer compression bandage system for the treatment of chronic venous leg ulcers. *British J Nursing* 2009;18(15):S4-S18.

[32] Bergmann I. *Technical Textiles Int* 1992 (September);14-6.

[33] Chatterji PR. *J Sc Ind Res* 1987 (April);46:14-6.

[34] Fissell WH, Kimball J, Mackay SM, Funke A, Humes HD. The role of a bio-engineered artificial kidney in renal failure. *Ann N Y Acad Sci* 2001;944:284-95.

[35] Snyder RW. In: Vigo TL, Turbak AF, editors. *High-tech Fibrous Materials*, 457. ACS Symposium Series; 1991. p. 124-31.

[36] Anon. *Med Textil* 1997;(5):7.

[37] Anon. *Med Textil* 1994;(2):7.

[38] Rawal A, Sibal A, Saraswat H, Kumar V. Geometrically controlled tensile response of braided sutures. *Mater Sci Eng C* 2015;48:453-6.

[39] Naleway SE, Lear W, Kruzic JJ, Maughan CB. Mechanical properties of suture materials in general and cutaneous surgery. *J Biomed Mater Res Part B Appl Biomater* 2015;103(4):735-42.

[40] Ikada Y. Bioabsorbable fibres for medical use. In: Lewin M, Preston J, editors. *Handbook of Fibre Science and Technology*, *Part B*, Vol. 111. New York: Marcel Dekker; 1989. p. 253.

[41] Yamane S, Tsuchiya T. *Jap J Artif Organs* 1986;15:1751.

[42] Lee S, Chan E, De Macedo AR, Bacchi CE, Wolf P. Effect of polyglycolic acid microsuture on rat uterine anastomoses. *Microsurgery* 1984;5(1):15-8.

[43] Dorflinger T, Kill J. Absorbable sutures in hernia repair. *Acta Chir Scand* 1984;150:41.

[44] Solhaug JH. *Acta Chir Scand* 1984;150:385.

[45] Blomstedt B, Jacobson SI. *Acta Chir Scand* 1983;149:505.

[46] King E, Cameron RE. *Macromol Symp* 1998;130:309.

[47] Hynon SH, Jamshidi K, Ikada Y. In: Shalaby SW, Hoffmann AS, Ratner BD, Horbett TA, editors. *Polymers as biomaterials*. New York: Plenum Publishing; 1984. p. 51.

[48] Tuchmann A, Dinstl K. *J Cardiovasc Surg* 1984;25:225.

[49] Löwenhiem P, Stridbeck H, Walther B, Holmin T. *Surg* 1984;95:202.

[50] Mcintyre JE. Polyester fibres. In: Lewin M, Pearce EM, editors. *Handbook of Fibre Science and Technology*, Vol. 4. New York: Marcel Dekker; 1985. p. 63.

[51] Loh IH, Lin HL, Chu CC. *Plasma surface modification of synthetic absorbable sutures*. In: Proceedings, Clemson University Conference on Medical Textiles and Biomedical Polymers and Materials; 1996.

[52] Chu CC, Zhang L, Coyne LD. *Effect of gamma irradiation and irradiation temperature on hydrolytic degradation of synthetic absorbable sutures*. In: Proceedings, Clemson University Conference on Medical Textiles and Biomedical Polymers and Materials; 1996.

[53] Anon. *Med Textil* 1994;(10):5.

[54] Matveev VS. *Fibre and Textiles in Eastern Europe* 1994;2:49.

[55] Anon. *Med Textil* 1999;(8):8.

[56] Noyes FR, Grood ES. *J Bone Joint Surg* 1976;58-A:1074.

[57] Freudiger PS. *Tech Text Int* 1994;3(5):12.

[58] Noyes FR, Butler DJ, Grood ES, Zemicke RF, Hefzy MS. *J Bone Joint Surg* 1984;66-A:344.

[59] Gisselfält K, Flodin P. *Macromol Symp* 1998;130:103.

[60] Anon. *Clinical Mat* 1994;15(1):3.

[61] Purchase R, Mason R, Hsu V, Rogers K, Gaughan JP, Torg J. Fourteen-year prospective results of a high-density polyethylene prosthetic anterior cruciate ligament reconstruction. *J Long Term Eff Med Implants* 2007;17(1):13-9.

[62] Schneiderman CR. In: *Basic anatomy and physiology in speech and hearing*. California: College Hill Press; 1984. p. 3.

[63] Brown J. In: Proceedings of Industrial, Technical and Engineering Textiles Conference. Manchester: The Textile Institute; 1988. paper no. 8.

[64] Hoffman AS. Fibre Science. In: Lewin M, editor. *Applied polymer symposium*, 31. New York: John Wiley; 1977. p. 324.

[65] Storey RF, Wiggins JS, Puckett AD. *Polymer Reprints* 1992;33(2):452-3.

[66] Anon. *Med Textil* 1994;4:5.

[67] Chilukoti GR, Periyasam AP. Ultra high molecular weight polyethylene for medical applications. *Technische Textilien* 2012;55(3):E100-3.

[68] Suñer S, Bladen CL, Gowland N, Tipper JL, Emami N. Investigation of wear

and wear particles from a UHMWPE/multi-walled carbon nanotube nanocomposite for total joint replacements. *Wear* 2014;317(1-2):163-9.

[69] Puértolas JA, Kurtz SM. Evaluation of carbon nanotubes and graphene as reinforcements for UHMWPE-based composites in arthroplastic applications: a review. *J Mech Behav Biomed Mater* 2014;39:129-45.

[70] Tonnelli FMP, Santos AK, Gomes KN, Lorencon E, Guatimosim S, Ladeira LO, et al. Carbon nanotube interaction with extracellular matrix proteins producing scaffolds for tissue engineering. *Int J Nanomedicine* 2012;7:4511-29.

[71] Venkatesan J, Pallela R, Kim SK. Applications of carbon nanomaterials in bone tissue engineering. *J Biomed Nanotechnol* 2014;10(10):3105-23.

[72] Anon. *Med Textil* 1991 (February);5-6.

[73] Mertens ME, Koch S, Schuster P, Wehner J, Wu Z, Gremse F, et al. USPIO-labeled textile materials for non-invasive MR imaging of tissue-engineered vascular grafts. *Biomaterials* 2015;39:155-63.

[74] Anand SC. *Techtextil North America, Atlanta, USA*. In: Conference Proceedings; 24 March 2000. p. 3.

[75] Grigiom M, Daniele C, Avenio GB, Barbaro V. Biomechanics and hemodynamics of grafting. In: Rahman M, Satish MG, editors. *Vascular Grafts Experiment and Modelling*. Southampton, UK: WIT Press; 2003. p. 41.

[76] Dimitrievska S, Maire M, Diaz-Quijada GA, Robitaille L, Ajji A, Yahia L, et al. Low thrombogenicity coating of nonwoven PET fiber structures for vascular grafts. *Macromol Biosci* 2011;11(4):493-502.

[77] Doser M, Planck H. Textiles for implants and regenerative medicine. In: Bartels VT, editor. *Handbook of Medical Textiles*. Cambridge: Woodhead Publishing; 2011. p. 132-52.

[78] Voorhees AB, Jaretzki A, Blackemore AH. *Ann Surg* 1952;135:332.

[79] Edwards WS. Clinical experience with Teflon grafts. In: Wesolowski SA, Dennis C, editors. *Fundamentals of Vascular Grafting*. New York: McGraw-Hill; 1970. p. 367.

[80] Noon GP, Debakey S. *Debakey Dacron prothesis and filamentous velour graft*. In: Sayer PN, Kaplitt MS, editors. New York: Vascular Grafts, Appleton-Century

Crofts; 1978. p. 177.

[81] Blazewicz M, Plenk H. Carbon materials in the treatment of soft and hard tissue injuries. *Eur Cell Mater* 2001;2:21-9.

[82] Anaraki NA, Rad LR, Irani M, Haririan I. Fabrication of PLA/PEG/MWCNT electrospun nanofibrous scaffolds for anticancer drug delivery. *J Appl Polymer Sci* 2015; 132.

[83] Suarez Bagnasco D, Montini Ballarin F, Cymberknop LT, Balay G, Negreira C, Abraham GA, et al. Elasticity assessment of electrospun nanofibrous vascular grafts: a comparison with femoral ovine arteries. *Mater Sci Eng C* 2014;45:446-54.

[84] BBC News, 2015, http://www.bbc.co.uk/news/health-30416844 [accessed 10.03.15].

[85] Loveday HP, Wilson JA, Pratt RJ, Golsorkhi M, Tingle A, Bak A, et al. National evidence-based guidelines for preventing healthcare-associated infections in NHS hospitals in England. *J Hospital Infection* 2014;86(S1):S1-S70.

[86] Anon. *NHSSB wound management manual*. Northern Health and Social Services Board;2005. 41-42.

[87] Dong C, Lu Z, Zhang F. Preparation and properties of cotton fabrics treated with a novel guanidyl- and phosphorus-containing polysiloxane antimicrobial and flame retardant. *Mater Lett* 2015;142:35-7.

[88] Ibanescu M, Muşat V, Textor T, Badilita V, Mahltig B. Photocatalytic and antimicrobial Ag/ZnO nanocomposites for functionalization of textile fabrics. *J Alloy Comp* 2014;610:244-9.

[89] Anon. *Med Textil* 1998;(10):3.

[90] Tomsic B, Ilec E, Zerjav M, Hladnik A, Simoncic A, Simoncic B. Characterisation and functional properties of antimicrobial bio-barriers formed by natural fibres. *Colloids Surf B Biointerfaces* 2014;122:72-8.

[91] Cheng X, Ma K, Li R, Ren X, Huang TS. Antimicrobial coating of modified chitosan onto cotton fabrics. *Appl Surf Sci* 2014;309:138-43.

[92] Elshafei A, El-Zanfaly HT. Application of antimicrobials in the development of textiles. *Asian J Appl Sci* 2011;4(6):585-95.

[93] Simoncic B, Tomsic B. Structures of novel antimicrobial agents for textiles-a review. *Textil Res J* 2010;80(16):1721-37.

[94] Windler L, Height M, Nowack B. Comparative evaluation of antimicrobials for textile applications. *Environ Int* 2013;53:62-73.

[95] Joshi M, Ali SW, Purwar R, Rajendran S. Ecofriendly antimicrobial finishing of textiles using bioactive agents based on natural products. *Indian J Fibre Textil Res* 2009;34(9):295-304.

[96] Purwar R, Mishra P, Joshi M. Antibacterial finishing of cotton textiles using neem extract. *AATCC Rev* 2008;8(2):36-43.

[97] Joshi M, Ali SW, Rajendran S. Antibacterial finishing of polyester/cotton blend fabrics using neem (*Azadirachta indica*): a natural bioactive agent. *J Appl Polym Sci* 2007;106:793-800.

[98] Thomas S, Mccubbin PJ. *Wound Care* 2003;12:420.

[99] Moore OA, Moore RA, Smith LA, Campbell F, Seers K, Mcquay HJ. *BMC Complement Altern Med* 2001;1:2.

[100] Behera BK, Arora H. Surgical gown: a critical review. *J Ind Textil* 2009;38(3):205-31.

[101] Aslan S, Kaplan S, Cetin C. An investigation about comfort and protection performances of disposable and reusable surgical gowns by objective and subjective measurements. *J Textil Inst* 2013;104(8):870-82.

[102] Kilic AS, Ondogan Z, Dirgar E. A study on material selection of reusable surgical garments. *Industria Textil* 2014;65:65-9.

[103] Ajmeri JR, Ajmeri CJ. Nonwoven materials and technologies for medical applications. In: Bartels VT, editor. *Handbook of Medical Textiles*. Cambridge: Woodhead Publishing Ltd;2011. p. 106-31.

6 弹道防护技术纺织品

X. Chen[1], *Y. Zhou*[2]

[1] *曼彻斯特大学,英国曼彻斯特*

[2] *武汉纺织大学,中国武汉*

6.1 引言

6.1.1 背景

长期以来,防弹衣一直被用来保护战场上的士兵。从东方使用皮革到西方使用锁子甲,人们从未停止寻求对自身的保护方式。在现代轻量防弹衣的发展过程中,目标始终是开发更轻、更坚固的材料,以便在减轻重量的情况下提高性能,合成纤维的出现加速了这一领域的创新。尼龙 66 是第一种用于弹道防护系统(M-1951)的合成纤维。该设计由两部分组成:第一部分为尼龙方平组织柔性衬垫,用以掩护胸上部和肩部;第二部分是 Doron 板,覆盖在胸下部[1]。然而,芳纶的发明,开创了一个新时代。芳纶于 1965 年由 Kwolek 首次发现,并由杜邦公司在 1972 年以 Kevlar®商标将其商业化,后来芳纶家族的商业产品不断现出,包括 Technora、Twaron、Nomex 和 Teijinconex[2]。由于其独特的分子结构,芳纶具有优异的性能,满足了用户对轻型、灵活和隐形防弹衣的要求。另一种防弹纤维是超高分子量聚乙烯纤维(UHMWPE),由于这种材料高的性能重量比,在弹道领域越来越受欢迎。

现代防弹衣分为两类:硬质防弹衣和软质防弹衣。硬质防弹衣是由金属或陶瓷板制成,软质防弹衣主要由高性能纤维制成的多层织物组成。软质防弹衣与战场上士兵的硬质防弹衣配合使用,以提供足够的弹道保护,或者由执法人员单独使用,因为执法人员更可能面对较低水平的弹道威胁。Farjo 和 Miclau[3]研究了弹道冲击导致的组织损伤,认为子弹进入人体会在组织中产生空腔,造成巨大的伤害。

即使在阻止侵入的情况下,也可能会造成人体肌肉或器官的内伤[4]。尽管如此,防弹衣在挽救生命方面仍起着至关重要的作用。对美军在索马里摩加迪沙所遭受的所有战斗伤亡情况所收集的数据进行回顾性分析,防弹衣将致命的胸部刺入伤害从越战时的 39% 降低到索马里时的 14%[5]。对于警察和其他执法人员,Latourrette[6]认为,防弹衣使警察在对躯干射击中幸存下来的可能性增加了 3 倍多,而且他还做了调查,在 262 个样本中,为所有警察配备防弹衣每年至少可以挽救 8.5 条生命。防弹衣的重要性使其成为任何军事人员防护的核心部件,这意味着对它的巨大需求[7]。

在过去的几十年里,设计更有效防弹衣的努力一直在继续。在最近的创新中,加入 PBO(对亚苯基-2,6-苯并二噁唑)和 M5®(聚对苯二酚-二咪唑吡啶)材料是提高防弹衣性能的最有效(但成本高)的方法。与此同时,基于纺织品的技术也受到了很大的关注。最佳的织物和嵌条结构的开发可以吸收更多的能量,从而降低钝性创伤对人体躯干的影响。弹道冲击的研究和开发极大地提高了防弹衣的性能、效率和可靠性,为穿着者提供了更多的保护、机动性和舒适性。

6.1.2 弹道威胁和材料要求

弹道威胁主要是指手枪或步枪发射的子弹以及炮弹或炸弹爆炸的碎片。根据最终用途的不同,子弹可由不同的材料和形状制成。由纯铅制成的、具有半球形头部的子弹更可能变形,但穿透的可能性较小,对人体躯干造成的伤害最大。在冲击中,那些有金属包覆和尖头的子弹变形较小,对组织区域造成的钝性创伤较轻。碎片的变形和侵入取决于其形状和冲击速度,这是很难预测的。在弹道射击试验中,穿甲弹通常由硬化钢制成,以尽量减少变形,冲击速度可根据试验要求进行调整。

了解弹道威胁对工程防护和轻量化防弹衣设计至关重要,防弹衣的材料应满足以下几个要求:

①材料应足够坚固,足以为佩戴者提供足够的弹道保护。

②材料要重量轻、体积小,旨在不影响佩戴者的活动性和效率。

③材料必须耐用,确保防弹衣的性能在不利条件下不会降低,如潮湿或紫外线。

④材料必须柔软的,以提供足够的舒适性。

6.2 软材料对弹道冲击的响应

弹道冲击的本质是一个复杂的机制,已经研究多年。通过实验和理论研究方面的努力,已经逐步建立起对织物靶能量吸收的定量认识。可以认为,靶的能量吸收是由包括材料结构、冲击速度、子弹形状等多种因素决定的。在研究材料的响应时,不考虑其他因素是不恰当的。

6.2.1 目标纱线对弹道的影响

当纱线目标受到冲击时,产生两个波,即横波和纵波,能量通过这两种波的传播而消散。纵向波从冲击点以材料的声速沿纤维轴线向外传播,这种波还导致纱线被拉伸并具有平面内运动。纵波传播的速度为:

$$c = \sqrt{\frac{E}{\rho}} \tag{6.1}$$

其中:c 是纵波速度(m/s);E 是纤维模量(Pa);ρ 是纱线体积密度(g/m^3)。

同时,子弹倾向于向前推动纱线,从而使纱线垂直偏转,因此导致材料的平面外运动。Gu[8]研究了横波的速度,确定了实验室中横波速度 u_{lab} 的计算式:

$$u_{lab} = c\left(\sqrt{\varepsilon(1+\varepsilon)} - \varepsilon\right) \tag{6.2}$$

其中:ε 是纱线的应变。

两种波形如图 6.1 所示。

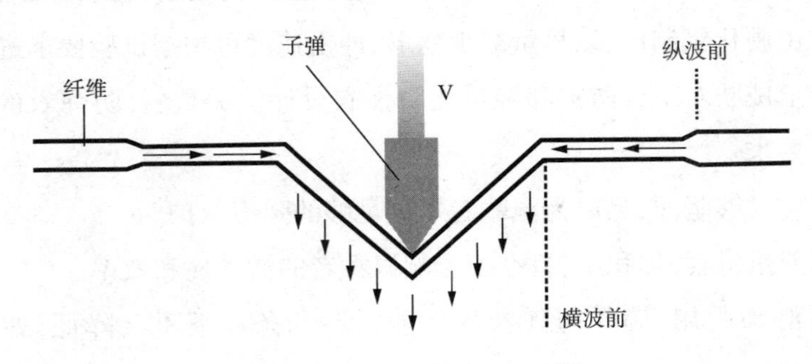

图 6.1 子弹撞击防弹纤维[9]

6.2.2 对织物目标的弹道冲击

当子弹撞击织物靶标时，响应是整体和局部的组合[10]。整体响应表示材料从冲击点远离的行为，局部响应表示材料直接与子弹接触的行为，如图 6.2 所示。冲击速度，即使不是唯一的因素，也是决定目标响应的最重要的因素之一。Cantwell 和 Morton 认为，对于复合材料靶，在高速冲击下，局部损伤在能量吸收中起着重要作用[11]；而在低速冲击下，整体的板偏转更为重要[11,12]。这种现象在纺织材料中也可以观察到。Carr[13] 发现，在低冲击速度下，纺织纱线也有一个整体失效模型（传递应力波），而在高冲击速度下则有一个剪切或堵塞破坏模型。

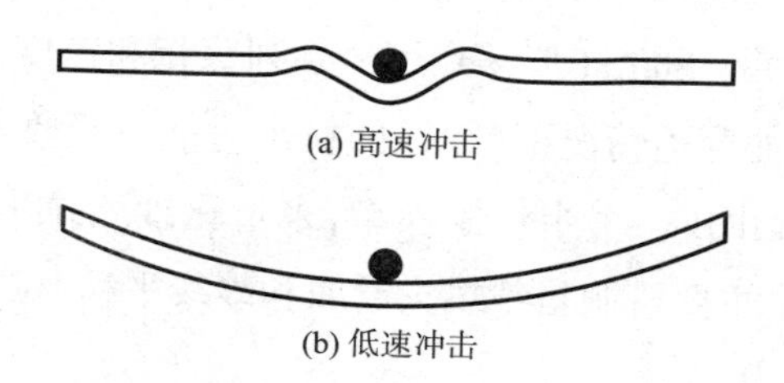

(a) 高速冲击

(b) 低速冲击

图 6.2 受横向冲击织物靶的响应[11]

6.2.2.1 整体响应

在低冲击速度下，由于子弹动能有足够的时间传递到织物靶上，吸收能量的区域比高冲击速度下更大。纱线交叉的存在对纵波的传播有显著影响，研究表明，在纱线交叉处，纵波发生反射，因此织物中的应力分布受交叉密度的影响，平纹织物的纵波速度比单纱慢$\sqrt{2}$倍[9]，并指出波的反射与纤维模量和摩擦系数有关[14,15]。由于横向变形，织物产生的平面外运动在冲击点附近形成帐篷状变形。这两种波快速掠过织物，将子弹能量转化为织物的应变能和动能，这是两种主要的能量吸收机制。储存的能量随时间增加，直到子弹被停止或织物被穿透。另一种能量吸收机制是摩擦，包括通过经纬纱间的、子弹与织物靶之间的以及相邻织物层之间的摩擦所耗散的能量。尽管认为它们对整体能量吸收的贡献很小，但摩擦效应极大地影响由织物吸收的应变能和动能[16]。

6.2.2.2 局部响应

在高冲击速度下，随着子弹与织物靶接合时间变短，整体响应对能量吸收的影响减弱,织物的局部响应或失效模式对织物的防弹性能有重要影响。织物的主要失效模式之一是纱线或纤维的断裂,当纱线或纤维的应变超过其失效应变时就会发生这种情况,不同的纤维断裂有不同的断头特征。对于对位芳族聚酰胺纤维而言,已观察到纤维由于原纤化而失效。对于超高分子量聚乙烯纤维,随着冲击速度的增加,熔融损伤程度增加[13]。然而,纱线或纤维的断裂模式也取决于子弹头部的形状。Tan 等发现纱线更容易被平头子弹割断,造成剪切损伤。而圆头子弹对织物的剪切损伤不太明显[17]。作为一种能量耗散机制,纱线或纤维断裂所吸收的能量是基于纤维的性质。

另一种织物失效模式是纱线拉出。当冲击速度较低或纱线—纱线摩擦力低或织物靶抓合不紧时,主纱会被拉出而不是断裂。Bazhenov[18]发现,纱线的拉出与防弹织物的能量吸收有关。Starrat[19]采用了一系列照相和速度测量技术观察这种失效模式,得出结论,在非穿透情况下,纱线的拉出对能量吸收有很大的贡献。Kirkwood 及其同事[20,21]提出了一个半经验模型,来量化纱线拉出过程中能量的耗散。他们认为,相关的两个主要机制是纱线去卷曲和纱线平移,拉出力很大程度上取决于纱线—纱线的摩擦力。

Shim 等[22]观察到子弹产生的孔洞小于其直径,从而假设在子弹冲击过程中存在孔的扩张。在这种失效模式中,子弹倾向于将纱线推到边上,通过楔入效应穿透织物。Lim 等[23]对双层织物进行了测试,发现下层由于楔入效应引起的纱线错位更为明显。

6.3 防弹纤维

6.3.1 防弹纤维的要求

Roylance 和 Wang[24]确定,在弹道中,大约总吸收能量的一半是储存为应变能的形式。Lee 等[25]将断纱的数量与吸收的能量相关联,并且发现纤维应变是吸收能量的主要机制。在织物靶中,应变能的积累取决于发生应变的织物的面积。应变面积与材料中的声速直接相关[26],声速也被认为是纵波的速度。根据公式(6.1),该速度是材料模量和密度的函数。Roylance 和 Wang[24]通过利用数值模型,确定更高模量的纤维具有更高的波速,这导致快速的能量吸收速率。随着模量的降低,波速降低并且应变更集中在冲击区附近。然而,Roylance[27]分析了应变能—纤维模量的关系,并报道了高模量纤维通常是以牺牲断裂伸长率得到的。他认为高模量材料(如石墨)能量吸收率更高,但嵌条会在早期失效,因此无法像尼龙等低模量织物那样有效地提取能量,这一特征大大降低了织物嵌条吸收的总能量[24]。正因为如此,选择用于防弹的高性能纤维是若干因素的折中。例如,该材料应该是高模量和低密度,以及可使材料吸收足够能量的断裂应变。

6.3.2 芳族聚酰胺纤维

由于其高性能重量比,芳香族聚酰胺纤维在轻量、软质防弹衣的开发中得到了广泛的应用。芳香族聚酰胺(Aramid)的单体是对苯二甲酰对苯二胺,它结合了将酰胺基团和苯环引入聚酰胺分子的想法。这些分子高度取向,具有很强的链间键合和高度的结晶性,导致纤维的高模量和高韧性。此外,还观察到芳族聚酰胺纤维表面的横向条带[28],据称,这是在凝固过程中形成的折叠结构。在应力作用下,纤维表皮首先形成并衰减,这使得纤维核心在结晶过程中以均匀的周期性松弛并形成褶皱[2]。显然,褶皱的存在赋予了芳族聚酰胺纤维一定的弹性,使得芳族聚酰胺纤维在断裂前能够保持一定的伸长率,并增加其断裂应变。这就是为什么一些纤维具有比芳族聚酰胺纤维更高的初始模量和拉伸强度,但表现出的防弹性能较差的原因。此外,这种类型的纤维可以毫不费力地制造成各种各样的织物,有利于轻型软防弹衣的设计。

在20世纪60年代初,杜邦公司首次将Kevlar®这个商标名用于芳香族聚酰胺纤维的商业化。直到20世纪70年代,Kevlar纤维家族的新成员Kevlar® 29才被用于轻型柔性防弹衣的设计制造。1988年,杜邦公司推出了Kevlar® 129纤维,它可提供更高的弹道防御能力,以抵御高能冲击。1995年,Kevlar® Correctional问世,它为执法人员和惩教人员提供了抗穿刺技术,以防止刀子和其他尖锐物体造成的穿刺型威胁,尤其是皮下注射针头[2]。1996年,杜邦公司在Kevlar纤维产品线上又增加了一项产品,引进了Kevlar® Protera。Kevlar® Protera是一种高性能织物,由于纤维的分子结构,使得设计的防弹背心具有更轻的重量、更大的灵活性和更好的弹道防护性能。据报道,通过一种新型的纺纱工艺,其拉伸强度和吸能性能得到了提高。

Twaron®纤维是Akzo Nobel(现为Teijin Twaron)开发的另一种对位芳纶,广泛应用于现代防弹衣。根据 Akzo Nobel 的说法,这种纱线使用1000根或更多精纺单丝作为能量海绵,吸收子弹的冲击,并通过相互作用与相邻的纤维迅速消散其能量。据报道,Twaron® CT 微丝比标准芳纶纱制成的背心轻23%。该材料具有更多数量的精细微丝,增强了其吸收能量的能力,并为个体防护带来明显的好处。Twaron® CT 微丝更轻、更柔软、更灵活,能提供更大的活动自由度和舒适度。

6.3.3 超高分子量聚乙烯纤维

超高分子量聚乙烯纤维(UHMWPE),是20世纪80年代中期发展起来的另一种用于防弹的高性能纤维。基于凝胶纺丝技术的发展,可以将松散、展开的交联网络拉伸成高度取向、高度结晶的纤维,柔软的聚乙烯分子链可被制成高度有序、紧密堆积并赋予其优异的力学性能。不同于芳族聚酰胺纤维的强度来自于相邻短分子之间的强键合,而UHMWPE的强度来自于单个分子的长度。超长的聚乙烯分子和高度结晶区域(85%)使纤维能够承受很大的拉伸载荷。人们发现,UHMWPE纤维的强度是钢的10倍,比水轻,这在军事上是非常有利的[29]。表6.1显示了商标为Dyneema®(由DSM提供)和Spectra®(由Honeywell提供)的纤维的特性。对于弹道防护,UHMWPE通常以单向织物的形式使用,如Spectra® shield 和 Dyneema® UD,其中每层纤维以0°/90°方式取向并通过热塑性基质黏合,发现该系统比具有相同面积密度的传统机织物更具弹道防护性[30]。

表6.1 UHMWPE纤维的力学性能[31]

	密度(kg/m^3)	单丝纤度(旦)	韧性(N/tex)	模量(N/tex)	断裂伸长率(%)
DSM HPF					
Dyneema SK60	970	1	2.8	91	3.5
Dyneema SK65	970	1	3.1	97	3.6
Dyneema SK75	970	2	3.5	110	3.8
Dyneema SK76	970	2	3.7	120	3.8
Toyobo					
Dyneema SK60	970	1	2.8	91	3.5
Dyneema SK71	970	1	3.5	122	3.7
Honeywell					
Spectra 900	970	10	2.6	75	3.6

续表

	密度（kg/m^3）	单丝纤度（旦）	韧性（N/tex）	模量（N/tex）	断裂伸长率（%）
Spectra 1000	970	5	3.2	110	3.3
Spectra 2000	970	3.5	3.4	120	2.9

6.3.4 聚对亚苯基苯并二噁唑纤维

自从尼龙纤维发明以来，为防弹应用创造更强、更轻的纤维的努力就从未停止过。与 UHMWPE 纤维一样，聚对亚苯基苯并二噁唑纤维（PBO）是另一种满足该领域对纤维不断增长的需求的材料。由 Dow Chemicals 公司和 Toyobo 公司共同开发的 PBO 纤维，以 Zylon®品牌进行商业化生产，并于 1998 年建立了一个试验工厂。PBO 纤维的高性能源于其聚合物链的棒状特性，就力学性能而言，它比其他材料性能更优越，如图 6.3 所示。有两种类型的 Zylon®纤维，AS（初生纤维）和 HM（高模量纤维）。Zylon®防弹衣被认为比芳纶防弹衣更轻、更舒适、更坚固。然而，发现 Zylon®在潮湿的条件下性能退化，在用于软体防弹衣时，需要良好的防潮技术。

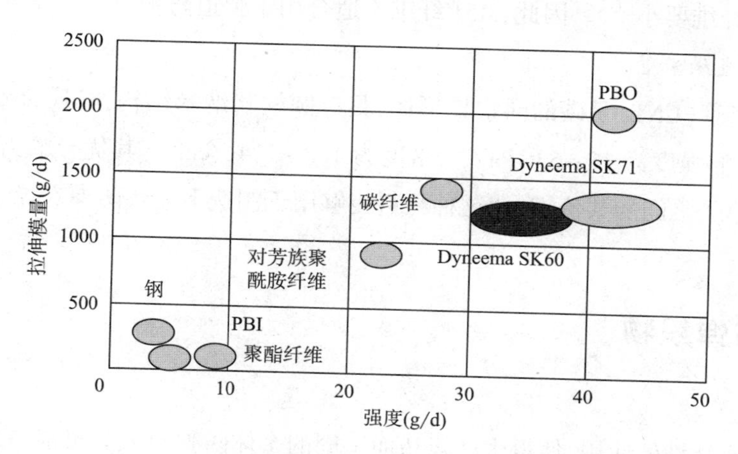

图 6.3　PBO 与其他材料相比的拉伸模量与强度

6.3.5 其他防弹纤维

6.3.5.1 尼龙 66

在开发芳族聚酰胺纤维之前，在防弹应用中最常用的聚酰胺纤维是尼龙 66。

从技术上讲,尼龙 66 的基本结构是亚甲基和酰胺基团。

$$\cdots—CH_2—CH_2—CH_2—CH_2—CH_2—CONH—CH_2—CH_2—CH_2—CH_2—CH_2—CONH—\cdots$$

CO—NH—CH_2 基团顺序的反转使得尼龙 66 链堆积的几何形状不同于其他的聚酰胺链堆积的几何形状,这使得尼龙 66 具有相当高的结晶度(50%)。与尼龙 66 有关的另一个特征是相邻的聚酰胺链之间氢键的形成,这给予分子链更高的稳定性。以上因素使尼龙 66 纤维在断裂时具有高的断裂应变和低的断裂伸长率,使其有可能成为防弹织物。

6.3.5.2 M5®纤维

M5®纤维(聚氢醌-二咪唑并吡啶)是一种高强度合成纤维,由 Doetze Sikkema 博士及其团队在荷兰化学公司 Akzo Nobel 开发,并由美国公司 Magellan Systems International LLC 生产。最好的 M5®纤维的拉伸模量为 450GPa,强度为 9.5GPa,是 Spectra 1000 的三倍多[32]。与同等防护水平的 Kevlar 系列纤维相比,M5®形成的防弹衣系统比传统防弹衣可以减轻 40%~60%的重量[32]。然而,试验表明,M5®在暴露于紫外线和较高的湿度下后,其用于弹道防护所需的力学性能会有所下降,尽管比 PPO 纤维要小[33]。因此,M5®纤维不适合用于弹道防护。

6.3.5.3 碳纳米管

碳纳米管(CNT)是碳的同素异形体,具有圆柱状纳米结构,杨氏模量为 270~950GPa,拉伸强度为 11~63GPa[34],密度为 1.3~1.4g/cm^3。其优异的力学性能源于相邻碳原子之间的共价键,使这种材料能够用于制造下一代防弹衣。

6.4 防弹织物

高性能纤维的使用,使得生产轻巧而坚固的个体防弹衣成为可能,在创造和使用新材料的同时,织物系统在决定个别纤维在弹道冲击时的利用效率方面起着至关重要的作用。机织和单向织物是最常用的阻止子弹的两种构造。毛毡通过使一些纤维沿子弹轨迹预先对准来有效地捕获低速碎片[35]。针织物由于其拉伸模量低,在防弹领域的应用相当有限。诸如化学处理和结构修饰等新技术已被证明可以在减轻织物重量的同时改善织物防弹性能。

6.4.1 机织物

在软防弹衣设计制造中,最常用的织物结构是机织物,机织物通过形成纤维或纱线的网络来阻止子弹,这种网络使纤维或纱线被拉伸,从而将子弹的动能传递给织物。在各种编织图案中,平纹和方平组织是最常见的样式,因为它们具有高交织纱线密度和尺寸稳定性[36]。松散的机织物或具有不均衡图案的织物,其性能较差[37]。Yang[38]研究了角度互锁织物用于女性防弹衣,Shi 等[39]对正交织物进行了建模并测试。

机织物的纱线密度定义为以织物长度或宽度为单位的经纱或纬纱的数量,并且与织物覆盖面积的百分比有关。高的织物密度通过使更多的材料与子弹接触,从而增加了能量的有效耗散能力。Shockey[40]研究了不同组织密度的 Zylon 织物,发现其能量吸收的增加几乎与组织密度的增加成正比。有人建议,防弹应用的覆盖系数应在 0.6~0.95[41]。当覆盖系数大于 0.9 时,纱线在织造过程中性能下降,当覆盖系数低于 0.65 时,织物会变得太稀松[23,37,42]。

纱线卷曲是由纱线交织引起的纱线起伏,它是机织物的一个独特特征,在单向结构或毛毡中是看不到的。当子弹击中织物时,织物变形的初始阶段会引起卷曲纱线的拉直。去卷曲过程降低了织物在拉伸展开初始阶段的模量[44],在此期间,对子弹阻力很小,几乎没有发生能量吸收。直到纱线完全去卷曲并开始拉紧,织物才起保护作用。根据 Tan 等[44]的研究,这会导致织物对人体造成过度的钝性创伤。Chitrangad[41]发现,经纱的卷曲比纬纱多,因此纬纱会先于经纱断裂。为了达到平衡的卷曲度,他尝试用两种不同的纱线来编织平纹织物和方平组织,其中纬纱的伸长率大于经纱的伸长率。他注意到,与完全由一种纱线组成的织物相比,杂交织物的 V_{50} 更高(V_{50} 的定义将在第 6.5.4 节中给出)。显然,在研究软体防弹衣的性能时,纱线卷曲对防弹性能的影响不容忽视。

Roylance 等[9]认为,能更均匀地分配能量的织物具有更好的防弹性能,一种可能的方法是制成三维织物。在三维织物中,三组平行的线以 60°角相交。一般认为,与双轴织物的锥体形状相比,三维织物在受到冲击时的六角形形状表现出更好的性能,使得能量在冲击区域的扩散更加均匀,它们对冲击的响应如图 6.4 所示。Hearle 及其同事[45]通过探寻阻挡子弹所需的层数来比较它们的防弹性能,他们发现双轴织物的总面密度(2400g/m^2)远远小于三维织物所需要的面密度(3094g/m^2)。一种可能的解释是,三维织物更开放的结构会降低弹道防护性。

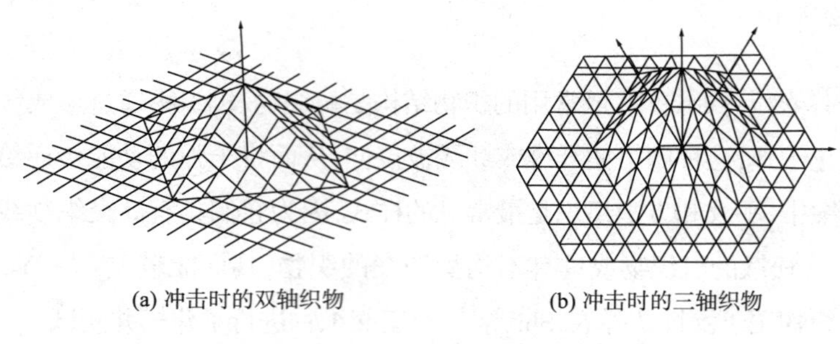
(a) 冲击时的双轴织物　(b) 冲击时的三轴织物

图 6.4　弹道冲击下织物的示意图[8]

6.4.2　新型机织物

实际上,新技术的发明和应用是建立在已有知识的基础上的。在过去的 60 年里,传统的机织软体防弹衣的构成并没有太大的变化,发生改变的是,子弹的威胁越来越大,因此,要求防弹衣在减轻重量的情况下提供更大的保护。开发更好的织物系统是许多影响因素中的一个考虑,其中纱线之间的摩擦是至关重要的[46],已有许多研究人员对此进行了研究。Duan 等[16]通过有限元分析研究了摩擦力在弹道事件中的作用,他们发现子弹—织物的摩擦可以抵抗纱线的滑移,使更多的纱线与子弹接触,从而显著提高织物的能量吸收。然而,高的纱线间摩擦力限制了纱线的运动,导致纱线早期失效。Lee 等[25]和 Cuong 等[47]认为,在增强织物中,纱线间迁移性的降低对织物的能量吸收有积极的影响。摩擦有助于阻止纱线滑动,并在冲击过程中保持织物的稳定性。这一点得到了 Bazhenov 的工作的支持,在干燥的层压板和湿的(水处理)层压板上进行了测试。实验结果表明,水降低了纱线间和织物与子弹间的摩擦,使得湿层压板比干燥的层压板的纱线拉出区域更窄,吸收的能量较少[18]。由 Zeng 等[48]创建的模型表明,纱线间摩擦系数 μ 值从 0 增加到 0.1,使防弹织物的防弹极限增加了一倍,而且 μ 再进一步增加,防弹极限相差不大。然而,从他们的计算模型得到的结果似乎与 Briscoe 等的实验结果相反。Briscoe 和 Motamedi[49]对 Kevlar 29 机织物进行了化学处理,以达到不同程度的纱线间摩擦。索氏提取织物($\mu=0.25\pm0.03$)比原始织物($\mu=0.22\pm0.03$)和聚二甲基硅氧烷(PDMS)处理织物($\mu=0.18\pm0.03$)具有更好的防弹性能。结果表明,纱线间摩擦系数进一步增加到 0.1 以上,似乎进一步改善了防弹织物的能量吸收。

Zhou 等[50]的有限元模型表明,随着纱线间摩擦的增强,织物能够吸收更多的冲击能量。进一步增加摩擦系数,当μ超过 0.4 时会降低织物吸收冲击能量的能力,与 Briscoe 和 Motamedi 实验结果相比,更符合实际。

6.4.2.1 化学处理的织物

迄今为止,所开发的用于增加纱线间摩擦的方法主要是表面处理,最常用的方法之一是二氧化硅胶体悬浮液浸渍[51,52]。纱线的拉出试验表明,对于 40%(质量分数)颗粒浸渍织物,拉出纱线所需的最大力可达 650N,比未处理织物高了 150N[51]。而且,拉出力对处理织物的拉出速度非常敏感[52],速度从 100mm/m 增加到 1400mm/m 时,导致最高的拉出力从 6N 增加到近 12N。这意味着在弹道事件中,较高的拉出速度会进一步增加纱线间的摩擦,上述两项研究都表明了提高浸渍织物防弹性能的可能性。

对于防弹纤维,希望加工设备的摩擦系数低,以减少织造过程中的纤维损伤,这就产生了一个相互矛盾的要求,因为在防弹应用中,纱线间的摩擦很高[53]。Chitrangad 和 Rodriguez-Parada[54]开发了含有极性氮基团的某种含氟化合物的整理剂,以实现在不增加纱线—设备摩擦的情况下,提高纱线间的摩擦。Dischler[55]发现,在 Kevlar 织物上沉积 0.15~0.2μm 厚的聚吡咯薄膜,可使抗子弹冲击性提高约 19%。除了化学相关方法外,研究人员还试图改变纱线和织物的结构,以增加纱线间的摩擦。Hogenboom 和 Bruinink[56]将高强度、低摩擦系数的长丝与低强度、高摩擦系数的长丝通过芯纺结合在一起,据称,组合纱线具有复合优势,可用于防弹材料。

6.4.2.2 结构修饰织物

与化学处理工作同时进行的还有对结构修饰的可能性的探讨。为了提高织物的性能重量比,Cork 和 Foster[57]探索了使用窄幅织物的可能性。他们发现,窄幅织物在子弹冲击过程中吸收的冲击能量大于从较宽幅织物上切下的织物带,其结构参数与窄幅织物相同。窄幅织物和织物带的区别在于前者具有纬纱形成的完美的织边,因此提供了对经纱更好的抓附,而后者有流苏的织边,但无法在经纱和纬纱之间提供额外的抓附力。然而,当形成防弹嵌条时,窄幅织物改善的防弹性能被相邻窄幅织物间材料的不连续性所抵消。Sun 等[58]和 Zhou 等[50]通过制造蜂窝织物,并在一定间隔内引入纱罗结构和双纬,对平纹织物进行了修饰,这有助于通过改进经纱和纬纱之间的纱线夹持来提高纱线间的摩擦,结构如图 6.5 和图 6.6 所示。已发现,这种构造修饰织物比普通平纹织物具有更好的防弹性能。

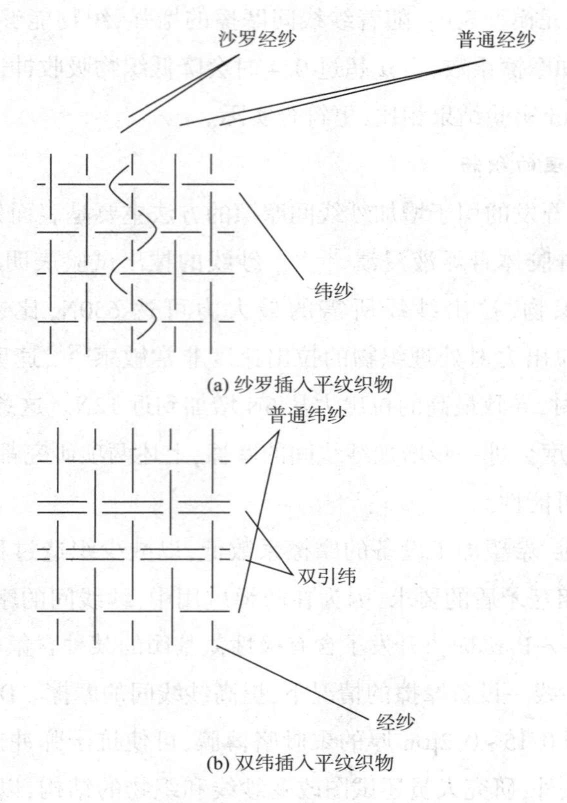

图 6.5　结构修饰平纹织物

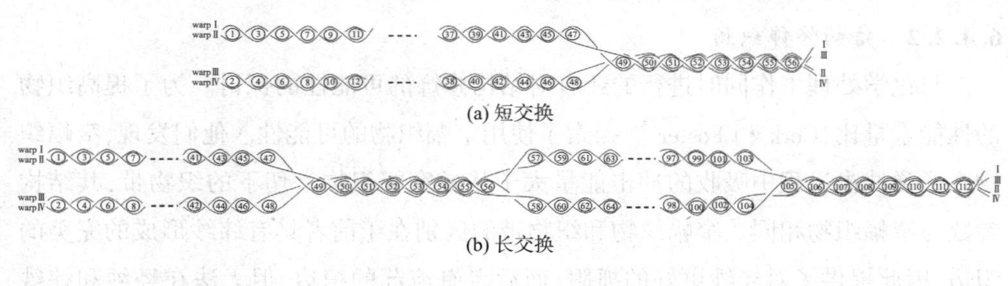

图 6.6　蜂窝织物

6.4.3　单向织物

单向(UD)构造最初是在第二次世界大战[59]中被空勤人员用于胸部和头盔的软体护甲,并在 20 世纪 80 年代中期由 AlliedSignal 公司采用 UHMWPE 纤维 Spectra®重新引入。单向技术是基于在层压系统中将交叉合股长丝与弹性体基质相结合的想法，图6.7为由两层薄膜构成的四层单向系统。其他公司，如DSM和Park Technologies，也提供类似的人员保护织物。

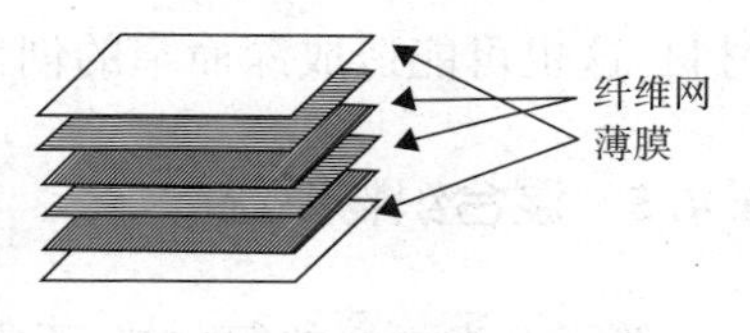

图6.7 单向结构

与机织物不同的是，卷曲消除了，并且单向织物的纱线轮廓是直的。因此，单向构造没有初始的去卷曲现象，纤维的高模量保留在织物中。与纤维刚度相结合，纤维将更快地回应层压板刚度，能量扩散范围比在机织结构中更大。这种现象延长了纤维拉伸的持续时间，并减轻冲击区域下方的创伤[35]。

UD结构对于机织结构的优越性能，已在许多出版物中有所描述。根据Scott[35]所述，在柔性装甲和硬质复合材料中，重量或性能均提高了约30%。Lee等[60]发现，随着嵌条密度的增加，有一定角度复合的层压板的防弹极限比机织物基复合材料更高。并且，100% UD织物嵌条比100%机织物嵌条多吸收12.5%~16.5%的能量[30]。

6.4.4 毡和针织物

毡对弹道冲击的响应与机织物和UD织物的响应明显不同，其能量吸收机制尚未完全了解，毡在弹道防护中的应用是有限的。已经观察到，这种类型的结构可以通过使一些纤维沿弹道预对准来有效地捕获低速碎片[35]。但是，目前关于弹道冲击的威胁是针对高速的小型子弹。Hearle[61]发现，针织尼龙(18.5kg·cm/g)的能量吸收不如机织尼龙(29.2kg·cm/g)织物。此外，在毡嵌条上加上一个更深更窄的背衬，有可能造成更大的创伤。Thomas[62]发现，在防弹织物之间加入毡可能有助于减少对穿着者的创伤，但是，这一发现需要进一步验证。关于毡使用的另一个问题是其吸湿性，这可以通过将其密封在不透水的袋子中来解决。由于上述缺点，认为毡不是用于防弹应用的合适材料。

Hearle[61]还考察了针织尼龙织物的力学性能。他发现，虽然针织物的动态模量(4.4g·wt/tex)远低于机织物的动态模量(66g·wt/tex)，但在受到拉伸载荷时，它们表现出相似的断裂能。在高速弹道冲击下，针织物的能量吸收(28.5kg·cm/g)也与机织物的能量吸收(29.2kg·cm/g)相近。尽管如此，针织物仍被认为不适用于柔软的防弹衣。它的低模量会延迟织物对冲击的响应，并将更多的力传递给背衬材料,这也可能造成深而窄的创伤。

6.4.5 混合织物系统

除了开发更好的织物外,还研究了其他方法,包括在防弹嵌条中组合一种以上类型的织物或其他材料[63-65]。这是由于材料在不同的地方有不同的表现。Cunniff[37]认为,织物的后衬层会限制前层的横向偏转,进而影响嵌条的性能。因此,他认为将低模量材料放置在冲击面上并在后衬层上放置高模量材料可以避免这种现象,并改善防弹嵌条的性能。此外,Nader 和 Dagher[66]使用非侵入性带刺针将纤维穿过嵌条的整个厚度,防止子弹分散各个纱线和使相邻层分层。Chitrangad[41]发现,他所研究的织物在弹道事件中,纬纱会在经纱之前被拉断。使用具有比经纱更高断裂伸长率的纬纱的织物可能使得经纱和纬纱同时断裂,这改善了织物或嵌条的性能。

当复合材料嵌条受到冲击时,子弹往往会在靠近冲击面的各层出现贯穿厚度的剪切破坏,形成阻塞,而背层纤维的损伤模式类似于拉伸破坏[46,60],如图 6.8 所示,Chen 等[67]在干燥的织物嵌条上也发现了类似的现象。不同的织物层对弹道冲击呈现各种响应的事实表明,在一个面板中组合一种以上类型的材料具有优势。前层采用抗剪切材料,后层采用抗拉伸材料,能提高织物嵌条的防弹性能[68]。完美设计混合嵌条的一个值得注意的步骤是 UD 面料与混合嵌条的结合。

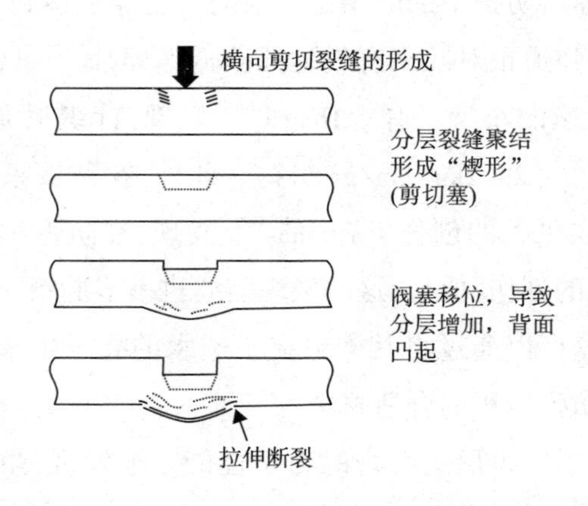

图 6.8 冲击力对柔性面板的影响[46]

Thomas[63]进行的非穿透弹道冲击试验表明,采用单一材料的芳族聚酰胺纤维嵌条比混合嵌条有更深的背面特征。此外,通过混合材料嵌条传输到基材的能量比通过单一材料 UD 织物嵌条传输到背衬材料的能量要少 13.9%左右[64]。Price 等[65]发现，混合多层织物组件的 V_{50} 值往往高于单层材料的机织物或 UD 组件。

6.5 防弹材料的实验评价

实验工作以弹道试验数据为基础，是软体装甲整体工程的一部分。从研究的角度来看，实验测试和观测的结果不仅直接反映了材料在防弹应用中的性能和可用性，而且还为验证该领域所提出理论的有效性提供了经验数据。本节将列出在弹道冲击下研究织物响应并评估其性能所采用的方法和途径。

6.5.1 摄影与监测技术

摄影和监测技术主要是利用高速摄像机或其他监测技术观察弹道过程。Susich 等[69]对尼龙软体防弹衣进行了显微研究，观察了穿透样品的各种失效机理。Prosser 等[42]通过光学显微镜、偏光显微镜、扫描电子显微镜对受损纤维进行评估，认为热量在某种意义上可以降低纤维的性能，这取决于热能产生的方式、时间和地点。Wilde 等[70]利用高速摄像机观察了高速导弹的冲击过程，其研究成果之一是织物的形变在穿透前被确定为角锥形，并且在穿透后更像圆锥形。他们通过观察发现，纱线吸收的能量可以占到子弹能量损耗的 50%~100%。Field 和 Sun[71]使用图像转换相机将拍摄时间缩短到微秒间隔，这样能够记录速度为 100m/s 的冲击过程。正如 Roylance 和 Wang[24]所指出的，这项研究的意义在于，表现出最佳性能的纤维是那些在失效前具有高模量和大应变的纤维。

Schmidt 等[72]使用一对高速摄像机记录动态形变，显示了织物在弹道冲击下的形状和应变细节。所得信息用于 LS-DYNA 有限元模型的验证并量化横向偏转。Nurick[73]利用硅光电二极管发出的光线来监测目标的偏转，该测量的分辨率被认为高度依赖于相邻光线之间的距离。Ramesh 和 Kelkar[74]开发了一种激光线速度传感器系统，来测量子弹在撞击前的位移，从而确定其对速度和加速度的影响。Starratt 等[19]改进了该系统，并将其用于弹道冲击试验，系统示意图如图 6.9 所示。一束激光从二极管层 1 发射出来，并通过一系列透镜（2~5）进行转向，得到的激光是具有一致的宽度、厚度和强度的光片。然后通过硅 PIN 光电检测器（7）

聚焦并接收光片。当子弹在片外时,示波器显示最大电压(图 6.9 和图 6.10 中 A 之前)。当它从 A 移动到 B 时,光片被阻挡,电压下降。从 B 到 C,光片的强度保持在最小值。随着子弹开始离开光片,强度随着电压的相应升高而增加(从 C 到 E)。该系统的应用使观察者能够确定子弹的速度、加速度、冲击力和能量损失,可以直接了解织物靶的响应。

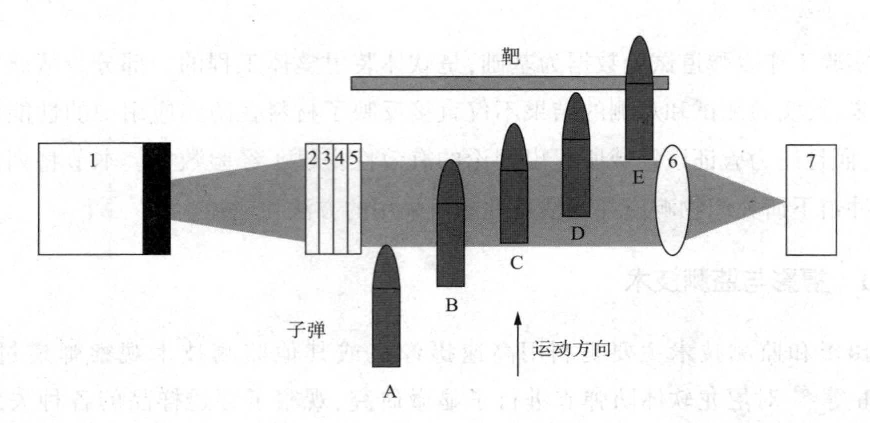

图 6.9 增强的速度传感器示意图[19]

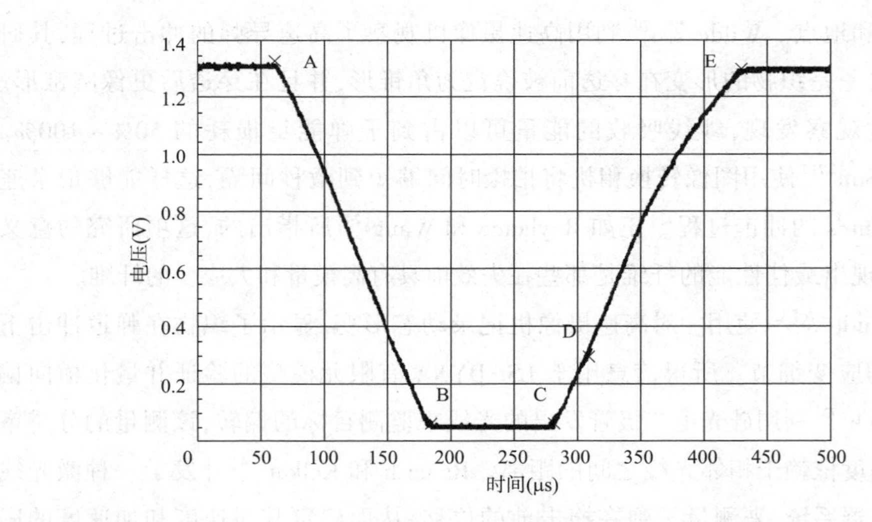

图 6.10 弹道冲击的电压曲线的时间历程[19]

6.5.2 穿透法

许多技术已被用来测量子弹的速度,最广泛使用的系统是瞬时的离散技术,如传感器或计时器,子弹的撞击或剩余速度是由两个传感器之间的距离除以子弹在两个传感器之间飞行的时间计算出来的。目前在弹道范围内所用的传感器包括发光二极管、激光束、细线或红外光束。从试验台获得的冲击和剩余速度用于计算子弹的动能损失 ΔE:

$$\Delta E=\frac{1}{2}m(v_s^2-v_r^2) \tag{6.3}$$

其中:m 是子弹的质量(kg);v_s 和 v_r 分别是子弹的击发速度和剩余速度(m/s)。

由空气摩擦所导致的能量损失可以在没有任何样品的情况下进行测试获得,因此可以计算出样品靶所吸收的能量。

6.5.3 非穿透法

护甲性能评价的非穿透性测试是对背衬黏土产生的背面特征的测量。许多测试标准,如美国国家司法研究所(NIJ)的标准,都是基于这种方法。美国 NIJ 的标准是在缺乏基准的背景下开发的,以确定行业中各生产企业的效率。自 1972 年以来,该标准共修订 5 次,最新版本为 NIJ-STD-0101.06,2013。根据防弹性能等级,防护等级分为五类(ⅡA、Ⅱ、ⅢA、Ⅲ和Ⅳ)。并定义了一个特殊的测试类,允许对这五种标准类可能无法涵盖的情况进行验证。

6.5.3.1 ⅡA 型

全新和未磨损的ⅡA 型护甲,应使用规格质量为 8.0g[124gr(格令)]、速度为 373m/s±9.1m/s(1225ft/s±30ft/s)的 9mm 全金属套圆头(FMJ RN)子弹,与规格质量为 11.7g(180gr)、速度为 352m/s±9.1m/s(1155ft/s±30ft/s)的 40S&W 全金属套(FMJ)子弹。

经过调节的ⅡA 型护甲,应使用规格质量为 8.0g[124gr(格令)]、速度为 355m/s±9.1m/s(1165ft/s±30ft/s)的 9mm FMJ RN 型子弹,与规格质量为 11.7g(180gr)、速度为 325m/s±9.1m/s(1065ft/s±30ft/s)的 40S&W FMJ 型子弹测试。

6.5.3.2 Ⅱ型

全新和未磨损的Ⅱ型护甲,应使用规格质量为 8.0g(124gr)、速度为 398m/s±

9.1m/s(1305ft/s±30ft/s)的 9mm FMJ RN 型子弹,与规格质量为 10.2g(158gr)、速度为 436m/s±9.1m/s(1430ft/s±30ft/s)的 357 玛格纳姆套软头(JSP)子弹测试。

经过调节的Ⅱ型护甲,应使用规格质量为 8.0g(124gr)、速度为 379m/s±9.1m/s(1245ft/s±30ft/s)的 9mm FMJ RN 子弹和规格质量为 10.2g(158gr)、速度为 408m/s±9.1m/s(1340ft/s±30ft/s)的 357 玛格纳姆套软头子弹测试。

6.5.3.3 ⅢA 型

全新和未磨损的ⅢA 型护甲,应使用规格质量为 8.1g(125gr)、速度为 448m/s±9.1m/s(1470ft/s±30ft/s)的 357 SIG FMJ FN 型子弹,与规格质量为 15.6g(240gr)、速度为 436m/s±9.1m/s(1430ft/s±30ft/s)的 44 玛格纳姆半夹套空心点(SJHP)子弹测试。

经过调节的ⅢA 型护甲,应使用规格质量为 8.1g(125gr)、速度为 430m/s±9.1m/s(1410ft/s±30ft/s)的 357 SIG FMJ RN 子弹和规格质量为 15.6g(240gr)、速度为 408m/s±9.1m/s(1340ft/s±30ft/s)的 44 玛格纳姆 SJHP 子弹测试。

6.5.3.4 Ⅲ型(步枪)

Ⅲ型硬质护甲或嵌入条,应使用规格质量为 9.6g(147gr)、速度为 847/s±9.1m/s(2780ft/s±30ft/s)的 7.62mm 钢护套子弹(FMJ,美国军事代号 M80),在调节状态下测试。

Ⅲ型柔性护甲,应使用规格质量为 9.6g(147gr)、速度为 847m/s±9.1m/s(2780ft/s±30ft/s)的 7.62mm 钢护套子弹(FMJ,美国军事代号为 M80),在“全新”和调节状态下测试。

6.5.3.5 Ⅳ型

Ⅳ型硬质护甲或嵌入条,应使用规格质量为 10.8g(166gr)、速度为 878m/s±9.1m/s(2880ft/s±30ft/s)的 30 口径的穿甲弹(AP,美国军事代号 M2 AP),在调节状态下测试。

Ⅳ型柔性护甲,应使用规格质量为 10.8g(166gr)、速度为 878m/s±9.1m/s(2880ft/s±30ft/s)的 30 口径的穿甲弹(AP,美国军事代号 M2 AP),在“全新”状态和调节状态下测试。

6.5.4 V_{50} 值

V_{50} 定义为在指定速度范围内,出现的相同数目的最高部分穿透速度和最低完全穿透速度的平均值,至少采用两个部分和两个完整穿透速度来得到 V_{50},通常使用四、六和十轮[75]。Cunniff[76]通过将($v_s^2-v_r^2$)除以 v_s^2 来标准化织物的能量吸收,并绘制成 v_s—V_{50} 的函数图。他发现吸收的能量与撞击速度和护甲系统的区域密度成正比。Abiru 等[77]用碎片模拟子弹(FSP)对各种 UHMWPE 机织物的 V_{50} 进行了测试,数据用于研究结构对机织物防弹性能的影响。Price 和 Young[78]设计的防弹衣系统包含不同类型的织物,并使用 V_{50} 作为防弹性能的基准。Figucia[79]开发了一种新的防弹性能指标(BPI),并将数据与五种 Kevlar 材料的实际 V_{50} 值进行了比较。他发现缎纹织物由于具有较高的横向移动性,比其他结构具有更好的防弹性能。

6.6 发展趋势

历史上,防弹衣一直局限于笨重且坚硬的材料,例如钢,性能的提高总是以牺牲重量为代价。随着高性能纤维的引入,轻量化的护甲,无论是硬的还是软的,都可以实现充分的保护。可以预期,在未来将开发出新的材料和新的设计。其中一种方法是在常规防弹织物上浸渍剪切增稠流体(STF),在高应变率冲击载荷作用下,STF 流体的黏度显著提高,整个材料变成固体物质,导致能量在样品靶上的有效耗散。STF 在子弹防护方面的有效性已经为许多研究者看到[52,80-82],其原型于 2011 年 1 月 13 日在伦敦国防大会上展出。BAE 系统公司(一家英国国防、安全和航空航天公司)制造了这种防弹衣,希望它的重量能达到目前防弹背心的一半,目前防弹背心的重量约为 10kg[83]。与已知的合成纤维相比,碳纳米管的强度最大,它具有被织成布或与复合材料结合在一起的潜力。最终产品被认为是超强的,在各方面都优于 Kevlar 纤维[84]。

Roylance 等[9]认为,大部分冲击能量沉积在穿过冲击点的正交纤维上。如果织物能够制造成各向同性的,那么可以预期它的防弹性能将有所改善。在软体防弹衣设计中,各向同性织物,如毡,不能为穿着者提供足够的弹道防护。Wang 等[85]将每个织物层以不同的角度定向,以形成准各向同性嵌条,旨在使更多的材料能够承受冲击载荷。结果表明,成角度的嵌条比对齐的具有更高的能量吸收。

虽然有很多的途径可以改善性能,但有一点是肯定的:防弹衣会变得更轻便、更坚固、更耐用、更舒适,而且预计防弹衣是多功能的。例如,美国海军陆战队使用的通用环境服装系统(APECS),能够迅速对周围环境做出响应,并为穿着者调节温度。防弹衣的另一个必然趋势是其设计要具有防弹和防刺两种功能。由于嵌条抵挡子弹和抵挡刀具的机制完全不同,为了实现防弹衣在这两个方面的性能要求,需要同时考虑使用多种材料和技术。

参考文献

[1]Olive-Drab. Body Armor(Flak Jackets)Post WW II,available at:http://olive-drab. com/od_soldiers_gear_body_armor_korea. php(cited 2012).

[2]Yang HH. *Kevlar aramid fiber*. New York:John Wiley; 1992.

[3] Farjo LA, Miclau T. Ballistics and Mechanisms of Tissue Wounding, *Injury* 1997;28:12-7.

[4]Roberts JC,Biermann PJ,O' Connor JV,Ward EE,Cain RP,Carkhuff BG,et al. Modeling nonpenetration ballistic impact on a human torso. *J Hopkins APL Tech Dig* 2005;26:84-92.

[5]Mabry RL,Holcomb JB,Baker AM,Cloonan CC,Uhorchak JM,Perkins DE,et al. United States Army Rangers in Somalia:an analysis of combat casualties on an urban battlefield. *J Trauma Inj Infect Crit Care* 2000;49:515-529.

[6]Latourrette T. The life-saving effectiveness of body armor for police officers. *J Occup Environ Hyg* 2010;7:557-62.

[7]Visiongain. *The military body armour and personal protective gear market* 2012-2022. New York:Visiongain; 2012.

[8]Gu B. Analytical modeling for the ballistic perforation of planar plain-woven fabric target by projectile. *Compos B* 2003;34:361-71.

[9]Roylance D,Wilde A,Tocci G. Ballistic impact of textile structures. *Textil Res J* 1973;43:34-41.

[10] Ursenbach DO. *Penetration of CFRP laminates by cyclindrical indenters*. University of British Columbia; 1995.

[11] Cantwell WJ, Morton J. Comparison of the low and high velocity impact response of CFRP. *Composites* 1989;20(6):545-51.

[12] Cantwell WJ, Morton J. Impact perforation of carbon fibre reinforced plastic. *Composite* 1990;38(2):119-41.

[13] Carr DJ. Failure mechanisms of yarns subjected to ballistic impact. *Mater Sci J* 1995;18:585-8.

[14] Roylance D. Stress wave propagation in fibres: effect of crossover. *Fibre Sci Technol* 1980;13:385-95.

[15] Freeston WD. Strain wave reflections during ballistic impact of fabric panels. *Text Res J* 1973;43:348-51.

[16] Duan Y, Keefe M, Bogetti TA, Cheeseman BA, Powers B. A numerical investigation of influence of friction on energy absorption by a high-strength fabric subjected to ballistic impact. *Int J Impact Eng* 2006;32(8):1299-312.

[17] Tan VBC, Lim CT, Cheong CH. Perforation of high-strength fabric by projectiles of different geometry. *Int J Impact Eng* 2003;28:207-22.

[18] Bazhenov S. Dissipation of energy by bulletproof aramid fabric. *J Mater Sci* 1997;32:4167-73.

[19] Starratt D, Pageau G, Vaziri R, Poursartip A. An instrumented experimental study of the ballistic impact response of Kevlar fabric. In: Proceedings 18th International Symposium on Ballistics. San Antinio, Texas, USA; 1999.

[20] Kirkwood KM, Wetzel ED, Kirkwood JE. Yarn pull-out as a mechanism for dissipating ballistic impact energy in Kevlar KM-2 fabric. Part 1: Quasi-static characterization of yarn pull-out. *Text Res J* 2004;74:920-8.

[21] Kirkwood KM, Wetzel ED, Kirkwood JE. Yarn pull-out as a mechanism for dissipating ballistic impact energy in Kevlar KM-2 fabric. Part 2: Prediction of ballistic performance. *Text Res J* 2004;74:939-48.

[22] Shim VPW, Tan VBC, Tay TE. Modelling deformation and damage characteristics of woven fabric under small projectile impact. *Int J Impact Energ* 1995;6:605.

[23] Lim CT, Tan VBC, Cheong CH. Perforation of high-strength double-ply fabric system by varying shape projectiles. *J Impact Sci* 1989;28:160-72.

[24] Roylance D. Influence of fibre properties on ballistic penetration of textile panels. *Fibre Sci Technol* 1981;14:183-90.

[25] Lee BL, Walsh TF, Won ST, Patt HM, Song JW, Mayer AH. Penetration failure mechanisms of armour-grade fibre composite under impact. *J Comp Mater* 2001;35:1605-33.

[26] Smith JC, McCrackin FL, Schniefer HF. Stress-strain relationships in yarns subjected to rapid impact loading. Part 5: Wave propagation in long textile yarns impacted transversely. *Textil Res J* 1956;28(4):288-302.

[27] Roylance D. Ballistic of transversely impacted fibres. *Textil Res J* 1977;47:697.

[28] Li LS, Allard LF, Bigelow WC. On the morphology of aromatic polyamide fibers (Kevlar, Kevlar 49, and PRD-49), *J Macromol Sci - Phys* 1983;B22(2):269-90.

[29] Tam T. Types of material and their application. In: Ashock B, editor. *Lightweight ballistic composite*. Cambridge: Woodhead Publishing and Maney Publishing; 2006. p. 189-209.

[30] Karahan M. Comparison of ballistic performance and energy absorption capabilities of woven and unidirectional aramid fabrics. *Textil Res J* 2008;78(8):718-30.

[31] Hearle JWS. *High performance fibres*. Cambridge: Woodhead Publishing and Maney Publishing; 2001.

[32] PM Cunniff and MA Auerbach, *High performance 'M5' fiber for ballistics/structural composites*, available at: http://web.mit.edu/course/3/3.91/www/slides/cunniff.pdf (accessed October 2015).

[33] Cunniff PM, Auerbach MA, Vetter E, Sikkema DJ. *High performance 'M5' fiber for ballistics/structural composites*. In: Proceedings of the 23rd Army Science Conference, Orlando; 2002.

[34] Yu M, Lourie O, Dyer MJ, Moloni K, Kelly TF, Ruoff RS. Strength and breaking mechanism of multiwalled carbon nanotubes under tensile load. *Science* 2000;28:637-40.

[35] Scott BR. New ballistic products and technologies. In: Bhatnagar A, editor. *Lightweight ballistic composites*. Cambridge: Woodhead Publishing and CRC Press; 2006. p. 348.

[36] Song WJ. Fabrics and composites for the ballistic protection of personnel. In: Bhatnagar A, editor. *Lightweight ballistic composites*. Cambridge: Woodhead Publishing and CRC Press; 2006. p. 210-35.

[37] Cunniff PM. An analysis of the system effects of woven fabrics under ballistic impact. *Text Res J* 1992; 62: 495-509.

[38] Chen X, Yang D. Use of 3D angle-interlock woven fabric for seamless female body armour, Part Ⅱ: Mathematical modelling. *Text Res J* 2010; 80(15): 1589-1601.

[39] Shi W, Hu H, Sun B, Gu B. Energy absorption of 3D orthogonal woven fabric under ballistic penetration of hemispherical-cylindrical projectile. *J Textil Inst* 2011; 102: 875-89.

[40] Shockey DA, Erlich DC, Simons JW. *Improved barriers to turbine engine fragments*; 2001. Interm Report Ⅲ.

[41] Chitrangad MV. *Hybrid ballistic fabric*. Wilmington, DE: E. I. du Pont de Nemours and Company; 1993.

[42] Prosser RA, Cohen SH, Segars RA. Heat as a factor in the penetration of cloth ballistic panels by 0.22 caliber projectiles. *Textil Res J* 2000; 70(8): 709-22.

[43] Hu J. *Structure and mechanics of woven fabics*. Cambridge: Woodhead Publishing and CRC Press; 2004. p. 92.

[44] Tan VBC, Shim VPW, Zeng X. Modelling crimp in woven fabrics subjected to ballistic impact. *Int J Impact Eng* 2005; 32: 561-74.

[45] Hearle JWS, Leech CM, Adeyefa A, Cork CR. *Ballistic impact resistance of multi-layer textile fabrics*. Manchester: University of Manchester Institute of Science and Technology; 1981. p. 33.

[46] Cheeseman BA, Boggeti TA. Ballistic impact into fabric and compliant composite laminates. *Compos Struct* 2003; 61: 161-73.

[47] Cuong H, Boussu F, Kanit T, Crépin D, Imad A. Effect of frictions on the ballistic performance of a 3D warp interlock fabric: numerical analysis. *Appl Compos Mater* 2012; 19(3-4): 333-47.

[48] Zeng XS, Tan VBC, Shim VPW. Modelling inter-yarn friction in woven fabric armour. *Int J Impact Eng* 2006; 66(8): 1309-30.

[49]Briscoe BJ,Motamedi F. The ballistic impact characters of aramid fabrics:the influence of interface friction. *Textil Res J* 1992;158:229-47.

[50]Zhou Y,Chen X,Wells G. Influence of yarn gripping on the ballistic performance of woven fabrics from ultra-high molecular weight polyethylene fibre. *Compos B Eng* 2014;62:198-204.

[51]Tan VBC,Tay TE,Teo WK. Strengthening fabric armour with silica colloidal suspensions. *Int J Solid Struct* 2005;52:1561-76.

[52]Lee BW,Kim IJ,Kim CG. The influence of the particle size of silica on the ballistic performance of fabrics impregnated with silica colloidal suspension. *J Compos Mater* 2009;43:2679-98.

[53]Sun D,Chen X. Plasma modification of Kevlar fabrics for ballistic applications. *Textil Res J*2012;1-7.

[54]Chitrangad MV,Rodrigurez PJM. *Flourinated finishes for aramids*. Patent:EP 0623180 A1;1993. USA.

[55]Dischler L. *Bullet resistant fabric and method of manufacture*. Spartanburg, SC:Milliken and Company; 2001.

[56]Hogenboom EHM,Bruinink P. *Combinations of polymer filaments or yarns having a low coefficient of friction and filaments or yarns having a hight coefficient of friction,and use therefore*. US Patent,Netherlands,United States:Stamicarbon,B. V., Geleen; 1991. p. 3.

[57]Cork CR,Foster PW. The ballistic performance of narrow fabrics. *Int J Impact Eng* 2007;34:495-508.

[58]Sun D,Chen X,Wells G. Engineering and analysis of gripping fabrics for improved ballistic performance. *J Compos Mater* 2013. http://dx. doi. org/10. 1177/0021998313485997.

[59]Scott BR. New ballistic products and technologies. In:Bhatnagar A, editor. Lightweight ballistic composites. Cambridge:Woodhead Publishing and Maney Publishing; 2006. p. 336-63.

[60]Lee BL,Song JW,Ward JE. Failure of Spectra polyethylene fibre-reinforced composites under ballistic impact loading. *J Compos Mater* 1994;28:1202-25.

[61] Hearle JWS. *Research on a basic study of the high speed penetration dynamics of textile materials*. Manchester: University of Manchester; 1974. p. 51.

[62] Thomas HL. *Needle-punched non-woven fabric for fragmentation protection*. PASS; 2004.

[63] Thomas GA. Non-woven fabrics for military applications. In: Wilusz E, editor. *Military Textiles*. Cambrige: Woodhead Publishing and Maney Publishing; 2008. p. 47-8.

[64] Karahan M, Kus A, Eren R, Karahan N. Investigation of ballistic properties of woven-unidirectional hybrid panels according to energy absorption capabilities. In: SAMPE'07 Conference, Baltimore, MD; 2007.

[65] Price AL, Sun R, Young SA. *Ballistic Vest*. Ontario, CA: Safariland Ltd; 1999.

[66] Nader J, Dagher H. 3D hybrid ballistic fabric testing using a 3D digital image. *Exp Tech* 2011;35:55-60.

[67] Chen X, Zhu F, Wells G. An analytical model for ballistic impact on textile based body armour. *Compos B Eng* 2013;45:1508-14.

[68] Chen X, Zhou Y, Wells G. Numerical and experimental investigations into ballistic performance of hybrid fabric panels. *Compos B Eng* 2013;58:35-42.

[69] Susich G, Dogliotti LM, Wrigley AS. Microscopical study of a multilayer nylon body armor panel after impact. *Textil Res J* 1958;28:361-77.

[70] Wilde AF, Roylance DK, Rogers JM. Photographic investigation of high speed missile impact upon nylon fabric. Part 1: Energy absorption and cone radial velocity in fabric. *Textil Res J* 1973;43:753-61.

[71] Field JE, Sun Q. *A high speed photographic study of impact on fibres and woven fabrics*. In: Proceedings of the 19th International Congress on High Speed Photography and Photonics. Cambridge, England; 1990.

[72] Schmidt T, Tyson J, Galanulis K. *Full-field dynamic deformation and strain measurement using high-speed photography and photonics*. In: Proceedings of the 26th International Congress on High-Speed Photography and Photonics; 2004, Alexandria, VA, USA.

[73] Nurick GN. A new technique to measure the deflection-time history of a

structure subjected to high strain rates. *Int J Impact Eng* 1985;3:17-26.

[74] Ramesh KT, Kelkar N. Technique for the continuous measurement of projectile velocities in plate impact experiments. *Rev Sci Instrum* 1995;66(4):3034-6.

[75] Bhatnagar A. Standard and specification for lightweight ballistic materials. In: Ashock B, editor. *Lightweight ballistic composite*. Cambridge: Woodhead Publishing and Maney Publishing; 2006. p. 129.

[76] Cunniff PM, Ting J. *Decoupled response of textile body armour*. In: Proceedings of the 18th International Symposium on Ballistics. San Antonio, Texas, USA; 1999. p. 814-21.

[77] Abiru S, Lizuka K. *Bulletproof fabric and process for its production*. US Patent, Toyo Boseki Kabushiki Kaisha US; 1999.

[78] Price AL, Young SA. *Ballistic vest*. Ontario, CA: Safariland Ltd; 1999.

[79] Figucia F. *Energy absorption of Kevlar fabrics under ballistic impact*. In: Proceedings for Army Science Conference. West Point, New York, USA; 1982. p. 29-41.

[80] Decker MJ, Halbach CJ, Nam CH, Wanger NJ, Wetzel ED. Stab resistance of shear thickening fluid(STF)-treated fabrics. *Comp Sci Technol* 2007;67:565-78.

[81] Barnes HA. Shear-thickening("dilatancy") in suspensions of nonaggregating solid particles dispersed in Newtonian liquids. *J Rheol* 1989;33:329-66.

[82] Lomakin EV, Mossakovsky PA, Bragov AM, Lomunov AK, Konstantinov AY, Kolotnikov ME, et al. Investigation of impact resistance of multilayered woven composite barrier impregnated with the shear thickening fluid. *Arch Appl Mech* 2011;81:2007-20.

[83] Drury I. *Bullet-proof custard: British soldiers could be wearing revolutionary new liquid body armour within two years*. Daily Mail, London; 14 January 2011.

[84] Rincon P. *Super-strong body armour in sight*. BBC News, 23 October 2007.

[85] Wang Y, Chen X, Young B, Kinloch B, Wells B. A numerical study of ply orientation on ballistic impact resistance of multi-ply fabric panels. *Compos B Eng* 2015;68:259-65.

7 抗割砍的技术纺织品

K. K. Govarthanam[1], *S. C. Anand*[2], *S. Rajendran*[2]

[1] *福瑟吉尔工程面料有限公司,英国利特伯勒*

[2] *博尔顿大学,英国博尔顿*

7.1 引言

在应对各种环境下的物理、化学和生物威胁时,执法人员和医务人员需要高水平的防护,因此对防护服的要求越来越高,且越来越注重防弹、防刺和抗菌防护。

刀是街头打斗和抢劫中最常用的武器,因此,执法人员和医务人员在处理刀具和类似刀片的人身威胁时需要高水平的防护。在英国,犯罪使用手枪并不普遍,安保人员面临的是持刀、冰镐之类的个人袭击风险。2001~2003 年对英国犯罪调查(BCS)显示,从事保护性服务职业的人有 12.6%是袭击的受害者,紧随其后的是 3.3%的卫生和社会福利专业人员,1.95%的运输和可移动机械的司机及操作人员[1]。

对工作中暴力袭击风险的感知,在保护性服务行业中最高,其次是卫生和社会福利专业人员。根据 2007~2011 年的各种犯罪调查,在安全和保护服务领域,平均每 10000 名工人每年有 3225 起袭击事件。安全和保护服务人员在工作中的暴力袭击风险最高,为 11.4%,其他各项工作的暴力袭击风险平均为 1.2%。警察是最危险的,其次是社会工作者、缓刑监督官员、收税员、酒吧工作人员和保安人员。

一项由 500 名患者参与的现实生活中受伤模式的调查显示,由刀造成的伤口的大多数(63.3%)是切割型,可能会毁容,如果触及血管,还会危及生命[2]。

Bleetman 等在 2003 年进行的一项调查显示,入院的遭袭击受害者中有 1/3 是刀伤[3],多数是面部的切割型伤[4],刺在胸口部位造成的致命伤不到 1/4,而且伤口的分布表明,在现实生活中受到的袭击,大多数刀伤都是在手臂、颈部、肩部和大腿部位的切割攻击。英国国家卫生服务局(NHS)的数据显示,在2010~2011年,有4643人因锋利物体的袭击入院。在过去的10年里,入院人数大致相似[5]。图7.1所示为各部位可能遭受袭击的概率。

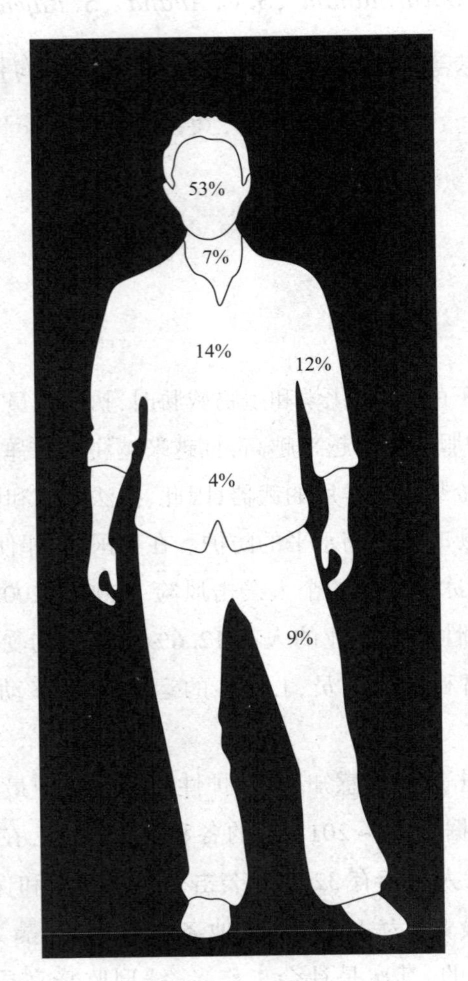

图7.1 各部分遭受袭击的概率

对防护服的需求不断增长,并越来越关注防弹和防刺。弹道防护是发展最快的领域,它提供了对子弹穿透(包括新型子弹)的防护。防弹织物使用高性能纤维,并取决于其强度和刚度。尽管目前可用的防护材料可对割砍攻击提供防护,但这些装备的缺点是非常笨重,透气性有限,特别是长时间佩戴时,会导致热应激和不适。

防刺伤保护一般是依赖紧密编织结构来实现对有或无锋利刀刃等尖锐物体的抵挡。尽管防刺装备能抵挡砍击，但要为手臂、颈部、肩部和大腿区域提供防刺保护是不切实际的，因为能承受击刺攻击力量的护甲材料是需要厚度和刚度的。防刺盔甲不能过于笨重和(或)僵硬，应该灵活轻巧，因为切割施加的最大载荷约为击刺中所测载荷的25%。

7.2 抗割与抗砍

7.2.1 割砍的机制

刀具大致分为五类。为了了解所使用的各种材料及其规格和物理性能，以便设计一种能够解决绝大多数装备用织物，必须了解各种类别的刀具[6]。重要的是要了解切割或击刺机制的原理，因为击刺攻击涉及的机制与切割攻击机制不同。

7.2.1.1 刀或尖刺的穿透机制

当刀或尖刺物击打织物时，两种器具的侵入机理是不同的。根据定义，刀是具有锋利边缘的尖锐的刀刃，使用尖端刺穿织物，然后尖端切割纤维和织物。与刀刃接触的纤维对刀产生阻力，从而增加了刀刃穿透的阻力。

尖刺物，如冰锥、铁锥、钉子或针，具有圆形横截面，通过尖头穿透并将纤维推向四周后滑过织物。

就切割而言，刀片既是楔子，又是杠杆。作为一个简单的楔子，刀片的锋利度会影响切割的能力，刀片边缘的角度控制着被切割材料被迫分开的程度，这两个因素通常共同作用并影响切割深度，被切割材料的物理特性在这些因素的协同作用中起主要作用。因此，切割行为因材料而异，这意味着，纺织品中的纤维与金属或脆性材料(如玻璃)的切割方式不同。但是，初始切口纯粹是锐度的函数[7]。

锐度定义为以最小的力让器具执行切割操作的属性。刀切的基本机制是由刀的单刃在很小的区域造成高压产生压缩性断裂。例如，剃刀刀片需要一个精细的边缘，冰锥需要一个尖点。为了获得刀片的最大锐度，边缘角度必须很小，并且刀尖半径必须小[6]。

7.2.1.2 刀击的原理

刀击包括两个阶段。

首先,刀的接触点产生三个动作:①在刀具力下,靶材料开始移动;②通过打开靶材料,它的目标材料开始阻碍刀具;③材料开始使刀尖变钝。

其次,一旦刀完全刺穿材料,就会导致“穿透”。“穿透”是指刀打开材料并穿透已经形成的孔。

其目的应该是吸收第一阶段的能量,以防止第二阶段发生。穿透物体的动能必须被纤维网吸收并分散在更大的区域,以防止局部损伤。

Horsfall 等根据动能密度(KED),即每单位面积的入射动能,对威胁进行分类,如表 7.1 所示[8]。

表 7.1 基于动能密度(KED)的威胁分类[8]

威胁	速度(m/s)	动能(J)	呈现面积(mm^2)	KED(J/mm^2)	护甲类型
刀	10	43	2.5(钝头) 0.2(尖头)	17 210	特种纺织品或板材
手枪子弹(0.357″)	450	1032	65(初始) 254(最终)	16 4	纺织品
突击步枪子弹(AK47)	720	2050	45	45	复合材料
高速子弹(SA80)	940	1805	24	75	陶瓷制品

刀子施加的力相对较小,但产生的所有能量都集中在很小的接触面积上,从而产生最高的能量密度。由于高能量密度,尖锐的刀和针容易刺穿材料。

通过使用更精细和更紧密的织物结构,如平纹织物,可以抵抗刀具穿过织物的趋势,薄膜层压和磨料涂层可用于改善织物的抗穿透性。由于织物的多孔结构和针的细度,任何织物对锋利的针的防护都有问题。

7.2.2 威胁和防护级别

7.2.2.1 威胁等级

击刺攻击时产生的能量决定了威胁的等级,所产生的能量主要取决于以下因素[9]:刀/手/臂系统的动能;肌肉的力量。

动能又直接取决于武器的质量、武器的形状、武器的几何形状、攻击者的体力和情绪状态。

7.2.2.2 防护等级

英国警察科学发展局(PSDB)的防弹衣标准(2003年)有三个防护等级,穿戴者可以根据风险的性质进行选择,表7.2显示了不同防护等级所能承受的能量[10]。

表7.2 防护等级(PSDB标准)[10]

防护等级	能量级别 E_1(J)	在 E_1 时的最大穿透(mm)	能量级别 E_2(J)(对SP不适用)	在 E_2 时的最大穿透(mm)
KR1(+SP1)	24	7(SP1=0)	36	20
KR2(+SP2)	33	7(SP1=0)	50	20
KR3(+SP3)	43	7(SP1=0)	65	20

防护等级分为防刀(KR)和防尖刺(SP),每类有三个防护等级(1级、2级和3级)。最大穿透深度通过两个能量级别 E_1 和 E_2 测量,允许的穿透深度分别为7mm和20mm。

对于尖刺防护,材料还应通过防刀性测试,并且在能量水平 E_1 时不允许尖刺有任何穿透。除了刀的防护等级,还研究了尖刺防护的等级。

虽然该标准建议所承受的最大能量为65J,但Horsfall等的研究表明,举手过肩的击刺动作产生的最大能量可达115J,手不过肩的击刺动作产生的最大能量可达64J[9]。

7.2.3 个体防护装备(PPE)的重要性能

7.2.3.1 热生理特性

防弹或防刺的个体防护服装的普遍问题是舒适度。能对刀具产生防护作用的材料面密度超过3kg/m²,这使佩戴者感到闷热,尤其是在比较温暖和潮湿的环境中。人体的热量获得来自于暴露的环境以及活动所产生的代谢热[11],通常通过对流和蒸发散失,但防护服由于厚度和隔热性显著阻碍了热散失,降低了穿着者的热生理舒适性。

针对影响功能性服装舒适性的物理因素,已开展了大量的研究[12-14]。在穿着普通服装时,服装是热调节系统的一部分,有助于逐渐消散和保持所产生的热量和湿气的流通[15,16]。与皮肤接触的任何织物都应能够控制皮肤上的排汗,这种性能对于体温调节非常重要,并且可以通过研究织物的热湿传递特性来测量,热湿传递特性通常与织物的透气性有关。如果织物是透气的,即水蒸气是可渗透的,那么构成织物的成分对织物的热生理性能不会有任何显著的影响[17-19]。三维机织物的计算机流体动力学分析表明,具有中空结构的织物是支持通风的最佳选择[20]。

7.2.3.2 个体防护的阻燃性能

武装和警察部队所使用的个体防护服装以及安全人员的服装应具有一定的阻燃性,涉及火灾的攻击可能非常严重,防护服应能承受闪火/火焰,以便有足够的时间做出反应并躲避眼前的危险。因此,使用的纤维必须具有阻燃性。

极限氧指数(LOI)是衡量纺织纤维易燃性的指标,它是纤维点燃后维持火焰所需的最低氧浓度,表7.4(见下文)给出了用于防切割织物的纤维的LOI。对于阻燃纤维,LOI值(即空气中氧气的百分浓度)应大于21%。

7.2.4 测试方法

7.2.4.1 抗切割性的测量

虽然有几种测量抗切割性的测试标准,但这些方法的原理不适用于测量抗砍性。这些方法测量切割的阻力,其中施加的载荷是连续的。砍击是一个瞬间的力,类似于刺,但它会迅速增加。表7.3简要比较了用于测量织物抗切割性的各种测试标准。

表7.3 抗切割性标准比较

BS EN 388:2003	BS EN ISO 13997:1997	BS EN 1082-3:2000
按照性能水平(等级1~5)的等级测量抗切割性	以牛顿(N)为单位测量抗切割性	以毫米(mm)为单位测量抗切割性
样品由反向旋转刀片切割,该刀片在指定载荷下交替运动	样品由锋利的刀片划过样品来切割	样品由固定在导向落块中的标准刀片切割
性能水平4 性能水平5	切割载荷≥13N 切割载荷≥22N	基于预期样品的性能水平,刀片的冲击能为0.65J,1.47J或2.45J
抗切割性测量为切穿材料所需的循环次数	抗切割性测量为在20mm切割冲程中切穿材料所需的力	抗切割性测量为以毫米(mm)为单位的穿透深度

续表

BS EN 388:2003	BS EN ISO 13997:1997	BS EN 1082-3:2000
载荷固定(5N) 在测试期间用圆形刀片切割样品	载荷可变 在测试期间用锋利刀刃的刀片切割样品	载荷固定 在测试期间用锋利刀刃的刀片切割样品
样品尺寸为宽度为(60±6)mm,长度为(100±10)mm 的条带	样品尺寸为宽 25mm 和长 100mm(25mm×25mm 样品可用于单次切割测试)	试样呈管状,至少长 100mm,管径为(100±10)mm

有两个欧洲标准规定了一种测试织物抵抗锋利物体切割性的方法,即 BS EN 388:2003 和 BS EN ISO 13997:1997[21,22]。BS EN 388:2003 是针对手套和护臂制定的,详细介绍了测量耐磨性、抗刀刃切割性、抗撕裂性和抗击刺性的试验方法。BS EN ISO 13997:1997 是针对防护服开发的,规定了测量织物抗锋利物体切割的测试方法。

7.2.4.2　抗刀砍性的测量

英国内政部科学发展局(HOSDB)发布了唯一一个采用负载快速增加原理进行测量的标准,即英国警察的 HOSDB 抗刀砍标准(2006 年)。这是英国第一个测量刀砍防护的方法和提供防护等级信息的标准[24]。

7.2.4.2.1　抗刀砍测量的原理

图 7.2 所示为刀具攻击施加的不同力。从图 7.2 可以看出,刀刃攻击施加的

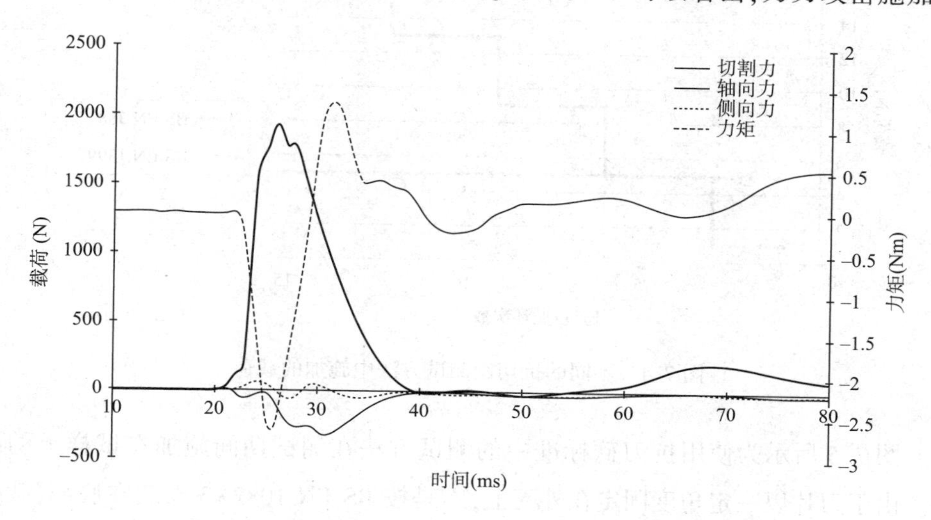

图 7.2　刀具在刀刺/刀砍攻击期间施加的载荷[7]

载荷在接触防护服时迅速增加,而抗切割试验方法施加的载荷是不变的。使用 BS EN 1082-3 测量时,负荷迅速增加,但所有负荷均施加在刀尖,而在砍击时,所有负荷均施加在刀片边缘(图 7.3)。

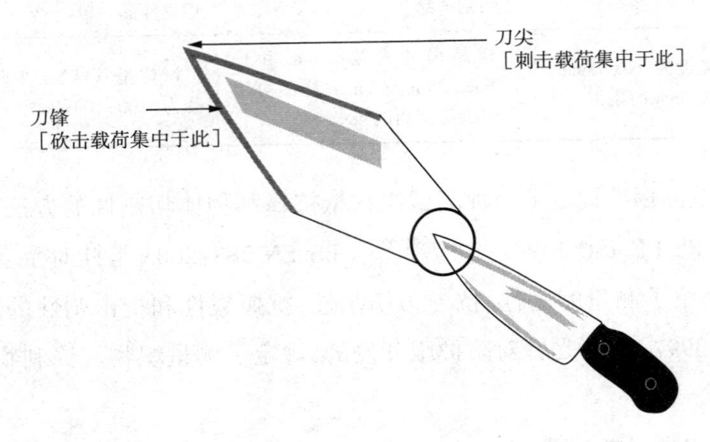

图 7.3 刀锋和刀尖

图 7.4 所示为使用不同抗切割标准的测量方法进行试验时,施加在试样上的载荷,这些载荷不能复制刀击所施加的载荷。

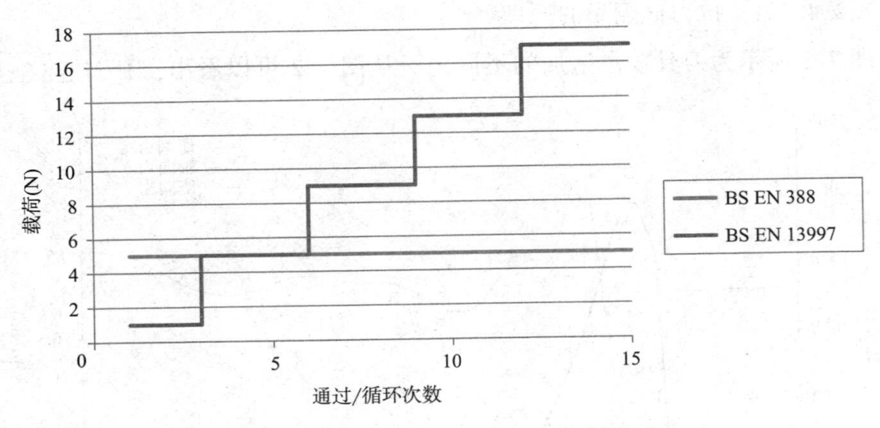

图 7.4 不同的抗切割测试方法中施加的载荷

图 7.5 所示为使用抗刀砍标准中的测试方法在测试期间施加在试样上的载荷。由于刀片以一定角度固定在外壳上,不是按 BS EN 1082-3 安装在底部,载荷通过刀片边缘传送到试样。

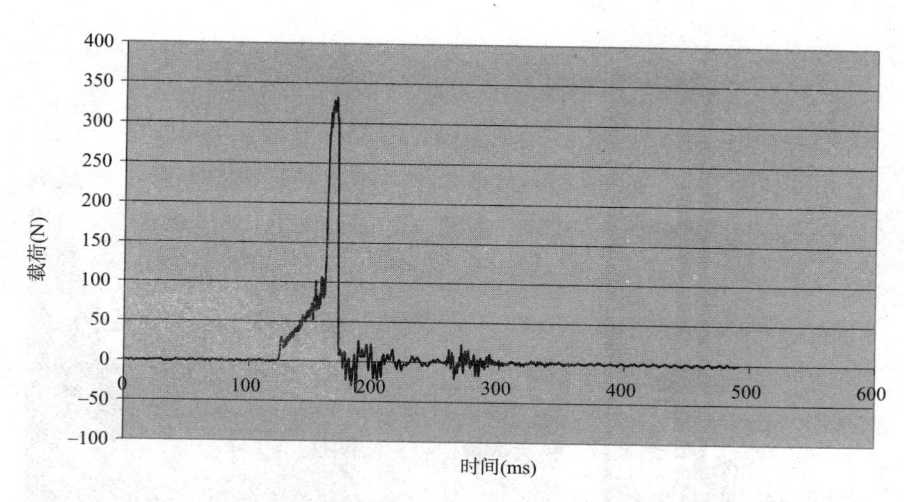

图 7.5 在英国内政部科学发展局抗刀砍性试验中施加的载荷

由刀砍攻击施加的载荷通常在接触点以刺的形式开始，并且随着滑动运动进一步表现为切割。

7.2.4.2.2 测试设备

测试设备由导引下落组件、测力台和刀砍发射物组成(图 7.6)。刀砍发射物的质量为(2.0±0.1) kg，并装有测试刀片。发射物由导轨引导，在重力作用下下落，刀片与垂直方向成 2°接触测力台，导引下落组件防止刀砍发射物在下降过程中绕其垂直轴旋转。

刀片是标准的 Stanley® 刀片，型号 1992，通过支撑臂以与水平方向成 30°±1°的角度固定(图 7.6)，该支撑臂可绕轴心点自由运动。测力台和支撑臂之间存在电连接，形成接触电路。

测力台由两个称重传感器组成，预加载荷至其额定值的 30%。测力台以一定角度安装，使刀尖力达到从接触点起 200mm 的距离内切穿试样所需的最小力。

(1)测试样品。每个刀砍符合性测试需要三个测试包，每个测试包必须包含一个长 500mm、宽 300mm 的试样，试样的构造必须严格遵循公告中的规定。如果抗刀砍包是由一层以上的材料制成，那么除了由嵌板提供的保护所固有的缝合图案外，还应沿着每个边缘将测试样品的所有层缝合到一起。如果抗刀砍嵌板所用材料的设计或图案不均匀，则必须提供一块嵌板，其尺寸符合设计或图案旋转 90°的要求，制造商或供应商应清楚地标出设计或图案说明，以便进行符合性测试。

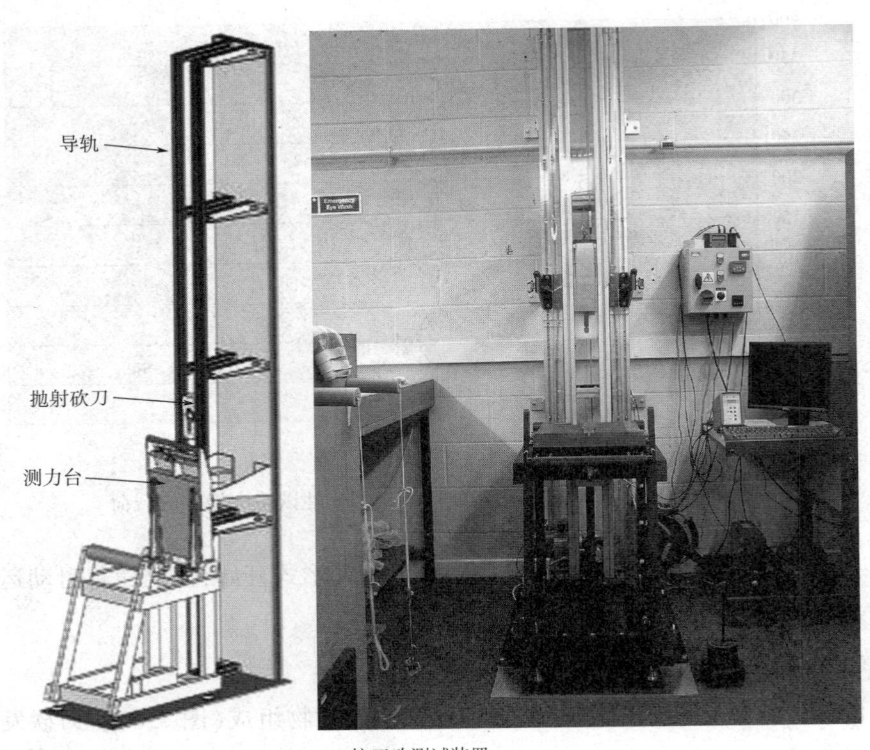

(a) 抗刀砍测试装置

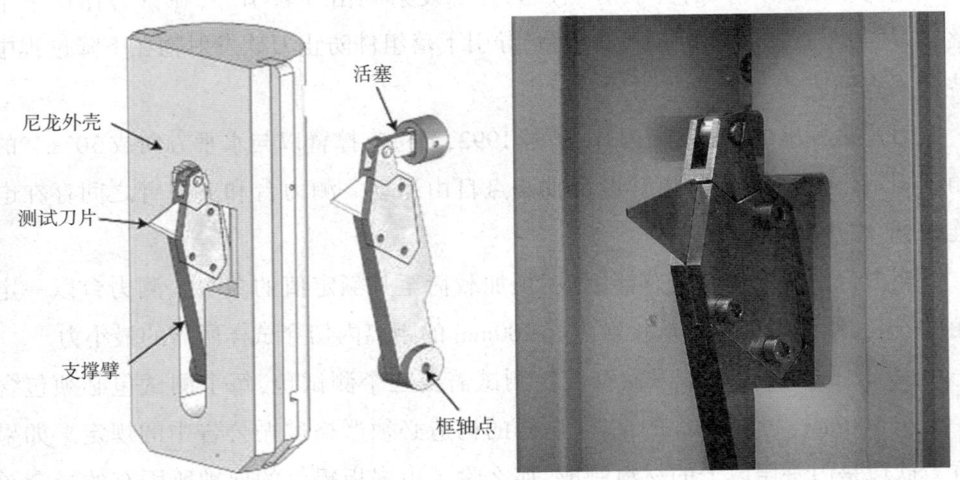

(b) 抛射砍刀和支撑臂

(c) 测力台

图 7.6　测试设备

(2)测试程序。该测试需要三个测试包,每个测试包中有三个试样。在测试过程中,试样的垂直边缘与力板校准为在第一组中平行,第二组中垂直,第三组中与测力台长轴呈 30°角。在每组中,在距右边缘(50±5)mm 处、距左边缘(50±5)mm 处以及另一个在试样中心进行砍击。每次砍击应使用一个新的刀片进行,并且只使用刀片的一个尖端。

(3)合格标准。为了符合规范,放置在测力台上的试样不应在平均 80N 力和最小 60N 力时在以下三个方向上测试抗刀砍性:机器方向(0°);垂直于机器方向(90°);与机器方向呈 30°角。

7.3　用于抗割砍的材料

7.3.1　抗割砍纤维

广泛用于护甲产品的纤维是 Kevlar®、Spectra®、Dyneem®和 Zylon®,表 7.4 总

结了用于防割砍的主要纤维的特性,列出的纤维都具有优异的强度重量比(韧性)和高模量。

表 7.4 用于防割砍的纤维性能比较[25-27]

种类	韧性		模量		断裂伸长率	密度	回潮率	LOI	耐热性
	cN/dtex	GPa	cN/dtex	GPa	%	g/cm³	%	%,体积分数	℃
PBO(Zylon)	37	5.8	1150	180	3.5	1.54	2.0	68	650
UHMWPE (Spectra/Dyneema)	35	3.5	1300	110	3.5	0.97	0	16.5	150
Aramid(Kevlar)	19	2.8	850	109	2.4	1.44	0.5~4.5	29	550

7.3.1.1 芳族聚酰胺

芳族聚酰胺是聚酰胺(杜邦的 Kevlar;阿克苏诺贝尔的 Twaron,现称帝人),定义为至少 85%的酰胺键与两个芳香环相连(图 7.7),是由长刚性分子(如对亚苯基对苯二甲酰胺)聚合而成,分子量平均约为 20000,刚性芳香环和氢键交联结合了聚酰胺和聚酯在长链结构中的最佳特性。

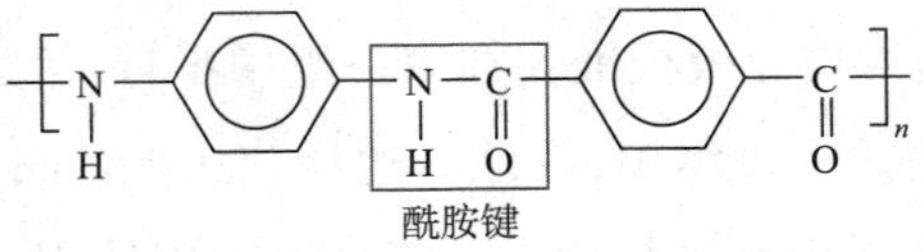

酰胺键

图 7.7 芳族聚酰胺结构

在对位芳族聚酰胺中,在环的对角上形成连接。对位芳族聚酰胺不熔化,但在 430℃以上分解。由于其回潮率低,吸水量很少[25],特别是 Kevlar,仅在 550℃以上才开始分解[28]。

7.3.1.2 超高分子量聚乙烯(UHMWPE)

UHMWPE 是一种聚烯烃,以纤维形式商业化生产,如 DSM 的 Dyneema® 和霍尼韦尔的 Spectra®,它通过凝胶纺丝生产。凝胶纺是一种超拉伸技术,使用超高分子量聚合物(如聚乙烯)的稀溶液将链进一步展开,从而提高拉伸强度和纤维模量。这些纤维的强度来源于极长的聚乙烯链,聚合度超过 10 万,可获得大于 95%

的平行取向[29],UHMWPE 的单一重复结构见图 7.8。

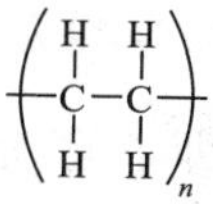

$$\left(\begin{array}{cc} H & H \\ | & | \\ -C & -C- \\ | & | \\ H & H \end{array}\right)_n$$

图 7.8 超高分子量聚乙烯(UHMWPE)结构(*n* 大于 10 万)

超高分子量聚乙烯分子间的弱范德瓦耳斯力使其耐热性非常差,纤维在 150°时熔化,其性能随着温度升高到室温以上而下降。在高应力下,纤维会发生广泛的蠕变,并在短时间的载荷作用下断裂。当接近熔点时,在张力下的第二次缓慢加热会增加模量并减轻蠕变。与芳族聚酰胺纤维相比,它极耐化学和生物侵蚀,并具有更好的耐磨性和抗疲劳性[30]。

7.3.1.3 聚对亚苯基苯并二噁唑(PBO)

PBO 商业名称为 Zylon,通过磷酸溶液的干喷湿纺法生产,苯环两侧的五元环导致链状分子更大的刚性(图 7.9)[26]。

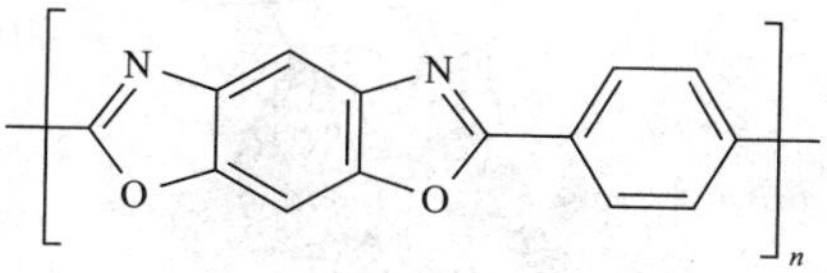

图 7.9 聚对-亚苯基-2,6-苯并二噁唑(PBO)

纤维的模量和强度几乎是芳族聚酰胺纤维的两倍,其他性能相似。在温暖潮湿的条件下,纤维通过水解而降解,使得纤维不适合于暴露在温暖和潮湿环境中。

7.3.2 用于抗割砍的纱线

纺织工业中有不同的纺纱方法,纱线的特征对织物的力学性能有巨大影响,纱线特征主要依赖于纤维特征和纱线结构。短纤维或连续长丝都可以制成纱线,不同的短纤维纺纱系统都有不同的结构,并表现出不同的性能。同样,连续的长丝纱也可制成单丝或复丝,可加捻或不加捻。

7.3.2.1 环锭纺纱

环锭纺纱是生产棉、麻、毛等短纤维纱线的最主要方法,环锭纺纱系统较灵活,一些文献描述了其操作和过程控制[31-33]。

环锭纺系统涉及三个基本工序,即牵伸、加捻、缠绕。

环锭纺纱系统如图 7.10 所示[34],在罗拉牵伸单元的三组罗拉之间进行牵伸,以薄片或粗纱形式喂入纤维,使纤维变细并使纤维彼此平行排列,纤维在主牵伸区由中间一对罗拉中的辊圈控制。加捻是将加捻的纤维并入变细的纤维中使其抱合

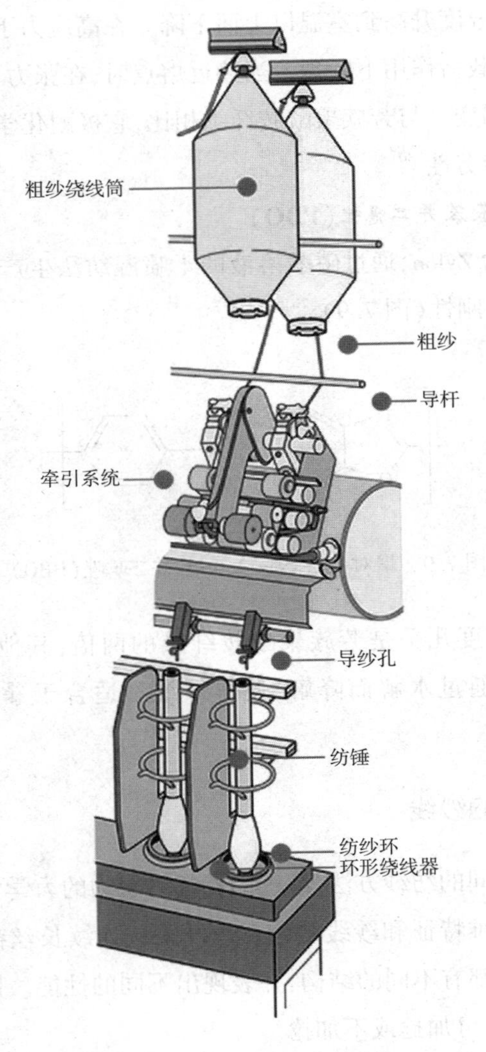

图 7.10 环锭纺纱系统示意图

在一起的过程,绕线器绕着环上锭子回转,将捻线插入纤维束中。圈绕纱线的锭子由皮带或胶带以恒定速度可靠地驱动,当纱线被缠绕到绕线筒上时,梭子被纱线驱动[31]。

传统的环锭纺纱系统只能纺短纤维纱,对传统的系统稍加改进,可用于生产混纺纱线,如包芯纱[35-36]。

7.3.2.2 复合纱线

复合纱线定义为至少由两股纱线组成的纱线,其中一股构成纱线的芯或中心轴,其他的股构成包覆纱。为了防止芯部断裂,将缠绕在芯部周围的包覆纱连续缠绕在其下面的包覆纱上,第二层包覆纱的缠绕方向与其下面的包覆纱相反(图 7.11)。

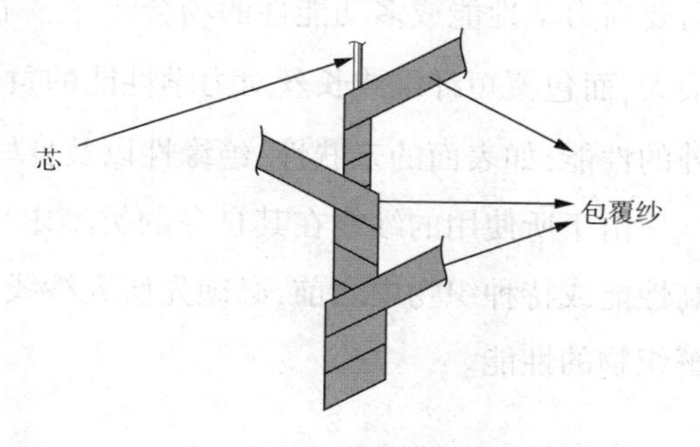

图 7.11 复合纱线的结构

第一层包覆纱通常以 Z 向缠绕,第二层包覆纱以 S 向缠绕,后续的包覆纱方向按照 Z 和 S 交替缠绕。

复合纱线的分类如图 7.12 所示。有不同类型复合纺纱生产系统,如 DREF 纺纱,包缠纺纱,改进的环锭纺纱,改进的包芯纺纱和编织纱[37-40]。

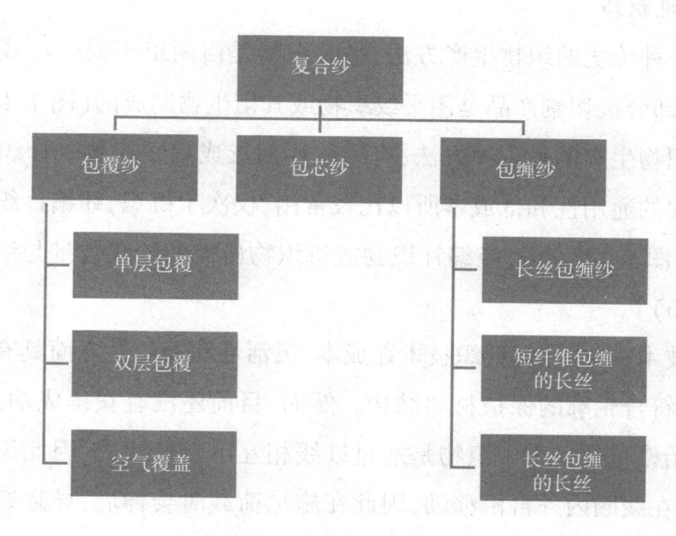

图 7.12 复合纱线分类

7.3.2.3 纱线参数

纱线特征通常取决于纱线横截面中的纤维/长丝数、纤维/长丝的对齐、纤维/长丝的位置、绑定(密实度)、捻度等因素。

在环锭纺纱中,受捻度影响,纤维数量和缠绕程度会影响纱线的力学性能,捻度与纺纱工艺参数有很大关系。完全缠绕的护套纱线具有较高的拉伸强度和较低的耐磨性[41]。

复合纱线的性能因材料的排列和所用纱线的不同性能而不同,它们通常用于需要高力学性能或多功能性的场合[42,43]。在复合纱线中,芯丝对力学性能的贡献最大,而包覆短纤维或长丝对力学性能的贡献最小[44]。包覆短纤维或长丝提供额外的性能,如表面的亲肤性、绝缘性以及良好的手感等[45]。

由于所使用的纱线在其自身的类型中可以有很大的变化,因此在将纱线用于高性能或特种织物中之前,必须先研究纱线的性能,对纱线性能的分析将有助于了解织物的性能。

7.3.3 抗割砍用织物

目前,采用各种织物结构来抵抗刀刺和刀砍,包括紧密编织结构、机织和非织造复合材料/层压板,以及经编和纬编针织物。

7.3.3.1 常规织物

机织是一种传统的织物生产方法,平纹织物是由两组不同的纱或线缕以直角交织形成,大部分抗切割产品是用平纹织物或其衍生物制成的(图 7.13)。

针织是织物生产的另一种方法,将纱线环回形成扁平织物。针织有经编和纬编。因为纬编的通用性和低成本所以比较常用,仅次于机织,纬编针织物可以用单股纱线生产[图 7.14(a)],经编针织物或机织物所需的纱线数量与织物的幅宽有关[图 7.14(b)]。

与机织技术相比,纬编针织技术在成本、灵活性和通用性方面具有相当大的优势,可以生产符合轮廓的保护材料结构。然而,目前还没有获得成功,主要是因为针织物的初始模量低。由于织物是通过纱线相互串套形成的,因此织物具有柔韧性,纱线可以在线圈内外自由移动,因此在施加荷载时会伸展,导致织物的初始模量低。

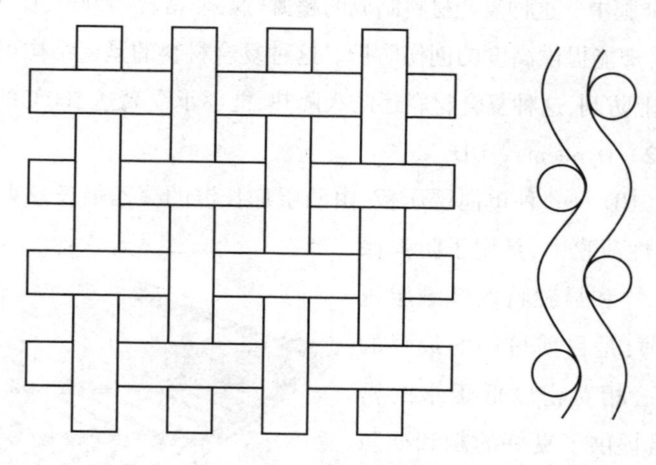

图 7.13 标准的平纹组织

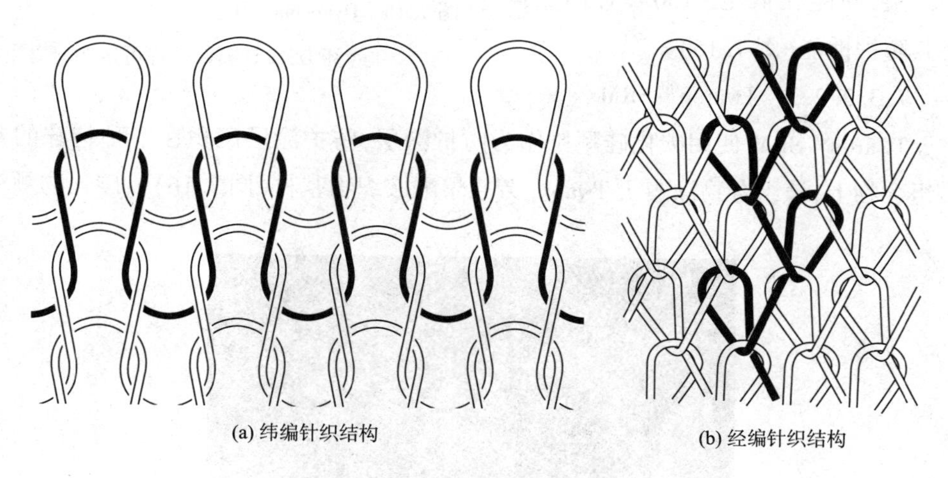

图 7.14 针织物结构

7.3.3.2 层压板

层压板是由两种或两种以上的天然或化学材料组合而成的复合材料，从而使组分的优势最大化并将单种组分的弱势最小化。层压板由一种或多种材料通过加热、加压、熔接或黏合剂永久地黏合在一起制成的一层或多层纤维板，下面讨论用于抗砍/刺个体防护装备（PPE）的不同层压板结构。

7.3.3.2.1 Spectra Gold Flex®

Spectra Gold Flex®是一种单向层压板，由四层芳族聚酰胺纤维带制成，交叉铺叠并夹在热塑性薄膜中。这种复合材料制成的超薄背心非常轻巧舒适,比 Kevlar 或 zylon 背心轻约 25%,却能提供高度的创伤防护。这种复合材料的紧密结构可以防割和砍,并在一定程度上防刺,这种复合材料还防火隔热,能够承受高达 500℃ 的高温[46]。

7.3.3.2.2 Dyneema® UD

Dyneema® UD 是一种单向层压板,由两层加长链的聚乙烯长丝束制成,交叉铺叠并夹在热塑性薄膜中,是用于防弹保护的最坚固[47-49]和最独特的纤维层压板之一,非常薄,是目前可用的最轻的防弹材料之一,相对密度低于水的密度[50-53]。并且提供了良好的割和砍防护,也有助于防刺,能承受高达 140℃ 的高温,并能在低至 -150℃ 时仍能保持其防护性能(图 7.15)。

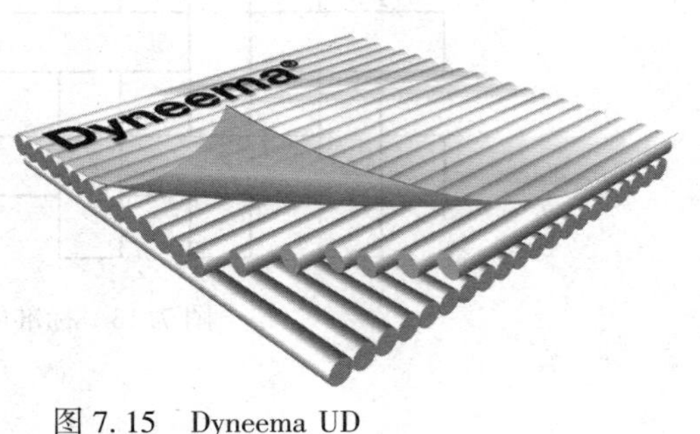

图 7.15 Dyneema UD

(经 DSM Dyneema 许可复制)[53]

7.3.3.2.3 Twaron® SRM

Twaron® SRM 使用碳化硅颗粒作为防护涂层,防护涂层沉积在一种特殊的基质组合物上,该组合物涂覆于 Twaron 芳族聚酰胺织物基材(图 7.16)。碳化物颗粒

图 7.16 碳化硅涂层 Twaron SRM

(经 Teijin Aramid B.V 许可复制)[55]

的主要功能是使刀片变钝,使刀片边缘的攻击性降低[54]。此外,SRM 对击刺武器的摩擦性高,并能防止织物中的纱线滑脱。然后,底层的 Twaron 微丝背衬织物凭借其高抗冲击性和韧性来抓住武器。必须指出的是,与压制材料、金属材料或陶瓷材料相比,Twaron SRM 具有灵活性。

然而,上述防砍或防刺织物/层压板的主要问题是非常僵硬,这使得它们不适合长时间日常应用。

7.3.3.2.4 浸渍芳族聚酰胺

芳族聚酰胺和超高分子量聚乙烯被广泛用作防弹的基础材料。如前所述(第 7.3.1 节),这些高性能纤维的特征是高强度、高吸能和低密度。然而,为了满足典型弹道威胁的防护要求,需要 13~50 层织物,这就导致护甲庞大而坚硬,笨重限制了其舒适性,并使其应用主要局限于躯干保护。

为了降低材料的体积,芳族聚酰胺已被诸如胶体剪切增稠液[分散在乙二醇中的二氧化硅颗粒(450nm)]或具有膨胀性的粉末等材料浸渍[56,57]。结果表明,抗子弹穿透性能明显增强[58],尽管这些浸渍的芳族聚酰胺具有更好的防弹和防刺性能,但它们的抗切割性几乎没有改善[59,60]。

7.3.3.3 近期创新

在防刺或抗切割方面,近期的一些创新包括对以下技术的研究:提高对刀的接触钝化(Twaron SRM)[55];提高纤维/刀的摩擦系数(PROTEXA)[61];降低树脂织物的硬度,改善悬垂性;降低纤维厚度,杜邦最近推出的 Kevlar Correctional® 产品,比 Kevlar 薄四倍;用剪切增稠液(STF)处理织物[62];提高防护纺织品的热导率,以减少用户的热量积聚[63]。

7.4 抗割砍材料的开发

7.4.1 纱线的作用

在 PPE 织物中,尤其是针织物,纱线吸收了大部分负荷。因此,选择合适的纱线对开发防砍织物非常重要。纱线的作用是:吸收由刀施加的力;抵抗在接触点的剪切力;开始钝化刀刃;可染色/可印花,以便制造不同颜色的织物。

众所周知,且经科学证明,对位芳族聚酰胺纤维和 UHMWPE 纤维具有优异的吸能特性,但一旦挤出后就无法染色,并且芳族聚酰胺只有某些颜色,而 UHMWPE 只有白色[36,20,28,54,63]。研究了来自 DuPont,Teijin,Tilsatec 以及 Cyrillic 四家不同生产商的对位芳族聚酰胺纱线的能量吸收特性。短纤维芳族聚酰胺纱用于开发防砍织物,因为它们在纬编机上使用时提供了所需的多功能性。它们的横截面上也有更多数量的纤维,这就提供了更大的抗冲击剪切强度。与连续长丝纱相比,短纤维纱具有更好的舒适性[19,40,64]。

短纤芳族聚酰胺纱线的生产,是将连续的复丝纱经拉伸断裂缩小为一束短纤维,然后用环锭纺纱系统纺制而成。

由于没有一种纤维能够提供高防护性和舒适性产品的所有性能,因此可以使用不同的组合制备复合纱线,表 7.5 列出了不同类型的复合纱线。

表 7.5　复合纱线类型

纱线名称	纤维成分	制造商
Kevlar 系列	短纤维 Kevlar 纱线	Aramex-Garne,Germany
Tilsa 系列	连续长丝双层纱线	Tilsatec,UK
Wykes E669	钢芯复合纱线	Wykes,UK
WF 系列	至少含有三种成分的复合纱线	World FibreInc,USA

德国 Armex-Garne 公司的两种不同线密度的 Kevlar 短纤维纱线,其中一种纱是没有任何捻度的双股纱,编码为 K2,这主要是为了增加纱线的线密度。Tilsa 是 Tilsatec 公司的对位芳族聚酰胺纱线,其线密度与 Armex-Garne 公司的 Kevlar 纱线的线密度相似,Tilsatec 公司的数种纺丝液染色的对位芳族聚酰胺纱线具有各种线密度。

Wykes E669 是一种正在开发的复合纱线,主要用于研究不锈钢芯的作用,该不锈钢芯广泛用于针织行业,以提供抗切割性能。

WF 系列纱线的主要成分是玻璃纤维和 UHMWPE,它们以不同线密度的组合构建。复合纱线用聚酯纤维或聚酰胺纤维双重包覆,具有更好的手感,而且能对织物的外表面染色。首选聚酰胺 66 为包覆纱,因为它比聚酰胺 6 的熔点(216℃)更高(263℃),聚酰胺 66 也可提供优良的耐磨性和摩擦性能[32,36]。

虽然有研究纱线抗切割性的方法[66],但尚无标准化的方法或非常完善的方法。因此,对每种纱线的初步分析都是基于其拉伸性能。根据应力—应变分析,理想的用于防砍织物的纱线是根据测试防砍织物性能来选择的。

7.4.1.1 用拉伸性能分析纱线

表 7.6 中所列纱线的拉伸性能，是采用标距长度为 500mm、速度为 300mm/min 的 Statimat M 仪器测定的。表 7.6 汇总了每种纱线 10 个试样(每个锥形试样测 10 次)的平均值。

表 7.6 复合纱线和环锭纱线的物理性能

纱线	线密度 (tex)	断裂强力 (cN)	韧性 (cN/tex)	断裂功 (cN·cm)	断裂伸长率 (%)	断裂时间 (s)
TWARON 25-2s	74.6±3.8	5425±355	72.73±4.8	4157±363	4.19±0.1	4.2
KEVLAR(K2)	122.2±4.4	8709±342	71.39±2.8	7332±537	4.51±0.12	4.5
RUSLAN Aramid	62.3±1.2	10573±2655	170.54±42.8	1644±976	3.63±0.96	0.7
S1-TW-1	60.6±4.7	4803±308	79.30±5.1	4249±403	4.81±0.24	4.8
TWARON-98 T	98.1±1.7	7632±274	77.89±2.8	6963±345	5.05±0.09	5.1
KEVLAR-60 T	61±2	4660±240	76.4±3.2	6843±487	4.68±0.6	4.7
KEVLAR-96 T	96.1±2.1	6172±362	64.22±3.8	5625±471	5.11±0.13	5.1
KEVLAR-101 T	100.3±1.8	5971±357	59.72±3.6	5281±439	4.99±0.16	5.0
TILSA(GREEN)14/1	58.3±0.7	1916±185	33.05±3.2	1662±193	3.98±0.15	4.0
TILSA-WHITE-D92	57.9±0.9	6263±291	109.89±5.1	6606±438	7.33±0.23	7.4
TILSATEC-T62	62.6±1.0	1756±186	28.34±3.0	1535±252	3.94±0.28	3.9
TILSATEC-B145-BLACK	149.0±1.6	3412±47	22.90±0.3	27902±1272	24.28±0.96	24.4
TILSATEC-C128	132.4±1.6	5561±1638	42.13±12.4	5498±1805	6.43±0.85	6.5
WF520	127.2±4.7	7776±288	61.13±23.4	6792±490	4.75±0.32	4.8
WF408	268.4±6.7	15182±364	56.48±1.4	16485±6178	3.98±0.91	4.0
WF334	221.6±2.3	1072±210	48.42±9.5	1016±346	2.24±0.47	3.8
WF271	95.4±1.9	7549±238	79.30±2.5	6729±617	4.19±0.38	4.2
WF521	128.3±3.6	8559±571	66.87±4.4	7573±813	4.76±0.26	4.8
WYKES E669	201.8±14.6	5191±439	25.83±2.2	20772±2377	15.25±0.99	15.3
Dyneema composite yarn(Tilsatec)	113.7±6.9	3635±704	32.00±6.2	8734±4274	10.21±3.89	10.2
WF159	232.0±7.6	15580±529	67.16±2.3	18094±1476	4.74±0.24	4.8
WF528	55.3±3.4	5936±189	107.44±3.4	3821±275	3.24±0.08	3.2

由于在纱线制造中使用的成分不同,每根纱线具有不同的线密度,并表现出不同的拉伸性能。

因其目标是创造一种具有多种特性(如防砍性、舒适性和印花/染色性)的柔性防砍织物,因此需要制造或采购具有这种特性的纱线。可以编织两层织物的针织技术被认为是制造该织物的理想选择,为此,在组合时,必须选择具有上述所有性能的两种不同的纱线。

由于对位芳族聚酰胺纱线在抗切割织物中应用最广,因此在纬编针织物的一面采用环锭纺短纤维芳族聚酰胺纱线,在织物的另一面使用复合纱线,当务之急是为织物的每一面选择最合适的纱线。

7.4.1.2 短纤维芳族聚酰胺纱线的选择

短纤维芳族聚酰胺纱线来自三个不同的制造商,具有不同的线密度。100%芳族聚酰胺纤维纱线的应力—应变曲线如图 7.17 所示。从图中可以看出,所有短纤维芳族聚酰胺的初始模量大致是相同的。唯一的例外是俄罗斯生产的 Ruslan 芳族聚酰胺纤维,它是一种连续长丝纱线,每根纱线有 200 根丝,每米转 100 圈。虽然所有的短纤维芳族聚酰胺纱线的初始模量都相同,但由 Tilsatec 生产的纱线表现出非常低的韧性,只需最少的力(断裂功)即可使纱线断裂。Ruslan 纱线也是如

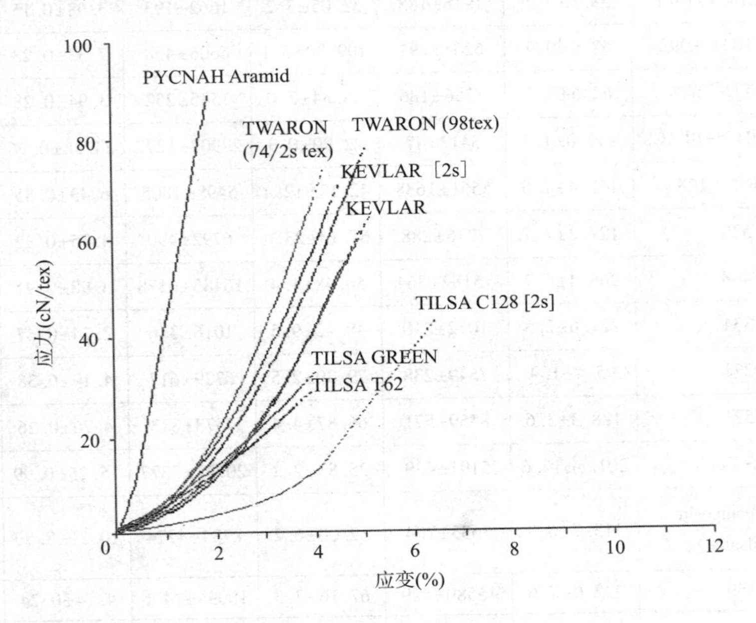

图 7.17 100%芳族聚酰胺纱线的应力—应变曲线

此,因为它只需 1644cN·cm 即可拉断纱线,而其他短纤维芳族聚酰胺纱线为 5281~7332cN·cm。100% Kevlar 和 100% Twaron 纱线在不同线密度下的断裂功和韧性的差异不明显,因此只在它们中选择一种,即 60 tex(Ne 10/1)Kevlar(K1)。为了提供更高线密度的纱线,获得更高的断裂力,因此做成双股纱线。表 7.6 还显示了双股 Kevlar(K2)纱线的拉伸性能。

7.4.1.3　不锈钢芯复合纱线的选择

业界公认,不锈钢芯纱在手套中具有最高的抗切割性能[66,67]。图 7.18 显示了各种手套材料的抗切割性等级,由含有不锈钢芯的纱线制成的手套具有最高的抗切割性。一些申请或授权专利中的抗切割纱线或抗切割材料含有不锈钢芯的成分[68-73]。

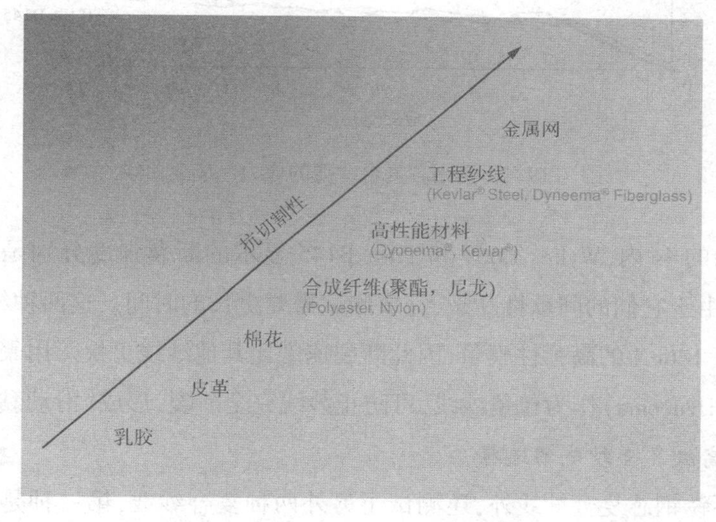

图 7.18　各种手套材料的抗切割性

(经 Superwr Glcve Works Ltd. 许可复制)

虽然不锈钢纱线具有抗割砍的硬度,这需要很高的断裂能量(对 Tilsatec B145 为 2790cN·cm,对 Wykes E669 为 20772cN·m),但它们的断裂强度也最低,分别为 22.90cN/tex 和 25.83cN/tex。断裂所需的高能量主要是由于它们显示的间歇性断裂(图 7.19),这表明,在负荷迅速增加的砍击过程中,不锈钢芯纱线的防护效果不如芳族聚酰胺纱线。为了提供与芳族聚酰胺纱线类似的保护,不锈钢芯复合纱线需要增加织物单位面积质量,因此,不适用于轻质织物。在织物裁剪、缝合和修剪做成服装的过程中,也会导致潜在的问题。

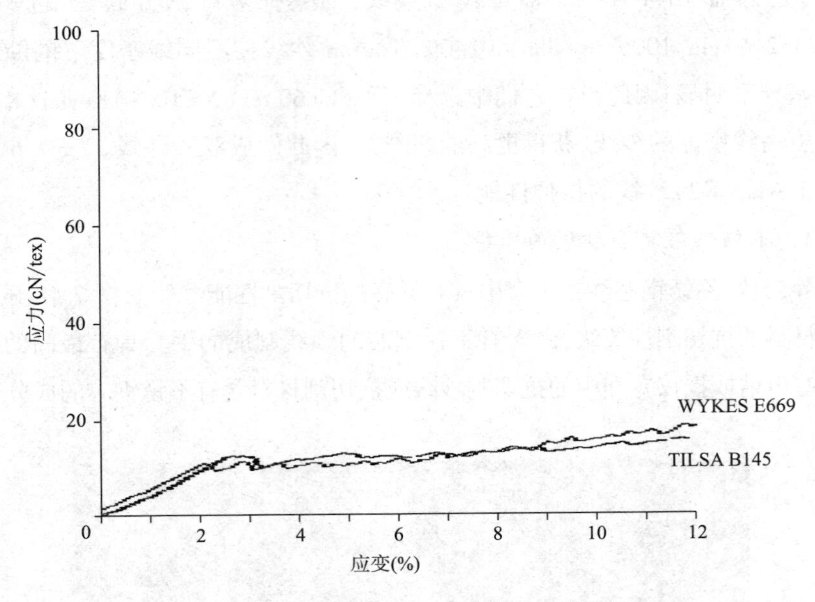

图 7.19 不锈钢芯复合纱线的应力—应变曲线

在开始的 4s 内,Wykes E669 和 Tilsa B145 显示的断裂强度分别是 5191cN 和 3412cN,但由于它们的间歇性断裂,完成测试需要更长的时间。这两种纱线中使用的钢芯具有 180cN 的高弹性模量,因此断裂速度比其他纱线更快。用聚酰胺 66 和 UHMWPE(Dyneema)作为包覆纱线,可防止纱线完全断裂,形成"滑动黏附"模式。

7.4.1.4 高级复合纱线的选择

除了不锈钢芯复合纱线外,还测试了另外两种复合纱线,第一种是双股纱,两种纱线捻合在一起;第二种是高级复合纱线,至少有三种组分构成纱线,两种复合纱线如图 7.20(a)和(b)所示。

与不锈钢(8.00gm/cc)纱线相比,玻璃纤维的堆积密度低(2.58gm/cc),但具有很好的拉伸和热性能。玻璃纤维的主要缺点是它们会引起刺激,并具有相对较低的抗疲劳性[74]。为了克服这一缺点,必须用其他纱线与玻璃纤维进行双缠绕,使其不会接触到皮肤。这种双缠绕还可以防止玻璃纤维磨损,磨损通常会导致强度降低。

为了比较它们的拉伸性能,生产了几种不同成分的高级复合纱线,这些纱线的应力—应变曲线如图 7.21 所示,Tilsatec 纱线是双股纱,WF 系列纱线是高级复合纱。

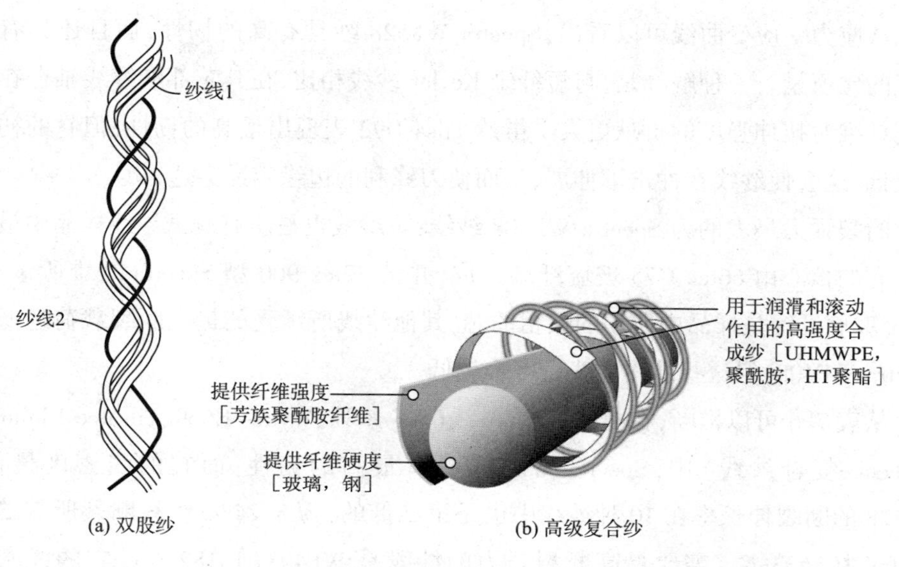

图 7.20 复合纱线

（经 Superior Glove Works Let 许可复制）[18]

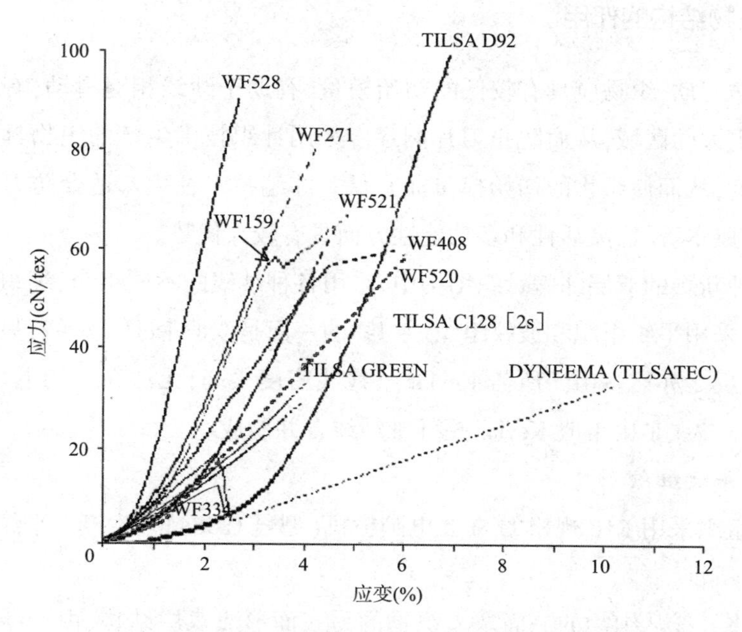

图 7.21 双股纱和高级复合纱的应力—应变曲线

从应力—应变曲线可以看出,Spectra WF528 纱具有高的韧性,而且还具有第二高的比模量。一种解释是,与短纤维 Kevlar 纱线相比,在其芯部沿纱线轴存在的玻璃纤维对拉伸强度的贡献更大。虽然 Tilsa D92 表现出最高的韧性,但它的初始模量低,这会使纱线在冲击下伸展,从而使刀锋利的边缘容易穿透。

断裂强力最大的为 Spectra WF408 纱线,该纱线也是所有测试纱线样品中最粗的。它的核心由 66tex G75 玻璃纤维组成,并被 72tex 900 型 Spectra 纤维所包覆。66tex 玻璃纤维是样品中所用的最粗的芯,其他纱线所承受的最大断裂载荷远低于 Spectra WF408,但这些纱线的线密度也较低。

从表 7.6 可以推断,在 10 种复合纱线(WF 系列、Wykes E669、Tilsatec Rhino 和 Dyneema 复合纱线)中,Spectra WF528 具有最高的韧性,而它的线密度最低。WF528 的断裂伸长率在 10 种纱线中也是第二低的,为 3.24%,纱线断裂所需的最大力仅为 5633cN。需要最高断裂强力的纱线是 WF408(15182cN),它的线密度(268.4tex)也最大,使其韧性降低到 56.48cN/tex。所有纱线中韧性最小的是 Wykes E669,为 25.83cN/tex。

7.4.2 织物结构的作用

为了防刀砍,织物应具有较低的初始模量,有助于纱线相对滑动,有利于将应力分布到更大的区域,从而防止刀片刺穿。采用针织技术生产的织物具有较高的纱线互锁度,从而使织物的初始模量非常低。纬编技术在生产适合防刀砍织物的结构时,在成本、设计灵活性和多功能性方面具有较大优势。

在一种新颖的双层纬编针织结构中,采用各种纱线的不同组合,编织了一系列织物试样,采用平纹组织和波纹组织。织物的一面是双股 Kevlar 纱线,另一面用另一种纱线,反之亦然。由于所需 Kevlar 纱线线密度很高,无法在市场上采购,因此双股 Kevlar 纱线是由单股 Kevlar 短纤维纱线合并制成。

7.4.2.1 平纹组织

平纹组织采用 E10 规格的 Stoll 电脑横机(型号 CMS440)生产。平纹组织结构如图 7.22 所示。

通过将纱线从织物的一面塞入织物的另一面形成双层结构,由于纱线是以一定的间隔塞入的,因此在织物两面都只能看到一股纱线,因此属于真正的双层结构。

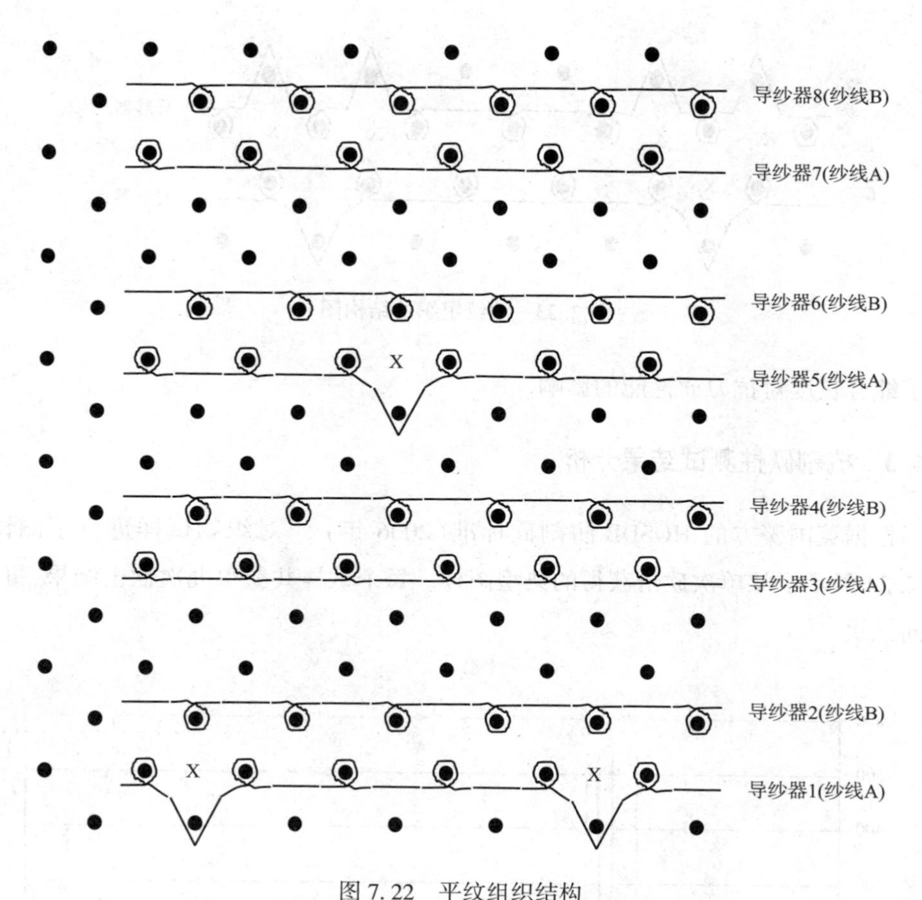

图 7.22　平纹组织结构

7.4.2.2　波纹组织

波纹组织也采用 E10 规格的电脑横机编织。机器的后针床按如下顺序进行编织:先向左织八针(每根线一针),再向右织八针(每根线一针);然后,后针床向右织八针(每根线一针),最后后针床向左织八针(每根线一针)。在这个位置,针床回到开始的正常位置,以此类推,在整个织物编织过程中。当针床处于正常位置时,在机架开始前,波纹组织编织图如图 7.23 所示。

波纹组织 1 和波纹组织 2 之间的差异是更改机架方向之前执行的针数,波纹组织 1 在每一侧的运动有八针,每个方向上共有 16 针,波纹组织 2 在每一侧有四针,每个方向共有八针。

通过保持织物结构相同,并增加或减少缝合长度 2.5%、5%、7.5%和 10%,分

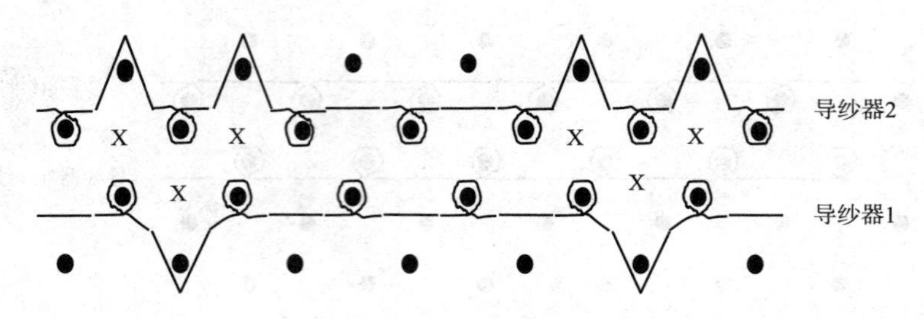

图 7.23　波纹组织的结构图

析了缝合长度对抗刀砍性能的影响。

7.4.3　抗割砍性测试结果分析

根据英国警方的 HOSDB 防割砍标准(2006 年)[24]对织物试样进行了测试,图 7.24 显示了从单次砍击获得的典型图样。每个试样共获得九次砍击结果,每个方向三次。

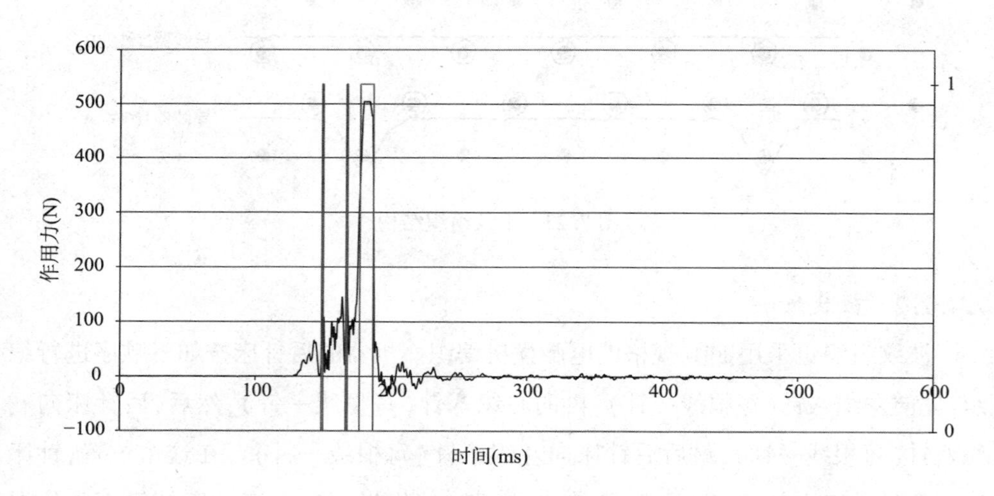

图 7.24　单次抗砍击测试的代表性图

Y 轴表示砍击时刀刃尖端施加在织物上的力,X 轴表示施加力的时间。刀片运行速度为 6.5m/s,除非刀片被试样阻止,否则刀片与织物的实际接触时间最长为 200ms。

每当刀刃与测力台接触时,就会发生穿透,这在图中用浅色线表示,有穿透时,值为 1,没有穿透时,值为 0。

7.4.3.1 不同纱线针织物的比较

通过对拉伸性能的研究,将筛选的不同组合的纱线织成一系列抗砍织物样品[75]。纱线被用于织成创新的双层纬编结构,如第 7.4.2.1 节所述。

砍击测试是在三个不同的方向上进行的:

纵向——沿机器方向的砍击测试(0°);

横向——垂直于机器方向(90°)的砍击测试;

斜向——与机器方向成(30°)的砍击测试。

7.4.3.1.1 各种纱线的性能分析

所有的织物样品都是一面用双股短纤维 Kevlar 纱线编织,另一面用另一股纱线编织。一些织物的测试结果如图 7.25~图 7.28 所示。

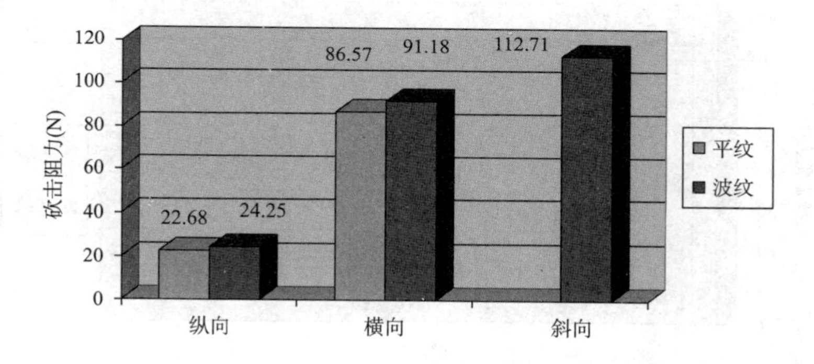

图 7.25 WF408 纱织物的砍击力

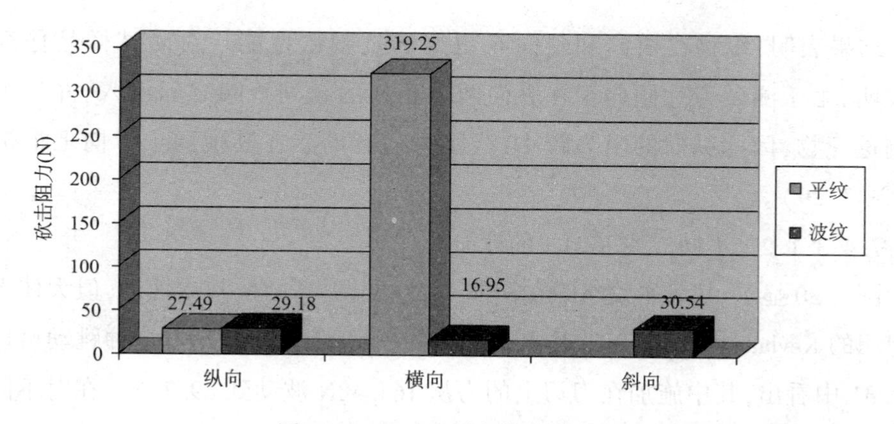

图 7.26 WF528 纱织物的砍击力

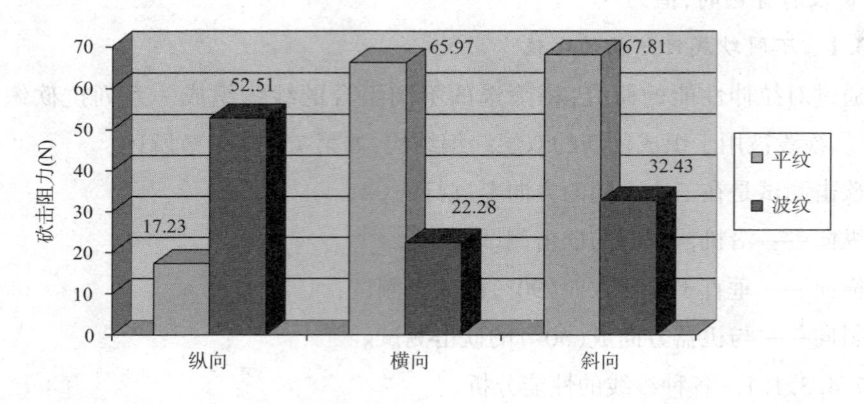

图 7.27　Wykes　E669 纱织物的砍击力

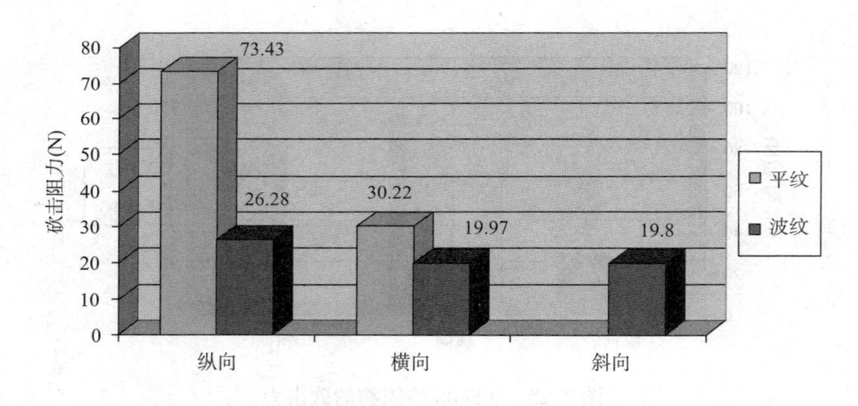

图 7.28　Tilsa 纱织物的砍击力

结果表明,织物在横向和斜向有更好的抗割砍性能。对测试样品仔细检查表明,由于测试刀片倾向于在纵向两个相邻的纵列线圈之间滑入,并且很容易割透织物,因此纵向的阻力较小,线圈纵列有助于在其他两个方向上抵抗刀片(图 7.29)。

7.4.3.1.2　不同纱线 Kevlar 的性能

图 7.30 显示,尽管平纹组织在横向上表现出更高的抗割砍性能,但大体上波纹组织的 Kevlar 性能更好。这是由于纱线的积聚,使刀片跳动。这种跳动可以在图 7.31 中看出,其中施加在刀刃上的力从 164.48N 波动到 89.74N。在对不同织物进行的所有砍击测试中都可以观察到这种砍击力的波动。

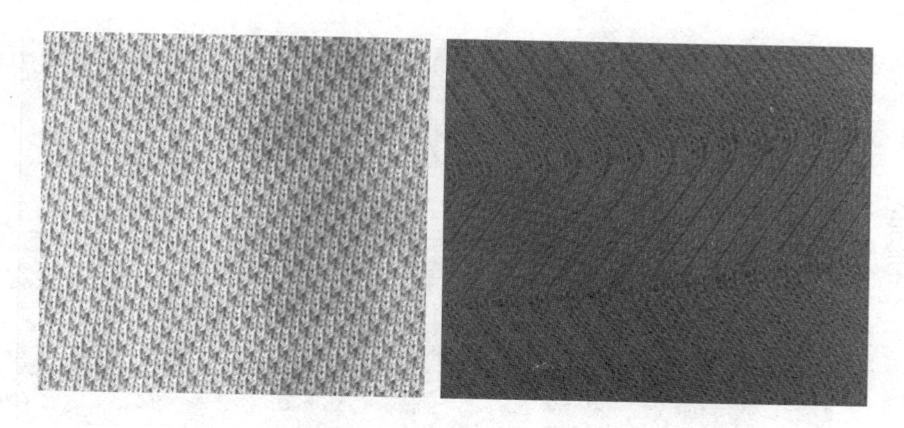

图 7.29　在不同结构中的环柱

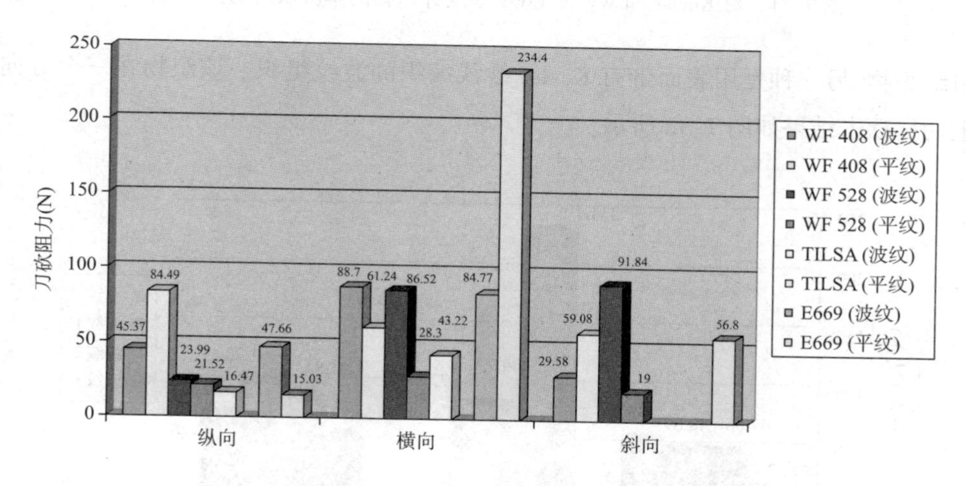

图 7.30　Kevlar 纱面上织物的砍击力

一面用 Kevlar 纱，另一面用 E669 纱织成的织物的平均抗砍击性能(74.75N)，比另一面用 WF408 纱线织成的织物的抗砍击性能(68.27N)更好。由一面是波纹组织、WF408 纱，另一面是平纹组织、Kevlar 纱织成的织物，其抗割砍性达到最高平均值(76.04N)，这在很大程度上是由于纵向的抗割砍性抵消，其值为 24.25N。

7.4.3.2　针织结构分析

采用双股无捻 Kevlar 纱和 E669 纱编织成两种不同的针织结构，第一种是平纹

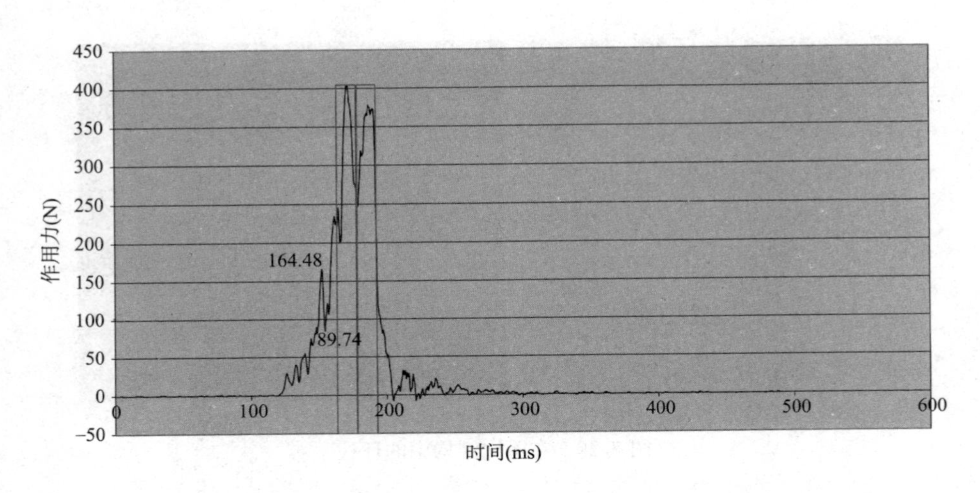

图 7.31 对 Kevlar 和 Wykes E699 纱线针织物的单次砍击的抗砍击力

组织织物,另一种是用表面带有 Kevlar 纱线编织的波纹组织。该织物在三个方向上的抗砍击结果如图 7.32 所示。

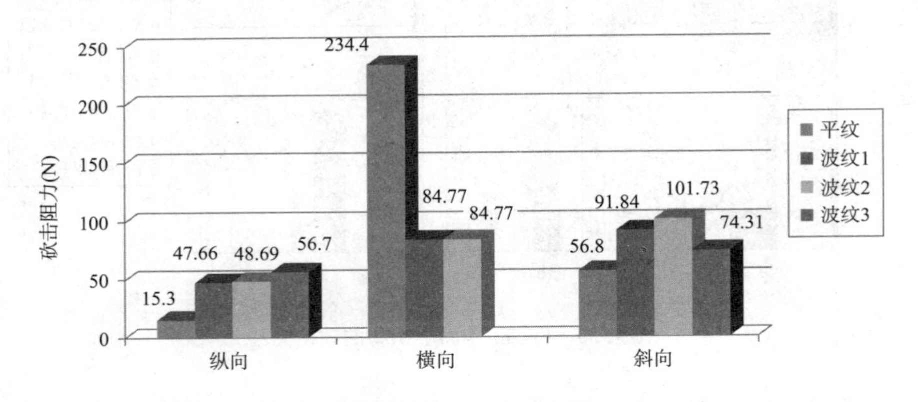

图 7.32 不同结构的 Kevlar/E669 织物抗砍击阻力对比

平纹组织中沿横向有 234.4N 的高砍击阻力,甚至在 234.4N 的接触点之前就出现了切穿,但是由于织物被刀片拉动,刀片没有与测力台接触,并且线圈的累积使刀片滑移。

在使用 Kevlar 和 Spectra WF528 的织物样品中,在横向也发生了同样的现象。需要 319.25N 的力才能穿过另一面为带有 Kevlar 纱的平纹织物表面。

7.4.3.2.1　织物结构对刀砍方向的影响

从表7.7可以看出,对于平纹组织,施加到样品上的砍击方向不同,抗砍击性能存在很大差异。

表7.7　对平纹组织砍击测试方向的单因素ANOVA分析

汇总					
组别	数	和	平均数	中位数	方差
纵向	114	9150.945	80.27145	46	5215.26
横向	110	14841.92	134.9266	108	13436.7
斜向	97	10954.71	112.9351	102	7497.667

方差分析						
变化来源	SS	df	MS	F	P值	F临界值
组间	169524.9	2	84762.47	9.717873	8.01E-05	2.319339
组内	2773700	318	8722.328			
合计	2943225	320				

可以解释为,在纵向上一致的失效(标准是>60N)是由于刀片在两个相邻纵列线圈之间打滑,因此只有一层织物需要切穿。图7.33中的黑线显示了纵列线圈之间的间隙,刀片在其间滑动。

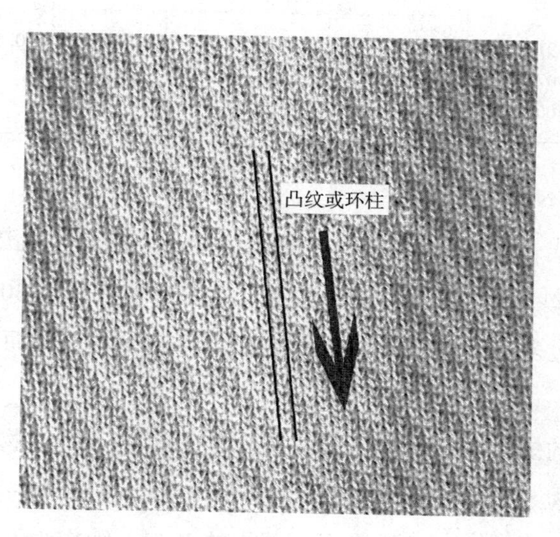

图7.33　造成刀片滑移的凸纹或环柱之间的间隙

7.4.3.2.2 波纹组织的发展

尽管平纹组织在三个方向中的两个方向通过了抗刀砍性标准,但在沿纵向的抗砍击性能非常低,因而不能用于抗刀砍织物。因此,设计了一种波纹组织,以防止刀片在相邻两个线圈纵列之间滑动。由于这种组织的设计使织物的一面没有直的线圈纵列,因此,这种组织可防止刀片在线圈纵列之间的连续滑动。

通过使用图7.23所示的单一设计符号得到了四种波纹组织,不同的波纹组织是通过一组针床(背面)对每侧在0、4、6、8位置进针实现的。不考虑进针数,对波纹组织进行方差分析的统计学证明,波纹组织提高了抗砍击性能的平均值,超过了抗砍击性能的合格标准(表7.8)。

表7.8 对波纹组织砍击测试方向的单因素ANOVA分析

汇总				
组别	数	和	平均数	方差
纵向	25	1583	63.32	1871.31
横向	24	2427	101.125	9663.94
斜向	19	2026	106.6316	12419.69

方差分析						
变化来源	SS	df	MS	F	P值	F临界值
组间	25917.75	2	12958.87	1.716455	0.187746	2.386114
组内	490736.5	65	7549.792			
合计	516654.2	67				

7.4.3.3 防砍击个体防护服

除Kevlar纱线外,最佳的防砍击性测试记录是使用Spectra WF408纱线,但被三端头的WF528纱线所取代,这使所用纱线的线密度降低了30%,同时保持相同的断裂功。这反过来又将针织物的面密度降低了250g/m²,从而使其更轻,穿着更舒适。

通过该标准的抗砍击织物被正式命名为SARK,第一种织物命名为SARK-1,随后的织物命名为SARK-2和SARK-3。新型双层结构SARK-1的两面均通过了英国警方的HOSDB抗砍击标准,采用两端头的Kevlar纱作为波纹表面,并用三端头的WF528纱为针织物的另一面,织物的分析结果如表7.9所示。

表 7.9 SARK-1 的 HOSDB 抗砍击测试结果

刀砍测试方向	对带有 Kevlar 纱一面的失效力(N)	对 WF 528 纱一面的失效力(N)
纵向	71.64	65.81
横向	293.77	122.17
斜向	109.74	61.61
平均力	158.38	83.20

HOSDB=Home Office Scientific Development Branch(内政部科学发展局)

结果表明,得到的最小破坏力为 71.64N,平均破坏力为 158.38N,158.38N 的平均破坏力几乎是通过测试所需最小平均值的两倍。以采用 WF528 纱的一面为测试面,SARK-1 织物也通过了防砍击标准,纵向力为 65.81N,横向力为 122.17N,斜向力为 61.61N。织物在横向具有 122.17N 的高抗砍击性能,使织物达到所要求的平均值 80N 及以上。

对 SARK-1 结构进行改进,在其中一面采用特殊的进针结构,得到 SARK-2 结构,其测试结果如表 7.10 所示。

表 7.10 SARK-2 的 HOSDB 抗砍击测试结果

砍击测试方向	对 Kevlar 纱一面的失效力(N)	对 WF 528 纱一面的失效力(N)
纵向	92.49	115.78
横向	84.25	144.41
斜向	97.68	64.89
平均力	91.47	108.36

HOSDB=Home Office Scientific Development Branch(内政部科学发展局)

新型双层波纹组织 SARK-2 的两面均通过了标准,采用 Kevlar 纱的一面平均值为 91.47N,采用 WF528 纱的一面平均值为 108.36N。SARK-2 在所有三个方向都获得了相似的抗砍击性能。这表明,在这个性质上,组织或多或少是各向同性的。图 7.34 所示为使用 SARK 抗砍击织物制成的产品[76]。

图 7.34 使用 SARK 技术生产的产品

7.5 未来展望

7.5.1 抗割砍材料的抗菌保护

用短纤维纱制成的织物具有大的比表面积($0.1 \sim 1.0m^2/g$),为微生物的生存和繁殖提供了理想的场所。众所周知,微生物通过衣物、床品等纺织材料传播疾病和感染,造成问题并加剧病害[77]。微生物在织物正常使用和储存条件下会对纤维造成损害,从而降低材料的寿命[78]。纺织品上真菌和细菌的生长会导致功能下降和卫生方面的问题,对天然纤维影响最大,但也会侵蚀合成纤维[79]。与天然纤维织物相比,完全由合成纤维制成的织物,尤其是聚酰胺纤维,其水分传递特性往往会导致更大程度的“汗湿”[80],这会使穿着者感到不适,还会滋生更多引起气味的细菌[81]。

难闻的气味对纺织材料的舒适性有负面影响,在解吸过程中,材料的高比表面积会使织物中存在的气味快速扩散,温度和通风会进一步加速这一过程[82]。

纺织品除臭的原理有掩蔽、消除、分解、预防四种。

预防的原理是通过使用抗菌整理剂来防止难闻气味的产生,抗菌整理剂可以防止汗液和其他体液被细菌分解。

防割砍织物设计为两层结构,一面采用 Kevlar 芳族聚酰胺纤维,另一面使用工程复合纱,该纱用聚酰胺连续长丝纱合股包覆。将抗菌剂应用到这种新型抗割砍织物本身就是一个挑战,因为已开发和表征的织物只有 13.6%(质量分数,聚酰胺)的纤维有效地加入了抗菌剂,其余 86.4%的织物由对位芳族聚酰胺纤维、超高分子量聚乙烯和玻璃纤维制成,在向纤维基质中注入抗菌剂时会产生问题。

新开发的化学配方协同系统,可以赋予新型抗割砍织物抗菌活性,其中具有抗菌活性的物质仅占纤维重的 13.6%。整理后的织物对革兰氏阳性菌和革兰氏阴性菌进行测试,研究在不同浓度的化学配方下整理后抗割砍织物的抗菌活性,发现在浓度为 10%时可达最佳抗菌活性,此后抗菌活性的提高不明显[83]。

通过研究化学配方在浓度为 10%时进行多达 10 次洗涤的耐久性。结果表明,经过 10 次洗涤后,仍有抗菌活性。通过在抗菌化学配方中添加交联剂,对其耐久性进行比较研究,发现当使用交联剂时,抗菌剂在白色 WF528 纱织物表面的保留率明显更高[83]。

为了延长抗菌剂的耐久性,可以使用不同的交联剂开展进一步研究,可以通过应用其他表面整理剂来增强织物的功能,例如改善织物的手感[84],可以在比本研究进行的洗涤次数更多的情况下研究抗菌整理的耐久性,织物也可以通过使用其他整理剂来增强功能。

7.5.2 更轻的抗割砍材料

纱线的性能对织物的抗割砍性能有很大影响,进一步的研究可以仅专注于纱线开发并研究纱线的抗割砍性能,可以改变复合纱线中使用纤维的组合,以进一步降低织物的面密度,并提高织物的舒适性。

从割砍的机理来理解,短纤维纱线比连续长丝纱线抗割砍性更好,因为短纤维纱线有助于在更大面积上耗散力。因此,可以进一步开发短纤维高性能纱线的深度混纺产品。

7.6 结论

执法人员和医务人员对防护服的需求日益增长。如今,在街头斗殴和抢劫中使用刀具更为普遍,公众针对刀具的个体防护服的需求也在增长。

在英国,涉及刀具的犯罪日增,刀具是最常用的武器,占32%。因此,对更好的抗割砍材料的需求日益增加,目前所穿戴的防弹衣无法保护手臂、肩膀、颈部和面部,因为它们非常坚硬而且太笨重,无法长时间舒适地穿戴。

参考文献

[1] Simmons J. *Crime in England and Wales 2001/2002*. London: Patterns of Crime Group;July 2002.

[2] Bleetman A, Watson CH, Horsfall I, Champion SM. Wounding patterns and human performance in knife attacks: optimising the protection provided by knife-resistant body armour. *J Clin Forensic Med* 2003;10(4):243-8.

[3] Bleetman A, Hughes H, Gupta V. Assailant technique in knife slash attacks. *J Clin Forensic Med* 2003;10:1-3.

[4] Shepherd JP, Shapland M, Pearce NX, Scully C. Pattern, severity and acticology of injuries in victims of assault. *J R Soc Med* 1990;83:75-8.

[5] Hospital Episode Statistics (HES). *National Health Service*. available: http://www.hesonlinenhsuk [accessed August-September 2012].

[6] Fenne P. Protection against knives and other weapons. In: Scott RA, editor. *Textiles for protection*. Cambridge: Woodhead Publishing; 2005.

[7] Chadwick EKJ, Nicol AC, Lane JV, Gray TGF. Biomechanics of knife stab attacks. *ForensicSci Int* 1999;105:35-44.

[8] Horsfall I, Watson CH. *Ballistic and stab protection*. Manchester: UMIST; 2003.

[9] Horsfall I, Prosser PD, Watson CH, Champion SM. An assessment of human performance in stabbing. *Forensic Sci Int* 1999;102(2-3):79-89.

[10] Croft J. *PSDB body armour standards for UK police*. St Albans: Home Office Police Scientific Development Branch; 2003.

[11] Märtha SL, Forsberg C, Wahren LK. Normal oral, rectal, tympanic and axillary body temperature in adult men and women: a systematic literature review. *Scand J Caring Sci* 2002;16(2):122.

[12] Clark RP, Gustaf Edholm O. *Man and his thermal environment*. London: Edward Arnold; 1985.

[13] Rees WH. Physical factors determining the comfort performance of textiles. In: *Third Shirley international seminar: textiles for comfort*; 1971, Manchester.

[14] Gagge AP, Gonzalez RR. Physiological and physical factors associated with warm discomfort and sedentary man. *Environ Res* 1974;7:230-42.

[15] Fanger PO. *Thermal comfort*. New York: McGraw Hill; 1970.

[16] Adler MM, Walsh WK. Mechanisms of transient moisture transport between fabrics. *Textil Res J* 1984;54:334-43.

[17] Yoo S, Barker RL. Comfort properties of heat-resistant protective workwear in varying conditions of physical activity and environment. Part I: thermophysical and sensorial properties of fabrics. *Textil Res J* 2005;75:523-32.

[18] HatchKL, Woo SS, Barker RL, Radhakrishnaiah P, Markee NL, Maibach HI. In vivo cutaneous and perceived comfort response to fabric. Part I: thermophysiological comfort determinations for three experimental knit fabrics. *Textil Res J* 1990;60:405-12.

[19] Havenith G. Heat balance when wearing protective clothing. *Ann Occup Hyg* 1999;43:289-96.

[20] Chen X, Kunz E. Analysis of 3D woven structure as a device for improving thermal comfort of ballistic vests. *Int J Cloth Sci Technol* 2005;17(3/4):215-24.

[21] British Standards Institution. *BS EN 388:2003, Protective gloves against mechanical risks*. London: BSI;2003.

[22] British Standards Institution. *BS EN ISO 13997:1999, Protective clothing - mechanical properties - determination of resistance to cutting by sharp objects*. London: BSI;1999.

[23] British Standards Institution. *BS EN 1082-3:2000, Protective clothing - gloves and arm guards protecting against cuts and stabs by hand knives*. London: BSI;2000.

[24] Malbon C, Croft J. *HOSDB slash resistance standard for UK police (2006)*. London: Home Office Scientific Development Branch;2006.

[25] Yang HH. *Kevlar aramid fibre*. New York: Wiley and Sons;1993.

[26] Young RJ, So CL. PBO and related polymers. In: Hearle JWS, editor. *High performance fibres*. Cambridge: Woodhead Publishing;2001.

[27] Harris B. Strong fibres. In: *Engineering composite materials*. London: Institute of Materials;1999.

[28] Dupont. *Technical guide - kevlar aramid fiber*. available: http://www2dupontcom/Kevlar/en_US/assets/downloads/KEVLAR_Technical_Guidepdf [accessed September 2012].

[29] Stein HL. Ultrahigh molecular weight polyethylenes (UHMWPE). In: Dostal C, editor. *Engineered materials handbook, vol. 2, Engineering plastics*. Ohio: ASM International;1998. p. 167-71.

[30] Miraftab M. Technical fibres. In: Horrocks AR, Anand SC, editors. *Handbook of technical textiles*. Cambridge: Woodhead Publishing;2000. p. 29-30.

[31] Klein W. *Manual of textile technology short-staple spinning series, vol. 4, A*

practical guide to ring spinning. Machester: The Textile Institute;1987.

[32] Lord RP. *Handbook of yarn production*. Manchester: Woodhead Publishing; 2003.

[33] Lawrence CA, editor. *Advances in yarn spinning technology*. Manchester: Woodhead Publishing;2010.

[34] Rieter Machines and Systems. *RIKIpedia*. http://www.rieter.com/en/rikipedia/articles/ ring-spinning/function-and-mode-of-operation/operating-principle/.

[35] Audivert R, Fortuyny E. Filament feeding in spinning of staple fiber yarns covered with continuous filament. *Textil Res J* 1980;50(12):754.

[36] Alagirusamy R, Fangueiro R, Ogale V, Padaki N. Hybrid yarns and textile preforming for thermoplastic composites. *Textil Progr* 2006;38(4):1-71.

[37] Sawhney APS, Ruppenicker GF, Kimmel LB, Robert LQ. Comparison of filament-core spun yarns produced by new and conventional methods. *Textil Res J* 1992;62(2):67-73.

[38] Pouresfandiari F, Fushimi S, Sakaguchi A, Saito H, Toriumi K, Nishimatsu T, et al. Spinning conditions and characteristics of open-end rotor spun hybrid yarns. *Textil Res J* 2002;72(1):61-70.

[39] Fehrer E. Engineered yarns with DREF friction spinning technology. *Can Textil J* 1987;104(8):14-5.

[40] Klein W. *Shot staple spinning series, vol. 5, New spinning systems*. Manchester: The Textile Institute;1993.

[41] Sawhney APS, Ruppenicker GF, Kimmel LB, Robert KQ. Comparison of filament-core spun yarns produced by new and conventional methods. *Textil Res J* 1992;62:67-73.

[42] Balasubramanian N, Bhatnagar K. The effect of spinning conditions on the tensile properties of core-spun yarns. *J Textil Inst* 1970;61(11):534-54.

[43] Suk SK, Lee ES, Lee JR, Lee JK. A study on the physical properties of the core-spun yarn. *J Korean Fiber Soc*1978;15(1):23-31.

[44] Abbott GM. Force - extension behavior of helically wrapped elastic core yarns. *Textil Res J* 1984;54:204-23.

[45] Ruppenicker GF, Harper RJ, Sawhney APS, Robert KQ. Comparison of cotton/

polyester core and staple blend yarns and fabrics. *Textil Res J* 1989;59:12-7.

[46] Honeywell. *Product sheet downloads*. available: http://www51honeywellcom/sm/afc/common/documents/PP_AFC_Spectra_shield_II_SA_4144_Product_information_sheetpdf[accessed 17. 02. 12].

[47] Padovani M, Meulman JH, Louwers D. *Effect of real aging on ballistic articles made of Dyneema® UD*. DSM Dyneema; 2011.

[48] Chabba S, Van Es M, Van Kilnen EJ, Jongedijik MJ, Vanek D, Gijsman P, et al. Accelerated ageing study of ultrahigh molecular weight poly ethylene yarn and unidirectional composites for ballistic applications. *J Mater Sci* 2007;42:2891-3.

[49] Karger-Kocsis J, Báróny T. Polyolefin fiber- and tape-reinforced polymeric composites. In: Thomas S, Kuruvilla J, Malhotra SK, Goda J, Sreekala MS, editors. Polymer composites, vol. 1. Weinheim, Germany: Wiley-VCH; 2012. p. 315-37.

[50] vanDingenen JLJ. High performance Dyneema fibres in composites. *Mater Des* 1989;10(2):101-4.

[51] Burger D, Rocha DeFaria A, De Almeida SFM, De Melo FCL, Donadon MV. Ballistic impact simulation of an armour-piercing projectile on hybrid ceramic/fiber reinforced composite armours. *Int J Impact Eng* 2012;43:63-77.

[52] Afshari M, Sikkema DJ, Lee K, Bogle M. High performance fibers based on rigid and flexible polymers. *Polymer Rev* 2008;48(2):230-74.

[53] DSMDyneema. *Dyneema unidirectional*; 2012. available: http://wwwdyneemacom/americas/explore-dyneema/formats-and-applications/dyneema-unidirectionalaspx [accessed 21. 02. 12].

[54] Bottger C. *Twaron SRM - a novel type of stab resistant material*. In: Sharp weapons and armour systems symposium, 8-10 November 1999; Royal Military College of Science; 1999.

[55] TeijinAramid. *Ballistics material handbook*. Arnhem, Netherlands: Teijin; 2012.

[56] Dong Z, Manimala JM, Sun CT. Mechanical behavior of silica nanoparticle-impregnated Kevlar fabrics. *J Mech Mater Struct* 2010;5(4):529-48.

[57] Dischler L, Henson JB, Moyer TB. *Dilatant powder coated fabric and containment articles formed therefrom*. US Patent US 5776839 A; 7 July 1998.

[58] Lee YS, Wetzel ED, Wagner NJ. The ballistic impact characteristics of Kevlar woven fabrics impregnated with a colloidal shear thickening fluid. *J Mater Sci* 2003;38:2825-33.

[59] Egres RG, Decker MJ, Halbach CJ, Lee YS, Kirkwood JE, Kirkwood KM, et al. *Stab resistance of shear thickening fluid (STF) - Kevlar composites for body armour applications*. In: Proceedings of the 24th army science conference;2004. Orlando.

[60] Cheeseman BA, Bogetti TA. Ballistic impact into fabric and compliant composite laminates. *ComposStruct* 2003;61:161-73.

[61] Wang Y, Mabe T. *Flexible spike and ballistic resistant panel*. US Patent US7958812 B2;14 June 2011.

[62] Decker MJ, Halbach CJ, Nam CH, Wagner NJ, Wetzel ED. Stab resistance of shear thickening fluid (STF)-treated fabrics. *Compos Sci Technol* 2007;67:565-78.

[63] Buster C. Body armor update. *Law and Order* 2007;55(1):50-62.

[64] Spencer DJ. *Knitting technology*. 3rd ed. Cambridge: Woodhead Publishing; 2001.

[65] Andrews MA, Gregory VA. *Protective yarn*. US Patent US6413636 B1; 2 July 2002.

[66] Shin HS, Erlich DC, Simons JW, Shockey DA. Cut resistance of high-strength yarns. *Textil Res J*(76):607.

[67] Superior Glove Works. *The superior book of cut protection*. New York: Superior Glove Works;2008.

[68] Bontemps G, Francois M, Guevel J, Kriele JEA. *Composite yarn with high cut resistance and articles comprising said composite yarn*. European Patent EP0445872 B1; 11 December 1996.

[69] Young HR, Zhu R. *Ply-twisted yarn for cut resistant fabrics*. US Patent US7127879 B2;31 October 2006.

[70] Hensen GJE, Kriele JEA. *Cut resistant yarn*. European Patent EP1862572 A1; 5 December 2007.

[71] Blake K. *Composite cut-resistant yarn and garments made from such yarn*. International Patent WO2008102130 A1;28 August 2008.

[72] Chakravarthi K. *Cut resistant yarn and apparel*. US Patent US6266951 B1;31 July 2001.

[73] Henssen GJI. *Cut resistant yarn and apparel*. European Patent EP2393968 A1;14 December 2011.

[74] Wallenberger FT, Bingham PA. *Fiberglass and glass technology: energy-friendly compositions and applications*. New York: Springer;2010.

[75] Kanchi Govarthanam K, Anand SC, Rajendran S. Development of advanced personal protective equipment fabrics for protection against slashes and pathogenic bacteria. Part 1: development and evaluation of slash-resistant garments. *J Ind Textil* 2010; 40(2):139-55.

[76] Anand SC, Tracey A, Rajendran S, Kanchi Govarthanam K. *Protective fabrics*. Patent GB2478208;June 2012.

[77] Rajendran S, Anand SC. *Development of a versatile antimicrobial finish for textile materials for healthcare and hygiene applications*. In: Medical textiles proceedings of the international conference;24-25 August 1999.

[78] Seventekin N, Ucarci O. Damage caused by microorganisms to cotton fabrics. *J Ind Textil* 1993;84:304-13.

[79] Dring I. Antimicrobial, rotproofing and hygiene finishes. In: Heywood D, editor. *Textile finishing*. Bradford: Society of Dyers and Colourists;2003. p. 351-71.

[80] Radford PJ. Application and evaluation of anti-microbial finishes. *Am Dyestuff Rep* November 1973;48-59.

[81] Vigo TL. *Textile processing and properties: preparation, dyeing, finishing and performance*. London: Elsevier;1994.

[82] Schindler WD, Hauser PJ. *Chemical finishing of textiles*. Cambridge: Woodhead Publishing;2004.

[83] Kanchi Govarthanam K, Anand SC, Rajendran S. Development of advanced personal protective equipment fabrics for protection against slashes and pathogenic bacteria. Part 2: development of antimicrobial hygiene garments and their characterization. *J Ind Textil* 2011;40(3):281-96.

[84] Anand SC. Recent advances in textile materials and products for activewear

and sportswear. *Textile Today*2011.

[85] Kanchi Govarthanam K. *Development of an advanced personal protection equipment fabric for protection against slashes*. unpublished PhD thesis, Bolton: University of Bolton; 2012.

8 用于隔热防火的技术纤维

A. R. Horrocks

博尔顿大学,英国博尔顿

8.1 引言

本章侧重介绍技术纺织品对火焰与热的防护,并介绍目前可用的多种纤维的性能。关于纺织品的一般阻燃性能,近期还有许多其他的评述[1-3],建议读者参考这些评述以便更全面地了解所涉及的问题。

本章是第 9 章(个人热防护技术纺织品)的基础,第 9 章侧重于热防护服及相关物品的需求、设计和性能,本章则集中介绍所用纤维的基本性能以及与火灾科学相关的知识。第 10 章介绍的救生纺织品主题更广泛,讨论了织物和服装的技术因素,这对实现所需的热性能非常重要。与此相关的是对运输中纺织品所需的耐火特性的处理,因此本章也是第 11 章(运输中的技术纺织品)的基础,并补充和更新了 Bajaj[4] 在本手册第一版(2000 年)中的内容。

相对于通常与美学和舒适性相关的消费类纺织品来说,技术纺织品指的是以性能为首要因素的纺织品。需要高水平隔热和防火的技术纺织品领域繁多,其中性能仅决定其设计或国家/国际法规对其的要求。隔热防火纺织品的应用领域有炉工、热气体和液体过滤媒介、防火帘等的保护。

纺织品不仅仅要具有一定的阻燃或防水性,因为其关键特性在于对下层组织的保护,就防护服而言,首先保护的是人的皮肤。当暴露于热源时,直接暴露在热源下的表面有可能发生热降解,在某些情况下实际上已经点燃,因此隔热及其维持是一项至关重要的性能。目前,对隔热性能的测试,是预测佩戴者穿着给定服装可能经受烧伤水平的能力。图 8.1 所示为欧洲标准 BS EN 469:2005 中关于消防员服装(另见第 8.2 节)的测试方法 BS ISO 13506:2008,消防员装备完整地暴露在一

图 8.1 使用杜邦公司 Thermo-Man®测试由 Hainsworth Titan®织物制成的 Bristol Uniforms (英国)消防服,该织物采用杜邦公司 Nomex®和 Kevlar®纤维(注意,测试应符合 EN 469 标准,使用 84kW/m^2 的火焰源进行 8s 实验):(a)测试前,(b)测试中,(c)测试后。(经杜邦公司许可转载)

系列总热通量为 84kW/m^2(2cal/cm^2)、持续时间 8s 的气体燃烧器中,通过下层加装传感器的主体可以评估烧伤的等级和程度。第 11 章涉及的许多运输领域的技术纺织品还必须符合商业运输保护监管要求所界定的某种耐火等级,所有商业航空公司、公共场所、私人汽车和海运必须遵守适用于国家和/或国际层面对内部装饰纺织品可燃性的严格要求。重要的是,不仅必须在基于标准几何形状(例如垂直,45°或水平)中施加模拟火柴火焰使所有存在的纺织品达到基本的阻燃要求,而且需要为纺织品软装家具和床品中的填充物提供保护,通过在组织里添加防火性能物质至关重要。装饰性纺织品,如墙布必须保护其下面的结构,如墙壁、天花板或地板等。在某些情况下,外层织物下面需使用防火层或阻燃织物(如在一些交通运输工具内饰织物中),这些测试通常是在复制纺织品应用在热危害条件下进行。一个典型的例子就是美国联邦航空管理局用于测试商用飞机座席的"煤油燃烧器"测试[FAR 25.863(c)][6]。将一个完整的座椅模型暴露在热通量为 115kW/m^2 的燃烧器中 120s,且织物/座椅组件遭受的重量损失必须小于 10%,并满足规定的最大平均燃烧长度标准,但不能续燃和阴燃超过 5min。合格织物的结构和重量取决于织物是否经过铝化处理以及选用的纤维种类。例如,通常使用阻燃羊毛、氧化丙烯腈树脂、芳香族聚酰胺、芳香族聚酰亚胺和玻璃纤维共混,面密度为 250~400g/m^2 的织造或非织造织物。

如果阻隔物是较大系统如建筑物或运输系统的一部分，其测试将涉及相应的建筑物、汽车、火车、飞机或船舶的火灾测试制度[7]。建筑物防火测试涉及国家标准，对于飞机和船舶，有负责这些测试的国际常务机构，如美国联邦航空管理局（FAA）和国际海事组织（IMO）[7]。最近，欧盟公布了目前28个成员国的铁路运输条例，其中包括若干有关纺织品防火性能的规则，这些规则是在欧洲指令2008/57/EC公布后于2010年全面生效的[5,8]。

8.2 纺织品隔热和防火原则

阻燃与隔热防火并不是同义词，虽然有关联，但应充分理解它们之间的差异。易燃性由可测量的参数决定，如点燃的容易程度或时间、燃烧速度以及暴露于火源后的放热速率，这些参数决定了火灾危险的程度。然而，对一种特定纺织品的热防护水平起主要作用的因素包括燃烧过程中的热塑性、含合成纤维织物的融熔和收缩特性，以及烟气和有毒气体的释放。显然，熔化的织物对其下面的表面（包括人的皮肤）不能提供任何或有限的保护（并且可能因熔融残留物的存在而加剧潜在的灼伤危险），有毒气体和烟气的排放会影响从火灾发生的有限空间逃逸的容易性。因此，在选择和设计防火纺织品时，应牢记以下几点：

①纺织纤维基本的热或燃烧性能。

②织物结构和服装/产品形状对燃烧性能的影响。

③所用纺织品的几何形状（如垂直或水平）。

④可选择的无毒、无烟、阻燃的添加剂或后整理剂。

⑤根据应用，设计具有舒适特性的防护服（参见第2、第9和第10章）

⑥火源的强度。

⑦氧气供给量。

以上每条都不在本章讨论的范围，建议读者查阅其他文献[1-3,9,10]。

任何材料提供的隔热和防火性能都有赖于环境和时间，应该摒弃完美的热防护纺织品的概念，防护水平是相对的而不是绝对的，应通过具有定义特征热源（如辐射与火焰）的暴露时间、强度、温度以及获得氧气的量度来描述。

火灾主要涉及火焰以及强烈化学反应，通常称为热解，其中气态燃料最初是由聚合物的降解形成的,然后再与周围空气中的氧气进行氧化(图 8.2)。火焰反应区产生的能量足以引起光和热的辐射,通常燃烧的纺织品可产生 600~1000℃(表 8.1)的高温。表 8.1 还列出了各种常见纤维的极限氧指数(LOI 值),即维持从顶部点燃垂直织物样品的燃烧所需氧气/空气混合物中氧气的最低体积百分比[2]。除羊毛外,常规纤维的 LOI 值通常在 18%~22%,因此会在空气中燃烧(空气中含有约 21%的氧气)。通过标准垂直条带测试定义为"阻燃"织物的,LOI 值为 26%~28%,这取决于纤维种类。因此,具有固有阻燃特性的纤维如羊毛、聚氯乙烯或 PVC 以及芳香族聚酰胺的 LOI 值很高。聚合物的易燃性在很大程度上取决于其热解过程中产生的挥发物的可燃性(图 8.2),以及它们的氢碳(H/C)比值,其中纤维素(如棉或黏胶纤维)和聚丙烯的高(约为 2),而芳族聚酰胺的低(<1)。其他元素如氮(在聚酰胺和羊毛中)和硫(在羊毛中)的存在降低了挥发物的燃烧热,从而提高了各自的 LOI 值。

表 8.1　高性能纤维的热转变和火焰温度[11]

纤维	T_g(℃)(软化)	T_m(℃)(熔化)	T_p(℃)(热解)	T_i(℃)(燃点)	T_f^*(℃)	LOI(%)
羊毛	—	—	245	570~600	680,825(v)	25
棉	—	—	350	350	974(h)	
黏胶纤维	—	—	350	420	—	18.9
尼龙 6	50	215	431	450	—	20~21.5
尼龙 66	50	265	403	530	861(h)	20~21.5
聚酯纤维	80~90	255	420~447	480	649(h),820(v)	20~21
聚丙烯腈纤维	100	>220(分解)	290	>250	910(h),1050(v)	18.2
聚丙烯纤维	-20	165	470	550	—	18.6
改性聚丙烯腈纤维	<80	>240	273	690	—	29~30
PVC 纤维	<80	>180	>180	450	—	37~39
间位芳纶(如 Nomex)	275	375~430(分解)	425	>500	—	29~30
对位芳纶(如 Kevlar)	340	560(分解)	>590	>550	—	29

注　* 仅记录在空气中燃烧的纤维的火焰温度。h 表示水平、v 表示垂直向下燃烧的织物。

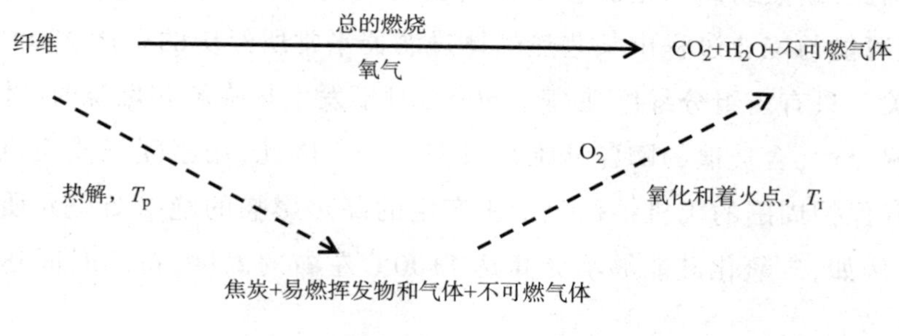

图 8.2 纤维的燃烧[4]

上述论点是假设有足够的氧气可用于完全燃烧,生成的主要产物有二氧化碳和水(图 8.2)。然而,大多数导致人身伤亡的火灾发生在诸如住宅的密闭空间,最初的氧气被消耗,因此大气中局部水平的氧气可能降低到低于正常的 21%之下。这种污浊的气氛可导致热通量降低,甚至火焰的自动熄灭,但是,通常所排放的气体毒性会增加[10],因此,公共建筑物的防火门就是通过隔断空气降低火焰蔓延的速度和强度。然而,在测试中,为了在可燃性方面创造一个可能的最坏情况,大多数的火灾测试是假定氧气是可自由提供的,所以火灾测试是为了呈现或模拟一场真正火灾危害的强度以及给予合理反应和逃避的时间。因此,纺织品防护要素将根据所施加的热通量大小和需要防护的持续时间来选择。通常选择热通量来重现已知的危险,以及闪燃时与住宅房间相关的危险。例如,当所有内容物完全燃烧时,产生的热通量约 $50kW/m^2$,而像公共剧院之类的较大房间在闪燃时可产生高达 $100kW/m^2$ 的热通量。闪燃是在受限空间内实现的当火焰释放的热通量足以引起该空间中所有可燃物几乎立即点燃的条件。正是在这一刻,火灾往往失去控制,对生命的危害达到最大,可能产生高达 $150kW/m^2$ 的热通量或更高。

在较短时间内,热对纺织材料的损害通常比火焰小,因为热不涉及火焰,不会使先前较冷的表面更快点燃。冲击到表面的辐射能必须首先使其温度充分升高,以引发与点火和燃烧有关的化学反应。在热通量为 $25kW/m^2$ 或以下时,通常不足以引起聚合物材料(如纺织纤维)的点燃,但可能促进物理转变,如软化和熔化以及降解或热解的开始(表 8.1)。但是,这种转变可能会导致织物变形和弱化,在最坏的情况下完全熔化或解体,从而使其下层表面或材料暴露。因此,耐热纺织品是能够在相当长时间内抵抗较低热通量影响的纺织品,并且可能与工业过程中某些热气体过滤器平常所经历的高达250℃的工作温度有关。只有当组分纤维在高于500℃时不发生热降解和燃烧时,才能获得更高的耐热性,含玻璃的陶瓷纤维是典型代表。因此,用于喷气式飞机发动机燃烧室并保护周围的飞机结构免受所产生的高热影响的绝缘纺织介质包括陶瓷纤维,例如,二氧化硅能够承受高达1100℃左右的温度,持续时间达数小时(见8.6节)。

在限定织物可以连续使用而不会发生显著热降解的温度时,通常使用的阻燃和热防护纺织品可以分为两种。在表8.2中列出的纤维是经阻燃剂处理的常规纤维,或者化学纤维添加适当的添加剂,或对聚合物进行的改性。所列纤维尽管在高达100℃的温度下使用,也能在可接受的一段时间内正常工作。如前所述,该纤维的最终用途主要是定制装饰织物和防护服,主要是工作服。

表8.2　可在100℃以下连续使用的阻燃(FR)织物

应用	典型的纤维/纺织品
防护服,如工作服	阻燃棉(如Proban®,Pyrovatex®)
屏蔽织物	阻燃羊毛(如Zirpro®)
家具和室内装饰纺织品	阻燃黏胶纤维(如Lenzing FR®,Visil®)
定制(公共、私人、政府和运输领域)	阻燃聚酯纤维(如Trevira CS®)
	阻燃丙烯腈纤维(如Kanecaron®)
	阻燃聚丙烯纤维*

注　*表示聚丙烯很少用在环境温度超过30℃条件下,因为一旦温度超过30℃,它就会丧失拉伸性能。许多制造商通常使用专有的添加剂制备阻燃聚丙烯纤维。

表8.3中列出的是可在远高于100℃甚至高于150℃条件下长时间使用的纤维和纺织品。其中有的被称为高性能、耐热和耐火纤维,还有像陶瓷和玻璃这样的无机纤维,这种纤维将在8.6节中详细讨论。

在为消防员设计防护服时,除耐热和阻燃外还有许多其他问题必须与评估其适用性一起测试。显然,最重要的是危害的强度(例如,在典型的家庭环境中为$50kW/m^2$,而在工业或公共环境中为$100kW/m^2$),以及必须具有耐久性。佩戴者必须能够在暴露于明确的火灾威胁时开展工作,并保证安全和舒适。对于消防员来

表 8.3　可在 150℃以上连续使用的高性能阻燃织物

应用	典型的纤维/纺织品
高性能防护服：如消防员装备 国防和应急纺织品 高性能阻隔复合材料：用于航空航天、表面容器、运输	间位芳族聚酰胺纤维（如 Nomex®，Teijinconex®） 间位芳香族聚酰胺-酰亚胺纤维（如 Kermel®） 对位芳族聚酰胺纤维（如 Kevlar®，Twaron®） 芳族聚酰亚胺纤维（如 P84®） 酚醛纤维（如 Kynol®） PBI 纤维（如 PBI®） PBO 纤维（Zylon®） 半碳纤维（Panox®） 碳纤维 陶瓷纤维（如 Nextel®） 玻璃纤维

注　PBO 为聚苯并噁唑，PBI 为聚苯并咪唑。

说，这取决于佩戴者在低热通量环境中，屈服于热疲劳之前可以工作的时间（如 20～30min），以及在高风险区域可接受的温度（<50℃）下呼吸未被污染的空气（使用呼吸装置）。对于赛车驾驶员来说，在窒息和/或肺损伤发生之前，从燃烧车辆逃逸的最长时间是 30s 左右。因此，在设计防护服时，没有什么能“一体适用”，纤维、纱线、织物结构和服装设计的选择取决于最终用途的危险程度以及根据织物重量、水分输送和透气性而言最大化的舒适度。在开发防护性纺织品的测试方法时，可以评估各组件潜在的阻燃性、难燃性和传热性，例如，消防员复合服装的国际测试标准中的一系列测试 BS EN 469：2005，以及为保护产业工人免受高温影响的 BS ISO 11612：2008。最近使用仪器假人的真实火灾模拟已经成熟并标准化，例如，在 BS ISO 13506：2008（BS EN 469 中的选项）中（图 8.1），可将整个服装组件暴露于热通量通常为 84kW/m^2（200cal/cm^2）的环境中持续 8s，并根据其下肢烧伤面积为一级、二级和三级的百分比来确定烧伤的强度范围[12]。值得注意的是，图 8.1（a）和 8.1（c）之间（即燃烧之前和之后）似乎并没有明显的差别，这表明燃烧后几乎没有明显的损害，这可以通过其下肢传感器来证实，当消防员佩戴这种基于 Nomex®/Kevlar®的特定系统时，传感器记录的烧伤风险最低（参见第 8.5.2 节）。

由于“耐火性”一词的相对特性，通常使用“阻燃性”。这些术语中并没有绝对定义，已公布了相关术语的词汇表[13]。

因此，使用阻燃添加剂和整理剂可以降低纺织品在纤维、纱线、织物和最终产品层面点燃的容易性和燃烧速度[2]。应用阻燃剂不能防止以前易燃的纺织品降解,它们只是在移除火源后抑制材料自身火焰蔓延的方式,阻碍了燃烧循环,如图8.2所示。图8.3更详细描述了具有阻燃作用点的燃烧反馈过程,确定可引入阻燃性的许多可能的位点。

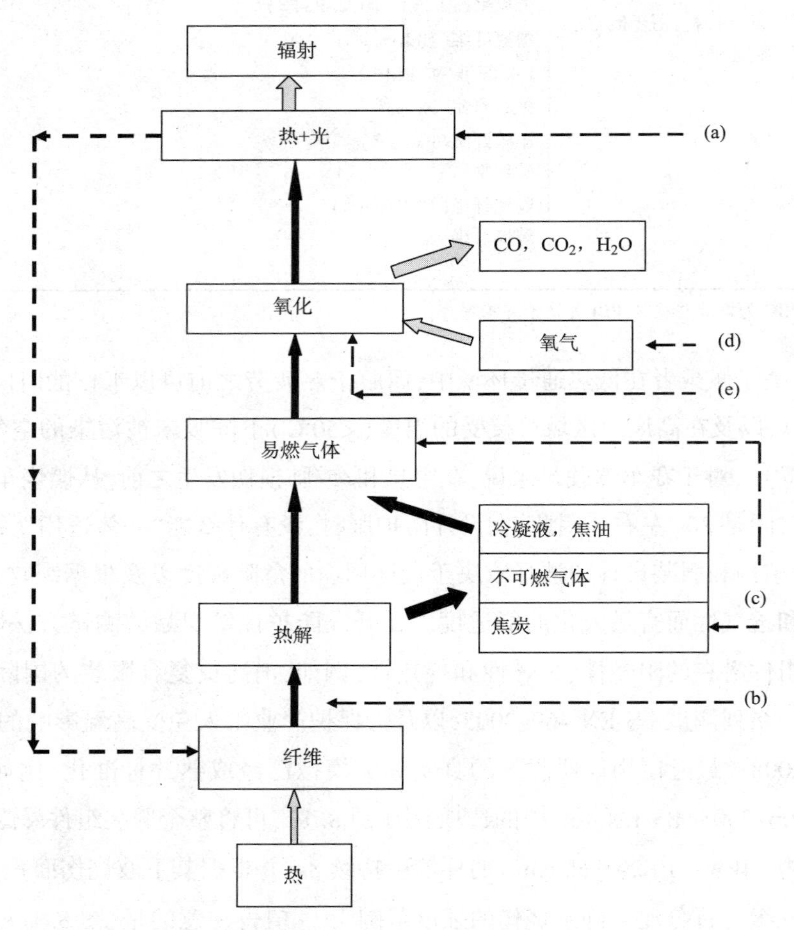

图8.3 具有阻燃作用点的燃烧反馈机制[2]。

①从火焰中除去热量(例如加热时释放出水的阻燃剂,如三水氧化铝,吸收的能量足以使火焰冷却并熄灭)。

②提高纤维热降解的温度(表8.3中高性能有机纤维起作用的原理)。

③引入可减少热降解过程中形成的易燃性挥发物和/或增加焦炭形成的物质(即所谓的"凝聚相")。

④限制氧气进入火焰区域[注意,图8-3的(a)中阻燃剂释放的水会削弱火焰,加热时三聚氰胺基阻燃剂除了具有其他阻燃机制外还会释放氮气]。

⑤干扰火焰化学反应(以这种方式运作的阻燃剂即所谓的“气相”作用,含卤素的阻燃剂即是如此)。

为了全面了解每一种机制是如何与目前用于纺织品的阻燃剂一起作用的,请读者参考更广泛的文献[1-4,9]和第8.4节。

在有点火源的情况下,即使织物是阻燃的,通常也有足够的能量来引发和维持燃烧过程,尽管速度有所降低。一旦火源被移除,阻燃剂通常可以导致任何剩余火焰和余辉熄灭。高性能、耐热纤维通常不仅具有更高的耐热性,而且阻燃,即使当点火源与织物保持接触时也是如此。

8.3　纺织品隔热和防火的基本原理

任何火焰都构成一个对流的氧化反应区,其中的能量包含在极热的气体分子和微粒中,包括烟雾。当火焰冲击织物表面时,不仅受到火焰高温的影响,而且受到反应区化学中间体的影响,增加其降解和着火的可能性。因此,选择用于暴露在火焰危险中的织物时,应同时考虑冲击火源的温度和反应性。

表面纤维和任何涂层的分子结构吸收辐射热后会使其温度升高,如果温度足够高(通常>300℃),就会促进热降解(或热解),甚至点燃。在真正的火灾中,如果在受限空间内,通常是辐射热通过加热和点燃离火焰本身有一定距离的材料,使其迅速蔓延,导致最终的闪燃。因此,一些具有最高性能要求的耐热和阻燃纺织品通常使用金属涂层,如铝或不锈钢,尽可能地对热进行反射。

一旦热量被纺织纤维吸收,就会促进物理或化学变化或两者兼有。所有有机成纤聚合物最终将在临界温度或高于临界温度(通常定义为热解温度 T_p)时发生热降解,有时会受到空气中氧气的影响,表8.1中列出了常见高性能纤维的 T_p 值。一旦在空气中加热到高于此温度,通常会在更高的温度 T_i 下着火。

有些纤维在低于热降解所需的温度时就会发生物理变化,先是软化,然后熔化。通常,前者定义为玻璃化温度 T_g,后者为熔化温度 T_m。对于常规纺织纤维,如聚丙烯、聚酯、尼龙(或聚酰胺)6和66,物理转变温度相对较低,意味着这些纤维的纺织品几乎无热防护性,都属于表 8.2 中“100℃以下连续使用”的纤维。对于高性能纤维,这两种转变温度都应尽可能高,以使热塑性效应最小化。如表 8.1 所示,对于非热塑性纤维,T_m 值甚至 T_g 值都大于各自的 T_p 值。这种纤维属于表 8.3 所示的“150℃以上连续使用”的类别。

除考虑纤维本身的热性能外,纱线和织物结构的影响也很重要。消防科学家将材料分为热厚材料或热薄材料。热薄是指在材料的一个表面吸收的热量足够快地穿透其厚度,使得在材料深度上不会有明显的温度梯度[14]。作为单层织物组件的纺织品通常尺寸薄,因此归类为热薄材料。然而,当热浪穿透深度小于物理深度时,织物可以被认为是热厚的,并且物理厚度进一步增加也不会影响在给定条件下的点火时间[15]。因此,较厚织物具有优越的热防护性能(见第 9 章和第 10 章)。设计师面临的挑战之一是最终产品的热厚度最大化,同时保持可接受的重量和舒适度(除了成本问题)。最终产品由于质量过大也存在水分传递不良和衣服过热而引起的不适问题。然而,实际上是纱线和织物结构中的空气提供了隔热介质。因此,尽管整体织物的厚度至关重要,如果需要避免整体过重,使用高支纱线和最大限度地减少织物面密度至关重要[11]。

8.4 传统纺织纤维的隔热和防火性能

这些纤维主要列在表 8.2 中,而且它们通常不用于要求最高防护等级的工业纺织品。这类纤维可大致分为需要化学后处理的纤维、生产过程中需要添加剂的纤维和引入基本聚合物改性的纤维。

8.4.1 阻燃整理

在过去的 50 年中,针对天然纤维及其混纺织物的阻燃机理有众多文献记载,包括许多经典的综述[16-20]以及最新的综述[21-25]。

(1)阻燃纤维素纤维织物。这些织物主要用于工作服、阻隔织物和一些定制家具等领域。在这些情况下,法规标准规定的高阻燃等级,决定了哪些阻燃整理是可接受的或不可接受的。在工作服中,耐多次高温(≥75℃)洗涤是必不可少的,而这对于阻隔和装饰织物来说并不是问题,因为这些织物通常不需要非常严格的清洗过程。属于这一类的还有在英国医院中使用的纺织品,尤其是床罩、床垫套和褥套以及窗帘,也需要耐受规定的和严格的清洁程序。

这些因素通常意味着大多数可接受的阻燃整理涉及以下化学过程之一:

①基于 *N*-羟甲基二烷基膦酰基丙酰胺的耐久性整理剂,以 Pyrovatex®(以前属于 Ciba,现为 Huntsman)为代表的系列化学产品,以及市场上的许多同类产品[19,24]。

②基于四(羟甲基)氯化膦(THPC)/尿素的耐久性整理剂[19,24],其在 Proban®工艺(以前属于 Rhodia,现为 Solvay)中涉及最终的氨固化和氧化。

③基于多聚磷酸铵和类似的水溶性含磷盐的半耐久性整理,通过浸渍、干燥、固化工艺处理[21,24]。

④基于有机溴/三氧化锑配方的背面涂层处理,并应用于树脂基质[24,25]。

对于需要多次洗涤的工作服,通常优选的处理方法是 Proban®工艺,因为该工艺对织物的耐磨性和拉伸强度的影响最小。但是,由于氨固化过程中存在潜在的反应性环境,因此必须仔细选择染料。对于定制家具,如果需要 100%棉或大于 50%棉混纺,则更有可能使用 Pyrovatex®型整理剂,因为该整理剂对染料几乎没有影响,因此印花织物可不受阻燃影响。该系统还采用传统的浸渍—烘干—固化工艺技术。

对于定制市场较低端的阻隔织物,可使用固化多聚磷酸铵基整理剂,因为对干洗和/或温水浸泡的耐久性可能是清洁的要求。

必须指出的是,阻燃整理剂很少单独使用,可能会在使用前、使用中或使用后用其他助剂来改善诸如手感和防污性等性能。这与涂层(包括背面涂层)不同[24,26],通常用于装饰织物。该技术已被证明是非常成功且具有成本效益,因为它对织物的美观几乎没有任何影响。但是有机溴化物如十溴二苯醚(decaBDE)和六溴环十二烷(HBCD)被认为有生态毒性,目前已限制甚至禁止在欧洲使用[27,28]。尽管存在这些环境问题,但多年来,基于背面涂层或简单浸渍固化应用的有机溴/三氧化锑/树脂配方,给海上作业的工作服提供了既有可接受的、持久的阻燃性又有一定程度的拒油性。

尝试通过使用膨胀型体系,来提高棉及类似的纤维素纤维织物的耐热性和阻燃性,Horrocks 等[29,30]已经证明了成炭型和膨胀型体系在织物阻燃中的作用。有趣的是,大多数膨胀型体系是以多聚磷酸铵(一种酸源)、三聚氰胺及其衍生物(作为发泡剂)和季戊四醇衍生物作为成炭剂。然而,尽管它们在产生高隔热炭方面是有效的[31],但它们易溶于水,因此在需要耐久性的应用中并不常见,除非存在高不透水性的涂层。

带有涂层的阻燃织物,通常兼具防水性和阻燃性,包括一些传统的油布、帐篷、遮阳篷和类似材料,其中棉是纺织品基材。如果还需要耐高温,大多数此类产品也有以合成纤维甚至玻璃作为基材。直到最近,这种需要阻燃处理的涂层棉,仍会使用氯化石蜡基组分作为整体配方的一部分,特别是在军事和商业帐篷市场中。现在这些已经被有机溴/三氧化锑/树脂配方取代,如果基质变成合成纤维,也可以使用其他处理方法。最近对整个阻燃涂层领域进行了综述[32]。当然,在防水性能至关重要的领域,固有阻燃性的聚氯乙烯仍然是在许多纺织基材上达到可接受水平的阻燃性的重要选择,尽管这些配方需要三氧化锑作为增效剂才能真正有效。

(2)聚酯的阻燃整理。聚酯不仅在普通纺织品领域占有重要地位,而且在技术纺织品中也占有重要地位,尽管聚酯在耐热和阻燃产品领域的作用因其易熔化而受到限制。它通常用于拉伸性能极佳的产品,如轮胎帘子线,也可用于织带和需要高拉伸强度而只偶尔需要阻燃的其他织物。然而,在装潢领域,也有关于磨损寿命和阻燃性的法规。在此类应用中,耐久阻燃整理的产品和固有的低可燃性聚酯如 Trevira CS®(参见第 8.4.2 节)都能满足要求。

理想的情况下,合成纤维的阻燃整理通过降低热塑性来促进炭化,而不仅仅是增强熔滴,使得熔滴熄灭火焰。

最早的一种有希望的整理剂是基于 Tris-BP,或称三(2,3-二溴丙基)磷酸酯,因为其致癌,这种材料在 1977 年被禁止使用,其可能的替代品,如三(2,3-二溴-2-甲基丙基)磷酸酯和三(2,3-二溴-3,3-二甲基丙基)磷酸酯尚未成功进行商业化[33]。类似地,通过应用聚(4-溴苯乙烯)、聚(溴乙烯)和聚(偏二溴乙烯)的局部处理或辐射接枝有明显的溴化氢释放,其能够抑制气相燃烧反应,但还未进入商业化[34]。如果现在将其引入商业化,溴的存在和溴化氢(一种酸性刺激性气体)的形成将是不利因素。由 Mischutin[35] 开发的曾经成功商业化的 Caliban FR/P-44 的情况类似,其本质上是有机溴/氧化锑/黏合剂配方。

实现 100%涤纶织物的染色和阻燃同浴进行一直是商业上成功的目标,虽然在该领域已经进行了研究,无论是在浴染中还是通过热熔胶工艺都取得了可接受的耐久性水平[36],但潜在的商业化开发取决于使用固有低可燃聚酯的成本。例如,目前市场上的 Amgard CU 与 Antiblaze® 19[19]相同,用于整理聚酯纺织品,它属于环状膦酸酯结构,其中 $n=1$。

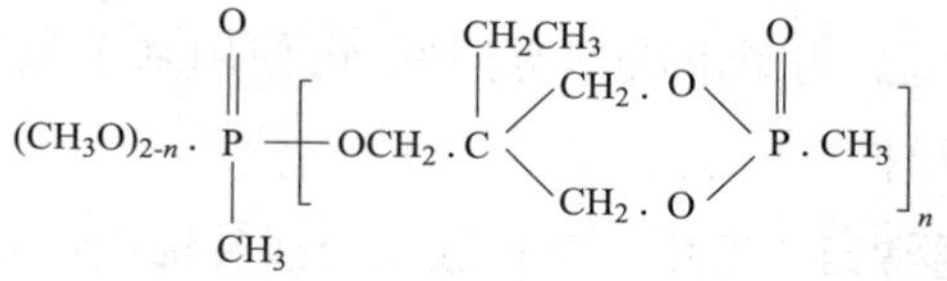

$$(CH_3O)_{2-n}\cdot\overset{\overset{\displaystyle O}{\|}}{\underset{\underset{\displaystyle CH_3}{|}}{P}}\left[OCH_2.\overset{\overset{\displaystyle CH_2CH_3}{|}}{C}\begin{matrix}\diagup CH_2.O\diagdown\\ \diagdown CH_2.O\diagup\end{matrix}\overset{\overset{\displaystyle O}{\|}}{P}.CH_3\right]_n$$

二聚体形式的 Amgard 1045(前身为 Antiblaze 1045,Albright & Wilson)[3]比 Amgard CU 的挥发性更低,因此已用于聚酯的热熔胶工艺以及作为熔融添加剂。据称,Thor Chemicals 公司的 Aflammit PE 产品与 Amgard CU 类似,可用于浴染,然后可选择热溶胶固化。Avocet 化学品公司推广其 Cetaflam® DB 系列阻燃剂,其中 Cetaflam® DB9 是一种用于聚酯纺织品的无卤配方,并用于汽车、服装、家具、窗帘和装饰以及公共交通纺织品市场。它适用于不含黏合剂或固化剂的聚酯,并在高温染色过程中不影响色调或色牢度,具有可接受的耐久性水平。

(3)聚酯/棉混纺织物的阻燃整理。关于聚酯/棉混纺织物的阻燃整理另有讨论[19,37]。在技术纺织品领域,混纺织物的用途可能与应用于工作服的阻燃棉相当,众所周知,只要混纺织物含有≥50%的棉,就可以使用像 Proban®这样的耐久处理剂。否则,将会使用有机溴化物/氧化锑/树脂黏合剂配方的涂覆方法进行阻燃整理。

(4)羊毛织物的阻燃整理。在技术纺织品领域,要求高耐热性和阻燃性的羊毛纺织品主要局限于定制、运输、装饰织物以及防护服市场。羊毛的非热塑性和成炭特性,以及其固有的相当高的阻燃性,使其成为注重手感、舒适和美观的织物的理想纤维。

羊毛织物一直是传统的热保护材料,在过去的 40 年里,使用 Benisek 在 20 世纪 70 年代开发成熟的 Zirpro®工艺整理剂[19],提高了羊毛的隔热和防火性能[24]。基于六氟钛酸盐和六氟锆酸盐的化学处理可以在染浴中进行,处理后的织物暴露在高温下时,会产生膨胀性炭,有利于防护服装,包括炉工的围裙、裤子和手套,特别是在熔融金属飞溅的地方。膨胀性炭的形成,在提供保护的同时,还可使入射的金属液滴在渗入织物结构并危及穿着者之前从表面脱离。Benisek[38]进一步的研究表明,向碱性 Zirpro®处理剂中加入四溴邻苯二甲酸(TBPA),可产生适合最终用途要求续燃时间低的整理。尽管 TBPA 对浴染中的羊毛也有作用,但它却增加了烟气密度,这会导致应用中出现问题,如公共交通座椅低续燃性是必不可少的,同时要求烟气排放量很低。为了解决烟雾问题,可使用基于氟代柠檬酸锆酸盐配合物的低烟 Zirpro®处理剂。

还应该认识到,通常当羊毛用于防护服及交通装饰应用时,需要使用多功能整理剂,并且要考虑它们与 Zirpro®的相容性。这样的助剂包括[24]:

①抗氧化收缩处理剂,应在 Zirpro®处理前使用。

②防昆虫处理剂,应首先添加到 Zirpro®浴中。

③基于树脂的防缩处理可以促进可燃性,除非像 Hercosett(Hercules)树脂一样含有氯和氮等元素,这些树脂应在 Zirpro®处理后使用。

④防水剂(例如树脂—蜡分散体)和防油剂(例如氟碳化合物)的共同使用,其应在 Zirpro®处理后使用,例如通过另外的浸轧—干燥—固化—漂洗—干燥工艺。

由于成品织物中含有“重金属”成分,采用 Zirpro®和 TBPA 处理会出现环保问题,但目前似乎还没有限制其使用。

8.4.2 固有阻燃、常规合成纤维和再生纤维

表 8.2 列出了属于该类的主要纤维,包括合成纤维和再生纤维。这些纤维的应用遍及日用品和纺织行业,这些行业通常都有防火标准。这些纤维主要用于公共建筑和工作场所的定制家具(如软垫家具、窗帘/幕帘、地毯等)。

生产过程中,传统合成纤维可通过挤出前在聚合物熔体或溶液中加入阻燃剂,或在加工成纤维前、加工过程中或加工成纤维后立即进行共聚改性来获得固有的阻燃性。由于相容性问题,尤其是在用于熔融挤出的纤维如聚酰胺、聚酯和聚丙烯的高温下,以及在反应性聚合物溶液如黏胶纺丝液和丙烯酸溶液中的相容性问题,此类纤维在市场上已很少见。在基于传统纤维开发的固有化学阻燃纤维方面的一个主要问题是,任何改性,无论是作为添加剂还是共聚单体,如果浓度远超过 10%(质量分数),都可能严重降低纺织品拉伸性能,并影响其可染性、光泽和外观以及手感等,下面举例介绍。

(1)阻燃再生纤维素纤维。市面上只有两个重要的竞争者,都是基于传统的黏胶纤维工艺,一个是 Lenzing AG 公司的 Lenzing FR®,其包含有机磷和含氮/硫物质、Clariant 5060[2,2-氧代双(5,5-二甲基-1,2,3-二氧磷杂环己烷)2,2-二硫化物],上载量为10%~15%(质量分数);另一个是 Visil AP(以前的 Sateri),其中含有约30%(质量分数)的聚硅酸。前者是 Sandoz 和 Lenzing 在30多年前开发的[39],现在仍然是市售最重要的阻燃黏胶变体。Visil 纤维是最新开发的产品,最初由芬兰的 Kemira 公司生产[40],后来由 Sateri 公司生产。Clariant 5060 添加剂能产生凝聚相,促进炭的活性,其作用方式与第8.4.1节中描述的应用于棉的含磷和氮的修饰剂相似。Visil 黏胶中的添加剂主要是硅酸,它不仅基本上不含磷,而且在加热时会产生炭质和硅质炭。铝盐处理后[41]极限氧指数(LOI)值从26%~27%提高到约30%,洗涤耐久性提高到商业可接受的水平。残留物中二氧化硅的存在,确保热暴露的织物恢复到陶瓷炭的水平,从而在高达1000℃的温度下提供高水平的保护[42]。两种阻燃黏胶类型都具有可接受的拉伸性能以及一般的纺织性能。

Weil 和 Levchik[3]引用了类似的含有硅酸的黏胶纤维,如 Daiwado's Corona®和中国生产的其他黏胶纤维。Burrow[43]最近对阻燃再生纤维素纤维进行了全面综述。

阻燃黏胶短纤维除了可能在非织造阻隔织物中使用外,很少单独使用,但它会与昂贵的高性能纤维(见下文和第8.5节)混纺使用,可作为有效的阻燃稀释剂组分。

(2)固有的阻燃聚酯纤维。自20世纪60年代以来,许多固有阻燃聚酯纤维已经开发到半商业规模[4,44]。其中,一种阻燃的聚(对苯二甲酸乙二醇酯)纤维在装潢应用上取得成功,这是由 Hoechst[45]开发的 TreviraCS®系列产品,其中含有次膦酸共聚单体 HO-P(O)(X).Y.COOH,其中 X=H 或烷基,Y 是亚烷基。据称,这种结构的苯基取代的变体是由韩国和中国生产的[3]。在其他基于含磷添加剂的阻燃体系中,只有20世纪70年代引入的 Toyobo GH 产品(及其变体)已经商业化,但是现在还能否买到尚不清楚。其中的添加剂是磺酰基双酚苯基次膦酸酯低聚物,其含量为7%~9%(质量分数)[45]。前面提到的基于 Mobil Chemical Antiblaze 19 化合物的 Antiblaze(和 Amgard)CU 添加剂,可作为 Antiblaze 1045 的熔体添加剂,得到其二聚体形式,但是目前仅限于中国制造。这三种阻燃聚酯变体都不促进炭化,主要通过降低与未改性聚酯相关的熔滴的燃烧倾向来起作用,限制了阻燃聚酯在技术纺织品中的使用。

(3)固有的阻燃聚酰胺纤维。尼龙或聚酰胺 66 与聚酰胺 6 相比具有更高的熔点和更好的拉伸性能,因此具有更好的特性。尽管在过去 40 年中进行了大量的研究[3-4,44],但目前只有一种阻燃聚酰胺 66 可供使用,即 2012 年 9 月发布的 Nexylon FR 产品[46]。这种可熔纤维目前正瞄准防护服和工作服市场,但这种应用要求阻燃作为其主要性能,而不是热防护。

阻燃聚酰胺的普遍缺乏,反映了它们的高熔体反应性,因此潜在的阻燃剂相容性差。目前作为市场上唯一的聚酰胺纤维潜在的阻燃剂是 Clariant 的 Exolit OP930/935,它是一种细颗粒(D_{50} 为 2~3μm)的二乙基次膦酸铝。该次膦酸盐可以单独使用或与三聚氰胺多聚磷酸盐组合使用,但在本体聚合物中,总体上需要 15%(质量分数)左右,才可达到可接受的阻燃性。迄今为止,尚不清楚基于该试剂成功商业化的 PA6 和 PA66 纤维是否可用。

(4)聚丙烯腈和改性聚丙烯腈。阻燃聚丙烯腈树脂在技术纺织品领域几乎没有应用,它们通常在共聚单体含量方面经过改性而被称为改性聚丙烯腈。后一种已经商业化了 50 年,但目前很少有制造商继续生产它们。优选的共聚单体是偏二氯乙烯,并且为了增强氯的阻燃活性,添加锑Ⅲ氧化物(ATO),尽管这可能降低纤维和织物的光泽。与丙烯腈纤维一样,改性丙烯腈纤维具有柔软和良好的总体美感,因此可以与其他纤维和纱线结合使用,以在必要时提供低水平的阻燃性。例如,NATO 的第一代核、生物和化学(NBC)防护性外衣的外层是采用聚酰胺 66 经纱和聚丙烯纤维纬纱[47](见第 10 章)的机织斜纹织物。目前,还没有市售的含有简单阻燃剂系统的聚丙烯腈纤维,尽管聚丙烯腈纤维本身可以用作耐高温、高防火性的氧化聚丙烯腈纤维的前体纤维(见第 8.6 节)。

(5)阻燃聚丙烯纤维。由于熔点低(~165℃),聚丙烯纤维一直面临着特别的挑战,它易于发生聚合物链的随机断裂,产生高度易燃的较小分子的碳氢化合物,并且完全没有任何形成焦炭的倾向[48]。因此,当聚丙烯技术纤维用于燃烧改性的聚氨酯泡沫时,往往仅用于定制装饰中。由于生产聚丙烯(PP)纤维相对容易,PP 制造商更可能生产自己的阻燃产品而不使用特定的品牌,添加剂配方是增效剂存在下的传统有机溴化物。例如,三(三溴戊基)磷酸酯(FR-370,ICL)和丙烯酸五溴苄酯(FR-1025,ICL),二者均可与三氧化锑增效剂一起使用。Weil 和 Levchik

的评述中[3]引用了可供替代的增效剂,其中包括自由基引发剂,如2,3-二甲基-2,3-二苯基丁烷(Perkadox® 30,Akzo)或位阻胺自由基稳定剂Flamstab® NOR 116,它是一种*N*-烷氧基-2,2,6,6-四甲基-4-取代的吗啉[48]。与存在三氧化锑的情况相比,后者可使有机溴化物的用量远远低于预期。

(6)常规固有阻燃纤维和传统阻燃纤维的共混物。一些常规阻燃纤维可以与昂贵的高耐热和阻燃纤维(见第8.6节)混用,这样保持耐热和阻燃性的同时,不仅可降低成本,而且还可改善织物的美感,这通常是传统阻燃纤维所缺乏的。通常,将固有阻燃纤维与易燃或阻燃性较低的纤维混纺成纱线,所得的纺织品具有中等水平的阻燃性。然而,应该注意的是,两种不同纤维混纺物的易燃性并不容易预测,而且Tesoro和Meiser[49]在40多年前就指出,在某些情况下,阻燃性可能会从一种混纺组分转移到另一种混纺组分(例如NBC外层织物,从改性聚丙烯腈转移到聚酰胺66)。相反,如果一种组分是可熔的,另一种是成炭的,则前者会由后者抓住并防止熔体滴落(并因此除去燃料),因此,混纺织物经常比单独任一组分的织物燃烧强度更剧烈。成炭效应就是所谓的支架效应,在聚酯/棉混纺织物燃烧中可看到[49]。但是,如果两种组分都是成炭的,那么混纺织物的可燃性更可能是每种组分可燃性的加权平均值。防护服中芳族聚酰胺/羊毛混纺织物和芳族聚酰胺/阻燃黏胶纤维的混纺织物显示出这种行为。有些实例中,通过LOI测量的混纺织物阻燃性水平实际上可能大于预期,如芳香族聚酰胺纤维/改性聚丙烯腈纤维混纺织物、阻燃黏胶纤维/芳族聚酰胺纤维混纺织物以及阻燃黏胶纤维/羊毛混纺织物[50]。50/50芳纶/Lenzing FR®(Lenzing AG)[51]混纺织物可用于防护服装。此外,将常规阻燃纤维如Lenzing FR®与高韧性芳族聚酰胺纤维混纺可提高磨损和拉伸特性。

8.5 高性能隔热、防火有机聚合物纤维及共混物

如第8.2节及表8.1和表8.3中所列,耐热有机纤维的化学结构在短期暴露于200℃甚至300℃以上环境时,几乎没有物理或化学的改变,可以在高达150℃的温度下连续使用。对于在高温工业过程中使用的技术纺织品,如气体和液体过滤领域,通常需要长期暴露于100~150℃的温度下。表8.4所示为列于表8.3中的

纤维的典型性能[52]。

表 8.4 热防护纺织品中耐热纤维的最高使用温度[52]

纤维种类	次级转变温度(℃)	熔融温度(℃)	开始分解温度(℃)	最高连续使用温度(℃)	LOI(%)
三聚氰胺—甲醛纤维	NA	NA	370	190	32
酚醛纤维	NA	NA	>150	150(空气中);250(惰性气体中)	30~34
间位芳族聚酰胺纤维	275	375~430(分解)	425	150~200	28~31
对位芳族聚酰胺纤维	340	560(分解)	>590	180~300	29~31
共聚对位芳族聚酰胺纤维	—	—	500	200~250	25
芳纶(P84)	315	—	450	260	36~38
芳族聚酰胺纤维	<315	—	380	—	32
半碳纤维	不适用	不适用	不适用	约 200(空气中)	55
聚苯并咪唑纤维	>400	—	450(空气中);1000(惰性气体中)	约 300(估计值)	>41
聚苯并噁唑	—	—	650;>700(惰性气体中)	200~250(估计值)	68

一般来说,LOI 值在 26%~28%的纤维和纺织品在空气中往往具有阻燃性,并且可通过最简单的垂直织物条带法测试,如果是非热塑性和成炭性的纤维,将具有优异的阻隔性能。表 8.4 列出的 LOI≥28%的高性能有机纤维,不需任何处理,即可将其视为阻燃纤维。虽然可按照 LOI 值判断纤维的耐热性,但并不是实际火灾中耐热性的真实顺序,因为该测试是在顶部点燃垂直样品进行小火焰点火试验[53]。Bourbigot 等采用反应—燃烧试验锥形量热法,使用燃烧增长指数[FIGRA(kW/(m^2·s)=(峰值放热率(kW/m^2)/达到峰值的时间)]比较了多种耐高温和阻燃有机聚合物基纤维的燃烧性能,这一参数能更好地衡量相对的火灾传播行为,火灾漫延性递减的顺序如下:

氧化聚丙烯腈纤维>共聚对位芳族聚酰胺纤维>酚醛纤维≈对位芳族聚酰胺纤维>聚(苯并噁唑)纤维或 PBO 纤维

而以 LOI 作为火灾量度的递增顺序是:

共聚对位芳族聚酰胺纤维<对位芳族聚酰胺纤维<酚醛纤维<氧化聚丙烯腈纤维<PBO 纤维

这两种量度都表明聚对亚苯基苯并二噁唑(PBO)是最不易燃的,因此是最具保护性的纤维,其他纤维的相应顺序不尽相同。然而,鉴于锥形量热法被认为是火灾的合理模拟,FIGRA 顺序可能更接近于这些纤维的相对防火行为。

这些主要的纤维已详细描述[11,52],可将它们划分为热固性聚合物纤维、芳族聚酰胺和芳族聚酰亚胺纤维、聚苯并噁唑和半碳纤维。

8.5.1 热固性聚合物纤维

热固性聚合物纤维的典型代表是三聚氰胺—甲醛纤维 Basofil®(巴斯夫)和苯酚—甲醛纤维 Kynol®(Kynol Europa GmbH)。当加热时,热固性聚合物纤维继续聚合、交联和热降解为连贯的炭样物。但是,由于纤维的交联结构可以得到相对较弱的纤维,除非像 Basofil®那样加入改性的三聚氰胺衍生物以改善断裂伸长率。据报道,Kynol®的韧度为 1.2~1.6cN/dtex,断裂伸长率为 30%~50%;而 Basofil®的韧度和断裂伸长率分别为 2.0~4.0cN/dtex 和 15%~20%,这增加了它们被加工成纱线的难度,只能通过毛纺技术生产出高耸、粗糙的结构,是用于防火和耐热非织造毡的理想产品,这也解决了其固有颜色引起的问题(Basofil®为粉红色,Kynol®为金色)。Basofil®中的三聚氰胺—甲醛纤维可以用小分子分散染料染色,因此它可用于面层织物。Basofil®和 Kynol®在热保护方面的典型用途如防火耐热屏障、防火耐热服装以及交通运输座椅,该类纤维通常可以与间位和对位芳族聚酰胺纤维混纺,以改善拉伸性能,如用于非织造毡以及羊毛中增加强度和耐磨性,用于飞机座椅织物和消防员服装(包括手套),这种织物可以被铝化以改善热反射并因此改善防火性能。

8.5.2 芳族聚酰胺和芳族聚酰亚胺纤维

这类纤维是自 1960 年以来开发的所有固有耐热和阻燃纤维中最著名和最具应用价值的一种,这类纤维的典型特征是短期暴露的热阻超过 300℃,且具有高水平的固有阻燃性(表 8.1 和表 8.4)。由于其芳香族聚合物结构,氢碳比<1(第 8.2

节),因此很少释放潜在易燃挥发物,这从其高的 LOI 值(29%或更高)可以看出(表 8.1 和表 8.4)。

(1)间位芳族聚酰胺纤维。最常用的耐热芳族聚酰胺纤维是以最早的 Nomex®(DuPont)纤维为代表的间位链状结构,随后开发出可商购的纤维,如 Conex®(Teijin)、Apyeil®(Unitika)和 Fenilon®(Russia),其中有些现在已不再使用。此外,还有对拉伸性能(如 Inconex,Teijin)和抗静电性能(Apyeil-α,Unitika)进行改进的变体,尽管这些纤维目前是否可用尚不清楚。如今,间位芳纶的染色性能得到改善,并且在全色谱范围内均可使用。间位芳族聚酰胺纤维的优点是,具有可接受的“尼龙样”的拉伸和物理性能,同时具有最小的热塑性特征,如约 275℃的二级转变温度(T_g)和不明确的熔点,以及从约 375℃开始的热降解(表 8.1 和表 8.4)。间位芳族聚酰胺纤维是防护服、热气过滤、隔火织物和复合增强材料的理想选择。通过与少量对位芳族聚酰胺纤维混纺,已经实现了在增加炭化强度方面的热性能的提高。如 Nomex®Ⅲ含有 5% Kevlar®,因此更适合用于直接热暴露的场合,如消防员制服、工作服、夹克、裤子、手套、飞行服或坦克乘员工作服(第 10 章)。其他变体包括抗静电性和透湿性(Nomex® Comfort)以及专为消防员服装(Nomex® Outershell)设计的产品。2013 年宣布的改性纤维 Nomex® MHP 面料,据称可提供对多重危害的防护,可以使穿着者免受各种热危害,如在热和火焰、电弧闪光和少量熔融金属飞溅等危险的工业领域[54]。

(2)对位芳族聚酰胺纤维。对位芳族聚酰胺纤维以 Kevlar®(DuPont)和 Twaron®(Teijin)为代表,基于聚对苯二甲酰对苯二酰胺或 PPTA。由于其聚合物链的极度对称性以及因此高度有序或高度结晶而具有较高的拉伸强度和模量,热性能得到改善,其二级转变温度约为 340℃,分解温度为 590℃以上(表 8.1)。然而,由于热降解机理类似于间位芳族聚酰胺纤维,并且聚合物具有同样相对低的 H/C 比,因此 LOI 值也相似,为 29%~31%。对位芳族聚酰胺纤维的成本较高,纺织品加工性能较差,模量较高,使其在如保护性纺织品这样的应用中,仅在性能要求罕见时才使用 100%含量的对位芳纶,因此通常将它们用作次要的混纺成分(如在 Nomex®Ⅲ中间位芳族聚酰胺含量 5%)。一种现已过时的织物即杜邦公司的 Karvin 是 30% Nomex®、5% Kevlar®和 65%阻燃黏胶纤维的混纺织物,目前兰精公司向市场推出类似的混纺织物,是其中含有 Lenzing FR®阻燃黏胶纤维。

对位芳族聚酰胺纤维的一种共聚衍生物，是由日本帝人公司于1985年以商品名Technora®推出的。该纤维基于聚（对亚苯基/3,4′-氧代二亚苯基对苯二甲酰胺）[55]的共聚物结构，据称具有比PPTA高得多的耐化学性以及更高的耐磨性和耐蒸汽性，这在许多保护性应用中是有益的。Technora®的分解温度约为500℃，其他性能与PPTA相当，尽管其LOI值略低（25%）。

（3）芳族聚酰亚胺纤维。在所报道的芳族聚酰亚胺纤维中，只有P84®已经商业化开发。它最初由兰精公司在20世纪80年代中期推出，然后出售给Inspec Fibers，2007年该集团更名为Evonik Fibers GmbH（奥地利）。

该聚合物的重复结构为：

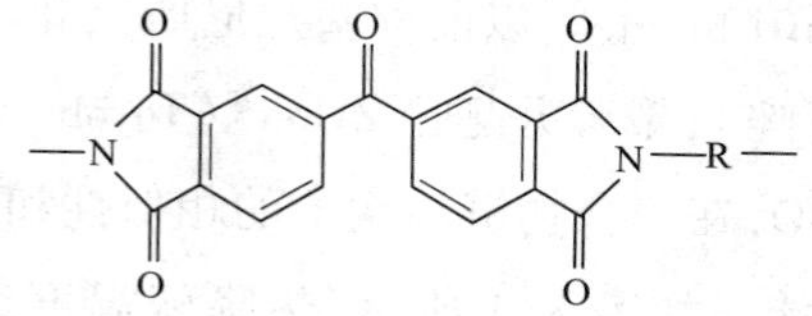

其中 $R = —C_6H_4—CH_2—, —C_6H_4—CH_2—C_6H_4—$

这表明它具有非常刚性的聚合物主链，具有非常低的氢碳比（<1）。如表8.4所示，这些因素使得芳族聚酰亚胺纤维与芳族聚酰胺纤维相比具有更优异的耐热性和阻燃性。该纤维的拉伸性能（3.5～3.8cN/dtex）比间位芳纶如Nomex®（～5cN/dtex）稍弱，因此可使用普通纺织设备进行加工。因此，P84®应用于保护性外衣、内衣和手套等中，既可以100%使用，也可以与低成本纤维如阻燃黏胶纤维和间位芳纶混纺使用。例如，一种50/50的P84/阻燃黏胶纤维混纺织物（兰精公司）可用于具有高吸湿性的针织内衣。

该组纤维的另一个主要成员聚（芳族聚酰胺—芳族聚酰亚胺）纤维Kermel®最初由法国的罗纳普朗克公司于1971年生产，它的聚合物重复单元结构为：

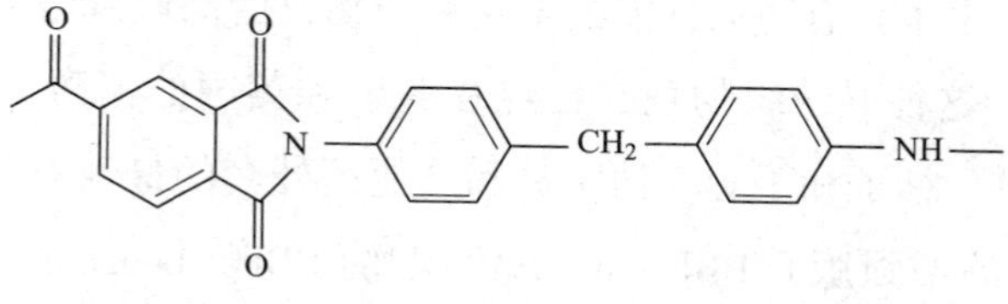

该结构使纤维具有与间位芳族聚酰胺非常相似的性质，后来开发的纤维具有更好的染色性能。这种芳族聚酰胺纤维的典型特征是其紫外线稳定性差，因此必须保护其免受强辐射的影响。它主要用于防护服市场上，可以100%使用或者与其

他纤维混纺使用,包括阻燃黏胶纤维和羊毛。与高模量纤维(如对位芳族聚酰胺)的复合纱线有改性 Kermel HTA®,这是一种具有对位芳族聚酰胺芯(35%)和 Kermel 纤维包缠(65%)的纱线,用以改善耐磨性。目前,许多 Kermel 变体有:耐磨阻燃面料 Kermel X-Flash®;制作牛仔工作服的面料 Kermel Denim®;针对焊接应用的 Kermel Weldstar®系列服装;用作轻质芳纶织物的 Kermel Glenguard®;提高了舒适性的 Kermel Alpha®。

8.5.3 聚苯并咪唑和聚苯并噁唑纤维

这些成纤聚合物是所谓的"梯形聚合物",并具有全芳族的聚合物链。商业上常用的有:聚苯并咪唑 PBI(Intertek,以前称塞拉尼斯),化学名称为聚[2,2′-(间-亚苯基)-5,5′-二苯并咪唑];聚苯并噁唑 Zylon®(Toyobo),化学名称为聚(对-亚苯基苯并双噁唑),即 PBO,在聚合物链结构上的相似性和高度的链刚性使这两种纤维具有优异的耐热性能。如表 8.4 所示,热降解温度远高于 400℃,LOI 值超过 40%。

尽管在 20 世纪 60 年代早期就开发了 PBI,但在近 30 年才进入商业市场。2005 年,塞拉尼斯将该纤维出售给 InterTech,InterTech 成立了 PBI 高性能产品公司。基本的聚合物结构为:

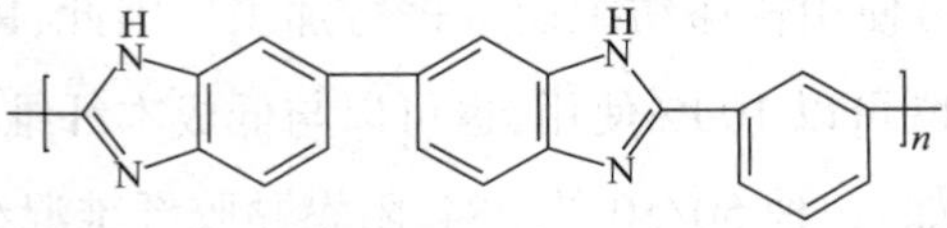

目前 PBI 纤维被认为是上述聚合物的磺化形式,而且改善了高温下的防缩性能。像许多高度芳香化的聚合物一样,它具有固有的青铜色,并且不能被染色。PBI 纤维经常被用于制作混纺产品,如 PBI Gold®,纱线用 PBI®和 Kevlar®以 40/60 混纺而成,这就产生了具有防火性能的金黄色织物,据称其性能甚至优于由 Nomex Ⅲ®制成的织物。这种混纺织物现在已经在美国和英国的消防员服装中应用,包括外壳、内衣、头罩、袜子和手套。消防员和产业用外套的最新产品有 PBI Matrix®织物(PBI Gold®的增强版)、PBI TriGuard®织物(PBI®、Lenzing FR®和 Micro Twaron®三种纤维的混纺织物,用于热、闪火和电弧闪光的防护)。对于靠近皮肤的基底层,PBI Baseguard®是将 PBI®与 Lenzing FR®和兰精公司的 Tencel、Lyocell 黏胶纤维相结合,以改善透湿性。其他应用包括工业工作服、镀铝贴身服装、军用防护

服和隔热/防火应用。由于 PBI®的价格是间位芳纶的几倍，因此这种优越的性能是有代价的。

Zylon®（日本东洋纺）或 PBO 是比 PBI®更晚开发的纤维，具有类似的刚性结构，不含任何可能形成燃料的脂肪族 C—H 键，基本结构单元为：

该纤维具有优异的拉伸性能（韧度为 3.7cN/dtex；断裂伸长率约 3%），耐热和防火性能都优于本章中提到的任何聚合物纤维（表 8.4）。至少有两种纤维变体，即 Zylon-AS®和 Zylon-HM®，其中后者具有更高的模量，两者都具有相同的热参数值和燃烧参数值。Zylon-AS®有连续长丝、短纤维和短纤纱形式，从而为防火纺织品应用提供了系列产品。热防护纺织品有热防护服和飞机片段/热屏障，其价格与 PBI®类似，使其应用仅限于强调强度、模量和耐火性的场合。

8.5.4　半碳纤维

与真正的碳纤维不同，该纤维结构中基本上是碳，但保留了另一种具有纺织品性能的材料[56]。目前，氧化的聚丙烯腈树脂是唯一的商业实例，并且是在碳纤维生产的第一阶段，在受控的高温下由聚丙烯腈纤维氧化而生产。目前商业化的半碳纤维有 Panox（SGL Carbon Group）、Pyromex（Toho Tenax Europe GmbH）和 Pyron（Zoltek，匈牙利）。它们的低韧性（1.6~1.7cN/dtex）[57]使加工有难度，尽管可以通过羊毛纺纱系统的丝束拉伸断裂技术将其纺成纱线。因此，半碳纤维被制成连续的丝束，然后被拉伸断裂成长度为 60~90mm 的短纤维丝，最终转变成粗糙的毛型纱线。据报道，极限氧指数高达约 55%[52]（在纺丝油剂存在时 LOI 为 49%~50%[57]），因此织物具有极强的耐热性，即使是在最强烈的火焰下也仅释放微量的烟雾和有毒气体。但是，像碳纤维一样，这些纤维也是黑色的，因此很少单独使用，但用在阻隔织物和军用及警察套装中，这种颜色是优点。因此，氧化的丙烯腈纤维通常与其他纤维（通常是羊毛和芳族聚酰胺）混纺，以减轻这种颜色并引入其他所需的性能。由于具有极强的耐火性，并且比 PBI 和 PBO 的成本更低，因此可应用于防爆服套装、坦克服套装、阻燃内衣、飞机座椅阻燃织物、耐热毡（绝缘）、头罩和手套。当镀铝后，它们在进入火场/接近火场的服装套装中非常有效。

8.6 耐热、防火无机纤维和陶瓷纤维

由于玻璃和陶瓷纤维的纺织性能通常很差,因此它们主要用作防火、耐热材料,用于需要长时间耐受最低300℃(玻璃纤维)、650℃(玄武岩纤维)和1000℃(陶瓷纤维)的高温环境中(表8.5)。陶瓷纤维往往具有多晶结构,在产生优异的耐高温特性的同时,通常不能以适当的纤维尺寸用于纺织品加工。除了玻璃和一些氧化铝—二氧化硅基的纤维(如Nextel®)外,尽管它们具有高杨氏模量,又有足够的编织柔韧性,但通常只用作非织造布或湿法铺设的纤维网以及机织的复合预制件。柔韧性与直径的四次方的倒数以及模量有关,因此改变前者可直接影响整个纺织品或纤维阵列的柔韧性。表8.5列出了商业化生产的无机纤维的主要热特性。

表8.5 热防护纺织品中玻璃纤维和陶瓷纤维的最高使用温度

纤维种类	二级温度(℃)	熔融温度(℃)	开始分解温度(℃)	最高连续使用温度(℃)	LOI(%)
玻璃纤维	650~970	不适用	850	>300	不适用
二氧化硅类纤维(如Quartzel®)	—	>1700	—	1200	不适用
氧化铝类材料(如Saffil®)	—	>2000	不适用	1600	不适用
氧化铝—二氧化硅类材料(如Nextel®, 3M公司)	—	>1800	不适用	1260~1370	不适用
碳化硅类材料(如Nicalon®, 日本炭黑)	—	2650~2950	不适用	<1800	不适用
玄武岩纤维(如Basaltex®, Basaltex NV)	—	约1450	不适用	650~850	不适用

8.6.1 玻璃纤维

尽管很久以前就已经知道将玻璃拉成细丝,但是到18世纪人们才意识到细的玻璃纤维足够柔韧,可以织成织物。20世纪才真正开发了现代玻璃增强纤维[58]。玻璃纤维的应用可以分为四类:绝缘、过滤、增强和光纤。

为了满足不同的应用需求,可以使用各种玻璃纤维组合物以适应各种纺织应用,由各种组合物制成的纤维软化点在650~697℃[58]。当加热到850℃以上时,由于原玻璃纤维在特性上变得与陶瓷材料更加相似,会发生失透和部分形成多晶材料。目前,玻璃纤维产品的熔点提高到1225~1360℃,这个温度足够高,可以在绝大部分的火灾中维持数小时。

绝缘产品最好用连续长丝、非织造布,也就是所谓的纤维样“羊毛”,其热性能直接与玻璃纤维的低导热性、截留空气和纤维网的总密度有关。空气的截留程度是纤维直径及其构造的函数,由纺纱技术决定。因此,纤维直径越小,其“羊毛”作为绝缘材料的性能越好,并且通常用于此类应用的纤维直径小于10μm。连续长丝纱可以织成具有不同组织的阵列,然后用作柔性和刚性复合材料中的增强件。在用阻燃聚合物如聚氯乙烯(PVC)或聚四氟乙烯(PTFE)涂覆后,可生产柔性耐火织物。家用和商用防火毯通常是带有阻燃的硅基树脂涂层的玻璃纤维机织物。它们在高性能方面的应用如柔性顶篷和雨篷。尤其是前者,应用在许多现代建筑中,如体育场馆,体育场馆中涂有聚四氟乙烯的玻璃纤维织物的使用寿命通常超过30年,同时具有优异的耐火性和自清洁表面[59]。

8.6.2 硅基纤维

硅基纤维的典型代表Quartzel®(Saint-Gobain,法国)虽然比氧化铝基纤维(表8.5)的耐火性和耐热性稍差,但可制成连续长丝纱线、粗纱、短切原丝、缝纫线、长丝非织造布和湿法铺设纤维纸。连续长丝纱线可以针织和机织生产应用于火炉绝缘、飞机燃烧室绝缘、军事和其他市场的烧蚀性复合材料以及热腐蚀性气体和液体过滤织物。

8.6.3 碳化硅纤维

碳化硅纤维是在1200℃以上通过对前体纤维进行热分解而获得的。这些前体纤维是由有机硅聚合物纺制的,如表 8.5 所示,其使用温度在当前所有陶瓷纤维中是最高的,反映了它们极高的熔点。聚碳硅烷或其衍生物是一种典型的前体聚合物,这种聚合物由六个 Si 和 C 原子的环构成。前体纤维需交联,以避免在随后的热解过程中发生任何软化或熔化。前体聚合物和交联工艺的选择对所制备的碳化硅陶瓷纤维的最终成分和微观结构有很大影响,这将决定纤维在特定应用中的适用性。这些陶瓷纤维可以以多种不同的方式生产:氧化固化、辐射固化、烧结纤维和化学气相沉积[60]。

据报道,Nicolon(Nippon Carbon,日本)是由超细的 β-SiC 微晶和硅、碳、氧的无定形混合物均匀地组成的[61]。该纤维可以是连续长丝、短切纤维、机织布和非织造毡,其纤维/长丝直径为 14μm。

8.6.4 氧化铝基纤维

由于熔点高,α-氧化铝高性能纤维广泛用于承受氧化氛围和高于 1400℃温度的情况。如果纤维轴严格对应于(001)轴,则可以获得单晶 α-氧化铝纤维,这种纤维在 1600℃以下没有蠕变。目前,还不能生产出细而柔韧的连续单晶长丝,只能得到多晶形式的 α-氧化铝短纤维。可以提供多种不同的微观结构,每种微观结构在高温下都有特定的行为[61]。

Saffil 纤维(Saffil 有限公司,英国)含 95%~97%(质量分数)的多晶氧化铝,可以通过膨松、非织造、湿法铺设的网或毡而到得,面密度约为 100kg/m^2,并且可用于耐热和防火阻隔,温度高达 1600℃(表 8.5)。Saffil 纤维制造时需要收集凝胶纤维前体,然后通过一系列热处理使其形成晶状的微结构。少量二氧化硅(3%~4%,质量分数)的存在可控制晶体生长,使孔隙逐渐消除,从而优化热力学性能。

8.6.5 铝硅纤维

与氧化铝基纤维一样,少量二氧化硅(3.0%,质量分数)的存在可以控制烧结过渡形式的氧化铝,以延迟 α-氧化铝的成核和生长,直至 1300℃。改变二氧化硅的量甚至加入少量的氧化硼可以生产具有一系列耐高温的各种形式的铝硅纤维。在这些纤维中引入二氧化硅的作用是避免形成大的晶粒,降低它们的刚度,同时增加它们在室温下的强度。然而,二氧化硅的主要缺点是在高于 900℃时会促进蠕变,由此衍生的产品只能在低于该温度下使用。商业实例是由美国 Nextel 公司[62]

制造的一系列直径为 10～12μm 的长丝产品，例如，Nextel 610®，包含 99%（类似于 Saffil®）；Nextel 720，包含 85%；Nextel 312，包含 62%的 Al_2O_3，得到的最大使用温度范围为 1260～1370℃。这些产品还是以纱线、织物和非织造形式提供，用于类似的应用。含有氧化硼（B_2O_3）的实例是 Nextel 312 和 Nextel 440，含有氧化锆（ZrO_2）的实例是 Nextel 650。

Nextel 公司推荐将 Nextel 312 和 Nextel 440 用于航空航天、工业和石化市场，例如用作绝缘帘、内衬和毯子。

8.6.6 玄武岩纤维

玄武岩纤维来自天然存在的复合二氧化硅/氧化铝/其他氧化物的玄武岩岩石，组成上类似于玻璃纤维，可用作石棉的替代物。具有长丝和非织造形式，据称在温度方面的性能优于玻璃纤维，如表 8.5 所示。最初玄武岩纤维含有较高的杂质并且是棕色的，现在是青铜色。玄武岩纤维如 Basaltex®（Basaltex NV，比利时）纯度的改善使其能够生产标称直径在 9～24μm 的连续长丝，还有粗纱和短切纤维。其机织物和非织造毡用作防火屏障、隔热和复合增强材料。

8.7 隔热和阻燃的性能要求

本章所述的所有纤维均用于必须达到可接受的耐热和/或阻燃水平的纺织品中，该水平由国家和国际标准确定，而标准通常是在法规和/或立法中界定。最近出版了对于各种纺织品的热、火焰和燃烧测试方法的描述[63,64]，并在第 9～第 11 章中有所提及。一般来说，对于存在国家或国际法规的下列应用领域，需要对技术纺织品进行耐热性和阻燃性测试：软装家具（定制产品或公共交通）；防护性服装（工作场所、民事紧急和防务）（另见第 9 和第 10 章）；运输（陆地、海洋和空中）（见第 11 章）。

8.8 总结和发展趋势

虽然绝大多数阻燃剂、常规纺织品的设计是为了降低易点燃性和火焰传播的速率,但技术纺织品总是需要额外的耐热性能。一些传统纺织品可以通过化学后整理或涂层施加耐久阻燃剂,以及通过在挤出和/或聚合过程中引入阻燃添加剂或共聚单体,赋予其这种性质。高耐热和阻燃性能的纤维要求聚合物骨架内存在的都是芳香结构,但这样做成本很高,仅在性能要求证明成本合理时使用。对于极端的耐热性和阻燃性,可使用无机纤维,如玻璃纤维和陶瓷纤维,但由于其易碎的特性,其加工性能可能受到限制。然而,它们在技术纺织品市场中仍发挥着重要作用。

如果没有在国家和国际间建立必要的管制框架,以便可以使用经认可的国家和国际测试规程来评估它们的技术性能,就不会使用这些阻燃和耐热的技术纺织品[64]。其中的一些将在针对防护服的第 9 章和第 10 章中以及在针对交通运输的第 11 章中进行更深入的探讨。

本章所讨论的大多数技术纤维(以及相关的阻燃整理和添加剂体系)都是在过去的 60 年中开发出来的。考虑到可用的耐热和阻燃纤维数量相对较多,再加上为相对较小的技术市场开发新型纤维结构所需的费用,在未来 10 年左右的时间内很可能不会有全新的纤维结构被开发出来。然而,这并不是说,现有纤维的新型组合不会在类似的创新性纺织结构中继续发展,以适应当前和新的技术纺织品市场。此外,考虑到对改善环境可持续性和提高技术性能的需求,对这方面的研究仍有一些进展,以应对这些挑战。一个特别重要的方面,是普遍地提高这些纤维的可回收性,对于阻燃纤维来说,能容易地去除存在的化学品和添加剂可能是未来发展的要求。对于耐热和阻燃纤维,其难处理性是当前的技术瓶颈,这是一个重要的回收/再利用问题,因为这些纤维通常存在于非常复杂的混纺物或复合结构中,很难分解成以前的单独组分重新使用。

可能出现进展的另一个领域将是"智能纺织品"领域,在该领域中,人们希望纤维具有热传感特性,当嵌入复合材料中,一旦潜在的火灾威胁发生,可使其能够向佩戴者发出警报(例如,穿着防护服),或传递电子或其他信号。例如,随着纺织品和纤维增强复合材料应用不断增加,取代运输部门的传统材料,后者将变得越来越重要。

参考文献

[1] Alongi J, Horrocks AR, Carosio F, Malucelli G, editors. *Update on flame retard-*

ant textiles:*state of the art*. Smithers Rapra, Shawbury, UK: Environmental Issues and Innovative Solutions; 2013.

[2] Horrocks AR. Textiles. In: Horrocks AR, Price D, editors. *Fire retardant materials*. Cambridge: Woodhead Publishing; 2001. p. 128–81.

[3] Weil ED, Levchik SV. Flame retardants in commercial use or development for textiles. *J Fire Sci* 2008;26(3):243–81.

[4] Bajaj P. Heat and flame protection. In: Horrocks AR, Anand SC, editors. *Handbook of technical textiles*, Cambridge: Woodhead Publishing; 2000. p. 223–63.

[5] Horrocks AR. Regulatory and testing requirements for flame retardant textile applications. In: Alongi J, Horrocks AR, Carosios F, Malucelli G, editors. *Update on flame retardant textiles*:*state of the art*, *environmental issues and innovative solutions*. Shawbury, UK: Smithers Rapra; 2013. p. 53–122.

[6] Lyon R. Materials with reduced flammability in aerospace and aviation. In: Horrocks AR, Price D, editors. *Advances in fire retardant materials*. Cambridge: Woodhead Publishing; 2008. p. 573–98.

[7] Troitzsch J. *Plastics flammability handbook*. 3rd ed. Munich: Hanser; 2004.

[8] BS EN 45545–2:2010. *Railway applications–fire protection on railway vehicles Part 2*:*requirements for behavior of materials and components*. London, UK: British Standards Institution; 2010.

[9] Price D, Horrocks AR. Combustion processes of textile fibres. In: Selcen Kilinc F, editor. *Handbook of fire resistant textiles*. Cambridge: Woodhead Publishing; 2013. p. 1–25.

[10] Stec AA, Hull TR. *Fire toxicity*. Cambridge: Woodhead Publishing; 2010.

[11] Horrocks AR. Thermal (heat and fire) protection. In: Scott R, editor. *Textiles for protection*. Cambridge: Woodhead Publishing; 2005. p. 398–440.

[12] Camenzind MA, Dale DJ, Rossi RM. Manikin test for flame engulfment evaluation of protective clothing: historical review and development of a new ISO standard. *Fire Mater* 1994;31(5):285–95.

[13] Horrocks AR. Burning hazards of textiles and terminology. In: Alongi J, Horrocks AR, Carosio F, Malucelli G, editors. *Update on flame retardant textiles*:*state of the*

art, environmental issues and innovative solutions. Shawbury, UK: Smithers Rapra; 2013. p. 1–18.

[14] Drysdale D. *Fire dynamics*. 2nd ed. Chichester, UK: John Wiley and Sons; 1999. p. 193–232.

[15] Shields TJ, Silcock GW, Murray JJ. Evaluating ignition data using the flux time method. *Fire Mater* 1994;18:243–53.

[16] Drake GL, Reeves WA. In: Bikales NM, Segal L, editors. *High polymers*. vol. V. New York: Interscience; 1971. part V.

[17] Lewin M. Flame retardance of fabrics. In: Lewin M, Sello SB, editors. *Handbook of fibre science and technology. Chemical processing of fibers and fabrics, functional finishes*, vol. Ⅱ. New York: Marcel Dekker; 1983. p. 1–141. part B.

[18] Barker RH, Drews MJ. In: Nevell TP, Zeronian SH, editors. *Cellulose chemistry and its applications.* Sussex UK: Ellis Horwood; 1985.

[19] Horrocks AR. Flame retardant finishing of textiles. *Rev Prog Text Color* 1986; 16:62–101.

[20] Wakelyn PJ, Rearick W, Turner J. Cotton and flammability–overview of new developments. *Am Dyestuff Rep* 1998;87(2):13–21.

[21] Horrocks AR. Flame retardant finishes and finishing. In: Heywood D, editor. *Textile finishing*. Bradford: Society of Dyers and Colourists; 2003. p. 214–50.

[22] Bourbigot S. Flame retardancy of textiles–new approaches. In: Horrocks AR, Price D, editors. *Advances in fire retardant materials*. Cambridge, UK: Woodhead Publishing; 2008. p. 9–40.

[23] Weil ED, Levchik SV. Flame retardants in commercial use or development for textiles. *J Fire Sci* 2008;26(3):243–81.

[24] Horrocks AR. Overview of traditional flame–retardant solutions. In: Alongi J, Horrocks AR, Carosio F, Malucelli G, editors. *Update on flame retardant textiles: state of the art, environmental issues and innovative solutions*. Shawbury, UK: Smithers Rapra; 2013. p. 123–78.

[25] Yang CO. Flame retardant cotton. In: Selcen Kilinc F, editor. *Handbook of fire resistant textiles*. Cambridge: Woodhead Publishing; 2013. p. 177–220.

[26] Dombrowski R. Flame retardant for textile coatings. *J Coated Fabrics* 1996; 25:224.

[27] AR Horrocks, 'Flame retardant and environmental issues', In: J Alongi, AR Horrocks, F Carosio and G Malucelli (eds), *Update on Flame Retardant Textiles: State of the Art, Environmental Issues and Innovative Solutions*. Smithers Rapra: Shawbury, UK; 207-238.

[28] Hirschler MM. Safety, health and environmental aspects of flame retardants. In: Selcen Kilinc F, editor. *Handbook of fire resistant textiles*. Cambridge: Woodhead Publishing; 2013. p. 108-74.

[29] Horrocks AR. Developments in flame retardants for heat and fire resistant textiles - the role of char formation and intumescence. *Polym Degrad Stab* 1996; 54: 143-54.

[30] Kandola BK, Horrocks AR, Price D, Coleman GV. Flame-retardant treatments of cellulose and their influence on the mechanism of cellulose pyrolysis. *J Macromol Sci-Rev Macromol Chem Phys* 1996; C36(4): 721-94.

[31] Camino G, Costa L. Mechanism of intumescence in fire retardant polymers. *Rev Inorg Chem* 1986; 8(1/2): 69-100.

[32] Horrocks AR. Flame retardant/resistant textile coatings and laminates. In: Horrocks AR, Price D, editors. *Advances in fire retardant materials*. Cambridge: Woodhead Publishing; 2008. p. 159-87. 2008.

[33] Day M, Suprunchuk T, Omichinski JG, Nelson SO. Flame retardation studies of polyethylene terephthalate fabrics treated with tris-dibromo alkyl phosphates. *J Appl Polym Sci* 1988; 35: 529-35.

[34] Day M, Suprunchuk T, Cooney JD, Wiles DM. Flame retardation of polyethylene terephthalate containing poly(4-bromo styrene) poly(vinyl bromide) and poly(vinylidene bromide). *J Appl Polym Sci* 1987; 33: 2041-52.

[35] Mischutin V. Application of a clear flame retardant finish to fabrics. *J Coated Fabrics* 1993; 22: 234-52.

[36] Southeastern Section, ITPC Committee. The influence of polymeric padbath additives on flame retardant fixation on polyester fabric. *Text Chem Color* 1995; 27(12):

21-4.

[37] Bajaj P, Chakrapani S, Jha NK. Flame retardant finishes for polyester/cellulose blends: an appraisal. *J Macromol Sci-Rev Macromol Chem Phys* 1985; C25(2): 277-314.

[38] Benisek L, Craven PC. Evaluation of metal complexes and tetrabromophthalic acid as flame retardants for wool. *Textil Res J* 1983;53:438-42.

[39] C Maric and R Wolf (to Sandoz), 1980, US4, 220, 472.

[40] Heidari S. Visil: a new hybrid technical fibre. *Chemifasern/Textile Industrie* 1991;41/93(Dec). T224/E186.

[41] A Paren and P Vapaaoksa (to Kemira Oy), 'Cellulosic product containing silicon dioxide as a method for its preparation', PCT Int Appl WO 93, 13, 249, June 1993.

[42] Horrocks AR, Anand SC, Sanderson D. Complex char formation in flame retarded fibre - intumescent combinations: 1. Scanning electron microscopic studies. *Polymer* 1996;37:3197-206.

[43] Burrow T. Flame resistant man-made cellulosic fibres. In: Selcen Kilinc F, editor. *Handbook of fire resistant textiles*. Cambridge: Woodhead Publishing; 2013. p. 221-44.

[44] Hughes AJ, Mcintyre JE, Clayton G, Wright P, Poynton DJ, Atkinson J, et al. The production of man-made fibers. *Textil Progr* 1976;8(1):1-125.

[45] Weil ED, Levchik SV. Commercial flame retardancy of polyester and vinyl resins: review. *J Fire Sci* 2004;24:339-50.

[46] Bender K, Schäch G. In: Proceedings of 51st Man Made Congress, Dornbirn; 2012. http://www.emsgriltech.com/cz/products-applications/products/nexylon/.

[47] Scott R. Textiles in defence. In: Horrocks AR, Anand SC, editors. *Handbook of technical textiles*. Cambridge: Woodhead Publishing; 2005. p. 425-60.

[48] Zhang S, Horrocks AR. A review of flame retardant polypropylene fibres. *Prog Polym Sci* 2003;28(11):1517-38.

[49] Tesoro GC, Meiser CH. Some effects of chemical composition on the flammability behavior of textiles. *Textil Res J* 1970;40(5):430-6.

[50] Tesoro GC, Rivlin J. Flammability behavior of experimental blends. *Textil Chem Color* 1971;3(7):156-60.

[51] Lenzing website: Lenzing FR®, the heat protection fibre - http://www.lenzing.com/en/fibers/lenzing-fr/fire.html; and Anon., Security Technology News, 27/04/2010-http://www.security-technologynews.com/article/personal-protective-clothing-ppc.html.

[52] Horrocks AR, Eichhorn H, Schwaenke H, Saville N, Thomas C. Thermally resistant fibres. In: Hearle JWS, editor. *High performance fibres*. Cambridge: Woodhead Publishing; 2001. p. 289-324.

[53] Horrocks AR, Price D, Tunc M. The burning behaviour of textiles and its assessment by oxygen index measurements. *Text Prog* 1987;18(1-3):1-205.

[54] SK James, 'DuPont Launches Next-Generation Multi-Hazard Protection-DuPont™ Nomex® MHP', http://www.dupont.com/products-and-services/personal-protective-equipment/thermal-protective/press-releases/Next-Generation-Multi-Hazard-Protection-Dupont-MHP.html.

[55] Bourbigot S, Flambard X. Heat resistance and flammability of high performance fibres: a review. *Fire Mater* 2002;26(4-5):155-68.

[56] Lavin JG. Carbon fibres. In: Hearle JWS, editor. *High performance fibres*. Cambridge: Woodhead Publishing; 2001. p. 156-90.

[57] Anon. *Panox® The thermally stabilised textile fibre* 2014; http://www.sglgroup.com/cms/_common/downloads/products/product-groups/cf/oxidized-fiber/PANOX_The_Thermally_Stabilized_Textile_Fiber_e.pdf.

[58] Jones FR. Glass fibres. In: Hearle JWS, editor. *High performance fibres*. Cambridge: Woodhead Publishing; 2001. p. 191-238.

[59] Koch K. New roof of the Olympic Stadium in Berlin. *TUT textiles and usages techniques* 2004;3(53):10-3.

[60] Bunsell AR, Berger M-H. Ceramic fibres. In: Hearle JWS, editor. *High performance fibres*. Cambridge: Woodhead Publishing; 2001. p. 239-58. Textile Institute.

[61] Anon. *Nicalon ceramic fibre*; 2006. http://www.coiceramics.com/pdfs/Nicalon_1-17-06.pdf.

[62] Anon. '3M Nextel technical notebook', http://www.3m.com/market/industrial/ceramics/misc/tech_notebook.html.

[63] Nazare S, Horrocks AR. Flammability testing of fabrics. In: Hu J, editor. *Fabric testing*. Cambridge: Woodhead Publishing; 2008. p. 339-88.

[64] Horrocks AR. Regulatory and testing requirements. In: Alongi J, Horrocks AR, Carosio F, Malucelli G, editors. *Update on flame retardant textiles: state of the art, environmental issues and innovative solutions*. Shawbury, UK: Smithers Rapra; 2013. p. 53-121.

9 个人热防护技术纺织品

E. M. Crown , J. C. Batcheller

艾伯塔大学,加拿大埃德蒙顿

9.1 引言

本章讨论的个人热防护问题重点关注产业工人的需求,如能源(石油和天然气)、电力、其他工业领域,以及建筑和野外消防,重点对各领域工作人员的热防护问题进行讨论。然后,讨论了热防护和热舒适性之间的平衡,简要讨论了服装的合身、舒适和其他人体工程学问题。在了解防护纺织品的最新发展之后,讨论了耐用性和维护等实用性问题。在对国际性能标准进行评述之后,总结了防护纺织品的测试方法进展,以对热、火焰、热液体和蒸汽的防护进行评估。然后,对个人热防护技术纺织品的未来发展进行了简要讨论。

9.2 防护问题:工人的需求

无论是对建筑火灾还是野外火灾,或是参与救援活动,消防员都有许多与其职责相对应的需求。建筑消防员通常穿戴厚重的服装和装备,即使在允许穿着较轻服装的情况下也是如此,因为不确定在火灾事故中会遇到什么样的危险。有时,除了需要关注火灾中产生的烟雾和其他有毒气体之外,还需要注意危险化学品。另外,野外消防员往往在常规衣服外穿着单层防护服,根据火灾现场的天气,防护服可能很重也可能很轻。野外和建筑消防员遇到的主要危险是水分的存在,可以是来自火场环境的外部水源,也可以是来自自身排汗的内部水分。有时,这些水分可能以蒸汽的形式存在,也可能会冻结在衣服上。

在对一系列团队访谈和个人的跟踪采访中,Barker 等[1]研究了用户对消防员个人防护装备(PPE)的感受,以确定如何改善 PPE 的设计和功能。男性和女性消防员都有类似的问题,如 PPE 过重、热应激、非火灾呼叫的过度保护、衣服的合身性、移动能力受限、压迫灼伤以及穿戴 PPE 速度等。Boorady 等[2]发现了与消防服装舒适性和合身性有关的类似问题,而且还指出,虽然消防员对消防服的保护感到满意,但他们期望对身体的保护更均衡。

能源和电气部门的工作人员有不同的保护需求,有时甚至是相互矛盾的。仅在加拿大,就有大约 50 万名工人在石油和天然气行业工作。尽管有严格的安全规程,但仍然存在爆炸、闪燃和/或电弧的可能性。虽然个别工人在其工作生涯中可能永远不会遇到这种危险,但他们通常会穿着 PPE(如防护服),作为预防性措施,同样,以蒸汽或热水形式存在的水分对这些工人来说也是一个附加的危害,如图 9.1 所示,连接蒸汽供气阀门的原油加工厂工人的服装包括阻燃工作服、阻燃雨衣、合适的靴子、手套和头部防护用品,以防止潜在的闪燃以及可能的蒸汽和热水接触。

图 9.1　连接蒸汽供气阀门的原油加工厂工人

来自帝国石油资源(加拿大)和埃克森美孚公司(美国)的 1 名高级安全技术顾问讲述[3]:

工程和设计标准是迈向安全的第一步,如果发生故障,我们会使用最好的个人防护设备保护工人。鉴于我们行业大多都是处理易燃的碳氢化合物,阻燃工作服已成为标准的防护装备,而且它确实发挥了作用!我们已经研究了许多闪燃事故案例,幸亏他们的阻燃服装,工人受伤害的程度大大降低……然而,这些工人可能会受到其他危险,如热流体或蒸汽。对于这些危害也有相应的防护服,但是如果工人在同一工作中暴露于这些"多种多样的"危害中,单一的保护可能还不够……他们需要能够对多方面进行保护的 PPE。

Crown 和 Dale[4]评述了石油和天然气行业工人在工作环境中遇到的危险以及

对今后 PPE 的性能要求,包括与闪燃相关的材料的评估和服装系统的设计问题。为了防止闪燃,服装系统以及包含该系统的任何材料必须具有以下特点:当火源被移除时,有防止点燃和自熄的能力;在短时间暴露于高热通量时限制热传导的能力;暴露时不会熔化或收缩;暴露时保持其结构完整性和灵活性。像铸造厂等其他工业环境的工人可能会接触火焰、蒸汽、热水或热的表面,像消防员以及在能源部门工作的人员一样,必须对他们所暴露的热危害进行防护。

佩戴 PPE 的另一个危险是在干燥和易燃环境中工作时产生的静电,在这种情况下,本来用作保护的服装本身可能成为危险源,服装可以通过与某些物体摩擦而带电。当工人接近某种导体时,电荷就会从身上的服装感应产生。在易燃环境中,即使只是将一件衣服从另一件衣服上取下也是危险的,两种材料的分离可以产生足以导致放电的电荷,这会点燃易燃气体[5-8]。有些工人仍然持有传统观念,认为100%棉质服装比阻燃材料的服装更不易产生静电。但是这种看法在湿度低、寒冷的冬季环境来说是错误的。因此,在低湿度下进行热防护服的静电研究和测试是非常重要的,测试完整的服装系统而不是单层材料也很重要[9-11]。

当衣服或服装装备中存在水分时,水分会以多种方式影响服装的保护性能,并且其本身可能成为额外的危害[12]。此外,服装中存在的水分可能会对工人的舒适性产生负面影响。

9.3 防护性/舒适性的权衡

一个非常重要的问题是,热防护服往往令穿着者产生不舒适感。为了具有充分的保护,防护服的材料是厚重而坚固的,这会增加工人的热负荷。对于防蒸汽和热水的材料,其透气性或水蒸气的扩散通常会受到影响,发现能提供一定舒适性的防护材料是一项长期且持续的工作。

Barker 等[1]和 Boorady 等[2]都报道,消防员认可在履行某些职责时,需要进行高水平防护,而在其他情况下穿着防护装备会因为过度保护而且非常不舒服,给消防员造成热应激和不适,体力消耗与火灾的温度相结合会使体温达到危险的高水平。Barker 等引用了一名女消防员的话,当她的整个内衬被汗水浸湿并且在严寒中外出时,服装的外部和内部都冻结了,她失去了任何保护。

Williams[13]回顾了穿着阻燃材料对生理反应的研究,并提出了可能的策略来减轻防护服对消防员带来的生理压力。Williams 总结说,冷却系统和强制安排工作休息时间等非生理策略,可以在很大程度上保护工人免受阻燃 PPE 带来的热应激。

Keiser 等[14]分析了消防员防护服在出汗假人上的水分分布。出汗 1h 后,只有 35%的水分从服装层中蒸发掉,但再经过 1h 干燥后,所提供的水分只有约 10%留在衣服中,超过 75%的水分积聚在五层或六层防护服装系统的最里面三层中。

野外消防员在又热又湿的恶劣环境中工作。Lawson 等[12]将四种不同的外衣/内衣组合暴露在五种不同的条件下,保护不同的水分含量,放置在不同的位置,然后暴露在高热通量火焰(83kW/m^2)或低热通量辐射(10kW/m^2)条件下,发现服装系统中的水分可能会增加或减少热传递,这取决于水分在服装系统中的来源和位置、身体上的位置、施用时间和吸附程度。在高热通量火焰条件下,外部水分倾向于减少热传递,而内部水分倾向于增加热传递。然而,在低热通量辐射条件下,内部水分减少了热传递。由于野外消防员的工作环境多变,所以应开发更复杂的服装系统,以适应多样的工作环境。Keiser 等[15]使用 X 射线分析技术来定量具有确定湿润层的多层服装系统中的蒸发和水分转移,如果水分位于服装系统的外层,蒸发速度更快且在更高的温度下发生,服装外层蒸发的水分向内移动并在内层凝结。

Ilmarinen 等[16]讨论了消防员在执行救援任务时穿着常规的建筑消防服的情况,并在长时间的救援演练中研究了任务服装与常规建筑消防服装的效果。在中性气候下执行救援任务过程中,穿着任务服装可以显著降低总热量和心血管压力。研究还表明,与穿着任务型服装相比,平均而言,消防员在穿着建筑消防服时的体力劳动更辛苦,主观不适感更强。

Rossi[17]对表征服装舒适性的方法进行了广泛的综述,并对阻燃服装的热和触觉特性进行了讨论,特别关注了服装中汗液积聚的问题及其对热防护的影响。Rossi[18]还概述了影响热舒适性的因素,并讨论了保护性/舒适性的矛盾以及测试热湿传递的方法。

服装的合身性和人体工程学因素对防护服的舒适性以及确保服装在不给穿着者增加过重负担的情况下发挥作用也极其重要。Yu 等[19]在制定蒸汽防护服的设计规范时,特别关注人体工程学因素。

9.4 防护性纺织材料的发展

开发专门针对热/火防护的材料已有很多年了。对于单层服装,主要采用两种方法:采用固有阻燃纤维的织物及其混纺织物、经阻燃整理的棉织物和混纺织物(见第8章),由这些材料做成的服装占PPE市场的主导地位。正在进行材料改进和开发服装的构造,既希望改善材料的舒适性,又不牺牲对穿着者的保护(如更轻、更透气、更柔韧等)。采用可接受的荧光染料进行染色的纤维,其混纺织物还可以获得高可见度。

用于热防护服的纤维有固有阻燃纤维,如间位和对位芳香族聚酰胺、聚酰胺—聚酰亚胺、聚苯并咪唑、改性聚丙烯腈和化学改性纤维(如黏胶纤维和莫代尔纤维、聚酯纤维和尼龙纤维),以及经过阻燃处理或整理的棉和羊毛[20-24](见第8章)。纤维的适用性和选择取决于工作场所的危害(如熔融金属飞溅、热表面接触、加压蒸汽、电弧闪光、闪燃等),现在侧重于采用纤维混纺,利用几种纤维的有益特性。Mäkinen[25]描述了适用于防护熔融金属危害的材料、纤维和织物,Hoagland[26]描述了防电弧危害的材料,而Li等[27]则针对闪燃材料进行了评述。

除了在单一织物构造中使用合适的纤维外,织物系统中还可使用具有特定功能的织物层,以便为需要保护的工人提供防水性和隔热性(见第10章)。Rossi[28]描述了用于建筑消防员防护服的典型三元系统(阻燃外壳、防潮层和热衬里)的结构和功能。Mäkinen[29]评述了消防员服装的新材料和新技术,包括带有可穿戴电子设备的原型服装,如可记录佩戴者心率或监控消防员即时环境的传感器。Dolez和Vu-Khanh[30]也描述了消防员服装所用材料的研究进展,包括改进隔热和防潮材料的发展。

对高压蒸汽和热水的防护方法与材料的研究表明,与单层服装相比,能够提供拒水性和更好隔热性的多层织物系统更有利用价值[31,32]。通过使用含有拒水、透湿膜和不透液涂层的层压织物,可以实现针对某些热危害(蒸汽、热水)的保护所需的拒水性。将这些膜或涂层施加到合适的阻燃外壳织物上,并且通过涂层形成材料的最外层表面(如阻燃氯丁橡胶雨衣)。防护服材料也使用拒油拒水整理剂,以防使用中产生液体沾污,并改善清洗时的污渍去除。

已经有人研究了将相变材料结合到织物层中,用于热防护服以吸收来自潜在热危害的热能[33-35]。同样,Congalton 研究了在服装系统中使用形状记忆合金可以在热暴露环境中产生并且保持绝缘层或气隙[36],但仍处于试验阶段,原因是材料对预计的热危害反应缓慢,试验期间预期烧伤的改善很小,未能通过现有性能指标的检验,比现有材料更昂贵,且用于维持防护服所采用的正常清洁程序的耐受性有限。

Victor Group Inc. 和 Sparlings Sportswear Mfg 研究了从加拿大石油工业收集的旧工作服回收的芳纶。工作服的面料最初由 Victor Group 以 ECOshield® 上市销售,目前以 General Recycled™ 的形式出售,是一种 20%再生纤维、67%新芳纶、12%改性聚丙烯腈纤维和 1%抗静电纤维组成的混纺织物。回收芳纶用于针织物和机织物,并且据报道,可满足如 CAN/CGSB 155.20(针对碳氢化合物闪燃防护工作服)的性能规范要求[37]。防护服市场回收芳纶的接受程度一直很低。随着对环境问题的关注,以及对进入垃圾填埋场的废旧芳纶服装量的了解,情况可能会发生变化。

9.5 适用性:耐用性和可维护性

人们会担心防护服反复使用和清洗后能否保持防护性能。织物和服装生产商提供了详细的清洁说明,包括确保最佳使用性能所需的预防措施(如最高洗涤温度,洗涤用品如漂白剂和柔软剂的限制)。同样,服装标签上也标明了预期寿命(如 50 次洗涤),超过该标注,性能就不确定了。一般认为,从开始工作起,在衣物上积聚的工作场所污染物不足以使衣物的防护性能失效,只需定期清洁,以确保防护服的性能。研究表明,情况并非如此[38-42],在可能发生易燃物质污染的情况下,对污染区域进行额外的预处理和使用液体洗涤剂对恢复芳纶织物、芳纶/阻燃黏胶纤维混纺织物和阻燃棉织物的阻燃性非常重要(图 9.2)。在实际使用中,可能还需要采取防护性措施以排除易燃污染物,因此有时会穿上阻燃雨衣。在非常寒冷的气候中,当防护服穿戴在可能不经常清洗的外套如皮大衣外时,就会出现另外的问题。对于这些不常清洗的外套来说,易燃污染物可能会随着使用而累积,从而随着时间的推移变得难以或不可能清除。

Loftin[44] 参照包括 ASTM 有关防火、隔热和防电弧衣物的工业和家庭洗涤指南

(ASTM F1449[45] 和 ASTM F2757[46])在内的标准，对防护服的护理和维护提出建议。类似的技术报告和防护服的保养及维护建议有 ISO/TR 2801[47] 和 CAN/CGSB-155.21[48]。其他研究人员研究了防护服对使用过程中的物理磨损以及热辐射的耐久性[49-51]，建议应当在视觉检查到保护性可能降低时就让服装退役。El Aidani 等[52,53]研究了热老化和光化学老化对消防服防潮层的影响，以预测防护服的使用寿命，并对这些服装的储存和保养提出了建议。他们发现，加速的光化学老化可能导致 ePTFE 膜中蒸发孔的闭合，而热老化可能导致气孔的闭合或裂缝的形成，并丧失阻隔水分的功能。

图 9.2　穿过的阻燃套装切成两半，只清洗一半，以显示清洁去除油污的有效性

Rossi 等[54]研究了常用于消防员防护服中六种织物组合的热和力学性能，经热暴露后，得到的值一般低于原始状态，热对力学性能的影响大于热保护性能。在两种情况下，材料发生可见的变化之前降解就开始了，最终用户可能意识不到潜在的危险。

9.6　性能标准和测试方法的开发

工作场所的危害决定了所需的防护措施，并规定了适用于各种用途的纺织品和防护服装的测试。像铸造厂这样的特定工作场所需要隔热和防火，但在过去的 30 年里，评估阻燃和热防护性能而开发的工作服和测试方法在不断规范中（辐射、对流、热液体和蒸汽）。

国际标准化组织（ISO）是制定消防和工业防护服性能和测试标准的国际标准组织。大约 70 个国家参加了 ISO 的技术委员会（94 个）、小组委员会[（13 个防护服）和（14 个消防员防护装备）]，委员会的成员代表各自的国家标准机构负责对 ISO 的技术委员会准备的方案作出答复，反过来，各国家的标准机构或区域机构可选择采用 ISO 标准作为其国家或区域标准。例如，欧洲采用 ISO 标准将成为“EN

ISO”标准,英国采用则成为“BS EN ISO”,或简称为“BS ISO”,加拿大采用 ISO 标准将成为“CAN/ISO”标准。

美国的 ASTM 国际组织和 NFPA(国家消防协会)都制定了国家的测试和性能标准。虽然不是真正的国际标准,但其中一些标准已被许多国家使用,并可在各国的标准中引用,但其他国家的标准机构不得将其作为国家标准公布。

Haase[55,56]回顾了防火服装标准和法规,Shaw[57]讨论了在选择防护服材料时使用的标准,Horrocks[58]列出了许多用于阻燃纺织品的标准测试方法。

9.6.1 热防护测试

Crown 等[59]对几种测量阻燃材料热传导的方法进行了比较分析,重点研究了暴露在高温下的热收缩效应。研究表明,尽管大多数热防护测试采用平面几何形状,但使用圆柱形测试仪能更好地解释在热假人测试中的材料收缩效应。Lawson 等[12]证明了水分对传热的影响(见 9.3 节),在传热的标准测试中,没有将水分的使用纳入试验。

9.6.2 火焰防护测试

Dale 等[60]研究了用于评估热保护的全尺寸假人模型测试开发。目前,全世界有多达 12 个这样的测试设施,测试方法已经标准化为 ISO 13506[61]和 ASTM F1930[62]。Crown 和 Dale[4]讨论了实验室尺寸和全尺寸(即假人模型)测试,并建议在热防护测试时,只有采用完整的服装或服装系统测试才能接近真实情况,还指出,在假人模型测试中,几个测试变量会影响仪器假人的检测结果。Camenzind 等[63]对防护服火焰吞噬评价的假人模型测试标准(ISO 13506[61])进行了描述,这种方法和 ASTM F1930[62]类似,在评估消防员服装以及存在潜在闪燃危险行业的工作服时,得到了广泛应用。

Song 等[64]建立了热防护服暴露在闪燃状态下水分传递的数值模型,该模型假设纺织品为多孔介质。研究表明,该模型可用于预测防护织物的热响应和防护服装系统中空气间隙的影响。Li 等[65]分析了闪燃条件下热收缩的影响。

Rossi 等[66]提出,利用总转移能量来评估火焰吞噬假人模型测试中的保护效果,而不是烧伤损伤预测的方法。这一概念将纳入目前对 ISO 13506 的修订版本。ISO 13506 分为两部分,第 1 部分将侧重于不考虑身体烧伤的总转移能量的测定,

第2部分将采用皮肤烧伤模型使用第1部分的数据来预测烧伤损伤。

Hummel等[67,68]已开发出由假人模型手组成的测试装置来评估防护手套。而其他人则专注于姿势可调节的假人模型,以便将动作对服装可燃性和/或热防护性的影响结合进来[65]。

9.6.3 针对蒸汽和热液体防护的测试

Desruelle和Schmid[69]开发了一套工具,用来研究暴露于热水和蒸汽环境下对人体生理的影响,以评估织物在蒸汽压力下的防护能力。然而,该项工作需要很长时间,其过程中皮肤可能被损伤,并且将皮肤表面保持在恒定温度是不切实际的。Rossi等[70]和Keiser等[15]发现蒸汽防护取决于被测试样品对水蒸气的渗透性、隔热性和被测样品的厚度。和Lawson等[12]一样,他们也发现织物中水分的存在可能对防护产生积极或消极的影响。

Sati[71]和Ackerman[31]等描述了用于评估针对高压蒸汽防护的服装材料的设备和测试规程,Sati等发现具有高透气性和低水蒸气扩散阻力的单层织物对蒸汽危害的防护很少或根本没有防护,含有防潮层的织物系统,可以是对水气半透过的或者是不透过的,这由防护性决定,此外,他们还发现织物的厚度和密度等参数会影响与蒸汽相关的传热机制。根据试验结果,Ackerman等提出了蒸汽防护材料可能的防护性能水平。

Jalbani等[32]开发了一种用于评估低压热水喷射防护的测试设备和规程,报告了现行标准(ASTM F2701[72])中的一些局限性以及对新仪器的改进,包括更一致的温度和流速,以及测试结果的重现性。Lu等[73,74]报道了利用开发的热液测试设备进行防护服的研究,并对织物系统进行了防钻井液和石油等热液防护的评估。Lu等[75,76]描述了使用一种喷雾假人模型来分析服装的防热液体性能。研究表明,保持衣服和身体之间的气隙对于防护至关重要。

9.7 发展趋势

长期以来,不断发现具有改善舒适性的防护材料,是开发用于个人防护的新型纺织品的主要动力之一。目前的研究重点是独特的纤维混纺材料比单一纤维材料具有更好的热性能、耐久性和舒适性。此外,还要对织物的结构进行控制(如在机织或针织结构中引入空隙),以尽可能并适当地减少服装系统的总体质量、体积和硬度,并提供足够防护的空气间隙。无论如何改进,材料提供的防护是最重要的,因此,实际情况阻碍了许多专门为改善舒适性而开发的新材料的使用,并被广泛用于户外服装和运动服(如吸湿排汗、高透气性防水膜、高弹性和超轻质织物)。相变材料作为吸收热能的一种方法仍在研究中,它可以减少建筑物中消防员服装隔热层的体积。通过合适的服装设计,形状记忆合金也可以为石油和天然气行业的工人提供轻便的防护服装。在这些行业中,意外但可能暴露于高压蒸汽和热液体的冷凝物是一个需要持续关注的问题。

参考文献

[1] Barker J, Boorady LM, Lin S, Lee Y, Esponnette B, Ashdown SP. Assessing user needs and perceptions of firefighter PPE. In: *Performance of protective clothing and equipment: emerging issues and technologies*, vol. 9. West Conshohocken, PA: American Society for Testing and Materials; 2012. p. 158-75. ASTM STP 1544.

[2] Boorady LM, Barker J, Lee Y, Lin S, Cho E, Ashdown SP. Exploration of firefighter turnout gear part 1: identifying male firefighter user needs. *J Text Apparel Technol Manag* 2013;8(1):1-13.

[3] Anon. Personal protective equipment for the oil and gas industry. *Text J* 2013; 130(2):31-8.

[4] Crown EM, Dale JD. Protection for workers in the oil and gas industries. In: Scott RA, editor. *Textiles for protection*. Cambridge: Woodhead Publishing; 2005. p. 699-713.

[5] Gonzalez JA, Rizvi SA, Crown EM, Smy PR. A modified version of proposed ASTM F23. 20: correlation with human body experiments on static propensity. In: *Performance of protective clothing*, vol. 6. West Conshohocken, PA: American Society for Testing and Materials; 1997. p. 47-61. ASTM STP 1273.

[6] Gonzalez JA. Electrostatic protection. In: Scott RA, editor. *Textiles for protection*. Cambridge: Woodhead Publishing; 2005. p. 503-28.

[7] Rizvi SAH, Crown EM, Osei-Ntiri K, Smy PR, Gonzalez JA. Electrostatic char-

acteristics of thermal-protective garments at low humidity. *J Textil Inst* 1995;86(4):549-58.

[8] Rizvi SAH, Crown EM, Gonzalez JA, Smy PR. Electrostatic characteristics of thermal-protective garment systems at low humidities. *J Textil Inst* 1998; 89 (4): 703-10.

[9] Gonzalez JA, Rizvi SA, Crown EM, Smy P. A laboratory protocol to assess the electrostatic propensity of protective clothing systems. *J Textil Inst* 2001;92(1):315-27.

[10] Grant TL, Crown EM. Electrostatic properties of thermal-protective systems. Part I: simulation of garment-layer separation. *J Textil Inst* 2001; 92 (3/3): 395-402.

[11] Grant TL, Crown EM. Electrostatic properties of thermal-protective systems. Part 2: the effects of triboelecrtic parameters. *J Textil Inst* 2001;92(3/3):403-7.

[12] Lawson LK, Crown EM, Ackerman MY, Dale JD. Moisture effects in heat transfer through clothing systems forwildlands firefighting. *Int J Occup Saf Ergon* 2004; 10(3):227-38.

[13] Williams WJ. Physiological impact of flame resistant clothing: managing heat stress. In: Kilinc FS, editor. *Handbook of fire resistant textiles*. Oxford: Woodhead Publishing; 2013. p. 434-55.

[14] Keiser C, Becker C, Rossi RM. Moisture transport and absorption in multilayer protective clothing fabrics. *Textil Res J* 2008;78(7):604-13.

[15] Keiser C, Wyss P, Rossi RM. Analysis of steam formation and migration in firefighters' protective clothing using X-ray radiography. *Int J Occup Saf Ergon* 2010;16(2):217-29.

[16] Ilmarinen R, Makinen H, Lindholm H, Punakallio A. Thermal strain in fire fighters while wearing task-fitted versus EN 469-2005 protective clothing during a prolonged rescue drill. *Int J Occup Saf Ergon* 2008;14(1):7-18.

[17] Rossi R. Characterizing comfort properties of flame resistant fabrics and garments. In: Kilinc FS, editor. *Handbook of fire resistant textiles*. Oxford: Woodhead Publishing; 2013. p. 415-33.

[18] Rossi R. Interactions between protection and thermal comfort. In: Scott RA,

editor. *Textiles for protection*. Cambridge:Woodhead Publishing; 2005. p. 233-60.

[19] Yu S,Strickfaden M,Crown E,Olsen S. Garment specifications and mock-ups for protection from steam and hot water. In:*Performance of protective clothing and equipment:emerging issues and technologies*, vol. 9. West Conshohocken,PA:American Society for Testing and Materials; 2012. p. 290-307. ASTM STP 1544.

[20] Bajaj P. Heat and flame protection. In: Horrocks AR, Anand S, editors. *Handbook of technical textiles*. Oxford:Woodhead Publishing; 2000. p. 223-63.

[21] Burrow T. Flame resistant manmade cellulosicfibres. In: Kilinc FS, editor. *Handbook of fire resistant textiles*. Oxford:Woodhead Publishing; 2013. p. 221-44.

[22] Cardamone JM. Flame resistant wool and wool blends. In: Kilinc FS, editor. *Handbook of fire resistant textiles*. Oxford:Woodhead Publishing; 2013. p. 245-71.

[23] Joseph P, Tretsiakova-Mcnally S. Chemical modification of natural and synthetic fibres to improve flame retardancy. In:Kilinc FS,editor. *Handbook of fire resistant textiles*. Oxford:Woodhead Publishing; 2013. p. 37-67.

[24] Yang CQ. Flame resistant cotton. In:Kilinc FS,editor. *Handbook of fire resistant textiles*. Oxford:Woodhead Publishing; 2013. p. 177-220.

[25] Mäkinen H. Flame resistant textiles for molten metal hazards. In:Kilinc FS, editor. *Handbook of fire resistant textiles*. Oxford: Woodhead Publishing; 2013. p. 581-602.

[26] Hoagland H. Flame resistant textiles for electric arc flash hazards. In:Kilinc FS, editor. *Handbook of fire resistant textiles*. Oxford: Woodhead Publishing; 2013. p. 549-80.

[27] Li S,Spoon J,Greer JT,Cliver JD. Flame resistant textiles for flash fires. In: Kilinc FS, editor. *Handbood of fire resistant textiles*. Oxford: Woodhead Publishing; 2013. p. 501-19.

[28] Rossi R. Clothing for protection against heat and flames. In:Wang F,Gao C, editors. *Protective clothing: managing thermal stress*. Cambridge: Woodhead Publishing; 2014. p. 70-89.

[29] Mäkinen H. Firefighters' protective clothing. In: Horrocks AR, Price D, editors. *Advances in fire retardant materials*. Cambridge: Woodhead Publishing; 2008. p.

467-91.

[30] Dolez PI, Vu-Khanh T. Recent developments and needs in materials used for personal protective equipment and their testing. *Int J Occup Saf Ergon* 2009; 15(4): 347-62.

[31] Ackerman MY, Crown EM, Dale JD, Murtaza G, Batcheller J, Gonzalez JA. Development of a test apparatus/method and material specifications for protection from steam under pressure. In: *Performance of protective clothing and equipment: emerging issues and technologies*, vol. 9. West Conshohocken, PA: American Society for Testing and Materials; 2012. p. 308-28 ASTM STP 1544.

[32] Jalbani SH, Ackerman MY, Crown EM, Van Keulen M, Song G. Apparatus for use in evaluating protection from low pressure hot water jets. In: *Performance of protective clothing and equipment: emerging issues and technologies*, vol. 9. West Conshohocken, PA: American Society for Testing and Materials; 2012. p. 329-39. ASTM STP 1544.

[33] Pause BH. New heat protective garments with phase change material. In: Nelson CN, Henry NW, editors. *Performance of protective clothing: issues and priorities for the 21st century*, vol. 7. West Conshohocken, PA: American Society for Testing and Materials; 2000. p. 3-13. ASTM STP 1386.

[34] Rossi RM, Bolli WP. Phase change materials for improvement of heat protection. *Adv Eng Mater* 2005; 7(5): 368-73.

[35] Mccarthy LK, Di Marzo M. The application of phase change material in fire fighter protective clothing. *Fire Tech* 2012; 48(4): 841-64.

[36] Congalton D. Shape memory alloys for use in thermally activated clothing, protection against flame and heat. *Fire Mater* 1999; 23(5): 223-6.

[37] CAN/CGSB-155. 20-2000. *Workwear for protection against hydrocarbon flash fire*. Ottawa: Canadian General Standards Board; 2000.

[38] Crown EM, Feng A, Xu X. How clean is clean enough? Maintaining thermal protective clothing under field conditions in the oil and gas sector. *Int J Occup Saf Ergon* 2004; 10(3): 247-54.

[39] Mettananda CVR, Crown EM. Quantity and distribution of oily contaminants present in flame-resistant thermal-protective textiles. *Textil Res J* 2010; 80(9): 803-13.

[40] Mettananda CVR, Torvi DA, Crown EM. Characterization of the combustion process of flame resistant thermal protective textiles in the presence of oily contaminants: effects of contamination and decontamination. *Textil Res J* 80(10):917-34.

[41] Mettananda CVR, Crown EM. Effects of oily contamination and decontamination on the flame resistance of thermal protective textiles. *Fire Mater* 35(5):329-342.

[42] Stull J, Dodgen CR, Connor MB, Mccarthy RT. Evaluating the effectiveness of different laundering approaches for decontaminating structural fire fighting protective clothing. In: Johnson JS, Mansdorf SZ, editors. *Performance of protective clothing*, vol. 5. West Conshohocken, PA: American Society for Testing and Materials; 1996. p. 447-68. ASTM STP 1237.

[43] Kerr N, Batcheller JC, Crown EM. Care and maintenance of cold weather protective clothing. In: Williams J, editor. *Textiles for cold weather apparel*. Oxford: Woodhead Publishing; 2009. p. 274-301.

[44] Loftin D. Care and maintenance of fabrics used for flame resistant personal protective equipment (PPE). In: Kilinc FS, editor. *Handbook of fire resistant textiles*. Oxford: Woodhead Publishing; 2013. p. 94-107.

[45] ASTM F1449-08. *Standard guide for industrial laundering of flame, thermal and arc resistant clothing*. West Conshohocken, PA: ASTM International; 2008.

[46] ASTM F2757-09. *Standard guide for home laundering care and maintenance of flame, thermal and arc resistant clothing*. West Conshohocken, PA: ASTM International; 2009.

[47] ISO/TR 2801:2007. *Clothing for protection from heat and flame - general recommendations for selection, care and use of protective clothing*. Geneva: International Organization for Standardization; 2007.

[48] CAN/CGSB-155. 21-2000. *Recommended practices for the provision and use of workwear for protection against hydrocarbon flash fire*. Ottawa: Canadian General Standards Board; 2000.

[49] Cinnamon ML. *Post use analysis of firefighter turnout gear: phase III*. unpublished master's thesis, University of Kentucky; 2013.

[50] Rezazadeh M, Torvi DA. Assessment of factors affecting the continuing per-

formance of firefighters' protective clothing: a literature review. *Fire Tech* 2011;47(3): 565-99.

[51] Rezazadeh M, Torvi D. Non-destructive test methods to assess the level of damage to firefighters' protective clothing. In: *Performance of protective clothing and equipment: emerging issues and technologies*, vol. 9. West Conshohocken, PA: American Society for Testing and Materials; 2012. p. 202-26. ASTM STP 1544.

[52] ElAidani R, Dolez PI, Vu-Khanh T. Effect of thermal aging on the mechanical and barrier properties of an e-PTFE/Nomex® moisture membrane used in firefighters' protective suits. *J Appl Polymer Sci* 2011;121(5):3101-10.

[53] El Aidani R, Nguyen-Tri P, Malajati Y, Lara J, Vu-Khanh T. Photochemical aging of an e-PTFE/Nomex® membrane used in firefighter protective clothing. *Polymer Degrad Stabil* 2013;98(7):1300-10.

[54] Rossi R, Bolli W, Stampfli R. Performance of firefighters' protective clothing after heat exposure. *Int J Occup Saf Ergon* 2008;14(1):55-60.

[55] Haase J. Standards for protective textiles. In: Scott RA, editor. *Textiles for protection*. Cambridge: Woodhead Publishing; 2005. p. 31-60.

[56] Haase J. Fire resistant clothing standards and regulations. In: Kilinc FS, editor. *Handbook of fire resistant textiles*. Oxford: Woodhead Publishing; 2013. p. 364-414.

[57] Shaw A. Steps in the selection of protective clothing materials. In: Scott RA, editor. *Textiles for protection*. Cambridge: Woodhead Publishing; 2005. p. 90-116.

[58] Horrocks AR. Regulatory and testing requirements for flame-retardant textile applications. In: Alongi J, Horrocks AR, Carosio F, Malucelli G, editors. *Update on flame retardant textiles: state of the art, environmental issues and innovative solutions*. Shawbury, UK: Smithers Rapra; 2015. p. 53-122.

[59] Crown E, Dale J, Bitner E. A comparative analysis of protocols for measuring heat transmission through flame resistant materials: capturing the effects of thermal shrinkage. *Fire Mater* 2002;26(4-5):207-13.

[60] Dale J, Crown E, Ackerman M, Leung E, Rigakis K. Instrumented mannequin evaluation of thermal protective clothing. In: McBriarty JP, Henry NW, editors. *Performance of protective clothing*, vol. 4. West Conshohocken, PA: American Socie-

ty for Testing and Materials; 1992. p. 717-33. ASTM STP 1133.

[61] ISO 13506:2008. *Protective clothing against heat and flame - test method for complete garments - prediction of burn injury using an instrumented manikin*. Geneva: International Organization for Standardization; 2008.

[62] ASTM F1930-15. *Standard test method for evaluation of flame resistant clothing for protection against fire simulations using an instrumented manikin*. West Conshohocken, PA: ASTM International; 2015.

[63] Camenzind MA, Dale DJ, Rossi RM. Manikin test for flame engulfment evaluation of protective clothing: historical review and development of a new ISO standard. *Fire Mater* 2007;31(5):285-95.

[64] Song G, Chitrphiromsri P, Ding D. Numerical simulations of heat and moisture transfer in thermal protective clothing under flash fire conditions. *Int J Saf Ergon* 2008; 14(1):80-106.

[65] Li X, Lu Y, Zhai L, Wang M, Li J, Wang Y. Analyzing thermal shrinkage of fire-protective clothing exposed to flash fire. *Fire Tech* 2015;51(1):1-17.

[66] Rossi RM, Schmid M, Camenzind MA. Thermal energy transfer through heat protective clothing during a flame engulfment test. *Textil Res J* 2014;84(13):1451-60.

[67] Hummel A, Barker R, Lyons K, Deaton AS, Morton-Aslanis J. Development of instrumented manikin hands for characterizing the thermal protective performance of gloves in flash fire exposures. *Fire Tech* 2011;47(3):615-29.

[68] Hummel A, Barker R, Lyons K, Deaton AS, Morton-Aslanis J. Developing a thermal sensor for use in the fingers of the PyroHands fire test system. In: *Performance of protective clothing and equipment: emerging issues and technologies*, vol. 9. West Conshohocken, PA: American Society for Testing and Materials; 2012. p. 176 - 87. ASTM STP 1544.

[69] Desruelle AV, Schmid B. The Steam Laboratory of the Institut de Médicine Naval du Service De Santé des Armées: a set of tools in the service of the French Navy. *Eur J Appl Physiol* 2004;92(6):630-35.

[70] Rossi R, Indelicato E, Bolli W. Hot steam transfer through heat protective clothing layers. *Int J Occup Saf Ergon* 2004;10(3):239-45.

[71] Sati R, Crown EM, Ackerman MY, Gonzalez J, Dale JD. Protection from steam at high temperatures: development of a test device and protocol. *Int J Saf Ergon* 2008; 14 (1): 29–42.

[72] ASTM F2701–08. *Standard test method for evaluating heat transfer through materials for protective clothing upon contact with a hot liquid splash*. West Conshohocken, PA: ASTM International; 2008.

[73] Lu Y, Song G, Ackerman MY, Paskaluk SA, Li J. A new protocol to characterize thermal protective performance of fabrics against hot liquid splash. *Exp Therm Fluid Sci* 2013; 46: 37–45.

[74] Lu Y, Song G, Zeng H, Zhang L, Li J. Characterizing factors affecting the hot liquid penetration performance of fabrics for protective clothing. *Textil Res J* 2014; 84 (2): 174–86.

[75] Lu Y, Song G, Li J. Analysing performance of protective clothing upon hot liquid exposure using instrumented spray manikin. *Ann Occup Hyg* 2013; 57(6): 793–804.

[76] Lu Y, Song G, Li J, Paskaluk S. Effect of an air gap on the heat transfer of protective materials upon hot liquid splashes. *Textil Res J* 2013; 83(11): 1156–69.

10 救生技术纺织品

D. A. Holmes[1], A. R. Horrocks[2]

[1] 霍威奇朗沃斯路 65 号,英国博尔顿

[2] 博尔顿大学,英国博尔顿

10.1 引言

救生用技术纺织品首先强调的是保护人类生命。服装提供的是保护,纺织面料是所有防护服和其他防护纺织品的关键。作为穿着者和潜在伤害源之间的安全屏障,织物的特性决定事故受害者所遭受的伤害程度。本章补充了第 8 章关于热和火焰的防护,第 9 章侧重于工业防护。感兴趣的读者还可以阅读参考书目中列出的内容,特别是由 Scott 编辑发表于 2005 年的文章❶,Vukušić❷在 2013 年发表的文章以及 Wang 和 Gao❸ 在 2014 年发表的文章。

工业革命以来,由于技术的发展,人类所面临的危害大大增加,例如,在工作场所和战场上。针对这些危险源的防护需要与针对自然力量和因素的防护是并行的。然而,穿着者可能暴露的危险通常是特定环境所特有的,并且可能需要针对若干危险源进行保护。20 世纪 80~90 年代,对于开发各种民用和军用的职业防护服进行了广泛的研究[1]。美国海军服装和纺织品研究机构在 30 多年前进行了一项研究,以确定未来暴露于潜在和实际危险环境的水手服装的要求[2]。结果表明,对于各种潜在的危险,需要一系列防护服套装,并没有针对这些危害的单一或简单的解决方案。已经设计了机织物、针织物和非织造织物以满足特定

---

❶ Scott RA, editor. *Textiles for protection*. Cambridge: Woodhead Publishing; 2005.

❷ Vukušić SB. *Functional protective textiles*. Zagreb: University of Zagreb (published with the support of an EU project); 2013, ISBN: 978-953-7105-45-7.

❸ Wang F, Gao C, editors. *Protective clothing: managing thermal stress*. Cambridge: Woodhead Publishing Series in Textiles, Woodhead Publishing; 2014.

的需求，通常将它们在给定的服装系统内组合成复合织物或多层织物[1]。

为了使防护系统取得成功，设计师需要从开发的最初阶段，就与质保和生产人员以及潜在客户和用户密切合作[3]。文献中特别提到的防护性技术纺织品包括：帐篷、头盔、手套（手部和手臂保护）、睡袋、救生袋和救生衣、防火服装、耐热服装、消防员的防护服、防弹背心、生化防护服、防爆背心、防闪光面罩和手套、熔融金属防护服、漂浮背心、军事防护服（包括防低温套装和管道式暖气服装）、潜艇救生服、潜水服和潜水衣、救生筏、尿布、防暴露工作服、北极和南极生存套装、绳索和安全带等。制作的防护服和其他产品所针对的以及文献中专门提到的职业和活动包括民事紧急情况（火灾、警察、安全）、国防（军事的、海上和空中），体育（包括极限运动）、工业防护服（包括商业运输、渔业和近海）以及医疗保健应用。

所有服装和其他纺织产品都为人体提供了一定程度的保护，所需的保护程度和类型取决于时间参数。生存的危险可分为两大类：

①事故：这些事故涉及短期暴露于极端环境。

②暴露于危险环境：这涉及长时间暴露于比那些通常与事故或灾害有关的比较温和的环境。

需要进行防护的事故有[2,4-6]：火灾、爆炸（包括烟雾和有毒烟雾）、各种类型的武器攻击（如弹道导弹、核、化学、生物）、溺水、低体温症、熔融金属、化学试剂、有毒蒸气、（弹道）冲击和物理冲击。

需要进行长期防护的有[2,4]：恶劣天气、极度寒冷、雨、风、化学试剂、核试剂、高温、熔融金属飞溅、微生物制剂、灰尘（如石棉，放射性微粒等）。

显然，短期和长期接触的危害之间并没有明确的分界线，某些危害可能同属于这两类。

近20年公布的数据主要集中在消防员和其他公用事业、军队和医务人员使用的高性能产品上[7]，不包括运动服和恶劣天气服装。那时整个市场规模有2亿多平方米的织物，现在已经大幅增加。2004年的一项研究表明，防护性纺织品市场约占整个技术纺织品市场的1.4%，估计价值为52亿美元[8]。然而，欧盟市场2010年个人防护用纺织品的规模估计为100亿欧元，这表明防护纺织品市场在相对较短时期内显著增长[9]，非织造织物在这一市场的占比正在增加。欧洲防护服市场以显著的速度继续扩张，但大部分的扩张是军事和公用事业应用之外的。在医疗领域的应用中,非织造织物正逐渐取代更多传统的机织物和针织物,因为非织造织物能够更好地满足顾客对性能和成本的要求。高性能纤维供应商将来会在发展中国家找到更多的机会,因为发展中国家对防护性纺织品的需求反映了人口的增长。表 10.1 显示了欧洲 1996 年防护服装织物的消费量,虽然过时,但说明了自那时以来防护服在各领域的相对比例[7]。

表 10.1 1996 年欧洲防护服织物消费($\times10^6 m^2$)[7]

产品功能	织物种类	公共设施	军事领域	医药领域	工业,建筑业,农业	汇总
阻燃,高温	机织/针织	5	2	—	15	22
	非织造	—	—	—	—	—
	总计	5	2	—	15	22
防灰尘与颗粒物	机织/针织	—	—	12	22	34
	非织造	—	—	62	10	72
	总计	—	—	74	32	106
天然气和化学品	机织/针织	1	1	—	4	6
	非织造	3	—	—	47	50
	总计	4	1	—	51	56
核辐射,生物,化学品	机织/针织	—	2	—	—	2
	非织造	—	2	—	—	2
	总计	—	4	—	—	4
极寒	机织/针织	—	1	—	2	3
	非织造	—	—	—	—	—
	总计	—	1	—	2	3
高可见度	机织/针织	11	1	—	3	15
	非织造	—	—	—	—	—
	总计	11	1	—	3	15
总计	机织/针织	17	7	12	46	82
	非织造	3	2	62	57	124
	总计	20	9	74	103	206

10.2 短期(事故)防护

10.2.1 溺水和极端低温防护

低体温症被称为“毫无准备的杀手”,是一种身体散发的热量超过通过食物、运动和外部来源获得的热量时发生的情况,劳累或暴露于潮湿和刮风的环境,会增加这种风险,低体温症是气候恶劣地区的主要死因,像阿拉斯加[10]。北海石油和天然气行业记录了发生在1972~1984年期间100多起“人员落水”事故,导致30人死亡,证明了海水浸泡所带来的风险。在北海,一年有9个月海水的平均温度低于10℃,其余3个月的海水温度很少超过15℃。因此,早期和短期存活是主要的考虑因素[11]。已经开发了各种用于预防体温过低的策略,包括使用漂浮物和热保护装置。美国海军的工作服可为人员在意外和紧急浸入冷水的情况下提供浮力和隔热,这可为人员在涌动的海水中提供70~85min的救生时间[12]。

国际海上生命安全公约(SOLAS)的所有140名成员都要求在船上携带热保护辅助设备(TPA)作为标准装备,以防船舶失事,并且所要求的热防护是针对寒冷,以防止体温过低。由杜邦公司生产的纺粘聚烯烃纤维织物Tyvek®,经过铝化处理并制成救生衣[13]和救生袋[14],符合SOLAS标准,这些套装也可用于北极的紧急情况[13]。用Tyvek生产的隔热工作服也被用于许多商船和多家飞行极地航线的航空公司,以防飞机迫降到北极冰层上[15]。

个人水上运动艇的使用正以每年40%的速度增长,因此,对特殊设计的漂浮背心的需求也有所增加,每年销售大约150,000件[16]。杜邦公司声称,他们的高强度纱线可用于此类产品,长时间暴露在阳光下和紫外线辐射后仍能保持强度和防紫外线性能。其中一家领先的制造商声称,由这种纱线制成的漂浮产品远远超过美国海岸警卫队的防护和耐久性标准。美学对于这个市场也很重要,用尼龙纱线生产的织物可以染出色彩鲜艳、设计精美的产品[16]。

10.2.2 防弹防护

纺织纤维由于高韧性、高弹性模量和低密度,能够吸收大量能量,非常有效地用于针对子弹碎片的防护,研究重点是选择最好的纤维和最好的构造(见第6

章)[17]。目前,最常用和传统使用的是玻璃纤维和尼龙 66,最新的是芳纶(如 Kevlar®和 Twaron®)、超高分子量(UHMW)聚乙烯纤维(Dyneema®和 Spectra®)以及更近期推出的聚(对亚苯基-2,6-苯并噁唑)纤维或 PBO Zylon®纤维,它的强度和模量几乎是 Kevlar 的两倍,且分解温度高 100℃[17]。除了用于防弹衣和防弹背心等外,还用于头盔,并与陶瓷衬垫一起提供足以阻挡高速步枪子弹的装甲[17,18]。目前,上述软质人体防弹装甲的专业变体包括用于软装甲的 Kevlar® XP、Twaron® CT(高韧性)、Dyneema® SB 和 HB。

防爆背心常见的是由对位芳香族聚酰胺纤维制成,如 Kevlar(DuPont)和 Twaron(AKZO)的对位芳香族聚酰胺纤维以及高韧性超高分子量聚乙烯纤维。需要不同的织物结构来防止低速和高速子弹,由对位芳纶制成的纱线具有出色的弹性和拉伸性能以及极高的韧性(≥2N/tex 或≥3GPa),具有最佳的弹道冲击弹性。除了防弹性之外,受到冲击的区域通过变形的方式吸收能量也是非常重要的。

高性能聚烯烃纤维,如 Dyneema 和 Spectra 超高分子量聚乙烯,用于生产针刺非织造布[20]。据称,该非织造布通过形变而非纤维断裂来吸收抛射物能量,可提供出色的防子弹和防尖刺保护,与机织物和单向面料的情况一样。由于这种织物重量轻、密度低、结构薄,在正常的军事服役期间,几乎感觉不到防弹背心的存在。然而,需要非常仔细地优化非织造布的结构。理想的非织造布需要有长短纤维的高度缠绕,而且具有最低程度的针刺。过多的针刺会在结构中产生过多的纤维贯穿排列,有利于子弹穿透。单位面积质量非常低的非织造布可能是最有效的防弹材料,但随着质量的增加,机织物的性能优于非织造布[19]。

最近有报道评述了防弹服装的结构及其如何随着威胁类型和用户而改变,以及国家、国际对防弹服装的规范和测试方法[21]。

10.2.3 防火防护

关于纤维选择和织物结构以及服装设计的基本问题,在第 8 章和第 9 章中有更全面的讨论。这里仅提供普遍规律,以便从整体上更全面地讨论防护纺织品。

意外暴露于高温和火焰是石油化工和采矿业工人的主要危害之一,在这些行业中,经常暴露于潜在的易燃燃料。特别是海上石油和天然气钻井平台工人,不仅面临这种危险,而且还需要进行预防,因此需要具有耐火特性和防水防油性的防护服装。闪燃是一个特殊问题,因为闪燃通常极其强烈,强度类似于所谓的“跳火”

的火灾条件(通常为 50~100kW/m^2),但闪燃的持续时间非常短,通常<3s[21]。相比之下,涉及煤尘和甲烷的模拟矿井爆炸持续时间为 2.2~2.6s,达到 130~330kW/m^{2}的最大热通量水平。从飞机或车辆碰撞的燃料泄漏的逃生时间是 3~10s,热通量强度峰值在 167~226kW/m^2。在 330kW/m^2 的热通量下达到二度烧伤的预计时间仅为 0.07s,引入仅 0.5mm 厚的材料即可将保护时间显著延长至比跳火或爆炸时间更长。然而,危险在于身体没有被衣服遮盖的部分,统计数据证实,美国 75%的消防员在事故中受伤的都是手部和脸部[22]。

耐热和阻燃纺织品广泛用于防火,为此,它们要能防火、防导热、防熔化和防有毒烟雾排放[6]。这些纺织品中部分是由具有固有阻燃性的传统纤维制成的(如羊毛),部分是由经阻燃整理的纤维制成的。最近开发的高性能纤维也可单独或以共混物的形式使用,其中一些可以是小部分高性能纤维和大部分常规纤维的混合物[23]。毫无疑问,含有玻璃纤维的织物具有优异的防火性能,温度高达 500℃,用于防火毯和防火屏障织物。这种织物通常与水基聚合物涂层结合,产品不会点燃、熔化、滴落、腐烂、收缩或拉伸,并且因其在火灾中的低烟雾排放和低毒性而著称。这种织物有不同种类,用于生产船舶中的家具隔栅以及飞机的货物包装以防火和烟幕[24]。

单层织物很少用于需要高等级的防火服装,包括闪燃的预防。与消防员的消防服一样,防止闪燃需要多层服装构造,其中外壳首先暴露于危险中。然而,外壳只能提供所需保护的一小部分,其主要功能是保护下面较厚的层,其中夹带的空气提供主要的热屏障。因此,烧伤等级不仅取决于所用纤维,还取决于织物结构和每层中夹带的空气。水分含量及其输运特性也可能对最终的烧伤倾向有显著影响,这些因素将在第 10.3.2 节中详细讨论。

10.2.4 防刀割与砍伤防护

第一类是防刀具和其他尖锐武器的刺伤,这里的防护服,尤其是由执法和安全机构的成员穿着,后者包括夜总会保安人员(通常称为“保安”)。第二类是防止割伤和砍伤,这是某些行业的主要危险因素,如肉类切割、伐木使用的链锯等机械切割机。

随着各种类型防弹衣的发展,包括箭刺在内的防刺历史可追溯到很久以前。其中,锁子甲即皮革或编织纺织品和金属板结合在一起提供了非常有效的保护,直到20世纪中期。Fenne对该领域进行了评述,上述内容只是主要问题的概貌[25]。犯罪中使用的刀具从简单的家用菜刀到锁刀、鞘刀、战刀、猎刀和手工刀各不相同,每把刀都有一个刀片,有一个用于穿刺的点(角度不同)和一个用于切割的刀刃。在穿刺动作中,该点刺入目标物体,刀刃切割相邻材料以帮助穿透,并且刀柄的实际动作以及刀片提供的杠杆作用增强了切割力。切割的机制是在目标材料的巨大压力(随刀片的锋利程度增加,横截面的面积减小)下引起压缩破坏。然而,对于穿刺力,目标材料的响应是开始远离刺入方向。在刺入发生时,材料本身开始开裂并且失效,在穿透之后,刀刃打开原来的孔,这个阶段通常被称为"贯穿"。针对贯穿阶段,防弹衣被设计成防止贯穿发生,并因此吸收在穿透最初阶段施加的能量。

在某种程度上,这与第10.2.2节中讨论的防弹织物的要求类似,主要区别在于没有切削力,并且由于刀尖与子弹相比截面积非常小,所以能量更高。例如,Fenne将大约8J/mm^{2}横截面能量的9mm口径手枪子弹与锋利尖刀的能量进行了比较,在击刺过程中,尖刀可以产生的能量高达100J/mm^2[25]。

设计用于防刺织物嵌板的原理类似于防弹织物的原理,其中的高强高模纤维必须采用紧密编织结构,以抵抗纱线远离刀片的运动。许多情况下,防弹衣都需要防弹和防刺,因此至少包含的纤维是相似的。此外,防弹纺织品的设计将能量扩散到更大的区域有利于防刺,贴近穿着者身体的柔性弹簧状材料例如泡沫,将进一步吸收能量,尽管这将增加整体厚度。当设计这样的系统来减少穿透时,如果护甲在击刺的初始阶段可以钝化甚至折断刀尖,则可以降低随后的切割或"贯穿"阶段风险。

通常,防刺防弹衣在构造特征上有很大不同。例如,有些防弹衣中包含位于织物层(如对位芳香族聚酰胺或超高分子量聚乙烯)之间的重叠金属或复合板,有些防弹衣是基于更柔软的芳香族聚酰胺的机织纺织品,涂有碳化硅颗粒以钝化刀尖,还有一些防弹衣是将细钨丝整合到针织物基质中。模仿古代锁子甲概念,由不锈钢或钛丝构成类似的精细锁甲结构作为防弹衣面料中的一层。显然,所得到的装甲的总重量和厚度对于穿着者的舒适性至关重要,但这主要取决于威胁的等级。

纺织品的防刺防弹衣的示例有如下几个:

①Kevlar® AS(防刺)由杜邦专有薄膜进行层压和固化的杜邦凯夫拉纤维制成的精选面料组成。

②Twaron® SRM是430g/m^{2}黏合复合材料,采用Twaron CT709机织物与硬质

碳化硅颗粒通过特殊基质黏合在一起。

③Twaron® Microflex 面密度为220g/m^2,适合中度击刺防护。

④Dyneema® SB21/31/51 是针对防弹和防刀刺的织物。

该领域中的第二类防护服,例如工业用的防割手套和防砍裤。由于防刺性不是该技术要求的重要特征,因此,能满足这些应用的是机织、针织和非织造结构的对位芳香族聚酰胺、超高分子量聚乙烯、PBO 和类似纤维的复合材料。

10.3 长期防护

防止热、火焰、熔融金属飞溅、严寒和霜冻、辐射源等是民用和国防应用的主要需求,影响需求的条件取决于具体的环境危害、防护程度、舒适度、服装的耐久性、美学以及社会因素,如立法、用户或消费者对可能危害的认识,等等。

10.3.1 极端气候条件

许多行业都需要工人在迄今为止难以忍受的天气条件下工作。自第二次世界大战以来,随着纤维、纱线、织物和服装结构的发展,以及最近对所涉及问题的更全面了解,这种情况已经有了显著改善[26]。如今,在温度低于-30℃的风、雨和雪条件下,相关人员已经能够有效地履行职责。例如,人们期望工人能够钻探冰盖下的石油,并且对抗呼气成冰的环境,这已经引起并将继续吸引纺织和服装行业越来越多的关注[27,28]。对于在并非极端条件下的工作人员来说,需要更合适的全天候服装,例如加油站服务员、勘测人员和在冬季工作的工程师,当然在严苛程度方面因地理位置而异。通常,他们使用传统的防护服装,这种服装可能比专门为此目的设计的服装更昂贵,但效果却差得多[3]。

在极端气候条件下使用的军用防护服装的设计可能很复杂,因为在给定的操作行程中环境不尽相同。有时对于防护服装部件的要求会产生冲突,这些需求促进了对新的纺织材料、装备和技术的跨学科研究。例如,为消防员设计用于隔热阻燃的纺织品和衍生服装,消防员在工作过程中会产生相当大的体热和水分,这可能导致快速的热疲劳。要克服这些冲突,需要不同学科的互动,包括纺织工程、工业工程和设计、服装设计、纺织科学和生理学。当前最重要的问题之一是设计有效且舒适的服装[29]。

价格往往是质量的代名词,但实际情况并非如此。在许多情况下,人们对高技术性能的要求知之甚少,因此,即使是专家也难以对户外活动的服装做出判断。服装的设计和制造也很重要,尤其是防水服装的缝接方法[30]。

例如,潜水服必须在恶劣气候条件下长时间保护穿着者免于溺水和体温过低,瑞典国防研究机构的海军医学部门发现,救生服可以在模拟冬季条件的冷水中保持体温长达20h[31],有效的救生服可能包括救生筏甚至尿液收集材料。此外,套装的隔热和浮力非常重要,隔热可以部分地由贴在制服上的镀铝内衬套提供[31]。还得出结论,应该开发救生服,包括带救生筏的双层套装,带有额外浮力和救生筏的单层套装,或者是具有额外浮力的改良双层套装[32]。

专门为渔民提供恶劣天气和生存装备的挪威 Helly Hansen 公司的产品占据了世界市场的重要份额,他们认为救生服可分为三层:皮肤触感良好的内层,不太吸水;捕获大量静止空气的隔热层,利于从皮肤向外输运水分;对风/水的屏障层。

试验表明,对织物的隔热性起重要作用的并不是纤维种类,而是织物的结构,例如针织与机织、厚度、抗压缩性、重量等。服装的设计也是关键因素,服装在颈部、手腕和脚踝处的闭合能力很重要[33]。

其他制造商生产的用于恶劣天气的多层隔热系统,例如,Northern Outfitters 用 VÆTREX™(用于极度寒冷天气服装的蒸气衰减和驱除、保温隔热材料:http://www.northernoutfitters.com/our-vaetrex-technology/)来生产防护服装和靴子,他们声称这是世界上最保暖的服装。VÆTREX™ 用特殊开孔的聚氨酯泡沫作为主要的隔热介质,具有永久的空间,可允许汗液排出。空气夹在两层织物之间,外层使风偏转并使隔热体中的空气稳定,而内层允许水蒸气传递,VÆTREX™ 隔热系统的结构如图 10.1 所示。

中空黏胶纤维 Viloft®(Lenzing,以前称为 Courtaulds)以"热黏胶"[34]名称销售,其特性与其扁平的横截面相关,能够在纱线和织物结构中相邻纤维之间夹带空气。据称,与其他纤维混纺时还可以改善整体隔热性能,例如,中空黏胶纤维已经与聚酯混合,以得到一种高体积、低密度材料,用于保暖内衣。该保暖内衣具有高透水性和吸水性,并具有合成纤维的回弹性、强度和保形性。所有这些性能在保暖内衣中都是必不可少的,实验室和现场测试表明,Viloft®/聚酯织物具有巨大的市场潜力[18]。

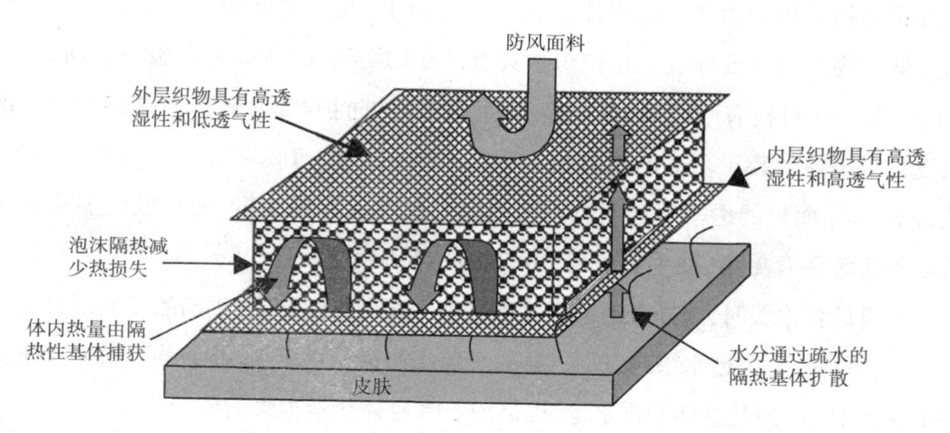

图 10.1 VÆTREX™隔热系统的结构

（经允许复制自 DA Holmes，AR Horrocks and SC Anand（eds），*Handbook of Technical Textiles*，The Textile Institute，Woodhead Publishing Ltd.，Cambridge，England，2000，ch. 17，Fig. 17.1）.

Thinsulate®（3M）的开发和使用是基于聚酯或聚丙烯的微纤维（直径约15μm），在过去30年中已非常明确地成为一种有效的隔热纤维，通常以混纺织物形式出现[18]，例如聚丙烯微纤维与聚酯短纤维结合，在实验室和使用现场都经过了广泛的测试。其应用实例包括美国北部的邮差、滑雪中心和救助站，以及美国海军潜水员的内衣，最近在冬季珠穆朗玛峰探险中应用也取得优异的成果[18]。

金属化涂层通过反射身体辐射的热量来改善隔热效果[35]。铝反射表面对于人体发出的部分辐射光谱非常有效，它可以将95%的辐射热量反射回身体，并且可以立即起作用，在遭受强烈的寒冷时可以快速热起来。例如，英国威尔士 Flectalon 有限公司生产的一种金属化粉碎塑料薄膜填充物，用于服装和救生毯。该产品除了具有反射热辐射的能力外，还允许水分扩散，并在潮湿和压缩时保持其反射特性。在海岸救援和洞穴救援，登山运动以及救护新生儿方面进行了成功尝试，如果同时要求具有阻燃性时，可以使用镀金属的聚氯乙烯（PVC）[18]。

Sommer Allibert 有限公司（英国）展出了一种新型的隔热复合织物，它由针刺的聚丙烯腈衬垫、聚乙烯薄膜和铝箔组成，称为 Sommerflex，用于短风雨衣、睡袋、手套、连指手套、被子和登山服的轻质防风衬里[36]，现在这种产品已不再生产。

相变技术可用于调节织物温度，从而提高其隔热性能[37]。温度调节织物的制造是将相变材料（PCM）或聚乙二醇经化学反应固定到棉上，并且在高温下，织物中的添加物吸热变为高能的固体形式。在低温下,发生相反的过程,放出热量,从而降低织物上的温度梯度。这种织物具有潜在的防热性,例如滑雪服[1]。Outlast™(美国 Outlast 科技有限公司)就是基于相变技术的防护产品,该产品是将非常小的相变材料微粒封装于合适的聚合物中,并分散在纤维、薄膜和涂层中。该公司称,包含 Outlast 面料的滑雪手套通过利用运动过程中保存的能量,使皮肤的温度比十倍厚的传统手套更高,使手套更薄,可以提高灵活性[1,38]。

在设计救生服时,选择合适的织物不是唯一要考虑的因素,正确的套装设计也非常重要,特别是有关进水限制方面。好的套装水渗透量小于 5g,但许多套装水渗透允许量高达 1L,即使是这样的进水量,也是约 50%身体热量损失的原因[11]。

10.3.2 高温和相关危险

本节以第 8 章讨论的基本科学技术原理为基础,用于防热服装的纤维选择及设计在第 9 章进行了讨论,本节将重点介绍在第 9 章中讨论的那些实现设计和性能要求的织物和织物组件生产中所面临的纺织技术挑战。有关更多和更详细的信息,请读者参考其他近期文献[39-40],其内容包括对抗热应激的挑战,它对保护身体免受危害日益重要[41]。表 10.2 说明了对隔热和防火很重要的职业,其中的消防员,尽管列在最后,可能是最具代表性的职业(图 10.2)。表中列出的工业领域需要保护人体皮肤免受以下危害[1]:

火焰(对流热)、接触热、辐射热、火花和熔融金属滴、热气体和蒸气。

表 10.2 需要隔热和防火保护的危险职业

工业领域	防火	热量	辐射接触热
铸造业(钢铁制造、金属铸造、锻造、玻璃制造)	*	* *	* *
工程行业(焊接、切割、锅炉工程)	*	* *	*
石油、天然气和化学品行业	*	0	0
弹药和烟火行业	0	0	0
航空和航天行业	*	0	0
军事领域	* *	*	*
消防员	* *	*	*

注 * * 表示非常重要, * 表示重要,0 表示不重要。

影响烧伤的主要因素有[23]：

①入射热通量强度及其在暴露过程中的变化方式；

②暴露的持续时间（包括热源移除后，衣服温度降到可导致伤害的温度以下的时间）；

③热源和皮肤之间的完全隔热，包括外衣、内衣以及它们与皮肤之间的气隙；

④服装材料在暴露期间的降解程度，以及随后的衣服/空气隔热材料的重新安排；

⑤随着织物温度的升高，任何蒸气或热解产物在皮肤上的凝结。

图 10.2 由 DuPont™ Nomex®和 DuPont™ Kevlar®纤维的 Hainsworth TITAN®面料制成的 Bristol Uniforms 消防服（经 DuPont™ 允许复制）

当为材料和织物设定性能规格时，可能无法充分考虑以上所有因素，最终的服装通常仅是基于某些因素的折中。

然而，对于穿着者来说，最严重的服装故障是孔洞的形成。当织物保持完整时，即使当组成的纤维降解时，其热流性质也不会发生很大变化，因为热传递主要是通过结构中空气的传导和辐射以及通过纤维传导。通过空气的转移是缓慢的，而通过纤维的转移则强烈得多，并且甚至在纤维被烧焦时热转移更强烈，因为碳是优良的热导体。只有当纤维熔化或聚结并置换空气时，或当纤维起泡并形成隔热性炭时，热流性能才会明显改变，这种改变可能是不利的或者是有利的。

织物平面内的收缩或膨胀基本上不会改变织物本身的隔热性，然而，由于织物和皮肤之间或衣服各层之间的间距改变会引起整体隔热性的变化。例如，如果外层收缩并将衣服拉向身体，则总的隔热性降低并且热流增加。先前厚而隔热的织物会变薄，而且有时完全熔化的薄膜与下面的表面直接接触，如果是皮肤，将迅速造成严重灼伤。这通常被称为“收缩包裹效应”，是热塑性纤维被明确地排除在任何热防护服装之外的原因，特别是贴近皮肤的衣物，例如内衣。有关此类纺织品的纤维种类的全面讨论和分析见第 8 章。

尽管在第 8 章中进行了讨论,但必须强调的是,不仅不能用热塑性纤维,而且还必需有一种高含量的纤维,其能在降解前焦化或能耐受高温。在防止熔融金属飞溅的情况下,对炼炉和其他冶金行业工人的防护服还有一项基本要求,即外部织物层需能在将明确的和潜在的热量传递给穿着者之前将熔融的液滴脱落。Benisek 等[42]研究了纤维类型和织物结构对防止铁水和铝飞溅的影响,给出了以下最佳防护的建议:

①纤维不能是热塑性的,并且导热性低。

②纤维应优选形成焦炭的,其作为有效的隔热体抵抗熔融金属的热量。

③随着重量和密度的增加,织物应能承受相应熔融金属重量的增加。

④理想情况下,织物表面应光滑,以防止金属嵌入。

传统上,Zirpro®整理的羊毛符合上述要求。十溴二苯醚/氧化锑—丙烯腈树脂整理的棉织物也适用于制铝工业的防护服[43],但目前正因环保原因而退出市场。最近 Mäkinen 对该领域进行了评述[44],列举了各种混纺织物,例如,阻燃羊毛、黏胶纤维和固有阻燃性的芳香族聚酰胺纤维。然而,这些因素对于熔融的铁或钢、铜、锡、铅、锌、铝的反应都是不同的,因此必须定制防护性围裙和工作服以应对各种威胁。Mäkinen 列出的防止熔融铝威胁的例子包括:①Westex 的 475g/m² 阻燃棉牛仔面料 FR8®;②Westex 的 373g/m² 85%聚乙烯醇纤维/15%阻燃黏胶混纺织物 Vinex®;③Westex/Cleyn and Thinkeras 的 356g/m² 和 475g/m² 阻燃羊毛/黏胶混纺织物 Alugard®;④Springfield 的 390g/m² 和 475g/m² 55% FFR™/45% 棉的 Firewear®;⑤Bruck 的 200~500g/m² 羊毛/Lenzing 阻燃黏胶/棉混纺织物 PR97®。

对熔融铝和铁均有防护作用的例子有:

①235~465g/m² Lenzing FR®/羊毛/聚酰胺 Marlan®;②Toray Textiles 的 ThermoGuard® Molten Repel Teflon®/间位芳纶织物;③Ibena Textilwerke GmbH 的 310g/m² 35% Teijin Conex®/65%阻燃黏胶纤维的 proFEEL;④Ibena Textilwerke GmbH 的 310g/m² 55%改性聚丙烯腈纤维/45%棉(Protex M™)的 proSAFE;⑤Ibena Textilwerke GmbH 的 320g/m² 间位芳纶/对位芳纶/阻燃黏胶纤维的 proFLEX;⑥DuPont®的 260g/m² 和 320g/m² Nomex® MetalPro 和 Nomex® MetalProPlus。

10.3.2.1 用于防护的织物结构

用于隔热和防火的织物所需的最佳性能如下[3]:①高水平的阻燃性,不得加重对佩戴者的伤害;②织物的完整性,防止直接暴露于危险;③低收缩率,保持隔热的空气层；④良好的隔热性能，减少热量传递，在烧伤损害发生前有足够的时间逃生；⑤易清洁性和阻燃牢度，可消除易燃污染物（如油性污垢）而不会对阻燃性和服装性能产生不利影响；⑥穿着轻便、舒适；⑦拒油性，以防易燃物污染，如油和溶剂[1]。

对于织物结构和服装设计在可燃性和热防护方面的影响已有广泛的研究。织物结构和单位面积重量对适用性有重要作用。表 10.3 显示了许多纤维的面密度影响及其对极限氧指数（LOI）的提升作用[42]。用于各种工作条件下的热防护织物的克重不同，大多数热防护纺织品的面密度超过 $250g/m^2$，工作服的面密度在 $250\sim350g/m^2$。例如，阻燃棉主要针对直接火焰的炎热环境，最合适的为轻质密织结构，如 $150\sim250g/m^2$ 的棉质缎纹组织。在目前普遍使用聚芳酰胺纤维和类似纤维进行全套消防装备之前，曾建议使用 $250\sim320g/m^2$ 的阻燃棉训练服。如果服装暴露于连续不断的火花和热碎片以及直接火焰风险中，需要较重的织物，可以选择 $320\sim400g/m^2$ 阻燃棉的凸起斜纹布或平绒。对于熔融金属飞溅危险，保护穿着者免受热流的影响很重要，有时需要使用克重高达 $900g/m^2$ 的织物。

表 10.3 织物质量、纤维和混纺比对极限氧指数的影响

组成	面密度/(g/m^2)	极限氧指数(%)
100%Kermel	250	32.8
100%Kermel	190	31.3
100%阻燃黏胶纤维	250	29.4
100%阻燃黏胶纤维	145	28.7
50%Kermel/50%黏胶纤维	255	32.1
50%Kermel/50%黏胶纤维	205	29.9

对于持续时间长的热危害，需要预防传导热。热流穿透衣服达到稳定状态，织物厚度和面密度是主要因素，因为隔热性主要取决于纤维和纱线之间截留的空气。对于给定厚度的织物，降低面密度会提高隔热性，降低到最小面密度以下时，织物中的空气流动增加，隔热性降低。对于持续时间短的危害，增加织物重量会增加材料的热容量，从而提高防护性能。在针对辐射热防护时，镀铝织物是必不可少的。光洁的反射表面在提供热防护方面非常有效，但是镀铝的表面在脏污时作用效果大大丧失。

表10.4显示了两种热源对各种织物的影响[24]。根据各自的热防护性能(TPP)指数,对芳纶和PBI纤维制成的不同面密度的机织物和非织造布进行了比较[42],结果见表10.5。TPP值表当暴露于ASTM D4108中定义的热源时,在织物厚度方向上产生25℃的温度梯度的时间。TPP值越高,热防护性能越好。原始的织物结构数据以英制单位发布,为了保持一致性,已被转换为国际单位。机织物被设计为消防服的外壳材料,并且针刺毡、非织造布可用作热防护服装的背衬或隔热衬里。该研究表明,非织造布比单位面积质量相当的机织物提供的热防护更好。表10.6显示了织物结构参数对由PBI纤维制成的织物的防护性能的影响[43],同样,原始织物结构数据以英制单位公布。

表10.4 辐射热源与对流热源的比较[24]

织物	厚度(mm)	80kW/s时的燃烧阈值(s)	
		辐射	对流
铝化玻璃纤维织物	0.53	>30	2.6
阻燃棉织物	0.72	2.2	2.4
芳香族聚酰胺纤维织物	0.97	2.7	3.1
Zirpro®羊毛	1.16	3.1	4.1
麦尔登(Melton)羊毛	3.64	6.7	8.8
芳纶加棉互锁	1.77	5.0	5.5
Zirpro®羊毛加棉互锁结构	1.96	4.3	6.8
裸露皮肤	—	0.5	0.5

表10.5 织物结构对热防护性能(TPP)的影响[42]

纤维类型	构造	面密度(g/m^2)	TPP(s)	TPP(m)[a]
PBI	机织布	272	17.6	2.2
	非织造织物	296	28.4	3.3
PBI/Kevlar®	机织布	245	16.2	2.2
	非织造织物	282	26.0	3.1
Nomex®	机织布	255	16.4	2.2
	非织造织物	238	19.8	2.8

a 暴露在84kW/(m^2·s),50/50辐射/对流热条件下。

表 10.6 织物结构参数对 PBI 织物防护性能的影响[42]

组织(斜纹)	面密度(g/m^2)	厚度(mm)	温升(℃/3s)	起泡保护(s)
2/1	99	0.19	22.1	2.6
2/1	160	0.29	20.0	3.0
2/1	211	0.39	17.7	3.5
3/3	167	0.31	18.1	3.4

防护服的防护性能与舒适性之间相互矛盾。织物厚度是决定辐射热和对流热防护的主要因素,但它同时阻碍身体产生的代谢热的传导和汗液蒸发。因此,有必要采用适当的服装设计使身体的热量和水分散发出去[41,43-44]。已经开发出 Gore-Tex®微孔聚四氟乙烯(PTFE)薄膜,用于生产具有透气性的防水防风面料,可以为穿着者提供长达数年的舒适感。在 20 多年前就发现三层的 Nomex® III/Gore-Tex/改性聚丙烯腈面料对防水防风极其有效[43]。从此,消防员防护服被认为是夹克、裤子、手套、内衣等组成的综合系统,其中每个单体都是多层结构(图 10.2)。例如,夹克包括外壳、热衬里和防潮层,最后一层可以是微孔膜或聚氨酯涂层[44]。10 年前进行的一项研究[45]比较了消防员外套的三种竞争设计的性能,外层和衬里织物的组合方式如下:

①间位芳纶/对位芳纶混纺外层织物,针织改性聚丙烯腈纤维—聚氨酯膜—间位芳纶毡/阻燃黏胶纤维复合衬里;

②间位芳纶/对位芳纶混纺聚氨酯膜—间位芳纶非织造布外层织物复合材料,间位芳纶/阻燃黏胶纤维混纺物与对位芳纶间隔物的衬里;

③间位芳纶/对位芳纶非织造混纺物与对位芳纶垫片/PTFE 膜外部织物组件,间位芳纶毡/阻燃黏胶纤维内衬。

值得注意的是,这其中的每一种都具有包含间位和对位芳纶共混物的外层织物(见第 8 章),以获得良好的防火性和耐久性。然而,透气性聚氨酯或 PTFE 膜无论是作为外层的一部分,还是作为衬里,都是常见的成分。另外,还有使用隔热的非织造布夹层,和舒适性的间位芳纶/阻燃黏胶纤维最内层。正是有序和精确的夹层组合,使每种设计都具耐火、隔热、水分输送和舒适性的共同特性。

在过去的 20 年,耐热和阻燃纤维制造商如杜邦,现在使用其品牌纤维如 Nomex®与其他高性能纤维混纺,加工成耐热纤维织物,如含有 5% Kevlar 的 Nomex®

Ⅲ;专用于消防服外壳的 Nomex® Outershell;Nomex® Comfort 注重水分输送;Nomex® MHP 织物,能提供固有的多重危害防护,包括抗熔融飞溅性。

Kermel(法国)同样生产出一系列基于其聚(芳族聚酰胺—芳族聚酰亚胺)的 Kermel®纤维的热防护织物:用于提高耐磨性的 Kermel X-Flash®;用于牛仔工作服的 Kermel Denim®;用于焊接工业的 Kermel Weltstar®服装;作为轻量芳纶织物的 Kermel Glenguard®;提高了舒适性的 Kermel Alpha®。

一种常用的混纺织物 PBI Gold®,是基于聚苯并咪唑纤维 PBI®和一种芳纶的混纺物,据称其具有更好的阻燃性、耐久性、柔软性,且耐热性优于其他阻燃耐热纤维。已经确定 40/60 的 PBI/芳族聚酰胺混合比的织物性能优良[43,46]。PBI Gold®就是由 PBI 和 Kevlar 以 40/60 混合比例纺制而成。市场上含有 PBI 的织物有:①PBI Matrix®,PBI Gold®的加强版;②PBI TriGuard®织物,是 PBI、Lenzing FR®和 MicroTwaron®三种纤维的混纺物,用于热、闪火和电弧防护;③PBI Baseguard®,用于接近皮肤的基层,将 PBI®与兰精公司 FR®和兰精公司的 Tencel、Lyocell 黏胶纤维相结合,能改善水分输送。

10.3.2.2 服装构造

在发生热疲劳和/或其服装外壳层严重损坏之前,室内消防员会暴露在高达 12.5kW/m² 和 300℃的环境下数分钟之久。在火灾中的热暴露主要是热辐射,但也可能遭遇对流和传导热(例如,如果熔融的金属或热的涂料落在衣服上)。在任何条件下,服装都不应该着火,它们应保持完整,即不会收缩、熔化或形成脆炭,并且必须尽可能多地隔热,不降低佩戴者履行职责的能力。保护穿着者免遭痛苦和烧伤是服装重要的特征[47],主要的防护特性是耐热性,它与织物厚度大致成正比,水分含量、高温会降低耐热性,特别是在纤维收缩、熔化或分解时。例如,衣服任何部分的弯曲都会降低耐热性,因此保护手指的部分比保护躯干的部分更厚。如前所述,清洁的反射表面能提供有效的热防护。通过使用镀铝表面,在静止空气中热辐射的织物表面温度能降低大约一半。

热防护服中存在的水分会冷却衣服,但也可能降低其隔热性并增加其中储存的热量。如果衣服变得足够热,可能会在里面形成蒸汽并导致烫伤。在美国,大多数消防员的消防服在外侧或外壳与内衬之间都有一道蒸汽屏障,防止水分和许多腐蚀性液体渗透到内部,但另一方面,它会干扰汗水的逸出并增加热应激。只有部分国家,包括一些欧洲国家,强制设置防潮层[44]。

热防护服应满足以下要求[43]：阻燃性(不得继续燃烧)；完整性(衣服应保持完整，即不收缩、融化或形成可能会破裂并使穿着者暴露的脆炭)；隔热(服装必须阻止热传递，以便为穿戴者提供逃离事故现场的时间，在燃烧过程中，不得沉积焦油或其他导热液体)；拒液性(避免油、溶剂、水和其他液体的渗透)。

美国对消防掩体或消防服装备需要满足的条件如下。

影响服装寿命的条件：抗撕裂和耐磨损；抗紫外线降解(针对强度和外观)；热损伤容限(影响高温暴露后的重复使用能力)；耐熔融金属飞溅和燃烧余烬；可清洁性。

影响消防员安全的条件：脱水能力；火场吸水性能；重量和柔软性；可移动性；可见度；热防护性能；水蒸气的渗透性。

这些因素也是欧盟消防员服装所要求的，如 Mäkinen[44]、Song 和 Lu[48] 以及 Rossi[41] 所评述的。现今，典型的防护服装备是由三层体系制成，包括外壳、防潮层(可选)和热屏障层。外壳是消防员的第一道防线，具有阻燃性、耐热性以及抗切割、抗钉刺、抗撕裂和抗磨损的性能。已经在第 10.3.2.1 节中讨论了纤维含量的实例，它们的结构通常是面密度为 200~250g/m² 的机织斜纹或格子布。

防潮层是第二道防线，其主要作用是通过阻止火场液体接触皮肤来提高消防员的舒适度和防护性。由于其隔热性和阻止热气体和蒸汽烧伤的能力，还具有烧伤防护性能[48]。如第 10.3.2.1 节所述，防潮层由薄膜或涂在纺织品基材上的涂层组成，纺织品基材通常是防撕裂的编织结构或水刺非织造布，都含有芳纶。涂层和薄膜可以是透气的或不透气的，透气薄膜通常是微孔 PTFE，例如 Gore-Tex®，透气涂层是微孔或亲水性聚氨酯。透气防潮屏障允许汗液排出，减少热应激的发生，热应激是导致消防员死亡的主要原因[41,49]。

热屏障层阻止了从消防环境到穿着者身体的热量传递，它通常由水刺非织造布的毡或棉絮绗缝或层压到机织物衬里。毡或棉絮通常由芳香族聚酰胺的混纺物制成，如第 10.3.2.1 节中所述。

人们认识到多层防护方法的有效性已经有很多年了，大约 30 年前，Benisek 等描述了将阻燃整理羊毛用于多层防护的服装设计[42]。面对火焰能保持高度完整性的密织外衣面料，结合具有大体积、低密度、厚实的针织内衣面料，两者均由成炭纤维如 Zirpro®羊毛制成，对火焰暴露具有更多的隔热效果，这与针织物中存在的空气有关。由于织物中水分的冷凝具有既增加其热容量也增加导热性的作用，因此可以看出为什么湿的外层和干燥的内层织物会提供最好的防护。在这种情况下,令人惊奇的是,使用蒸汽不可透过的屏障来促进内层湿气凝结的服装设计被正式批准用于火灾危险环境,因为这会影响它们保持舒适的能力[49]。

表 10.7 列出了用于多层防护服装和靠近服装的某些材料的代表性热防护性能(TPP)值,以秒为单位(ASTM D4108)[50]。前两种材料显示了不同蒸汽屏障对整体热性能的影响,最后两种材料显示出对外壳材料进行铝化的防辐射热的显著效果。

表 10.7　防护服热防护性能(TPP)等级表[50]

系列织物	总面密度(g/m^2)	总厚度(mm)	热负荷($84kW/m^2$ 条件下,%)	TPP 指数(s)
Nomex® Ⅲ壳层; Neoprene®涤/棉隔气层; Nomex®被衬层	766	5.4	50/50 对流/辐射	38.6
Nomex® Ⅲ壳层; Neoprene®涤/棉隔气层; Nomex 被衬层	899	5.6	100 辐射	42.5
Nomex® Ⅲ壳层; Gore-Tex®隔气层; Nomex 被衬层	719	5.4	50/50	46.5
Nomex® Ⅲ壳层; Gore-Tex®隔气层; Nomex 被衬层	726	5.8	100	44.7
铝化 Nomex®壳层	302	0.4	100	67.7
铝化 Kevlar®壳层	346	0.5	100	78

通常,标准的消防服或外套是具有耐久阻燃外壳织物的多层结构,其外壳可以是或者不是透气和透水的,消防员外套可以包含或不包含可拆卸的蒸汽屏障或隔热衬里。另外,虽然蒸气屏障旨在保护消防员免受蒸气和有害化学物质的侵害,但它会干扰汗水的逸出并增加热应激,这可能导致随后的健康和安全危害[49]。如上所述,蒸气屏障是可选的,并且取决于特定消防当局的要求。在欧盟范围内,过去20 年来,针对消防服的个别的国家标准已标准化为 BS EN 469:2005(消防员防护服,消防用防护服的性能要求)。有关消防服的测试方法标准不属于本章讨论的内容,在别的地方已有相关的评述[44-45],但该标准是综合性的,包含一整套测试方法,

可测定可燃性、辐射和火源热传导、热暴露后的残余强度、耐热性(例如收缩、熔化等)、拉伸和撕裂强度、表面润湿性、尺寸变化、化学品渗透性、防水性、透气性、能见度以及全尺寸假人模型测试。值得注意的是,该标准只是一整套类似的隔热和防火服装的综合性的EN标准之一,除BS EN 469外,还包括:

(1)BS EN ISO 11611:2007(取代原BS EN 470-1:1999):焊工防护服。该标准提供了焊接液滴测试和可燃性要求,并且还细化了设计标准(以防止焊接飞溅物被卡在折翘中)。特别是,它包含了关于焊接过程中的紫外线辐射对潜在皮肤癌危险的说明。

(2)BS EN ISO 11612:2008:防护服。隔热和防火的服装。这是针对各种工业环境的复杂的性能规范,并将各种热源分为几个主要的性能等级,包括熔融金属飞溅的防护(不同于焊接飞溅),以及一种极端水平的热保护。它还设定了服装的设计和缝制标准。

(3)BS EN ISO 14116:2008(替代BS EN 533:1997):防护服。即隔热和防水,包括限制火焰蔓延的材料、材料组件和服装,这是一种对符合ISO 15025:2000要求的服装材料进行分类的方法,是一种确定受到小火焰的织物样品的损坏程度的测试,最终指数可以衡量阻燃性和耐久性。

值得注意的是,这些标准中有些涉及特定用途或危险(例如针对焊工防护服的BS EN ISO 11612),还有一些如消防员防护服,定义了一组有关防护性能的性能要求,即阻燃性、隔热性以及设计标准。例如,2005年修订版EN 469的目标是提供两个等级的热保护,以便顾及各种环境条件和消防技术。

由于在面料开发和服装设计以满足消防群体方面所做的大量工作,其他群体也采用类似的标准,包括一般的工业阻燃服装[52],如熔融金属防护[44]、石油和天然气工业防护[53],还有国防部门人员的防护服装[54]。已经证明,机织外衣面料与大体积的针织内衣的结合表现出优异的防火性能,并且这种组合已经成为许多针对热和火灾危害的防护服装组件的基础,如赛车手的服装组合体。

10.3.3 化学、微生物和核辐射危害

10.3.3.1 化学保护

化学防护服必须考虑许多因素,包括成本、构造、风格、可用性和使用模式(一次性与可重复使用)。最重要的因素是服装对所关注化学品的有效防护[55]。

常规和紧急化学品处置,都可能导致直接接触有毒化学品,例如,制造过程中的液体化学品搬运;化工过程的维护和质量控制活动;电子产品制造中的酸浴和其他处理剂;农药和农用化学品的施用;化学废物处置;应急化学响应;设备泄漏或故障[56]。

在化学工业中,穿着防护服以防止在生产、分配、储存和使用过程中接触化学品。这些化学物质可能是气体、液体或固体,但无论其状态如何,安全使用化学品都意味着了解防护服是如何防护的,或者更具体地说,了解防护服是如何抵抗化学物质渗透的[57]。整个服装设计和构造研究的复杂性已经超出了本文的范围,但读者应参考其他内容,按照危险类型对服装类型、材料和设计特征进行全面讨论[58-59]。

在任何特定情况下选择适当级别的防护服,应该考虑某些客观和主观因素[56],即皮肤接触化学物质的潜在影响(例如腐蚀性、毒性、物理损伤、过敏反应);暴露期(接触时间);潜在接触的身体区域(例如手、脚、手臂、腿、脸、胸部、背部);防护服的渗透性或穿透潜力(突破时间和稳态速率);潜在接触的特征(例如飞溅、浸没);其他暴露途径(即吸入和摄入)的附加或协同效应;防护服所需的物理性能(例如柔韧性、防穿刺和耐磨性、防热性);成本(即基于单次或多次使用和可接受的暴露)。

特定危险环境的一个例子是,世界各地数百万农业工人与农药生产人员遭受农药污染的风险,由于皮肤吸收是农药进入的重要途径,因此在工人和化学品之间,需要建立减少皮肤与农药接触的屏障。除封闭式拖拉机驾驶室内适当过滤的空气系统外,操作人员唯一可用的防护类型是防护服[60]。

据报道,多年前非织造布通常比大多数机织物防护性能更好。然而,在已经完成的有限研究中,厚重的斜纹织物如牛仔布,防护性相当出色。织物的重量和厚度与农药渗透之间有直接关系,合成纤维织物比含棉织物能芯吸更多的杀虫剂到皮肤上,耐久压烫整理的含棉织物对农药的吸收率和毛细作用更低。已发现氟碳防污整理使织物具有优异的农药阻隔性,例如,Gore-Tex®是阻隔性和热舒适性的最有效组合。

纤维含量、纱线和织物的几何形状以及功能纺织品整理等因素决定了纺织品对液体农药污染的反应[62]。氟碳聚合物降低了表面能,使织物的表面对油脂和湿气润湿较小,毛细作用降低,液体污垢对织物润湿、芯吸或渗透也被部分抑制。然而,多层织物的内层比单层衣服防护性更好,第二层的污染通常小于外层污染的1%,因此,不会有农药被皮肤吸收。纺粘聚烯烃织物可提供与氟碳化合物整理相似的保护,尽管它被油性污垢润湿更容易些,另外还推荐使用一次性纺粘聚烯烃服装或一次性氟碳整理、非耐久压烫工作服。理论上,除了在工作服上的氟碳涂层之外,还可在混合、搬运和施用农药期间通过使用一次性聚烯烃服装来保护工人。

30年前进行了几项调查,以确定各种织物对农药的防护效果[62-64],在所选择的织物中,保护性最好的织物包括三层或多层的变体和纺粘聚烯烃,保护性最差的是100%条纹面料。这项研究和随后的研究已经证实了多层织物结构优异的阻隔性能,不仅是对农药,而且对大多数化学和生物性传播具有防护作用,尤其是在化学战争中[65]。

对于军事人员来说,这种保护通常组合在一件服装中,该服装旨在防止包括生物性传播以及核粒子在内的许多药剂,将在本节最后讨论。然而,对于化学工作者而言,除了用于农药防护外,还存在一些其他问题,例如,对于抗腐蚀性试剂的抗渗透性以及可能伴随的闪燃危险。因此,在极端情况下,外衣实际上可能涂有耐化学腐蚀且完全不透水的涂层[66]。由于希望涂层具有一定的阻燃性,表10.8列出了可用于纺织品的涂层材料及其各自的极限氧指数[67]。根据化学危害的腐蚀性,可在防护服或围裙的外层涂上适当的涂层。一旦应用于给定的纺织品基材,必须对选定的涂料进行严格测试,以确定是否存在针对特定化学危害情况的一种或多种溶剂的渗透。这种涂料的应用通常会造成外层的完全不渗透性,除非保持一定水平的透湿性,否则会增加穿着者的不适感。在这种情况下,在外层半透性涂层下面引入防潮层(如Gore-Tex®或类似的PTFE膜)可能是折中的解决方案。后者可以是微孔聚氨酯涂层,从而保持对液体化学品的一定程度的防护。

表10.8 典型涂层树脂极限氧指数

聚合物或树脂	缩略名或俗称	LOI(%,体积分数)
天然橡胶		19~21
合成橡胶:		
聚异丁烯	丁基橡胶	20~21
苯乙烯丁二烯	SBR	19~21
丁二烯/丙烯腈共聚物	丁腈橡胶	20~22

续表

聚合物或树脂	缩略名或俗称	LOI(%,体积分数)
氯丁橡胶		38~41
氯磺化聚乙烯		26~30
聚氟碳		>60
有机硅弹性体		26~39
聚氯乙烯	PVC	45~47
聚乙烯醇和聚醋酸乙烯酯	PVA	19~22
丙烯酸共聚物	丙烯腈树脂	17~18
聚氨酯	PUR	17~18
有机硅		≥26
乙烯-乙酸乙烯酯和相关的共聚物(乳液)	EVA; EVA-VC	≥19~20
聚(氟碳化合物):		
聚四氟乙烯	PTFE	98
氟化乙烯聚合物	FEP	~48
聚氟乙烯	PVF	23
聚偏二氟乙烯	PVDF	44

如表10.8所示,氟化聚合物不仅可用于膜层,还可用作涂料。氟碳罩面漆也可以涂在外层上,以有助于化学防护,同时保持织物的透气性。这种罩面漆对于提高对气溶胶的防护性也有积极作用,并且几年前已经对经过整理和未整理的机织物以及非织造织物的气溶胶喷雾渗透性进行了评估[68]。结果表明,碳氟罩面漆的存在增加了耐气溶胶渗透性。然而,所测试的机织物不能满足耐油基喷雾的渗透标准。除了已商品化的纺粘/熔融黏合非织造布外,整理的非织造布通过了使用油基和水基溶液的喷雾测试。对透气、透湿、面密度和舒适性的比较表明,水刺类非织造布与机织物非常相似,水刺非织造布比许多纺粘非织造布更致密。

针对化学防护服的完整测试方案类似于EN 469中定义的消防服,其不仅是针对特定危险的防护性服装或套装,而且还测试其强度(撕裂、拉伸、顶破)、耐磨性、抗穿刺和抗切割性、弯曲疲劳和可燃性。最终的服装必须通过标准中所列的必要的测试,它必须具有可接受的整体重量,合身、舒适、便于穿和脱等方面的人体工程学特性以及耐久性[59]。需要提及的是,化学品防护服是紧急响应人员穿戴的,其中对危险的确切性质的了解有限或不明确。美国有两个标准,NFPA 1991(危险化学品应急的蒸气防护套装标准,2005年)和NFPA 1992(危险化学品应急的液体防溅标准,2012 年),就上述许多特性而言,涵盖了套装或服装、手套和鞋类的完整集合。NFPA 1991 强调的是对蒸汽的防护,但对服装直接进行了全身的液体防护测试,并在气体向内泄漏的基础上,进行全身的颗粒防护测试。NFPA 1992 规定了可选的防闪燃条件,因此任何经过测试的服装必须保持对液体的防护,并且如果有要求还需要有高水平的抗表面火焰冲击性能。虽然这些标准类似于消防员的消防服标准 EN 469,但欧盟没有类似的总体标准。存在许多现行的 EN 标准,每个标准都定义了特定类型的化学防护服的特征,例如:

①EN 943-1:2002:防液体和气体化学品、气溶胶和固体颗粒的防护服。透气和不透气的“气密性”(1 型)和“非气密性”(2 型)化学防护服的性能要求。

②BS EN 14605:2005+A1:2009:防液体化学品的防护服。具有液密性(3 型)或喷雾密闭性(4 型)的服装的性能要求,包括仅对身体局部提供保护的防护产品[PB(3)和 PB(4)型]。

③BS EN ISO 13982-2:2004:防固体颗粒的防护服。细颗粒气溶胶向内渗漏的测试方法。

④BS EN 13034:2005+A1:2009:防液体化学品的防护服。要求对液体化学品提供有限保护性能[6 型和 PB 型(6)装备]的化学防护服的性能测试。

上面这些标准共同定义了六种类型的化学环境,用于全身和身体局部(PB)的保护。

DuPont™ Tychem®织物的技术代表了对 NFPA 1991 和 NFPA 1992 标准显示不同化学防护水平的典型织物,目前市场上有以下变体:

①Tychem® BR 是一种多层阻隔薄膜,层压到坚固的非织造基材上,可提供 30min 的保护,抵御化学搬运和石化生产中遇到的 280 多种化学品的挑战。

②Tychem® QC 面料始于 Tyvek®品牌,增加聚乙烯涂层,以提升化学保护,抵御食品、化学和制药行业的 40 多种化学品的挑战。

③Tychem® SL 可针对废物管理行业的 120 多种化学品提供保护(见下文)。

④Tychem® TK 可提供高水平的保护,防止 320 种有毒、腐蚀性气体和液体化学品的挑战。

⑤Tychem® F 用作服装中的阻隔层,用于保护化学战剂和有毒工业化学品。

所有这些都基于杜邦的 Tyvek®纺粘非织造技术,利用聚乙烯或聚丙烯,可生产出透气性和透湿性的轻质织物,同时排斥水基液体和气溶胶。

在英国,Micrograd生产和销售大量同样符合上述EN标准的防护服,其中包括Microchem®系列,Microchem® 3000、4000和5000。这些产品有套装、夹克、裤子、斗篷、防护罩(带和不带遮阳板)、围裙和套鞋/靴子/袖子,表10.9总结了它们的一般性能,而且还可以针对其他危害如颗粒物的呼吸危害进行改进[69]。

表10.9 Microgard®织物的性能[69]

产品	性能
Microgard® 1500	三层系统,用于粉末和石棉防护;100%过滤>3μm的颗粒
Microgard® 1500Plus	透气,Microgard® 1500的抗静电版本
Microgard® 2000	双层织物,具有抗液体渗透性和阻隔>0.01μm的细颗粒物。提供多种变体,例如温暖气候使用的,犯罪现场调查使用的,农药暴露使用的
Microgard® 2500	双层PP层压板,用于防生物制剂,符合EN 14126:200;核颗粒物;核工业的压缩空气
Microchem® 3000	三层轻质面料,防浓缩无机化学品和生物制剂
Microchem® 4000	三层织物,能阻隔160种有机和无机化学品以及生物制剂;可提供急救人员使用的氯丁橡胶涂层版本
Microchem® 5000	多层织物,适用于极端危险区域的工人;可抵抗特定化学品超过480min

10.3.3.2 卫生和医疗防护

卫生和医疗领域也需要对化学和微生物进行防护。多年来已知纺织品和纤维材料可以经各种整理技术给使用者提供保护,免受细菌、酵母、皮肤真菌和其他相关微生物的侵害,以达到美学、卫生或医疗目的[70]。然而,在过去的20年里,对这种防护的需求已经提升,包括对病毒甚至朊病毒的防护,朊病毒是仅由错误折叠的蛋白质分子组成的极具感染性的病原体。因此,朊病毒是已知最小的生物传染性病原体[71]。对任何纺织品的微生物处理必须满足以下要求:控制微生物生长;控制疾病的传播和感染风险;减少由汗液、污渍和其他纺织污垢包括伤口渗出物产生的气味;控制纺织品本身的退化,这是天然聚合物基纤维的一个特殊问题;降低交叉感染的风险。

前四个要求主要是卫生纺织品所关注的,通常用于家庭和临床环境,而对最后一个要求需要纺织品保护穿着者免受已感染者或患者感染,或反过来患者免遭外来感染。这两种情况在临床环境中都极为重要,关于医用纺织品,请参阅第5章。

最近的一篇综述[71]讨论了可用作抗菌剂的许多化学物质,其中近期对银的研究很多。这是因为它不仅是无毒、广谱的抗菌剂,而且可以作为纳米颗粒形式使用,因此很容易引入纤维本身而不是作为整理剂局部施用。然而,人们担心它会促进微生物的耐药性[72]。该评述关注的是应用方法以及优化整体保护有效性的织物和服装问题。正如关于银的描述,许多试剂可以在挤出成丝(或薄膜)之前引入聚合物熔体或溶液中,其中描述了许多这样的例子[71],例如:Amicor®,产自泰国丙烯酸纤维公司,聚丙烯腈,抗菌和抗真菌剂;Trevira 生物活性聚酯,银基抗菌剂,产自 Trevira GmbH;Rhovyl'As®,抗菌聚氯乙烯基纤维,产自法国 Rhovyl;Crabyon®是一种含壳聚糖的黏胶纤维,产自瑞士 Swicofil AG。

这说明了所用纤维种类的多样性。据称,某些纤维如 Tencel®(Lenzing AG),可以在不使用任何其他化学品的情况下抑制细菌生长。

也可以使用常规整理技术以及薄膜或涂层来施加抗菌剂,然而,与其他防护性纺织品一样,它们的有效性取决于所用的织物结构以及是否需要单层或多层。孔径是一个关键因素,因为它决定了给定的传染性载体是否可以穿透织物。传统的机织棉医用服装孔径约 80μm,所以大多数感染性载体可以通过,因此现在使用具有适当构造的孔径小得多的织物。对于外科医生的罩袍,湿度控制和舒适性是重要因素。织物的选择对于特定的应用是至关重要的,并且通常是一种折中选择。通常认为,水刺和熔喷非织造布,尤其是后者,微纤维的存在是非常有效的过滤器,当作为夹层存在时,提供透气和有效的微生物屏障,它们便利的可处置性也是由这种织物制成的服装的特征。手术服也可做进一步的设计,以便将微孔膜加到暴露于体液和血液最多的区域,例如衣服的前部和前臂区域[73]。

还提供了类似于化学工业中针对生物载体所需的全身保护,上面列出的基于杜邦 Tyvek 的 Tychem 产品就是该类解决方案之一,Microgard 2500 和 Microchem 体系也是该类解决方案。据报道,根据 EN 14126:2003(传染性制剂防护)和 ASTM F 1671 标准,Microchem 体系达到了生物制剂防护的最高等级[69]。表 10.9 总结了这些织物的主要性能。据称,杜邦的 Tychem QC 和 Tychem SL 产品能够有效地保护佩戴者免受在非洲爆发的埃博拉病毒的侵害[74]。毫不奇怪,在保护佩戴者免遭污染或感染方面,可以使用的服装材料,其化学和生物载体保护的方面有相当大的相似性[75],由于佩戴者,例如外科医生,一次可能要穿着防护服数小时,舒适性一定是必不可少的特征。

10.3.3.3 放射性和石棉颗粒防护

针对空气中放射性颗粒的防护是核工业中的一个问题。可以将微纤维纱线密织,以得到最大孔径为20~30μm的织物,与之相比,典型的棉和聚酯棉织物的孔径为75~300μm。长丝与碳芯的结合,大大降低了穿着中由于静电吸引到织物上的放射性微粒,如同在军事中用于核、生物和化学(NBC)场合的套装包含的吸收性活性炭层(见第10.3.3.4节)。

除军事领域外,在民用应急响应、核和核废物管理部门中也有预防核辐射和放射性污染的需求,最近对这一领域进行了评述[77]。这种防护服的共同目的是防止放射性污染,通常来自空气中的微粒、气体或液体接触穿着者的身体,当然还要完全密封并配有合适的呼吸系统。显然,并不是简单的纺织品防护系统就可以保护佩戴者免受直接辐射的影响。因此,套装是为了防止放射性微粒的辐射,并不只是在佩戴的有限时间内有防护作用,理论上,脱掉受污染的衣服后应消除穿着者残余放射性的所有痕迹,不再会受到进一步的辐射。

根据个人防护装备的欧盟指令89/686/EEC,辐射防护分为对非电离和电离污染的预防。目前有两个主要的EN标准,BS EN 1073-1:1998(防放射性污染的防护服、防放射性微粒污染的通风防护服的要求和测试方法)和BS EN 1073-2:2002(防放射性污染的防护服、防放射性微粒污染的非通风防护服的要求和测试方法)。前者涉及服装设计问题,在快速穿戴和脱下过程中最小化污染风险,可选择配备的呼吸系统,并设计应对电离辐射。后者仅涉及用于防非电离辐射的服装,并且类似于上述用于防化学活性颗粒的BS EN ISO 13982-2:2004。虽然这两个标准都可以通过多层织物设计来满足要求,类似于用于化学和生物媒介防护的服装,但是通过用铅或锑浸渍衣物(通常作为金属颗粒/PVC涂层)可以提供一定程度的辐射防护,这显然增加了服装的重量。这种处理通常仅用于保护性围裙、头套、手套等,作为局部保护,如核工业工人和医用X射线专业人员所穿戴的装备。例如,在英国,Somerville有限公司生产轻量Ultralite、无铅Zerolead以及含铅材料Leadlite产品用于医疗领域。

以前讨论过的纺粘聚烯烃纤维织物Tyvek®,虽然已广泛用于许多类型防护服,但据称,在核工业中用于防止水传播的污染、干燥颗粒、氚化水和氚气的渗透和附着方面,比其他织物性能优越[78]。根据需要的防护等级,可采用Saranex®(陶氏化学公司)的无涂层或层压织物。Saranex涂层的Tyvek、Tychem® SL是一种复合织物，其外层是 Saranex[23]（0.05mm 厚的共挤出多层薄膜），Saranex®的内层是高密度聚乙烯涂层（一种偏二氯和氯乙烯的共聚物）。图 10.3 所示为 Saranex 涂层的 Tyvek、Tychem® SL 织物结构。

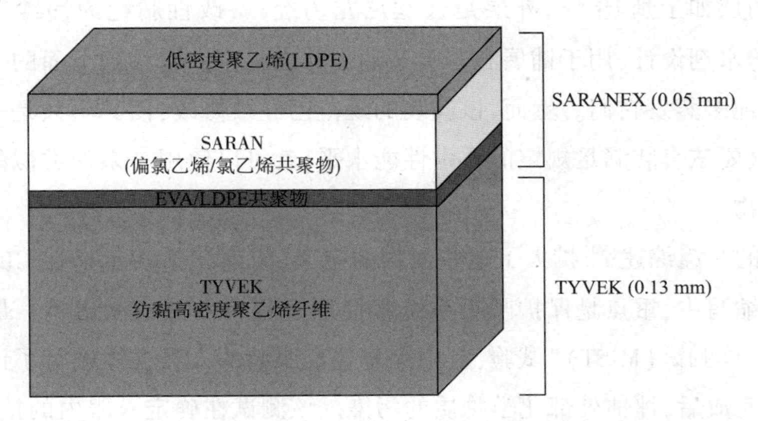

图 10.3　Saranex 涂层的 Tyvek®、Tychem® SL 织物结构[78]

类似的产品如 Microgard® 2500 PLUS 航空系列套装和服饰用品，可以使用呼吸器充气，以完全防止可能的核颗粒污染（表 10.9）[69]。

由美国 Radiation Shield Technologies 制造的 Demron®辐射屏蔽织物是一种纺织品结构的材料，该材料具有类似于铅屏蔽的辐射防护，同时重量轻且柔软，据报道，是在织造和非织造织物之间层压了一种聚合物薄膜。这种薄膜是聚氨酯和聚氯乙烯的复合物，含有吸收辐射的有机和无机盐，可以阻挡 X 射线，低能量 γ、α 和 β 辐射[79]。

对空气中石棉颗粒的防护等级，通常粒径≥3μm，需要的防护水平比核颗粒低。表 10.9 显示了典型的产品，如 Microgard® 1500，也有 Tyvek®和其他商业等效产品。

10.3.3.4　多危险源防护

专业应用的服装，必须提供对多种危险源的保护，例如用于防护核武器、生物武器和化学武器的军用服装（NBC 套装）。这种轻便的套装通常被设计成一次性连体衣，以穿在普通的军用战斗服外面，用于制造这些服装的织物通常至少由两层组成。通常由非织造结构的内层浸渍活性炭，以吸附药剂颗粒，从而防止危险源接触穿着者的皮肤。外层是具有相对高孔隙率的机织物，可允许试剂渗透到内层并提供机械强度、耐热性和阻燃性以及某种气候保护。通过使用固有阻燃的合成纤维实现耐热和阻燃性。但是,由于污染的衣服必须通过焚烧处理,因此不需要过高的阻燃性。2005 年,斯科特表示英国军队多年来使用的套装实际上是两层,内层如上所述[54],外层是长丝尼龙为经纱,改性腈纶为纬纱编织的织物,带有防水剂设计,用于铺展和芯吸亲油剂并在将它们转移到下面的木炭层之前尽可能地多蒸发它们。然而,该套装的规范已经被修改,使其不只是一种限定的结构,只要该套装满足规定的技术性能水平,就可以使用一系列类似的木炭层和外层织物。

最近的一篇综述[80]扩大了这些织物的定义,将耐化学性包括在 CBRN 防护服的通用缩写中,重点是保护呼吸系统和使用过程中的热应激影响。最近进行了“模拟人体测试(MIST)”试验,其中穿着整套服装的人类主体进行了许多特定的练习。完成后,评估外部化学物质的污染。该测试在确定衣服内的接缝、闭合和其他界面的性能方面特别有用。另外,与其他防护服一样,总的保护性能与早期不适和热应激之间的折中始终存在,因此必须在满足使用要求的前提下择优处理[81]。

10.4　救生防护纺织品的维护与清洁

假设防护服的设计目的不是在使用后进行销毁,那么,服装要保持其原有的防护特性,特别是它们被设计成多功能的话,则要仔细设计和进行后期维护以及清洁。在需要确定的阻燃性甚至耐火性的情况下,这尤其重要。Loftin 最近讨论了这个问题,并说明了当前可用的选择以及设计护理、维护计划时要考虑的因素[82]。清洗程序是不同的,取决于给定的功能是来自于整理还是组成纤维固有的、现有污物的性质以及服装的服务环境。因此,全部由固有阻燃纤维制成的消防服,其清洗程序不同于由阻燃棉制成的工作服,其中必须考虑阻燃处理的洗涤耐久性。为了更全面地了解维护与清洁的知识,建议读者参考之前引用的文献以及 Pušić等最近的工作[83],其中描述了目前美国、欧洲和国际 ISO 的清洁标准。

10.5 结论和发展趋势

社会越来越注重安全意识,并且必须在更加艰苦的条件下生存,以提供原材料和能源,进一步推动知识发展,需要提供安全的工作环境。现代纺织工业通过开发和供应高级服装和其他产品,在提供安全环境方面发挥了作用。复杂程度和专业化程度逐步提高,许多产品的规格非常高,需要复杂的特性组合。通过对纺纱、织造和整理等传统技术的开发,已经取得了很大成就。然而,更新的技术正在快速发展。例如,非织造技术最初出现时,曾被视为用于生产简单产品的廉价方法。通过将适当的纤维含量和生产方法与其他材料(如化学整理剂、层压材料和涂料)相结合,非织造布现已广泛用于救生产品中。

可以说,基于技术纺织品的大多数现有救生产品都是被动的,因为它们的功能以及如何应对外部威胁已经预先确定并"内置"。基于这一点,并考虑到近年来具有新特性的新纤维的开发已经显著放缓,主要的发展很可能集中在对当前已有纤维创新的解决方案上,利用不断发展的非织造技术和多层结构,提供不同程度的多功能以及可能的交互功能。目前有些使用相变材料(PCM),用于改善服装组件在穿着时的温度控制,毫无疑问,这些材料的使用将会增加[84],其他新型材料如形状记忆合金(SMA)的使用也是如此。然而,下一个真正的突破是开发主动性的或"智能的"防护纺织品,其中材料可以均衡地对一种或多种不同的威胁做出响应,甚至预测后者并采取相应的应对措施,PCM 和 SMA 将会发挥越来越大的作用。很可能需要使用包含电子传感器的感应纺织品以及提供传感特性的单纤维纺织品组件。显然,救生纺织品市场将迎来激动人心的时刻,用户体验的安全水平将提高。

参考文献

[1] Bajaj PA, Sengupta AK. Protective clothing. *Textil Progr* 1992;22(2/3/4):1.

[2] Andruk FS. *Protective clothing for the United States Navy in the* 1980*s*. Natick: Navy Clothing and Textile Research Facility; 1980. series no. AD-A956 145.

[3]Anon. *Int Dyer Textile Printer* 1979 May;389.

[4]Holme I. *Apparel Int* 1992;21(5):31.

[5]Holme I. *Indian Textil J* 1992;102(9):134.

[6]Masr M. *Tech Textil Int* 1992 June;13.

[7]Davies B. *Tech Textil Int* 1998 March;15.

[8]D Rigby Associates. Technical textiles and nonwovens: world market forecasts for 2010. www. davidrigbyassociates. co. uk; cited by Zhou W, Reddy N, Yang Y. Overview of protective market, In: Scott RA, editor. *Textiles for protection*. Cambridge: Woodhead Publishing; 2005. p. 3-30.

[9] Lutz W. *European industry innovation for better personal protective equipment*. In: Conference proceedings enprotex; 12-13 December 2011. Brussels.

[10]Dzugan J. Hypothermia. *Fisheries safety and survival series*. Fairbanks: Alaska Sea Grant Coll. Program; 1992, series no. PB92-157937.

[11]Holme I. *Textile Month* 1988 June;38.

[12]Giblo J. *Thermal performance of navy anti-exposure coverall to different water exposure conditions*. Natick: Navy Clothing and Textile Res. Facility; August 1993, series no. ADA293950.

[13]Anon. *Allgemeiner Vliestoff-Report* 1987;15(2):136(E137).

[14]Anon. *High Perform Textil* 1991 March;10.

[15]Anon. *Nonwovens Rep Int* 1987;(194):10.

[16]Anon. *Du Pont Mag* 1996;90(2):18.

[17] Chen X, Chaudhry I. In: Scott RA, editor. *Textiles for protection*. Cambridge: Woodhead Publishing; 2005. p. 529.

[18]Anon. *Textile Month* 1981 June;23.

[19] Bajaj PA, Sengupta AK. Protective clothing. *Textil Progr* 1992; 22 (2/3/4):65.

[20]Anon. *Vliesstoff Nonwoven Int* 1994;(6-7)179.

[21]Carr D, Lewis EA. In: Wang F, Gao C, editors. *Protective clothing: managing thermal stress*. Cambridge: Woodhead Publishing; 2014. p. 146.

[22]Li S, Spoon J, Greer JT, Cliver JD. In: Selcen Kilinc F, editor. *Handbook of fire

resistant textiles. Cambridge: Woodhead Publishing; 2013. p. 501.

[23] Holcombe BV, Hoschke BN. In: Barker RL, Coletta GC, editors. *Performance of protective clothing*. Philadelphia: ASTM Special Technical Publication 900; 1986. p. 327.

[24] Burckel WG. *Heat resistant fiber blends for protective garments*. US Patent Office, Patent no. 1486 997, 1974.

[25] Alexander S. *Tech Textil Int* 1995;4(6):12.

[26] Fenne P. In: Scott RA, editor. *Textiles for protection*. Cambridge: Woodhead Publishing; 2005. p. 648.

[27] Holmér I. In: Scott RA, editor. *Textiles for protection*. Cambridge: Woodhead Publishing; 2005. p. 378.

[28] Mäkinen F, Jussila K. In: Wang F, Gao C, editors. *Protective clothing: managing thermal stress*. Cambridge: Woodhead Publishing; 2014. p. 3.

[29] Shanley LA, Slaten BL, Shanley PS. *Cloth Textil Res J* 1993;11(3):55.

[30] Holme I. *Textile Month* 1987 September;112.

[31] Larsson A, et al. *Test of modified submarine escape and immersion suit*. Sundyberg, Sweden: National Defence Research Establishment; 1991. series no. BP92-125624.

[32] Gennser M, et al. *Survival suit for submarine personnel*. Stockholm: Swedish Defence Material Administration; March, 1993. series no. PB 93-204634.

[33] Anon. *Textile Month* 1982 July;14.

[34] Anon. *The thermal viscose*. Lenzing Aktiengesellschaft, 4860 Lenzing, Austria. http:// lenzinginnovation. lenzing. com/fileadmin/template/pdf/Texworld_USA_July_2010/13_July_2010_03pm_fiber_innovations_Viloft. pdf [accessed October 2015].

[35] Bradshaw J. *Nonwovens Ind* 1981 August;12:18.

[36] Polfreyman T. *Textile Month* 1980 May;19.

[37] Modai S. *Appl Therm Eng* 2008;28(11-12):1536.

[38] Magill MC. *Report on ski glove tests*. Outlast, Gateway Technologies; December, 1996.

[39] Horrocks AR. In: Scott RA, editor. *Textiles for protection*. Cambridge: Woodhead Publishing; 2005. p. 398.

[40] Mäkinen H. In: Scott RA, editor. *Textiles for protection*. Cambridge: Woodhead Publishing; 2005. p. 622.

[41] Rossi R. In: Wang F, Gao C, editors. *Protective clothing: managing thermal stress*. Cambridge: Woodhead Publishing; 2014. p. 70.

[42] BenisekL, EdmondsonGK, MehtaP, PhillipsWA. In: BarkerRL, ColettaGC, editors. *Performance of protective clothing*. Philadelphia: ASTM Special Technical Publication 900; 1986. p. 405.

[43] Bajaj PA, Sengupta AK. Protective clothing. *Textil Progr* 1992;22(2/3/4): 9-43.

[44] Mäkinen H. In: Selcen Kilinc F, editor. *Handbook of fire resistant textiles*. Cambridge: Woodhead Publishing; 2013. p. 581.

[45] Valentin N. *Textiles à Usage Techniques (TUT)* 2004;3:51-3.

[46] Bouchillon RE. In: Barker RL, Coletta GC, editors. *Performance of protective clothing*. Philadelphia: ASTM Special Technical Publication 900; 1986. p. 389.

[47] Krasny J. In: Barker RL, Coletta GC, editors. *Performance of protective clothing*. Philadelphia: ASTM Special Technical Publication 900; 1986. p. 463.

[48] Song G, Lu Y. In: Selcen Kilinc F, editor. *Handbook of fire resistant textiles*. Cambridge: Woodhead Publishing; 2013. p. 520.

[49] Williams WJ. In: Selcen Kilinc F, editor. *Handbook of fire resistant textiles*. Cambridge: Woodhead Publishing; 2013. p. 434.

[50] Veghte JH. In: Barker RL, Coletta GC, editors. *Performance of protective clothing*. Philadelphia: ASTM Special Technical Publication 900; 1986. p. 487.

[51] Horrocks AR. In: Alongi J, Horrocks AR, Carosio F, Malucelli G, editors. *Update on flame retardant textiles: state of the art, environmental issues and innovative solutions*. Shawbury, UK: Smithers Rapra; 2013. p. 53.

[52] Haase J. In: Selcen Kilinc F, editor. *Handbook of fire resistant textiles*. Cambridge: Woodhead Publishing; 2013. p. 364.

[53] Crown EM, Dale JD. In: Scott RA, editor. *Textiles for protection*. Cambridge:

Woodhead Publishing; 2005. p. 699.

[54] Scott RA. *Textiles for protection*. Cambridge: Woodhead Publishing; 2005. p. 613.

[55] Spence MW. In: Barker RL, Coletta GC, editors. *Performance of protective clothing*. Philadelphia: ASTM Special Technical Publication 900; 1986. p. 32.

[56] Mansdorf SZ. In: Barker RL, Coletta GC, editors. *Performance of protective clothing*. Philadelphia: ASTM Special Technical Publication 900; 1986. p. 207.

[57] Henry NW. In: Barker RL, Coletta GC, editors. *Performance of protective clothing*. Philadelphia: ASTM Special Technical Publication 900; 1986. p. 51.

[58] Forsberg K, Mansdorf SZ. *Quick selection guide to chemical protective clothing*. 5th ed. Hoboken, New Jersey, USA Wiley-Blackwell; 2007.

[59] Stull JO. In: Scott RA, editor. *Textiles for protection*. Cambridge: Woodhead Publishing; 2005. p. 295.

[60] Nielsen AP, Maraski RW. In: Barker RL, Coletta GC, editors. *Performance of protective clothing*. Philadelphia: ASTM Special Technical Publication 900; 1986. p. 95.

[61] Bajaj PA, Sengupta AK. Protective clothing. *Textil Progr* 1992; 22 (2/3/4): 79.

[62] Laughlin JM. In: Barker RL, Coletta GC, editors. *Performance of protective clothing*. Philadelphia: ASTM Special Technical Publication 900; 1986. p. 136.

[63] Branson DH, Ayers GS, Henry MS. In: Barker RL, Coletta GC, editors. *Performance of protective clothing*. Philadelphia: ASTM Special Technical Publication 900; 1986. p. 114.

[64] Lloyd GA. In: Barker RL, Coletta GC, editors. *Performance of protective clothing*. Philadelphia: ASTM Special Technical Publication 900; 1986. p. 121.

[65] Truong Q, Wilusz E. In: Scott RA, editor. *Textiles for protection*. Cambridge: Woodhead Publishing; 2005. p. 557.

[66] Woodruff FA. In: Heywood D, editor. *Textile finishing*. Bradford, UK: Society of Dyers and Colourists; 2003. p. 447.

[67] Horrocks AR. In: Horrocks AR, Price D, editors. *Advances in fire retardant materials*. Cambridge: Woodhead Publishing; 2008. p. 159.

[68] Hobbs NE, et al. In: Barker RL, Coletta GC, editors. *Performance of protective*

clothing. Philadelphia: ASTM Special Technical Publication 900; 1986. p. 151.

[69] Anon. *Chemical protective clothing*. Microgard, pdf file, 2015. http://microgard.com/ adminimages/microgard _ brochure _ English. pdf [last accessed October 2015].

[70] Bajaj PA, Sengupta AK. Protective clothing. *Textil Progr* 1992; 22 (2/3/4):75.

[71] Bischof Vukušić S, Gaan S. *Functional protective textiles*. Zagreb: SB Vukušić, University of Zagreb (published with the support of an EU project); 2013. p. 101.

[72] Chopra I. *J Antimicrob Chemother* 2007;59(4):587-90.

[73] Leonas KK. In: Scott RA, editor. *Textiles for protection*. Cambridge: Woodhead Publishing; 2005. p. 441.

[74] Anon. *Protective clothing for Ebola virus disease (EVD)*. DuPont © Technical Bulletin, pdf file, 2015. http://www.dupont.com/content/dam/dupont/products-and-services/ personal-protective-equipment/personal-protective-equipment-landing/documents/ DuPont_Ebola_Tech_Bulletin_NA_111014. pdf [last accessed October 2015].

[75] Truong Q, Wilusz E. In: Scott RA, editor. *Textiles for protection*. Cambridge: Woodhead Publishing; 2005. p. 557.

[76] Troynikov O, Nawaz N, Watson C. In: Wang F, Gao C, editors. *Protective clothing: managing thermal stress*. Cambridge: Woodhead Publishing; 2014. p. 192.

[77] Dragčević Z, Vujasinović E, Orehovec Z. *Functional protective textiles*. Zagreb: SB Vukušić, University of Zagreb (published with the support of an EU project); 2013. p. 329.

[78] Garland CE, Goldstein LE, Cary C. In: Barker RL, Coletta GC, editors. *Performance of protective clothing*. Philadelphia: ASTM Special Technical Publication 900; 1986. p. 276.

[79] Potluri P, Needham P. In: Scott RA, editor. *Textiles for protection*. Cambridge: Woodhead Publishing; 2005. p. 151.

[80] Ormond RB, Barker RL. In: Wang F, Gao C, editors. *Protective clothing: managing thermal stress*. Cambridge: Woodhead Publishing; 2014. p. 112.

[81] Duncan S, Mclellan T, Gugdin Dickson E, Song G, editors. *Improving comfort*

in clothing. Cambridge: Woodhead Publishing; 2011. p. 320.

[82] Loftin D. In: Selcen Kilinc F, editor. *Handbook of fire resistant textiles*. Cambridge: Woodhead Publishing; 2013. p. 94.

[83] Pušić T, Soljačič I, Fijan S, Šostar-Turk S. *Functional protective textiles*. Zagreb: SB Vukušić, University of Zagreb (published with the support of an EU project); 2013. p. 401.

[84] Gao C. In: Wang F, Gao C, editors. *Protective clothing: managing thermal stress*. Cambridge: Woodhead Publishing; 2014. p. 227.

[85] Kim E. In: Wang F, Gao C, editors. *Protective clothing: managing thermal stress*. Cambridge: Woodhead Publishing; 2014. p. 250.

11 交通运输中的技术纺织品

A. R. Horrocks

博尔顿大学，英国博尔顿

11.1 引言

对于普通乘客而言，运输领域的纺织品显然是与交通工具内部的座椅、地板覆盖物和其他家具陈设有关，无论是陆上（如汽车、铁路、公共汽车/长途汽车）、还是水上（如海洋和淡水）或空中（如民用航空）。在国防、民事紧急情况和工业部门内，会在工作人员、防护服和其他安全/防护相关的装备间建立类似的关联，这也包括纺织部件。在20世纪早期，纺织品作为轮胎、传送带、垫圈和其他含橡胶部件的增强元件的使用非常成熟，当时棉花是主要的增强纤维，不久便与黏胶纤维尤其是20世纪20年代后期开发的高韧性产品竞争，而且至今仍在使用。20世纪30年代后期，合成或化学纤维的出现，不仅比以前的纤维更具竞争力，而且其更高的韧性，特别是断裂功，能实现更高的整体力学性能，如优异的耐磨性和抗疲劳性。轮胎会具有更好的耐磨性、燃油效率和抗穿刺性。自第二次世界大战以来，替代金属的纤维增强复合材料已经发展到相当高的程度，它们现在已经成为交通工具的主要结构部件，无论是在飞机、水上舰艇还是火车上。

综合考虑所有这些发展情况，需要强调的是，交通运输确实是技术纺织品的市场之一，即使不是最大的市场[1]。与交通运输领域以外的纺织品不同，其中使用的纺织品必须与交通工具本身一起进行设计制造，以使其使用寿命能够反映出交通工具本身的使用寿命，例如，对于座椅，必须经常进行原位清洁等后续保养。当然，这类纺织品的市场将反映出各种运输类型的市场趋势，在过去的几年中一直在增长，特别是在汽车等个人交通方面，并将随着世界各地的发展而继续增长。

Fung[1]在本书第一版中对纤维及其复合材料做了简要回顾，而且在多年年后的今天，基本没有变化，但对于天然纤维和生物大分子复合材料的兴趣更加浓厚[2]。通常用于运输领域的纤维所需的重要特性包括：①比平常更高的拉伸强度，在诸如轮胎、皮带等功能性应用中；②高耐磨性，特别是在座椅用织物和地板覆盖物中；③热稳定性，因为柔性部件（例如皮带、轮胎、过滤器等）和乘客区域（例如在汽车内）的温度可能远高于环境温度；④光和紫外线稳定性，因为在地面和高海拔地区运输都会暴露在强烈的紫外线下，尽管大多数运输纺织品都是在玻璃后面；⑤可接受的低易燃性等级，因为高易燃性织物使乘客在紧急情况下的逃生机会减少。

表 11.1 列出了用于各种运输类型的纺织品的首选纤维，虽然该表并不全面，但它旨在提供所用的常见纤维。显然，随着运输环境的要求变得更加苛刻，所用的纤维需要在强度、断裂功、耐热阻燃性等方面有更高的要求。以聚酯为代表的普通合成纤维在公共汽车和长途汽车中普遍存在，而载有大量人员的车辆受到国家和/或国际机构的管制，并需要强调其他的性能，例如可接受的防火性能。此外，发动机和驱动部件中的功能性纺织品也如航空领域一样需要更高性能的纤维，例如，隔热应用中需要玻璃纤维和陶瓷纤维，在织带中经常使用芳纶以在运输期间用来固定行李和货物。

表 11.1 应用于运输领域的纤维类型

纺织产品/应用	陆上运输		海运	航空
	小汽车和客车	火车		
功能应用：传送带，软管，轮胎	聚酯纤维，尼龙，黏胶纤维	聚酯纤维	聚酯纤维	聚酯纤维，芳纶
内部/乘员舱：车厢座椅，壁衬/装饰，顶篷，门板，地板覆盖物	聚酯纤维 尼龙，羊毛和混纺物（用于高档汽车）	羊毛/合成纤维混纺物	羊毛/合成纤维混纺织物	羊毛/合成纤维混纺织物；羊毛/芳纶混纺织物
鞋衬/行李寄存	聚酯纤维，聚丙烯纤维	NA	NA	聚酯纤维，芳纶（织带和分离器）
防护：防水油布，柔性散装容器（FBCs）	NA	聚酯纤维，尼龙，聚丙烯（FBC）纤维	聚酯纤维，尼龙，聚丙烯（FBC）纤维	NA
隔音隔热：发动机，绝缘地板	聚酯纤维，尼龙，聚丙烯纤维	聚酯纤维，尼龙，聚丙烯纤维	玻璃纤维	玻璃纤维和陶瓷纤维（发动机隔热）

续表

纺织产品/应用	陆上运输		海运	航空
	小汽车和客车	火车		
复合增强件	聚酯纤维,玻璃纤维,天然纤维素纤维(例如大麻,亚麻)	玻璃纤维	玻璃纤维	玻璃纤维,芳纶,碳纤维
安全: 座席,安全带,安全气囊	尼龙66,聚酯纤维	NA	NA	聚酯纤维

表11.1中产品的织物包括各种类型的机织、针织和非织造织物,Fung和Hardcastle[1,3]以及Shishoo[4]对此已有织物详细讨论。此外,在服务于其最终目的之前,大多数纺织品结构需要额外的表面处理和涂层。例如,用作传送带或软管增强件的产品需要进行表面处理,以改善它们与环绕它们的橡胶或塑料基质的黏附性。由尼龙66编织纱线构成的安全气囊需要一种涂层,这不仅可以确保它们是无孔的,而且在爆炸性膨胀期间,这种涂层既可以承受突然的热,也可以承受在充气过程中所涉及的表面摩擦力。有机硅树脂提供了克服这些问题的解决方案。最近,对于安全气囊的结构和性能另有全面的评述,并在第11.3.2节进行了概述[5]。

在航空用复合材料中用作增强材料的纤维具有玻璃纤维、芳纶和碳纤维的特性,具体取决于应用(见下文),而当重量不是大问题时,例如在海运和铁路运输中,通常使用玻璃纤维。在汽车和客车中,复合材料的使用现在才被研究,因为它们相对于钢材而言成本高。在小汽车中,侧板、包裹托盘等通常是以天然纤维/树脂复合材料的纤维板为基础,上面覆盖有适当的装饰织物。

根据以上概述,可以肯定的是,在客运环境中使用的大多数织物都是传统纤维织物,但前提是它们必须具备上述所需的性能,在汽车和客运领域中,聚酯纤维很可能是大多数这类纺织品的首选纤维。纺织结构,无论是机织、针织或非织造的,都与普通消费市场中的美学特征相关。交通运输中纺织品应用可以细分为三个主要的性能相关组,第一组是在具有结构或拉伸功能的车辆部件中,需要高于正常拉伸性能的地方,例如轮胎、软管和传送带等,该组通常被称为机械橡胶制品或MRG组,因为增强纤维嵌入在橡胶中。第二组与第一组有关,因为是增加乘客安全性的纺织品,如座椅安全带和安全气囊,也需要高于平均水平的力学性能。第三组也涉及乘客安全,但另外还涉及交通工具的整体安全性,其中阻燃性是一个关键要求,尽管这种性质可以通过常规方式引入交通运输中使用的更传统的纺织品中,本章将重点介绍这三类应用于运输领域的技术纺织品。

11.2 要求更高拉伸性能的技术纺织品:机械橡胶制品(MRG)

在合成纤维出现之前,棉纤维是这些应用中最早的增强纤维,然后是20世纪30年代后出现的高韧性(HT)黏胶纤维。在第二次世界大战期间,尼龙66表现出优异的拉伸性能,尤其是其耐湿性能,因此迅速取代后者用于飞机轮胎,以及战后逐渐更多地用于汽车,而卡车和客车轮胎仍然继续使用HT黏胶纤维,这也具有成本优势。这些变化伴随着纤维—橡胶黏合介质的发展,传统上用于棉纤维的间苯二酚—甲醛胶乳(RFL)树脂,是确保增强纤维和织物牢固黏合在橡胶基质上所必需的。随着从棉到光滑表面的HT黏胶纤维以及随后的HT尼龙66和聚酯纱线的转变,这一挑战有所加剧,目前已经报道[6]了改性的RFL以及其他的如环氧化物、异氰酸酯和氨基酰亚胺的乳胶化学品[7]。这意味着在将增强纱线用于机械橡胶产品前,必须浸渍树脂并进行固化。自20世纪60年代以来,聚酯开始应用并且几乎取代了尼龙66,因为它具有更高的耐热性,在轮胎上没有"平点"现象,由于其较高的二阶温度(80℃),不会导致软管变形。当需要更高的耐高温性(以及实际上是抗穿刺性)时,间位和对位芳香族聚酰胺都可用作这些产品中的增强单元。例如,杜邦的Nomex® 430型纤维被宣传为适用于橡胶增强[8]。同样,杜邦的Kevlar® 100推荐用于MRG的增强[9]。表11.2总结了这些应用的主要纤维的优缺点。

表11.2 用于轮胎、软管和传送带的高韧性纤维的关键属性和缺点

纤维	属性	缺点	应用
高韧性黏胶纤维	高韧性和高模量、良好的抗紫外性	低断裂功、抗穿刺性差、亲水	轮胎:汽车、卡车、飞机、摩托车和自行车 机械橡胶制品:传送带和软管
高韧性尼龙66	高韧性、高断裂功、回弹性好	低模量、低二阶温度(约45℃)、抗紫外性差	
高韧性聚酯纤维	高韧性和高模量、抗紫外性好、疏水	在温/热、潮湿的环境易老化	

续表

纤维	属性	缺点	应用
间位芳纶(例如 Nomex®) 对位芳纶(例如 Kevlar®)	高韧性和高模量、低收缩性和低密度、抗穿刺,耐热和抗化学腐蚀	紫外线不稳定、成本高	轮胎:卡车、飞机、高速小汽车、摩托车、自行车 机械橡胶制品:传送带、软管
钢	高韧性和高模量	密度高	摩擦和垫圈:制动器和离合器衬里,垫圈 轮胎:汽车、飞机

大多数用于增强的技术纱线是连续的复丝纱线,线密度通常为 1100dtex(1000 旦),呈单倍或双倍构造。对于熔纺尼龙 66 和聚酯,每根纱线的长丝数量在 140~200;对于高韧性黏胶纤维和包括芳香族聚酰胺在内的其他湿纺纤维,每根纱线的长丝数>500。例如,适用于橡胶增强的 Kevlar® 29 是有 1000 根长丝的 1670dtex 的纱线[10]。

11.2.1 轮胎

轮胎中的纺织元件包括采用连续结构的侧壁内和跨胎面上的增强元件,且这些结构与交叉层或斜交层结构相距很远,其中纤维织物含量可以高达 21%[图 11.1(a)]。另外,现代的子午线加强层结构[图 11.1(b)]在汽车市场占据主导地位,特别是自 20 世纪 70 年代以来,纤维含量已减少到轮胎总质量的 4%~7%[3]。在交叉层轮胎中,平行的纺织帘层或“层束”从胎圈到胎圈沿对角线延伸,使得交替的层在相反的方向上以 70°~80°的角度彼此交叉以形成网格结构。在子午线轮胎中,帘线不会彼此交叉,因此外壳更柔韧,该结构由带束层稳定,带束由几层帘线形成,帘线层与胎面橡胶下的外壳圆周成直角。(钢制)带束帘线与胎面中心线成小角度放置,并且交替的层以 30°~45°的角度彼此交叉。

随着这些结构的变化,聚酯纤维逐渐成为汽车轮胎优选的增强纺织纤维,并且弥补了黏合树脂的高韧性、低收缩特性。轮胎帘子线生产技术 20 世纪 30 年代后期由主要的化学纤维生产公司开发,例如,到 1939 年底,Courtaulds 通过将纺丝浴中的高锌盐浓度与随后的热拉伸相结合,开发了一种名为 Tenasco 的高韧性黏胶纤维,应用于轮胎生产商 Dunlop。目前可用的高韧性黏胶是由类似的工艺生产的。在欧洲,Glanzstoff 工业公司由其 Viscont 高韧性纱线(干态韧度约为 0.5N/tex)生

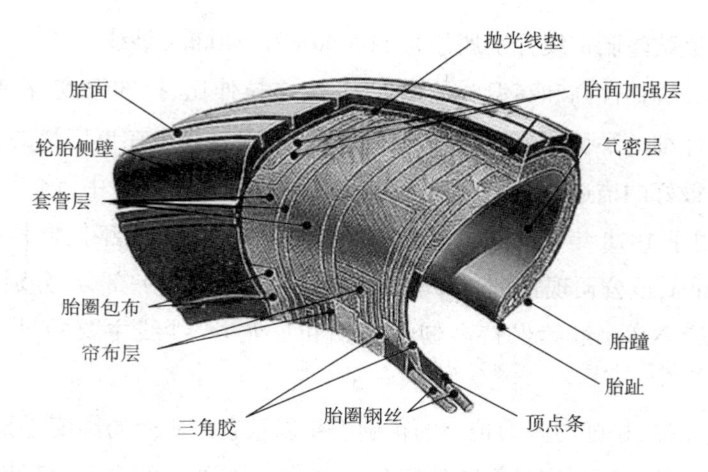

(a)斜交或交叉帘布层轮胎

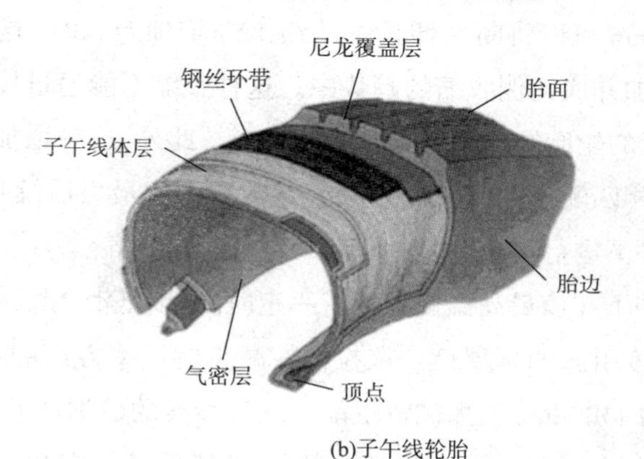

(b)子午线轮胎

图 11.1 纺织帘布层结构示意图

(经菲律宾轮胎中心许可复制:www. tirecenter. com. ph)

产和销售的 Viscord®轮胎帘子线,例如,双股 1220dtex/660 长丝纱线、双股或三股 1840dtex/1000 长丝纱线[11]。在销售给轮胎行业之前,将这些合股纱线浸入合适的树脂中处理。高韧性黏胶纱线的一个显著优点是,树脂浸渍固化,然后 160℃或更高的温度硫化时其收缩率最小。热塑性合成纤维如尼龙 66 和聚酯的情况则不同,在提高拉伸比和拉伸温度时,提高 0.7N/tex 以上的韧性,会导致在这些温度下的过度收缩。特殊的低收缩产品最初是在 20 世纪 60~80 年代由美国和欧洲制造商杜邦公司、ICI 纤维公司和 Hoechst 公司开发的。虽然这些公司今天已不存在或已经停止生产高韧性纱线,但目前可用的纱线是基于这些技术,除了专利文献之外,在公共领域几乎没有关于这种技术的记录。目前在欧洲,Glanzstoff 销售的高韧性聚酯和聚酰胺轮胎帘线分别加倍为1100dtex和940dtex纱线。

为了使纱线韧性高和高温收缩率低,需要在拉伸比、拉伸温度、松弛程度和温度之间进行仔细的平衡,并且据作者所知,理想的条件尚未在更广泛的公共领域中公布。其中最好的描述之一见于现已绝版的《工业纤维手册》中,该手册最初由前ICI纤维公司于1978年[12]出版。ICI纤维公司在20世纪80年代将其聚酯纤维业务出售给Enka,该公司现在是PHP Fibres GmbH(德国)的一部分,分别以品牌Diolen®和Enka® Nylon继续保持高韧性聚酯和尼龙66纱线主要的世界供应商的地位[13]。

获得热拉伸、松弛与张力控制的正确平衡以及它们所处的温度是至关重要的,而且必须精确控制这些变量。通常情况下,对于不受约束的未固化高韧性聚酯,在125~200℃暴露20min可以将断裂伸长率从约12%增加至30%,这表明材料的断裂伸长率在不断增加并成比例收缩的趋势中。这种收缩不能通过周围的橡胶基质来预防,并且在实际的轮胎结构中会导致胎体变形。此外,这种增加的收缩率与初始模量的显著降低相匹配。因此,在拉伸后,必须在等于最大后续加工温度(即浸渍固化和硫化)条件下进行稳定化,并实现3%~4%的收缩。为此,纱线通常在张力和约2%的正拉伸下在该最高温度下保持一定时间,以抵消在帘线制造过程中插入单纱或双纱的捻度引起的延展性。该拉伸在减少收缩率方面的效果是显著的,如表11.3中列出的1100dtex聚酯(Terylene T111)纱线的数据所示[12]。从该表可以看出,在无拉伸下,在220~260℃凝固过程中,虽然单纱强度和初始模量几乎没有受到影响,但150℃的收缩率逐渐降低至约5%。在1%拉伸时,通过施加张力来减小收缩以获得这种拉伸水平,断裂应变更接近原始纱线值。在合股的1100dtex纱线中,在235℃下拉伸2%时,热收缩率进一步降低至3%,从而产生最佳的折中位置,其中韧度略低于原始纱线值,断裂应变略高于原始纱线值。

实际上,浸涂和热稳定化是在一个多阶段过程中同时进行的。例如,在将纱线(单股或合股)浸入树脂中浸渍胶乳之后,先通过约150℃的干燥区,然后是在具有正拉伸的240℃的固化区,最后是在约190℃下的松弛区,得到总体1%~2%的实际拉伸。在生产松弛的高韧性尼龙66帘线时,也是类似的工艺组合。

目前,可供选择的未稳定化的和稳定化的高韧性聚酯和尼龙66纱线或帘线类型及其性能如表11.4[13]所示。显然,如表11.3所示,尽管热稳定处理会增加断裂应变,但热空气收缩率也大大减少。在高韧性尼龙66中,韧性也降低了。

表 11.3 温度和拉伸对合股 1100dtex 涤纶纱线收缩率的影响[12]

纱线	设定温度（℃，维持 2.5s）	拉伸率（%）	韧性（N/tex）	断裂应变率（%）	2%模量（N/tex）	在 150℃时的收缩率（%）
1100dtex×1	未设定	—	0.71	8.5	8.83	11
	220	0	0.71	10.5	8.83	6
	240	0	0.70	10.5	8.83	5
	260	0	0.65	10.5	8.83	4
	240	1	0.71	9.5	8.83	6
	240	−1	0.69	11.5	7.85	4
1100dtex×3	235	2	0.65	12	—	3.3
1100dtex×4	235	2	0.66	12.5	—	2.9

表 11.4 可供选择的高韧性聚酯和尼龙 66 的类型和性能

纱线类型		线密度（dtex/长丝数）	韧性（$N\cdot tex^{-1}$）	断裂应变率（%）	在 180℃时的热空气收缩率（%）
高韧性聚酯	Diolen® 795T*	1100/210	0.79	11.5	6.0
	Diolen® 164S*	1100/210	0.74	12.7	3.2
高韧性尼龙 66	Enka 尼龙 142HR*	940/140	0.92	18	5.8
	Enka 尼龙 154HRST*	940/140	0.75	25	3.0

注 S=稳定的；T=缠结的，HR=耐热的。

卡车轮胎继续用高韧性黏胶纤维或尼龙 66 纤维，因为在高于这些聚酯的二级转变温度的条件下，动态性能得到改善。高韧性黏胶纤维相对于高韧性聚酯纤维不具有热塑性，因此，可能实现温度高达 275℃的“漏气保用”轮胎重新引起了人们对于前者的兴趣[3]，尽管钢和芳纶都具有优异的高温性能。实际上，目前倍耐力公司宣传其漏气保用轮胎具有由聚酰胺帘布层增强的双钢带以及整合了尼龙 66 和芳纶的帘线的内部结构，以控制轮胎轮廓的变形并稳定胎面区域以增强高速性能和操控性。

对于普通的子午线轮胎，钢制帘子线也与聚酯竞争，但具有重量大的问题，尽管它们仍用在卡车子午线轮胎中。Mukhopadhyay 指出，通常用于传统轮胎（和软管）的纤维的韧性在 0.6～1.0N/tex（6～10g/旦），初始模量为 1～10N/tex（10～100g/旦）[14]。对于在较高冲击和热条件下使用的轮胎（如飞机、赛车），通常需要更高的性能，韧性在 1.8～3.5N/tex（20～40g/旦），并且模量超过 35N/tex（约

40g/旦）。表 11.5 列出了过去 50 年在轮胎帘子线中使用的高韧性纤维的拉伸性能。

表 11.5 高韧性化学纤维的力学性能

纤维	韧性（N/tex）	韧性（GPa）	初始模量（N/tex）	初始模量（GPa）	断裂伸长率（%）	180℃热空气收缩率（%）
高韧性黏胶纤维	0.36~0.50	0.55~0.76	8~9	12~14	5~10	0
高韧性尼龙 66	0.62~0.74	0.70~0.84	2.0~4.0	2.3~4.6	15~20	2~8
高韧性聚酯纤维	0.65~0.77	0.9~1.1	8~10	11~14	8.5~13.5	4~11
间位芳纶（如 430 型 Nomex®）	0.45	0.62	9	12.4	~30	1.3（在 100℃）
对位芳纶（所有类型）	1.8~2.3	2.7~3.2	40~90	55~110	2~4	0~0.2（在 160℃）
（Kevlar® 29）*	2.03	2.9	55.5	70.5	3.6	—
钢	0.25~0.32	2~2.5	28~30	220~240	2~10	0

* Kevlar 29 是轮胎中使用的典型对位芳纶[10]。

杜邦公司在高性能汽车轮胎方面的最新研究进展表明，在胎边顶点加入预分散形式的对位芳纶 Kevlar® EE，可提高刚度并提高转弯效率。顶点是位于轮胎胎圈径向外侧的一部分（图 11.1）。“EE”代表工程弹性体，杜邦已将 Kevlar® EE 引入皮带、密封件和垫圈以及自行车轮胎，以提高耐磨性、抗撕裂性、抗穿刺性、模量、抗切割性和抗切屑性[9]。

11.2.2 软管和传动带

通常，用于软管和传动带中的增强纤维与用于轮胎帘子线的增强纤维类似，并根据使用中的温度、张力或压力进行选择。例如，Glantzstoff 公司目前在市场上销售的增强帘子线是标称 1000dtex 的单纱[11]：

高韧性黏胶纤维纱：1220dtex×2；

高韧性聚酯纤维纱：1100dtex×2，1100dtex×3，1100dtex×4，1100dtex×6 和 1100dtex×8；

高韧性尼龙 6 和尼龙 66：940dtex×1，940dtex×2，940dtex×3，940dtex×2×3 和

940dtex×3×3。

值得注意的是，该公司还销售高韧性尼龙6纱线，其热稳定性通常低于尼龙66纱线，但是一些机械橡胶产品的运行温度低于轮胎，尼龙6通常具有成本优势。

根据定义，软管的横截面通常为圆形或椭圆形，并且增强件夹在壁的中间。汽车中的传送带通常具有单个或多个V形横截面，如图11.2所示。增强件嵌入皮带上部区域而不是“V”的下部。

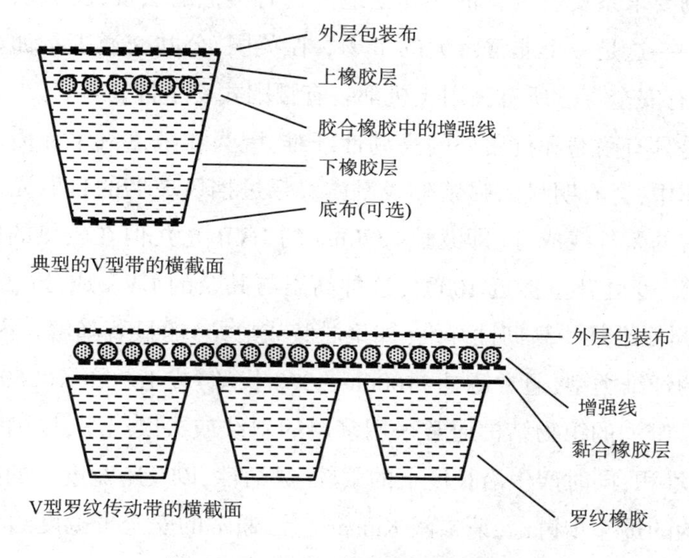

图11.2　V型罗纹传动带的横截面

软管具有与传动带类似的要求，因为增强件不仅必须能在连续的高温下保持可接受的拉伸性能（对于汽车发动机冷却剂软管，通常>100℃），而且不会因长时间的热、外周空气的氧化特性、软管内的液体（通常是发动机冷却剂）的相互作用而退化。橡胶基质的降解也是一个重要问题，通常比最常用的增强纤维和EPDM（乙烯—丙烯—二烯单体）橡胶更为严重。其他耐热和耐油的橡胶包括氯丁二烯（如DuPont的Neoprene®）、丙烯腈—丁二烯［或丁腈（NBR）］和丁基橡胶。在可用的高韧性纤维中，通常不使用尼龙，因为它们的模量低并且延展性高。若使用在暴露于水的环境中，则不能使用黏胶。因此，高韧性聚酯是普通软管产品的优选纤维，但如果需要在高温下保持非常高的热稳定性和性能保持性，则使用间位和对位芳纶。

11.3 提升被动安全性的技术纺织品

11.3.1 安全带

在过去40年的时间里,英国强制规定前排乘客系安全带,最近,后排乘客尤其是儿童也强制要求系安全带。世界其他地方也有类似的法规,所有新车都安装了前后安全带——这是一个非常巨大的市场。在英国,公共交通工具如长途汽车和出租车,也装有安全带。所有民用飞机都装有腰围式安全带。

安全带是具有耐磨和抗紫外的高韧性纤维,因为在敞篷汽车和内部由荧光灯管照明的客车中,会有明显的强紫外线暴露。穿过挡风玻璃的自然光通常会被消除大部分有害的紫外线成分(即波长<320nm 的 UVB 光),但在较热的气候下停放的汽车,车内温度可升至接近100℃,这种高温与其余的 UVA 成分(波长为320~400nm)将共同促进某些高韧性纤维(如聚酰胺或尼龙)的显著降解。因此,高韧性聚酯是优选的纤维类型,通常还是1100dtex(320长丝)或1670dtex(260长丝)连续长丝纱线[1]。窄型的织物结构通常采用多层的斜纹或缎纹组织,以确保最大限度的纱线/长丝堆积,同时产生沿长度上的柔软、灵活性,以及跨宽度上的刚性[3]。关于安全带结构的进一步讨论,请参阅 Kumar[15]。通常的安全带宽度约为50mm,在目前的英国标准 BS 3254:1991 第1部分(道路交通工具安全带总成,成人用限制装置规范)中规定了腰带为46mm和肩带为35mm的成年人的最小宽度。该标准第2部分(道路交通工具安全带总成,儿童限制装置规范)分别对较小(9~18kg)和较大(18~36kg)的儿童规定了25mm和38mm的最小宽度。标准还要求安全带在50km/h(30英里/h)的碰撞中可控制住一名90kg的乘客,具有30kN/50mm的最小抗拉强度和宽度。

无论是小汽车还是商用车辆,安全带的生产都必须按照国家(如 BS 3254:1991 第1部分)和国际性能标准,其不仅包括尺寸和拉伸性能,还包括规定的抗磨损、抗紫外线等级,Fung 和 Hardcastle 已经对此详细讨论过[3]。必须指出的是,安全带本身是一个涉及锚固和紧固的比较复杂的系统的一部分,因此,标准有很大差异。除了要符合此类标准(保证可接受的机械和耐磨性水平)外,小汽车的安全带还必须符合最低的可燃性要求,因为它们被归类为汽车内饰纺织品。该测试源自美国联邦机动车辆标准 FSSV302,将在下面的第 11.4.1 节中讨论。同样,在商用飞机中,包括安全带在内的所有纺织品必须符合美国联邦航空条例 FAR 25.853(b)(第 11.4.3 节)中定义的简单的垂直织物着火测试,该测试现已被国际民用航空局采用。

11.3.2 安全气囊

安全气囊与安全带几乎同时引入,但自 20 世纪 90 年代以来,它们才作为保护已经被安全带约束的乘客的附加手段大量应用。安全气囊从未打算取代安全带,尽管近年来现存的驾驶员安全气囊已经从前座乘客前部安全气囊扩充到各种类型的侧面冲击气囊、从车顶向下的后部中央安全气囊降、膝部安全气囊,甚至安装在车辆外部的行人安全气囊。这些安全气囊的设计特点很复杂,Nayak 等[5]对其进行了详细描述,包括它们的发展历史、市场规模、世界各地的法规要求以及现有的生产商。然而,本章中仅从技术纺织品的角度考虑它们的结构和性质。另外,通常仅与小汽车相关联的安全气囊也用于其他的交通运输形式,包括摩托车、军用飞机、特殊飞机和航天器的着陆系统。

商业上可接受的安全气囊系统应包括充气垫、冲击传感器、点火系统和具有电子连接的装在适当容器或模块内的充气推进剂,表 11.6 列出了安全气囊本身应具备的主要特征,当然还需要考虑可接受的成本。

表 11.6 小汽车用安全气囊的关键特征

特征	解释
拉伸性能	所用的纱线必须具有可接受的高拉伸强度,以抵抗膨胀压力和随后的冲击力,面料必须具有高的撕破强力和涨破强力
柔韧性	应足够灵活,以便有效地包装和充气
透气性	织物及其涂层应平衡不透气性(使其快速膨胀)和一定程度的低透气性(使气囊在冲击过程中缓慢放气)
耐热性	爆炸性膨胀使安全气囊内部受到点火和喷射剂气体的热浪冲击以及充气过程中气囊织物间的表面摩擦
抗老化性	安全气囊必须在通常的汽车寿命(约 10 年)内保持可用而不丧失物理和拉伸性能
可回收性	安全气囊系统应可拆解,并且组件可以有效地回收利用

为了符合透气性要求,经常使用具有半透气涂层的织物,并且织物本身包括所

需的物理、拉伸和热性能,高韧性。安全气囊系统中的独特要素是模块内存在气体发生器,取决于用于产生和输送充满气囊所需气体量的配置。理想情况下,产生的气体不仅应无毒,而且应该处于不会损害到气囊本身的温度。优选的气体是氮气和二氧化碳,它们都可以快速产生或用作增强装置中的稀释剂。

基于 CO_2 的气囊使用碳酸氢钠($NaHCO_3$)和乙酸水溶液(CH_3COOH)的混合物来产生并快速释放气体。这些系统的化学性质并不简单,并且已经在其他地方进行了评述[5]。然而,尽管对这些充气系统经过精心设计,在充气过程中,由于织物相邻褶皱之间的表面摩擦,气体的温度和气囊的快速打开相结合,可能导致气囊的温度升高到可能发生熔化和/或降解的程度。因此,当考虑候选纤维和涂层时,它们的热特性是非常重要的。明显的候选纤维是聚酯纤维、尼龙 6 和尼龙 66,表 11.7 比较了它们与表 11.6 中列出的特征有关的相关性质。

表 11.7 聚酯纤维与尼龙 6 和尼龙 66 的热性能比较

性能	聚酯纤维	尼龙 66	尼龙 6
比热容[kJ/(kg·K)]	1.3	1.67	1.7
熔点(℃)	255	265	215
软化点(℃)	~200	~220	~200
融化能(熔化潜热)(kJ/kg)	427	489	—*

* 表示没有可用的值,但被认为与尼龙 66 的大小相近。

聚酯纤维的拉伸性能和疏水性使其成为安全带的优良纤维,而尼龙更高的柔韧性和回复性使其成为安全带的可选纤维。如表 11.7 所示,尼龙,尤其是尼龙 66 的真正优势在于它们具有更高的比热容和熔化潜热,这使得它们在由于气囊膨胀期间产生的热量而失去拉伸性能之前比聚酯多吸收 30%以上的热能。

此外,聚酯尽管是疏水的,但在长时间处于高湿度状态下,其聚合物骨架会因水解降解而丧失强度,而亲水性尼龙则不具有这种性质,因此具有优越的耐老化特性。

虽然提到尼龙 4.6、6.10、6.12 和 12 等其他纤维,但优选的纤维是尼龙 66,尽管尼龙 6 已有使用,并据称其能够生产出较软的气囊,从而降低皮肤磨损的风险[1]。所用的连续长丝纱线线密度通常为 200~840dtex,其中 470dtex 纱线在欧洲和日本常见[3]。纱线更细使纱线的堆积更紧密,从而有更好的柔韧性和较低的透气性，典型织物的面密度为170～220g/m²。值得注意的是，如果使用等效的聚酯纱线，由于其更高的密度（1380kg/m³，相对于尼龙66的1140kg/m³），具有相同面密度的织物将会减少覆盖并且具有更大的透气性，这将需要更多的涂层材料并且可能在成品袋中具有较差的接缝强度。

典型的尼龙66供应商包括Invista（英国和加拿大）、PHP（德国）、Toray（日本）和Hyosung（韩国），表11.8列出了可用的典型商业纱线和由这些纱线衍生的织物。优选机织物（主要是平纹组织，参见表11.8）结构，并且可以制成双层织物，其在织机上直接成袋。仔细控制织物结构使透气性得到严格控制，从而使气囊不需要后续的表面处理。然而，在其他情况下，如果织物是单层结构，则可以在其上涂耐热的硅基树脂以控制渗透性，还可以产生不会磨损并便于缝合的切边。然而，这样的安全气囊较重，柔韧性较差，而且不太紧凑，典型的涂层重量范围为25～190g/m²。

表11.8　用于气囊和派生平纹组织的尼龙66纱线

纱线线密度（dtex）	平纹组织结构，每厘米线数
235	28.5×28.5和20×20
350	23.5×23.5
470	16×16，18×18，19.5×19.5，20×20，22.5×21
585	17×17，17.5×17.5，18×18
700	15×15，16×16，16.5×16.5
940	12.6×12.6
1880	9×9

注　表中数据由英国Milliken工业公司G Swann提供。

11.4　阻燃性作为强制要求的交通运输技术纺织品

上面提到的是大多数运输领域中使用的纤维和组件的耐火等级的要求，往往是由管理其性能的国家或国际法规来确定的。之所以包括汽车，是因为内部乘客舱中的纺织部件如座椅、地毯、安全带、内部侧面和车顶衬里织物需要限定的阻燃等级。

在飞机上,所有内部纺织品,如座椅、内部装饰和毛毯,都要求达到国际公认的标准水平,达到规定的阻燃或防火等级。发动机绝缘体(如燃烧室周围的陶瓷织物结构)、复合材料中的增强材料(如针对主要结构元件的碳纤维增强材料)、墙壁和地板结构的芳纶蜂窝状增强材料以及机身的隔音、防火/隔热需要更高等级的阻燃隔热纺织品和标准。

在船舶中,无论是商用、休闲还是海军船舶,所用各类纺织品都需要类似于飞机上所见的技术纺织品的耐火测试,这包括室内纺织品以及替代金属的复合材料中存在的纺织品。如:纤维增强复合材料的船体、纤维增强复合材料的舱壁、纤维增强复合材料的上层建筑。对于非海军用途,阻燃要求由国际海事组织(IMO)定义。

最后,在快速列车开发领域,现代铁路部门采用了航空航天领域的创新成果,包括复合的车辆结构、座椅和家具、屏蔽和隔热织物。

在任何运输系统中,无论是在地面还是空中和海上,很难从火灾中轻易逃生,因此必须认识到并尽量减少任何火灾危险。此外,火灾风险取决于材料含量,并且必须知道后者的结构设计特征,在交通工具的整体设计中优化逃生方式。因此,运输领域的火灾受以下因素的影响。

(1)运输类型和实现逃生机制的难易程度,例如,陆地或海上或空中;高速还是低速;需要疏散的人数。

(2)可最大限度地减少火灾发生、烟雾和有毒气体排放,同时最大限度地提高遏制火灾和提高逃生机会的车辆设计。

(3)油箱和可能的电气点火源的隔离与防护。

(4)发动机舱的有效隔热。

(5)认识运输工具中纺织增强结构复合材料的火灾特性,这种材料越来越多地替代更传统的金属材料。

(6)选择阻燃性的内部纺织品,如家具、装饰、地板覆盖物、床上用品等,这些纺织品或者本身具有阻燃性,或者通过处理赋予其阻燃性。

对于国内和国际运营的运输系统,例如空运和海运,国际标准适用于世界较发达国家之间注册和运营的车辆或船舶。事实上,所有商用飞机和船舶认证都要求遵守这些公认的国际法规和标准。

海洋法规属于国际海事组织(IMO)的职权范围,而商业航空法规则受到英国民航局(CAA)、欧洲航空安全局(EASA)和美国联邦航空管理局(FAA)等国家组织的影响。这些组织和国家当局隶属于国际民用航空管理局(ICAO),它们共同规定了与世界各地商用飞机有关的各种防火标准。但是,必须说,美国联邦航空管理局及其相关法规和测试方法在很大程度上决定了世界的商业法规和相关的测试方法[16]。

大多数国家铁路公司都意识到铁路旅行带来的火灾危险,也存在欧盟国家标准之外的国家标准,各国之间的标准也存在差异[16]。直到 2008 年欧盟指令 2008/57/EC 发布之前,欧盟成员国也存在同样的火灾标准要求,该指令涵盖了高速和常规铁路车辆,作为协调整个欧洲的消防要求的一种手段。两年后的 2010 年,在 EN45545 中发布了在欧盟范围内实施的有关评估铁路车辆材料和部件性能方面的标准,其中第 2 部分与铁路车辆内材料尤其相关[17]。该标准的实施需要时间,与此同时,将以各个欧盟国家的标准为准,如 BS 6583(英国)、NF-F 16-101/NF-F-102(法国)、UNI CEI 11170:2005 第 3 部分(意大利)和 PN-K-02511:2000.3(波兰),其中的纺织产品以座椅材料为主。

11.4.1 陆上运输

11.4.1.1 汽车

Hirschler[18]已经从统计数据、当前的防火测试方法以及最近的工作中回顾了当前汽车防火安全的要求,这些工作提到了更严格的测试需求。虽然他的讨论集中在美国,但随着全球范围内汽车数量的不断增加,以及越来越多地应用电子控制和更多的使用塑料、复合材料和纺织材料,他的论点也与目前世界上发达的和快速发展的地区有关。Hirschler 表示,一般来说,70%的车辆火灾发生在行驶的车辆上,其中 90%以上是私家车。

表 11.9 中的英国公路火灾统计数据[19]表明,在过去的 13 年中,交通工具火灾总数已减少了 3 倍,汽车火灾占主要部分,其在 2012/2013 年度仍然占 65%左右。尽管每年都有火灾发生率的数字,但自 2007 年以来,所有交通工具的致命伤亡人数在以缓慢的速度下降,稳定在每年约 40 例,非致命伤亡人数在 420~550,除了 2009/2010 年度,没有当时的全部火灾统计数据,所以这个数据点可能并不令人信服。

表 11.9　2000~2013 年英国公路交通火灾的统计数据[19]

年度	交通火灾总数	汽车火灾总数	致命伤亡人数	非致命伤亡人数
2000/2001	90,806	78,177	72	697
2001/2002	99,736	85,968	61	633
2002/2003	92,953	80,067	64	602
2003/2004	86,150	72,473	67	605
2004/2005	67,875	55,885	58	526
2005/2006	61,523	49,580	59	551
2006/2007	55,556	43,938	61	480
2007/2008	47,562	36,989	41	455
2008/2009	42,381	32,608	38	420
2009/2010	—	—	48	647
2010/2011	32,631	22,010	44	522
2011/2012	28,031	18,391	37	603
2012/2013	23,866	15,722	39	555

如图 11.3 所示,纺织品遍布整个汽车轿厢结构,但是在乘员舱中,驾驶员和乘客面临的火灾风险最大。目前还没有正式的国际法规来确定全球范围内汽车的最低消防安全水平,但由于该行业的全球化特征,美国联邦国家公路交通安全管理局于 1969 年制定并在 1972 年实施了现在普遍采用的 FMVSS 302 标准[20]。目的是防止一支点燃的香烟引燃乘员舱中的材料,现在已成为一种国际方法(ISO 3795),并且在世界上某些国家由其各自的测试机构重新指定标准,如 ASTM D-5132(美国)。

该测试包括一个水平样本(356mm×100mm×使用厚度),在一端经受 9mm 直径本生灯火焰 15s,记录从燃烧器火焰触及边缘 38mm 开始的测量长度上的火焰传播速度。每种样品测定 5 次,燃烧速率平均值必须小于 102mm/min。大多数合成纺织品能通过该测试,因为它们具有热塑性并且通常有熔滴。只有当纺织品包含非热塑性组分时,或者是单独的或者是与合成组分混纺,才需要阻燃剂。虽然这个标准规定了与其相符的纺织品的最低阻燃水平,但它的价值也比没有任何标准要好得多。近年来,每辆汽车的纺织品和纺织复合材料的重量百分比有所增加。

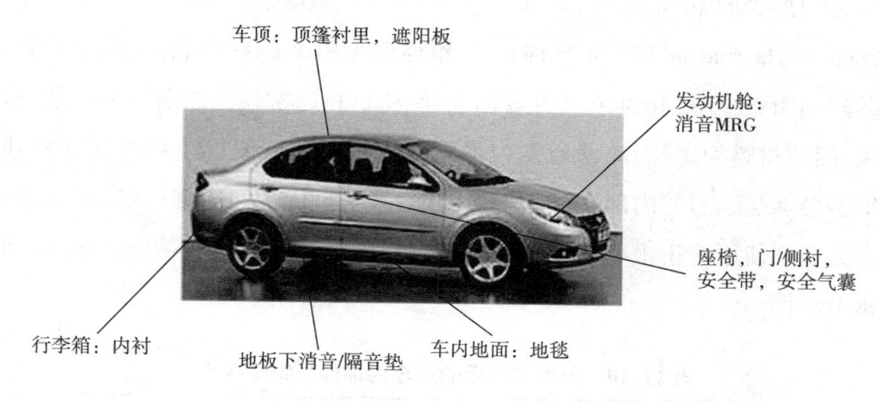

图 11.3 汽车各个部件所使用的纺织品

一辆现代汽车包括许多内部乘客舱纺织组件，例如：

(1)座椅面料：通常是由美观的表面面料和增加重量和强度的背衬面料组成的层压板；

(2)可能包含电气组件的车顶或车顶内衬以及侧衬；

(3)门板：类似于车顶衬里复合材料；

(4)地毯和隔音衬垫；

(5)集成的地板覆盖复合材料(即黏合到最终的地毯纺织品上的隔音衬垫)[图 11.4(a)]；

(6)其他内饰：包裹架、行李箱或行李箱衬里[图 11.4(b)]、遮阳板和仪表板饰件；

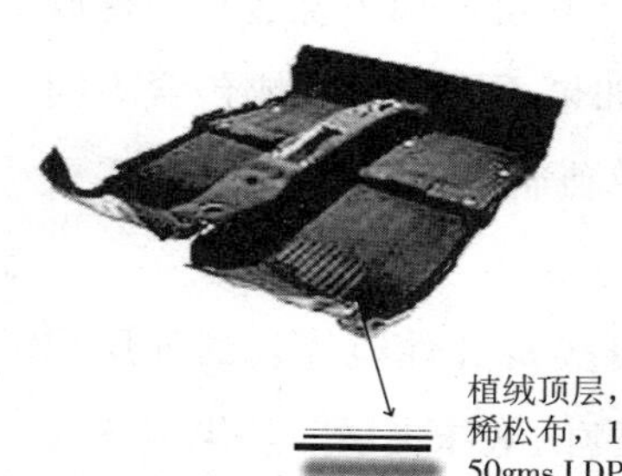

(a)一种汽车地板复合材料(500~900gsm)，包括上部植绒地毯结构、背涂层稀松布、下部热成型低密度聚乙烯(LDPE)隔音层

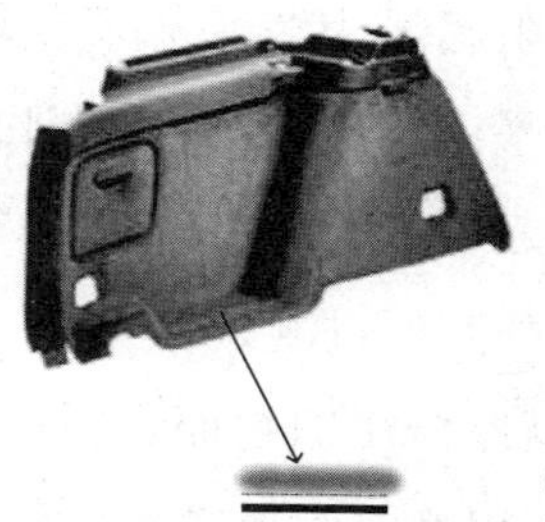

(b)一种行李箱侧衬，改良的复合材料，表面为纺织品

图 11.4 车内的纺织品部件

(7)其他含纺织品的部件,例如安全带、安全气囊等。

Fung 和 Hardcastle[3]以及 Shishoo[4]都对汽车内部的纺织材料进行了全面描述,都符合 FMVSS 302 标准或其等效标准,座椅材料通常包括聚酰胺或聚酯,顶部、侧衬板,门板材料为聚酯,地毯通常为聚丙烯或聚酰胺。值得注意的是,停车时的封闭车辆会承受强烈的内部高温和阳光照射,聚酯是优选的内部纤维,并且这种单一纤维类型的使用对于报废汽车的回收和再利用的便利性也有帮助。表 11.10 列出了典型示例。

表 11.10　典型和常用的汽车内饰件纺织材料[3]

部件	纤维	重量/面料类型
座套层压板或复合材料	聚酯纤维	250~300gsm 针织物或机织物 >500gsm 作为包围聚酯薄膜的层压板
顶衬装饰或表面装饰织物	聚酯纤维	机织物、针织物或非织造布
地毯装饰	聚酰胺起绒织物、聚酯纤维	植绒、针刺非织造布
遮盖物	聚丙烯纤维	非织造薄膜
其他纺织部件:外部装饰面料,包括座椅安全带	聚酯纤维	安全带用缎纹或斜纹组织织物
安全气囊	尼龙 6 和尼龙 66	25~190gsm 机织物

然而,大多数部件实际上是至少两种织物的复合物(见下文),而且是经过测试的复合材料。通常,如果要测试单层织物或包含相同纤维类型的多层织物,且前者能通过测试,则后者也将通过,并且不需要添加阻燃剂来达到标准。在任何情况下都应避免使用阻燃剂,因为它们不仅增加了成本,而且还会增加燃烧过程中排放的有毒气体的水平,尽管目前不需要评估这些水平。如果不同的纤维或包含不同纤维的织物组合起来,即使构成织物的每一种纤维都单独通过了测试,也可能需要另外的阻燃剂来使其通过测试。

如上所述,就座椅用织物而言,复合材料通常包括美观和性能优良的外层织物、支撑性稀松布以及将两者连接在一起的物质,例如薄的泡沫夹层。如果泡沫夹层很厚,则既可以起黏合剂的作用,又可以增加舒适性,但是考虑到聚氨酯泡沫的性质,这显著增加了火灾危险。座椅复合材料或层压板内的中间层可以是非织造结构。虽然聚酰胺纤维在几年前已被普遍使用,但如今聚酯是优选的表面的和稀松布纤维(表 11.10)。

车顶衬里是特别复杂的纺织基复合材料,因为它们不仅结合了隔音材料,而且还集合了诸如内部镜子、内部照明和相关布线等组件,这种布线是一种特殊的火灾危险。Fung 和 Hardcastle[3] 描述的典型结构表明,现代车顶内衬中可能存在多达七个或更多的组件层,如表 11.11 所示,这种结构确实是一种技术纺织品。整个复合材料必须是可热成型的,用黏合膜或粉末将各个层黏合在一起。如果要在不需要额外的阻燃处理的情况下通过 FMVSS 302 测试,则必须仔细选择每个组件。

表 11.11 典型的车顶内衬复合材料[3]

复合层	典型组成
非织造稀松布	通常为聚酯
黏合膜/粉末	热熔的
短切玻璃纤维板	赋予刚性
黏合膜/粉末	热熔的
中心核	半刚性 PU 泡沫或共振废旧纤维
聚氨酯泡沫	需要"柔软的触感"时存在
装饰(面)面料	通常为聚酯

地板覆盖物同样是非常复杂的复合材料,其结合了技术要求和美学品质。这些可包括沉重(>2000g/m^2)的隔音底层(通常是 EPDM 橡胶加上各种类型的废旧纤维或 PU 泡沫)、聚乙烯薄膜黏合层。它还能够使最终的复合材料热成型以适应特定的盘型底板形状和上部起绒纱线毯,通常嵌入稀松布内并有乳胶背衬。图 11.4(a)显示了典型的热成型地板复合材料,图 11.4(b)显示了后备箱侧衬。表面起绒通常采用聚酰胺或聚酯,稀松布通常是聚丙烯。为了让这种复合材料符合可燃性标准,可能需要添加阻燃剂,通常添加到中间的聚乙烯薄膜层或作为隔音衬垫组件的涂层。

11.4.1.2 公共汽车和客车

公共汽车和客车的要求通常由国家法规决定,具体取决于以往的火灾经验。Troitzsch[16] 对在 1995 年发布的指令[欧盟理事会指令 95/28EC(10.95)]及其在欧盟的地位进行了总结,该指令规定了载有22名或更多乘客的车辆内部材料的防火性能要求。纺织品的重要性体现在,用于顶篷和侧壁衬里的任何装饰织物、具有隔音功能的织物、窗帘和百叶窗材料以及用于座椅的纺织品。FMVSS 302用来测试织物可燃性,其测试条件是102mm/min的最低燃烧速率,且水平放置,ISO 6941垂直条带测试法用于评估百叶窗和窗帘的可燃性,车顶内衬也需要测试其潜在的火焰熔滴的形成。

11.4.1.3 火车和快速运输系统

传统上国家铁路运输系统要符合国家防火标准,而这些国家标准通常彼此之间完全不同[16]。2010年公布的EN 45545标准第2部分[17],定义了“材料和部件的防火性能要求”。在该标准中,关注的主要是热释放、火焰蔓延以及烟雾的毒性和密度,因此反映了多年来航空领域应用严格的材料要求。危险等级(HL)表明了铁路车辆的类型,例如,标准车厢为最低等级HL1,折叠式卧铺/卧铺车厢为最高等级HL3。在所有的客运车厢内,家具和床上用品构成主要危险,这些都列在表11.12中,尽管这些并非严格意义上的技术纺织品,但仍然将其纳入消防安全法规。该法规规定了许多测试方案,包括被破坏物品的模拟,测试要求的概述已在其他地方讨论过[21]。

表11.12 在BS EN 45525-2[17]中标识的陈设物品

物品	进一步说明
完整的乘客座椅	完整的乘客座椅,包括扶手和头枕、单独的枕头、倾斜式座椅和靠近乘客的驾驶员座椅
乘客座椅和头枕装饰	座椅和头枕装饰
乘客座椅扶手—水平表面	扶手—放手臂的任何朝上的表面
乘客座椅扶手—垂直表面	扶手—乘客身体依靠的内表面(或横向座位上的外表面)
乘客座椅扶手—朝下的表面 员工区的座位 床垫 卧铺和床上用品(毯子、羽绒被、枕头、睡袋和床单) 卧铺和床的底部表面	扶手—扶手的下表面

在窗帘、百叶窗、装饰面板和地板覆盖物中还可能存在其他潜在的纺织材料,每种材料都有一套规定的要求和与危险相关的性能标准。建议读者参考实际标

准,以充分了解为每种材料类型定义的测试规程的复杂性。

毫无疑问,达到所需防火性能标准的纺织材料类似于飞机上的纺织材料,包括阻燃羊毛和用于座椅的混纺物,用于窗帘的阻燃聚酯纤维和用于地板覆盖物的聚酰胺纤维,根据需要使用阻燃的背面涂层。

大都市的铁路,尤其是地下铁路,是火灾风险特别高的运输系统,阻燃羊毛和混纺物将再次占据主要地位。

11.4.2 海上运输

船舶是高效的独立运输单元,其中逃逸的能力是有限的,因此除了结构部件之外,构成主要火源的纺织品内容物必须具有一定程度的、公认的阻燃性甚至抗燃性。此外,各船舶舱室和其他占用空间,最好配备消防安全装置,例如洒水装置和防火隔板,以便尽可能长时间地控制火灾。更重要的是,由于船舶的局限性,有毒气体和烟雾排放的危害是非常显著的,必须加以控制。

从本质上讲,海运分为两类,商用客船和货运船以及海军水面舰艇和潜艇。Sorathia 已对影响该领域所用阻燃材料选择的所有因素进行了评述[22]。

11.4.2.1 海军舰艇

每个国家根据自己的水面舰艇和潜艇制定海军舰艇条例。例如,美国 MIL-STD-1623[23]提供了用于海军水面舰艇和潜艇的各类内饰材料和陈设的防火性能要求和认可的规格。该标准确认了美国联邦标准 FED-STD-191(纺织品测试),其中方法 5903 定义了用于测定衣服阻燃性的 45°织物条带法,方法 5905 定义了受到高热通量接触时评估材料性能的方法。而 191A 方法中 5903 定义的简单本生燃烧器更大,织物垂直悬挂。显然,不同的纺织品需要不同等级的阻燃性,这取决于它们所处的位置和火灾风险的等级。

其他国家的海军也采用类似的方法,在英国,国防部制定防护服、通用制服和室内纺织品的标准。例如,在 1982 年福克兰群岛(马尔维纳斯群岛)战争之后,英国海军穿着主要由合成纤维制成的制服,受到攻击的海军舰船所经历的强烈热量冲击促使人们远离热塑性纤维,与天然的棉和羊毛服装相比,热塑性纤维有收缩的倾向,尤其是内衣。显然,防止高热通量所需的外衣是在非防御和其他防御应用中使用的防护纺织品,这些应用中的纺织纤维和织物的实例已在本书的第 8 章中进行了描述[24-25]。

11.4.2.2 商用客运和货运船舶

在国际层面,这些船舶必须遵守《国际海上生命安全公约》(SOLAS)中关于防火性能的要求,并将其作为安全准则,还包括遵守国际海事组织的高速船守则[26]。这些规范主要涉及火灾预防、探测、火焰的遏制和控制,以及烟雾扩散、抑制和人员逃逸。在防火场所内,选择潜在阻燃的纺织品包括纺织增强复合材料,并对其进行任何相关的标准测试。在《国际海上生命安全公约》的B部分(预防火灾和爆炸)中[16,26],规则4(着火的可能性)、规则5(火灾增长的潜力)和规则6(产生烟雾的潜力和毒性)都直接与纺织材料的选择有关。

纺织材料通常是被间接覆盖结构的一部分,例如墙面装饰、地板覆盖物等。在耐火试验程序法规(FTP)中给出了这些纺织材料的各种性能的测试方法,第1部分——使用标准ISO 1182的非燃烧性测试;1990年,第2部分——使用ISO 5659的烟雾和毒性测试,第5部分——表面可燃性测试程序。第2部分定义了来自纺织品的烟雾和有毒气体的测定方法,使用锥形量热法在25kW/m^{2}热通量下在有和没有点火火焰的情况下,以及在50kW/m^{2}热通量下在没有点火火焰的情况下进行测试,该方法特别适用于地毯。

第5部分与地板覆盖物有关,因为要求它们的表面具有低火焰蔓延特性,并按照A.653(16)号决议进行测试[27]。即在样品长度的初始部分热通量为49.5kW/m^2,在740mm之后减少到1.5kW/m^2,测定垂直方向上的表面热扩散。因此,地毯织物必须具有比其他水平取向织物更高的阻燃性。因此,阻燃羊毛(例如Zirpro®处理的羊毛,参见第8章)将作为合适的机织或起绒结构中的重要纤维,而且要兼具必要的美学和技术要求。

更具体地说,关于纺织品的测试更直接地包含在IMO FTP第7~9部分中:

第7部分——垂直支撑的纺织品和薄膜的测试:要求帷幔、窗帘和其他纺织材料具有不低于质量为0.8kg/m^{2}的羊毛的阻止火焰传播的性能。

第8部分——软装家具的测试:软装家具需要具有一定的抗点燃和火焰传播的性能,软装家具应符合本部分的要求。使用的测试方法是英国软装家具标准BS 5852,用于香烟和模拟火柴点火源。很明显,符合现行英国家具法规的面料,同时在舰船应用[28]中也令人满意(见第8章)。

第9部分——床上用品的测试:床上用品要求具有抗点燃和火焰传播的性能,床上用品应符合本部分的要求,并采用与第8部分类似的方法进行测试,使用相同尺寸(450mm×450mm)的床垫或枕头的实体模型,并使用香烟和模拟火柴点火源。

织物应在规定的洗涤或耐久性测试后进行测试,在第 7 部分的情况下,对于用阻燃剂处理的织物,测试是单独规定的洗涤循环。只有第 8 章所述的所谓耐久阻燃整理才能通过这种洗涤循环,因为半耐久性处理通常只能抵抗干洗或简单水浸测试,如在 BS 5651:1989[29] 中所规定的。含有固有阻燃纤维的织物,例如阻燃改性聚酯(例如 Trevira CS®)、聚丙烯腈类(例如改性聚丙烯腈类 Kanekaron®)以及聚丙烯,在测试前不需要预洗涤处理。

对超过 40 节的高速船的规定,要求对上述法规进行某些补充或修改。要求包括纺织品在内的结构材料(如果它们是结构的一部分)与不会在火灾中产生闪火的复合材料的平均热释放速率(HHR)不超过 100kW,在 30s 内最大 HHR 值不超过 500kW,最低的烟雾排放和火焰蔓延速率,没有燃烧的熔滴,所有座位符合上述 FTP 法规的第 8 部分。因此,纺织品必须具有比通常用于水面舰船所用纺织品更高的阻燃等级。

随着游轮变得越来越大,火灾风险也随之增加,而且尽管防火和遏制技术得到提高,但增加使用阻燃纺织品的需求,已在地毯和软装家具领域得到了很大程度的解决。一般来说,纯羊毛和富羊毛的混纺织物可以很容易地符合地毯要求的标准,尽管有时可以使用阻燃羊毛(如 Zirpro®羊毛),具体取决于地毯的结构和重量。

对于软装家具和窗帘,美学是这种织物的主要特征,尽管它们仍然可以被称为技术纺织品。可用的织物范围是多种多样的,并且可以通过应用适当的阻燃剂整理或背涂层来产生相应的防火性能。对于墙壁装饰织物、窗帘和帷幕,织物必须通过垂直条带法测试标准的燃烧速率、熄灭时间等,因此包含具有适当阻燃性能的合成纤维和混纺织物将是可以接受的。然而,装饰织物需要填充防护性元件,就如普通的接触性家具所要求的那样,因此优选的纺织品成分包括天然纤维(羊毛、棉、丝绸等)和富含天然纤维的混纺物,除非大量使用背面涂层[30]。

11.4.3 航空

所有的纺织材料,无论是独立的物品,如地板覆盖物、座椅甚至是毯子,还是另一结构的一部分,如复合材料中的增强材料或装饰的部分,根据火灾风险的严重程度,都要接受各种严格的火灾测试,因此可被视为技术纺织品。所以,必须根据其固有的阻燃性或使用已确立的阻燃体系处理的容易性来选择构成的纤维。美国联邦航空管理局(FAA)材料测试程序在其在线手册[31]中有全面介绍,Lyon[32]详细描述了那些与航空航天相关的测试方法。根据 Troitzsch 的说法[33],在诸如波音 747 这样的现代大容量喷气式飞机中,有大约 4000kg 的塑料材料,其中约一半是玻璃纤维和碳纤维增强复合材料。在另一半中有纺织品,它们是飞机本身的一部分,包括装饰性纺织品,此外还有地毯、盖毯和其他纺织品装备。显然,这些纤维元件的潜在火灾负荷是巨大的。在新一代客机中,复合材料的使用正在增加。随着越来越多的现代民用客机在其结构部件中使用增加复合材料,使可燃性危险增加,因此,在其构造中使用的所有材料包括所有的纺织品,必须具有确定的防火等级。如空客 380 飞机机体有超过 25%的复合材料,而波音 787 还要高于这一水平。图 11. 5 概述了耐热和阻燃纺织品对现代商用客机的主要贡献[34]。

图 11. 5　商用飞机中使用的纺织品(不包括复合材料)

(照片由 www. sxc. hu 提供,© SXC)

主要发达国家和发展中国家已经采用了有关商用飞机安全的各种美国联邦航空条例(FAR),因此在商用飞机上任何地方使用的所有纺织品,如座椅布料、地毯、窗帘/帷幕、盖毯等,必须通过 FAR 25. 853 中规定的简单点火测试,使用一系列“本生灯/垂直、45°或水平条带”点火测试,以评估给定材料是否为自动熄灭(参见文献[31]的第 1~4 章)。例如,用于毯子和座椅的垂直条带样品(75mm×305mm),在样品底部边缘经受火焰 12s,并且在其移除后经受的烧伤或损毁长度必须≤152mm,续燃时间≤15s,任何滴落物的燃烧时间≤3s。在这些领域使用的典型纺织品,包括改性聚丙烯腈、阻燃黏胶和羊毛[31]。对于货物和行李舱内衬中使用的纺织品,采用45°试验时具有类似要求,不能使火焰穿透织物。

商用飞机内与纺织品有关的主要物品有以下几种。

(1)座椅:阻燃羊毛和阻燃羊毛/尼龙混纺织物与防火织物的组合;

(2)座椅防火阻隔物:通常包含以下一种或多种纱线的复合材料:包缠玻璃、聚(间位和对位芳族聚酰胺)、共聚芳香族聚酰胺、聚苯并咪唑(PBI)、氧化聚丙烯腈(见第8章);

(3)窗帘/帷幔:通常位于过道和机上厨房区域,通常包括阻燃羊毛或阻燃聚酯纤维;

(4)地板覆盖物:通常包括尼龙起绒纱线,聚酯、聚丙烯、棉或玻璃纤维背衬纱线及阻燃背面涂层,以确保整个地板覆盖物复合材料通过FAR 25.283(b)标准;

(5)货物/行李包装内衬:通常称为"防火罩",可用于包裹个别货物,通常使用含镀铝的玻璃纤维织物。最近,正在使用含对位芳族聚酰胺的织物,其设计目的是控制小型爆炸和火灾;

(6)装饰性墙板:通常使用阻燃聚酯纤维,尽管在私人喷气机中,可以使用更具异国情调的面料,如丝绸和动物毛的混纺物[35];

(7)乘客毛毯:通常为非织造布,包括固有的阻燃纤维,如阻燃聚酯、改性聚丙烯腈或阻燃羊毛;

(8)窗帘/帷幔:通常优选100%阻燃聚酯纤维或阻燃羊毛的织物。

然而,这些纺织品中有许多只是作为组件的一部分,这些组件具有更大的火灾风险,例如,座椅组件和墙板,因此需要作为此类组件的一部分进行额外测试。又如,构成客舱内结构的装饰或加固元件的纺织品,也必须作为复合材料或组件测试其防止火灾蔓延的能力。此处的热释放速率是根据FAA规范FAR 25.853第4部分附录F的要求[32,36],使用俄亥俄州立大学(OSU)量热计测量的一个参数。在该测试中,用作壁板装饰性覆盖物的纺织品安装在合适的壁板材料上,并且承受35kW/m^{2}的热通量。如果使组件和纺织品通过测试,那么燃烧的复合材料散发出的最大热通量输出需低于65kW/m^2,且2min内的平均值低于65kW/m^2。其LOI值通常必须超过30%(体积分数),因此主要候选物是阻燃羊毛、阻燃聚酯纤维,以及单独使用或混纺使用的芳族聚酰胺纤维。

图11.6所示为一个典型的座椅示意图。在这里,外部织物除了通过FAR 25.853(b)中的垂直条带测试要求之外,还必须能够防止内部填充材料的点燃。因

此,通常需要在外部织物和内部座椅填充物之间使用防火织物。在 FAR 25.853-1 附录 F 第 2 部分中,《座椅坐垫的可燃性》的第 25 条,座椅组件模型经受热通量约为 115kW/m^2 的煤油燃烧器 2min。燃烧器熄火后,组件必须在 5min 内熄灭,不得烧到超过座椅尺寸,并且整体质量损失必须≤10%。为了使座椅组件能够通过该测试,通常需要一个能通过 FAR 25.853(b)要求的外部织物(如阻燃羊毛或阻燃羊毛/聚酰胺 66)和底层是高性能纤维的阻燃或阻隔层,如对位或间位芳香族聚酰胺、氧化聚丙烯腈、玻璃或它们彼此间或与纤维如阻燃羊毛的混纺物。

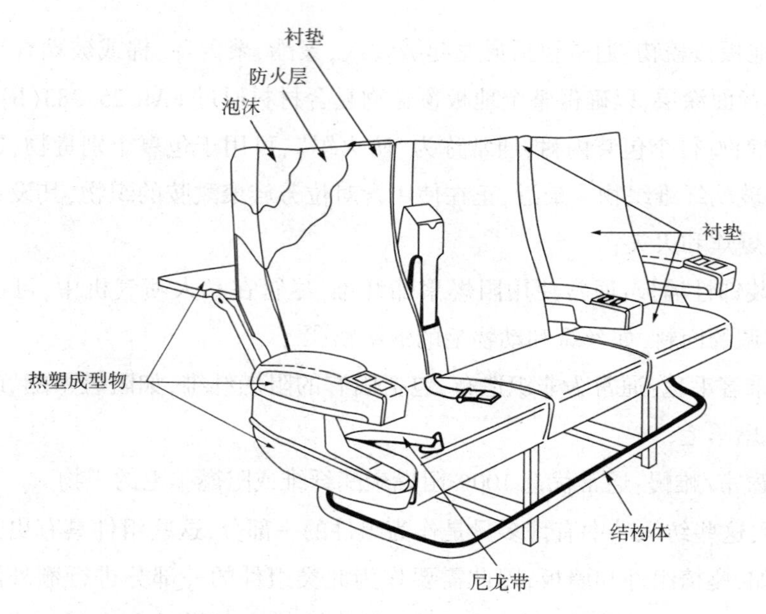

图 11.6 典型的商用飞机座位示意图

[由美国联邦航空管理局(FAA)提供[31],附录 C]

除了通常公认的纺织产品外,隔热阻燃纺织品还可用于发动机隔热(例如燃烧室周围的陶瓷结构)、机身隔音(如阻燃聚合物薄膜货柜中的玻璃纤维基棉胎)、复合材料的增强材料(如主体结构件的碳纤维增强材料),用于墙壁和地板结构的芳纶蜂窝状增强材料以及机身隔音和防火/隔热材料,每种材料都有各自的防火性能要求[32]。与所有这些测试以及材料或复合材料相关的是对有毒的火灾气体和烟雾的要求,因此,纤维种类和纺织品结构的选择将受到必须要通过的最低气体排放标准的影响,这些气体包括一氧化碳、氮氧化物、二氧化硫、氯化氢和氰化氢。

11.5 发展趋势

很明显，由于运输系统需要更高的燃油效率，因此要求重量更轻（从而增加复合材料作为金属替代品的使用），它们会更快、容纳更多人、设计上提高乘客舒适度、具有更多的电子和复合材料部件。因此，无论是作为增强元件、安全部件，还是在火灾风险非常高的部件或区域中，其中技术纺织品的性能要求会更加严格。出于对隔热和阻燃的首要需求，在发动机、乘客或行李区域，越来越多地使用具有更高的力学性能、隔热性和阻燃性的纤维或纺织材料，将继续成为在保持甚至降低运输成本的同时提高乘客安全所采取的必要战略的一部分，个人（如小汽车）和群体层面运输的国际化也将推动对海洋和航空领域现有国际标准的需求。因此，在未来交通工具的设计中，特别是在乘用率水平不断提高（从长远来看，燃料成本也会如此）的情况下，技术纺织品在确保经济可行性和提高消防安全要求方面的作用将得到越来越多的认可。

在这种情况下，可以期待所有交通运输部门的技术纺织品的总体发展和市场会不断进步。

进一步阅读和参考书目

Fung WW, Hardcastle JM. *Textiles in automotive engineering*. Cambridge: Woodhead Publishing; 2000.

Grand AF, Wilkie CA, editors. *Fire retardancy of polymeric materials*. New York: Marcel Dekker; 2000.

Hearle JWS, editor. *High performance fibres*. Cambridge: Woodhead Publishing; 2001[chapter 9].

Horrocks AR, Anand SC. *Handbook of technical textiles*. Cambridge: Woodhead Publishing; 2000.

Horrocks AR, Price D, editors. *Fire retardant materials*. Cambridge: Woodhead Publishing; 2001.

Horrocks AR, Price D, editors. *Advances in fire retardant materials*. Cambridge: Woodhead Publishing;2008.

Scott R,editor. *Textiles for protection*. Cambridge:Woodhead Publishing;2005.

Selcen-Kilinc F, editor. *Handbook of fire resistant textiles*. Cambridge: Woodhead Publishing;2013.

Shishoo R,editor. *Textile advances in the automotive industry*. Cambridge:Woodhead Publishing;2008.

Troitzsch J. *Plastics flammability handbook*. 3rd ed. Munich:Hanser;2004.

参考文献

[1] Fung W. Textiles in transportation. In: Horrocks AR, Anand SCA, editors. *Handbook of technical textiles*. Cambridge: Woodhead Publishing; 2000. p. 490 [chapter 18].

[2] Njuguna J, Wambua P, Pielichowski K, Kayvantash K. Natural fibre-reinforced polymer composites and nanocomposites for automotive applications, cellulose fibers: bio-and nano-polymer composites. In: Kalia S, Kaith BS, Kaur I, editors. *Cellulose fibres: bio-and nano-polymer composites*. Berlin, Heidelberg: Springer; 2011.

[3] Fung W, Hardcastle JM. *Textiles in automotive engineering*. Cambridge: Woodhead Publishing;2000.

[4] Shishoo R, editor. *Textile advances in the automotive industry*. Cambridge: Woodhead Publishing;2008.

[5] Nayak R, Padhye R, Sinnappoo K, Arnold I, Behera BK. Airbags. *Textil Progr* 2014;45(4):209-301.

[6] Porter NK. RFL dip technology. *J Ind Textil* 1992;21(4):230-9.

[7] Hughes AJ, Mcintyre JE, Clayton G, Wright P, Poynton DJ, Atkinson J, et al. The production of man-made fibres. *Textil Progr* 1976;8(1):1-177.

[8] Anon. *Technical guide for Nomex® Brand Fibre*, Technical Report H-52720, revised July 2001, DuPont, USA.

[9] Anon. Kevlar® Fibers: http://www.dupont.co.uk/products-and-services/

fabrics-fibers-nonwovens/fibers/brands/kevlar/products/dupont-kevlar-fiber. html [last accessed October 2015].

[10] Anon. *Technical guide for Kevlar® Aramid Fibre*, Technical Report H-77848 4/00, 2000, DuPont, USA.

[11] Anon. Viscord® 1220-pdf, Glanzstoff Viscord: http://www. glanzstoff. com/viscord-1404041734. html [last accessed October 2015].

[12] Anon. *Industrial fibres manual*, ICI Fibres, 1978 and 1982, Section TC1/2.

[13] Anon. PHP-Yarn Types and Properties: http://www. php-fibers. com/fileadmin/Website_Inhalt/Dokumente/201305_PHP_Fibers_-_PropertyBook__extract_pdf [last accessed October 2015].

[14] Mukhopadhyay SK. High performance fibres. *Textil Progr* 1993;25:1-85.

[15] Kumar RS, Kumar RS. *Textiles for industrial applications*. Boca Raton FL: CRC Press; 2013. p. 245 [chapter 10].

[16] Troitzsch J. *Plastics flammability handbook*. 3rd ed. Munich: Hanser; 2004.

[17] BS EN 45545-2. *Railway applications-fire protection on railway vehicles. Part 2: requirements for fire behaviour of materials and components*. London: BSI; May 2010.

[18] Hirschler MM. Improving the fire safety of road vehicles. In: Horrocks AR, Price D, editors. *Advances in fire retardant materials*. Cambridge: Woodhead Publishing; 2008. p. 443-66 [chapter 16].

[19] *UK fire statistics*. London: Dept for Communities and Local Government; 2012. www. communities. gov. uk.

[20] *Federal motor vehicle safety standard no 320-flammability of materials-passenger cars, multipurpose passenger vehicles, trucks and buses*. Washington, USA: US Federal National Highway Traffic Safety Administration.

[21] Horrocks AR. Flame resistant textiles for transport applications. In: Selcen-Kilinc F, editor. *Handbook of fire resistant textiles*. Cambridge: Woodhead Publishing; 2013. p. 603-22.

[22] Sorathia U. Flame retardant materials for maritime and naval applications. In: Horrocks AR, Price D, editors. *Advances in fire retardant materials*. Cambridge: Woodhead Publishing; 2008. p. 527-72.

[23] MIL-STD-1623. *Fire performance requirements and approved specifications for interior finish materials and furnishings*. Washington DC:US Navy publication;2006.

[24] Horrocks AR. Thermal (heat and fire) protection. In: Scott R, editor. *Textiles for Protection*. Cambridge:Woodhead Publishing;2005. p. 398-440.

[25] Nazaré S. Fire protection in military fabrics. In: Horrocks AR, Price D, editors. *Advances in fire retardant materials*. Cambridge: Woodhead Publishing; 2008. p. 492-526.

[26] SOLAS Ch II-2, SOLAS. *Consolidated text of the International Convention for the Safety of Life at Sea*, 1974, *and its Protocol of* 1978: *articles, annexes and certificates*. Consolidated ed;2004.

[27] ResolutionA. 653 (16). *Recommendation on improved fire test procedures for surface flammability of bulkhead, ceiling and deck finish materials, fire test procedures code*. London: International Maritime Organization; 1998. www. imo. org.

[28] Consumer protection act (1987), the furniture and furnishings (Fire) (Safety) regulations, 1988, SI1324 (1988). London: HMSO.

[29] BS 5651:1989. *Method for cleansing and wetting procedures for use in the assessment of the effect of cleansing and wetting on the flammability of textile fabrics and fabric assemblies*; 1989.

[30] Horrocks AR. Overview of traditional flame-retardant solutions. In: Alongi J, Horrocks AR, Carosio F, Malucelli G, editors. *Update on flame retardant textiles: state of the art, environmental issues and innovative solutions*. Shawbury, UK: Smithers Rapra; 2013. p. 123-78.

[31] *Aircraft materials fire test handbook*. FAA; 2006. http://www. fire. tc. faa. gov/handbook. stm. see also Appendix C.

[32] Lyon RE. Materials with reduced flammability in aerospace and aviation. In: Horrocks AR, Price D, editors. *Advances in fire retardant materials*. Cambridge: Woodhead Publishing; 2008. p. 573-98.

[33] Troitzsch J. *Plastics flammability handbook*. 3rd ed. Munich: Hanser; 2004. p. 457-71.

[34] Horrocks AR. Flame resistant textiles in transport. In: Selcen-Kilinc F, edi-

tor. *Handbook of fire resistant textiles*. Cambridge:Woodhead Publishing;2013. p. 618.

[35] Kandola BK, Horrocks AR, Padmore K, Dalton J, Owen T. Comparison of cone and OSU calorimetric techniques to assess the flammability behaviour of fabrics used for aircraft interiors. *Fire Mater* 2006;30(4):241-56.

[36] Babrauskas V. Fire test methods for evaluation of FR efficiency. In: Grand AF, Wilkie CA, editors. *Fire retardancy of polymeric materials*. New York: Marcel Dekker;2000. p. 81-114.

12 能源采集和储存纺织品

N. Soin, S. C. Anand, T. H. Shah

博尔顿大学,英国博尔顿

12.1 引言

能量收集或能量捕集是从外部因素(如热、光、振动、盐度梯度等)获取少量能量(nW-μW-mW 范围)的过程,否则这些能量会散失到周围的环境中[1-6]。由于捕获能量的量很小,能量采集的应用主要局限于无线传感器网络、可穿戴电子产品和可穿戴传感器等小型自主装备。在可用于能量采集的各种效应中,最流行的是光伏、压电、热差以及摩擦电效应。应该提到的是,对于个人低功率电子设备和穿戴式传感器,通过机械运动的压电收集能量被认为是替代传统充电电池的最可靠途径,因为大多数人类活动都是与环境无关的机械运动[1-6]。电池技术和能量采集技术已经跟不上消费电子设备的需求,这些设备正变得越来越多样化、功能化,耗电量也越来越大[3]。在本章中,仅讨论基于纺织品的压电发电机当前的发展现状。与光伏效应纺织品发展有关的详细讨论,建议读者阅读 O'Connor 等[7]、Bedeloglu 等[8]的著作,以及 Krebs 等[9]的专题评论等。

压电效应是由法国物理学家雅克·居里和皮埃尔·居里在 1880 年发现的,它被定义为机械状态和电状态之间的线性机电相互作用(在没有反对称的晶体材料中),从而使电荷积累以响应所施加的机械应力(图 12.1)。压电效应是一个可逆的过程,其中直接的压电效应(在施加机械应变下产生电荷)可以通过施加电荷(逆压电效应)逆转产生机械应变。压电材料是铁电材料中的一种,由于其非中心对称的晶体结构,所以表现出一种被称为电偶极子的局部电荷分离。这种材料举例如下:

①天然存在的生物压电材料,如人体骨骼、肌腱、纤维素、胶原蛋白、脱氧核糖

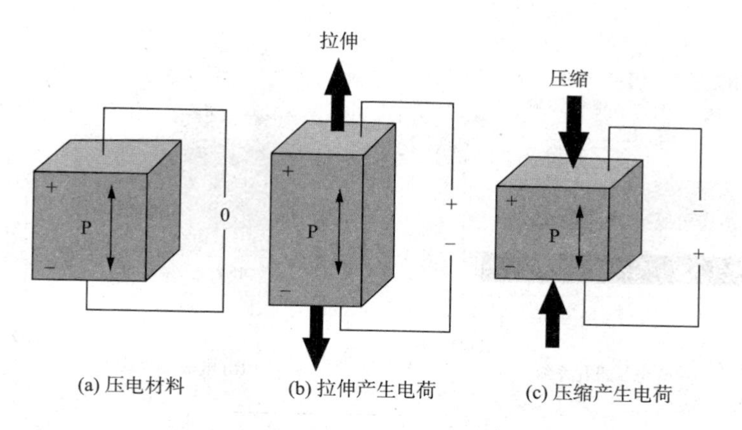

图 12.1　直接压电效应示意图

核酸;

②天然存在的压电晶体,如石英(SiO_2)、罗谢尔盐($NaKC_4H_4O_6·4H_2O$)、黄玉、电气石类矿物等;

③合成压电陶瓷,如锆钛酸铅 PZT[$Pb(Zr_xTi_{1-x})O_3$, $0 \leqslant x \leqslant 1$]、钛酸钡($BaTiO_3$)、铌酸钾($KNbO_3$)、铁酸铋($BiFeO_3$)、氧化锌(ZnO)等;

④合成压电聚合物,如聚(偏二氟乙烯)[$(CH_2CF_2)_n$, PVDF]的共聚物如聚(偏二氟乙烯—三氟乙烯)[P(VDF-TrFE)]、聚酰亚胺、奇数聚酰胺、多孔聚丙烯等。

如图 12.1 所示的压电材料中,对于可穿戴和身体佩戴方面的应用,在遇到重复的大量应变时,由于脆性、低应变能力和含铅材料的毒性(如 PZT),陶瓷材料就不适合了[6,10]。这些因素,再加上对柔性电子产品日益增长的需求,激发了科学家开发越来越高效的柔性能量收集材料。压电聚合物具有超越压电陶瓷的巨大优势,包括低的材料密度、柔韧性、生物相容性好和更低的成本。与压电陶瓷的压电响应源于非中心对称性和不对称的电荷环境不同,聚合物如 PVDF 的压电性来自结构中聚合物链的分子取向和分布。对于本质上是压电的本体聚合物,聚合物的分子结构应该固有地包含分子偶极子。此外,这些偶极子应允许在本体材料内重新取向并保持其最优的取向状态。这种分子偶极子的重新取向是通过极化过程进行的,在极化过程中,在高温下施加高电场(10~100MV/m 级别)。为了"锁定"偶极子并维持偶极子的方向,在施加电场的情况下将材料冷却(图 12.2)。最常用于电极化的方法有电极极化和电晕放电极化。在电极极化方法中,首先将金属电极

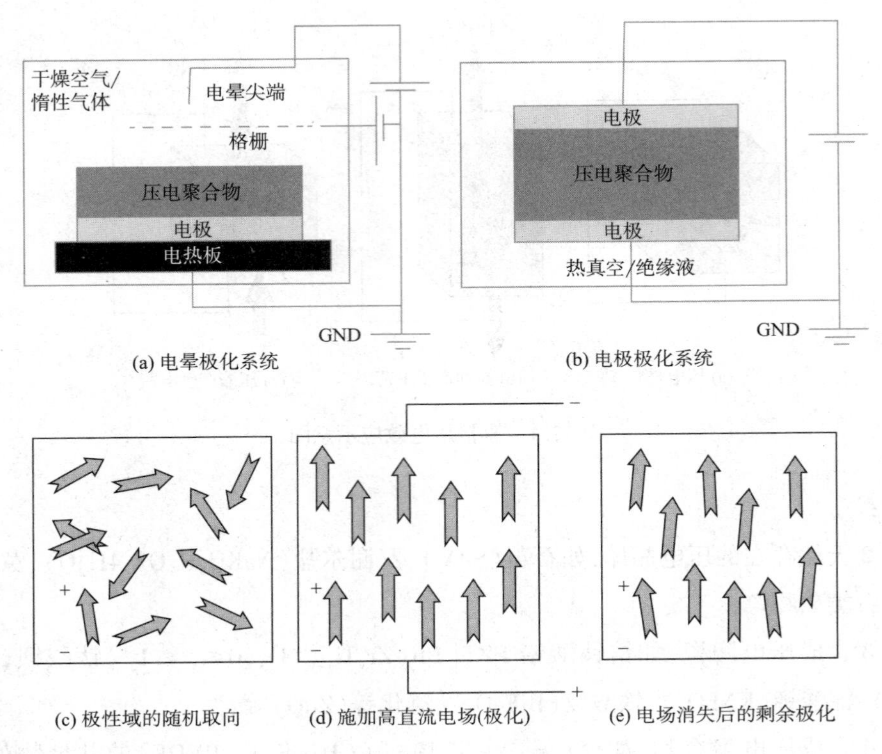

图 12.2　极化偶极子的取向

沉积在压电材料上,然后施加 10~100MV/m 的高压。为使材料免受高电场放电的影响,电极极化通常是在绝缘介质如硅油或真空中进行。微晶排列的最终质量取决于各种因素,包括施加电场的强度、均匀性和持续时间,施加的温度值和均匀性,以及电极与压电材料表面之间的污染程度或空隙[11]。与电极极化工艺不同,电晕放电极化仅需要在压电材料的一侧镀金属。电晕极化的设置比电极极化复杂得多,它利用干燥空气或氩气的击穿使压电材料极化[11]。对于电晕放电,尖锐的导电针受到 8~20kV 的高压,使得尖端周围的气体分子电离。这些朝向压电材料加速的电离粒子,由一个金属格栅控制,该金属格栅位于针的正下方并给予 0.2~3kV 的较低电压。该栅极的位置和施加的电压控制施加的电场,从而控制沉积在材料表面的电荷量[11]。

对于压电材料,所施加的刺激与产生的响应之间的关系取决于施加刺激的方向以及测量的方向。由于压电材料的各向异性,重要的是确定施加的机械/电刺激的方向以及由此产生的电/机械响应。为了确定压电元件中的方向,考虑类似于经

典的 x,y,z 正交三轴坐标系(称为 i,j,k)[10]。压电系数用双下标定义,第一个下标表示与施加的电压/产生的电荷相关的电场方向,第二个下标表示机械应力/应变的方向。用于表征压电材料的最重要的参数是压电电荷常数 d,表示每单位机械应力产生的极化电荷(用于直接压电效应),或者反向表示每单位电场经受的机械应变(用于反向压电效应)。压电材料的机电转换效应由式(12.1)和式(12.2)定义[10]:

$$S_i = S_{ij}^E T_j + d_{ki} E_k \tag{12.1}$$

$$D_i = \varepsilon_{ik}^T E_k + d_{ij} T_j \tag{12.2}$$

其中,下标 i,j 和 k 代表三个空间维度;S 和 T 分别是由机械和电效应引起的应变和应力张量;D 和 E 是电位移和电场矢量;S^E 是在恒定电场下评估的弹性柔度矩阵;d 是压电应变系数的张量;ε^T 是在恒定应力下评估的介电常数的张量[10]。

在压电材料的实际操作中,配置方式设置为只有一个压电应变系数主导输出。压电材料通常使用两种操作模式,即 33(库存配置)模式和 31(弯曲配置)模式。两者的极化方向始终假设在"3"方向。在 33 模式中,电压和应力均作用于"3"方向,这意味着材料在极化或"3"方向应变,并且电压在"3"方向上恢复。在 31 模式中,材料沿"3"方向极化,机械应力作用于"1"方向。在这两种配置之间,33 配置通常显示出更高的压电电荷常数(d_{33})。对于能量收集应用,非常需要能够容易变形以引起更大应变并且表现出大的机电耦合系数的材料。此外,在低频条件(约 1Hz)下发生的人体机械运动驱动的能量收集应用中,例如步行或呼吸,存储在材料中的弹性能量 W 可由其最大的应力或应变来表示[式(12.3)][10]:

$$W = \frac{1}{2} S \times T \times V = \frac{1}{2} \frac{T^2}{Y} V \tag{12.3}$$

其中,Y 是杨氏模量,V 是体积。由应力产生在压电元件上的电能 E_c 由式(12.4)给出:

$$E_c = \frac{1}{2} D \times E \times V = \frac{1}{2} \frac{d_{SS}^2 T^2}{\varepsilon} V = \frac{1}{2} \frac{d_{SS}^2 S^2}{\varepsilon} Y^2 V \tag{12.4}$$

通过式(12.3)和式(12.4),表示机电耦合系数的能量转换效率 k 由式(12.5)给出:

$$k^2 = \frac{E_c}{W} = Y \frac{d_{SS}^2}{\varepsilon} \tag{12.5}$$

表 12.1 给出了一些最常见的压电材料的压电和介电常数。

表 12.1 常用压电材料的压电和介电常数

材料	结构	压电常数 d_{33}(pCN^{-1})	介电常数	参考文献
PZT	薄膜	60~130	300~1300	[11],[12],[15]
$BaTiO_3$	薄膜	191	1700	[13],[15]
ZnO	薄膜	12.4;14.3~26.7(纳米带)	10.9	[14],[15]
PVDF	聚合物膜	-33	13	[11],[15],[16]
PVD-TrFE	薄膜	12	300~1300	[11],[15],[16]
Nylon-11	薄膜	3@25℃ 14@107℃	1700	[11],[15],[16]

必须记住,在选择用于能量采集的压电材料时,具有最高 d_{33} 常数的材料将提供最高的能量转换效率。对于大多数可穿戴应用而言,诸如膝盖弯曲、手臂摆动和肺部扩张等物理动作是弯曲或伸展模式,因此需要应变驱动的操作模式[10]。在从步行中采集能量时,会遇到压缩,因此使用应力驱动的操作模式。对于所有这些应用,由于遇到的应力/应变值很大,选择柔性的压电材料比脆性的陶瓷材料自然更好。高分子压电材料本质上具有固有的柔性,并且可以承受比陶瓷材料高得多的应变。在前面提到的各种压电聚合物中,与其他本体聚合物相比,聚(偏二氟乙烯)(PVDF)显示出很高的压电常数~33pC/N(表 12.1)[15-17]。尽管 PVDF 的压电常数低于陶瓷,如 PZT(d_{33} 为 500~600pC/N),但其失效应变要高得多,为 2%,而 PZT 的为 0.1%。实际上,在过去几年中,柔性材料和器件的性能已显著提高(图 12.3)[17]。

聚(偏二氟乙烯),即 PVDF,是一种半结晶聚合物,通过 CH_2CF_2 单体的聚合而成,并且以多达四种不同的结晶相存在:α、β、γ 和 δ。α 相(也称为Ⅱ型)具有略微扭曲的 trans-gauche-trans-gauche′(TGTG′)排布,由于其晶包中所包含的两条链是反平行堆积的,因此呈中心对称。由于偶极矩在材料晶相中的随机分布,结晶相呈现非极性形式[18,19]。β 相(也称为Ⅰ型)具有全部反式构象(TTT)聚合物链。由于头对头(—CF_2—CF_2—)和尾对尾(—CH_2—CH_2—)分布的非中心对称构象,极性结晶相表现出压电性质。β 相是 PVDF 最重要的多晶型物,源于沿聚合物链强偶极子的取向,对其压电、热电和铁电性能起主导作用[18-19]。对于受到恰当的机械、热和电组合作用的 PVDF,极性 β 相的形成可以提供具有垂直于链方向的强偶极

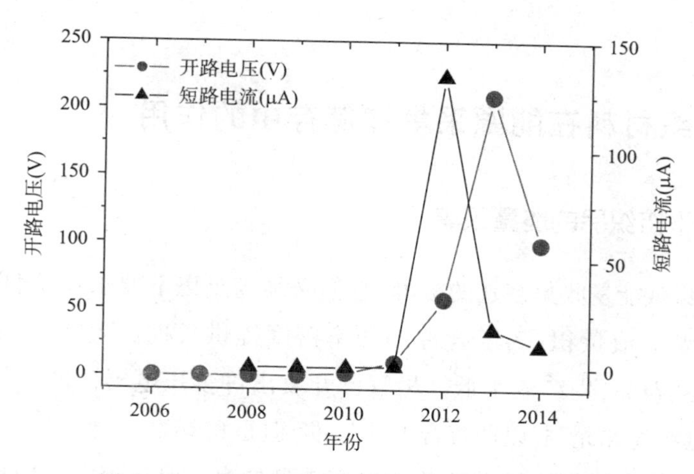

图 12.3　2006~2014 年压电发电机进展情况[17]

矩的压电性质。事实上，材料获得的压电性能直到材料被加热到（或高于）其居里温度（对于 PVDF 为 80~90℃）才是稳定的。γ 相（也称为Ⅲ型）具有中间极性（TTTGTTTG′），并且通常通过使用 N,N-二甲基甲酰胺（DMF）、二甲胺（DMA）或二甲亚砜（DMSO）从溶液结晶生成和在高温高压下的熔融结晶生成。γ 相构型是 α 相和 β 相（TTTGTTTG）的分子内混合物，导致压电效应降低。δ 相（也称为Ⅳ型）是通过使非极性 α 相在高电场下产生偶极矩的反转而产生的，因此是非中心对称（图 12.4）[18-19]。因此，至少存在三种 PVDF 的多晶型物，其可以显示极性构型，并因此显示出压电性质，并且这些分子构象可以通过机械、电和热的组合作用而相互转化。

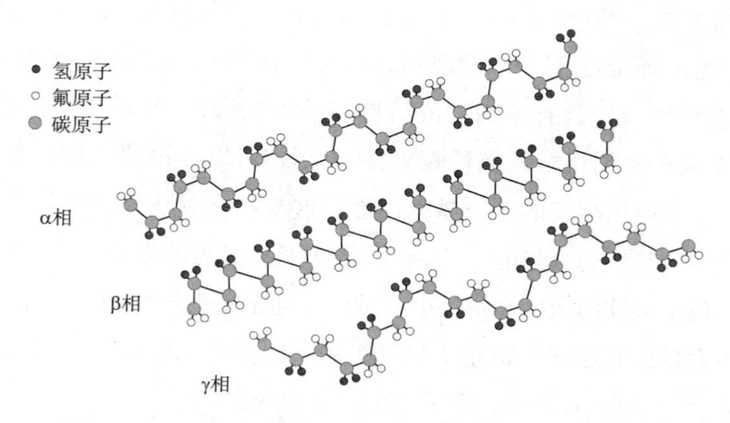

图 12.4　PVDF 的 α 相、β 相和 γ 相分子链构象示意图[19]

12.2 纺织材料在能源采集和储存中的作用

12.2.1 基于纺织品的能量采集

作为可穿戴能量收集装置的标准,它们必须满足以下要求:①用户感觉不到;②不给使用者造成负担;③以合理的功率密度提供长期的使用寿命(取决于应用);④成本效益高,生产成本低。尽管已开发出许多压电器件的结构、材料和工艺,例如静电纺丝和光刻,以便符合上述标准,但是材料本身,例如 $Pb[Zr_xTi_{1-x}]O_3$ 和 $BaTiO_3$,却不适合使用,这些工艺相当烦琐且昂贵。对于可穿戴应用,能量收集装置应该为佩戴者提供恰当的“触感”和舒适度[6]。目前存在的与柔性压电发电机相关的问题是:①冗长而烦琐的加工工艺,产量低;②输出功率密度低;③缺乏将这些能量收集的结构与可穿戴设备/纺织品整合的技术。此外,为了在真正意义上将压电材料集成到纺织品的结构中,需要量身定制压电结构的耐用性和“触感”[1-6,18]。多年来,纺织品从仅仅作为集成微型传感器的模板,到真正成为主动传感元件本身,已经走过了漫长的道路。一些最早的主动传感纺织品的例子是,使用冗余阵列的压阻橡胶,通过丝网印刷在织物上以及在织物结构内缝合/插入主动的 PVDF 组件[20-21]。从那时起,该技术迅速发展到与纺织工艺高度相容的活性纤维和纱线。事实上,现在已经可以在直径为 1~50μm 内的纤维表面上或内部构建电子功能。通过完善的纺织加工路线,纤维可以进一步加工成二维和三维的纺织结构,提供智能功能。与纤维相比,纺织品形式的有序纤维组件,具有适合于可穿戴能量收集系统的独特特性[17]。常规和专用的纤维组件,具有从几个 MPa 到 kPa 范围的特定的杨氏模量,具有很高的灵活性和易于变形性,使其非常适用于压电系统[17]。对于从机械到压电的能量收集,纺织结构可以被拉伸、扭曲、弯曲或剪切,从而赋予可穿戴应用高度的三维悬垂性能。这与在常规洗涤和常规磨损/撕扯过程中保持结构完整性的卓越能力相结合,使纺织品成为能量收集应用的最合适介质。陶瓷材料中裂纹的萌生和扩展引起的破坏通常是灾难性的,与此不同的是,纺织品组件中大量的有序纤维阻止了裂纹扩展。即使纺织结构发生大的变形,纤维上的诱导应变也非常小,从而提高了结构的使用寿命[17]。

为此,已经开发了各种针织、机织、非织造以及二维和三维的压电纺织结构用于能量收集。当然,在压电纺织品开发之前,压电元件的生产和沉积技术,是以表面涂层、包埋的形式,以及更近期开发的压电纱线。例如,通过使用熔融纺丝结合高压极化技术开发的高 β 相压电 PVDF 纱线已经被多个团队所展示,包括 Soin 等[6],Hadamani 等[22],Lund 和 Hagström[23],以及 Gomes 等[24]。这些压电 PVDF 纱线已广泛用于监测生命体征参数,如使用者的心率,还用于能量收集应用。在之前发表的文章中,压电元件通过简单地缝合而被物理地嵌入织物里面,或者基于脆性的 PZT 材料,然后通过静电纺丝沉积并随后转移到柔性基板上。然而,如前所述,含有铅的 PZT 材料不适用于可穿戴应用[1-6,17]。对于从人体运动中收集能量,基于纺织品和纤维的能量收集器是非常理想的,因为它们重量轻、舒适,并且外观与传统织物没有什么不同。纤维结构(原料→纤维→纱线→织物→最终产品)和组件的分层特性使其特别适用于可穿戴电子设备的制造。纤维中的压电材料和织物的结合为制造软压电发电机提供了一条简单的途径[17]。柔性纺织结构本身可以设计成在低水平的应变和载荷下提供压电输出,同时在大量可变的机械变形和循环载荷下具有高的抗疲劳性。本章稍后将讨论压电纤维和织物生产的各种技术。

12.2.2　基于纺织品的储能

除了发电之外,能量存储是自供电可穿戴设备和消费电子产品的另一个持续存在的挑战。随着低功耗消费电子产品和可穿戴技术的日益普及,正在模拟诸如电池和超级电容器等储能设备,向更高的能量和功率密度增长和发展。能量存储主要由电化学电池和超级电容器主导,其通过电化学氧化还原过程以及在某些情况下通过形成静电层来存储电能。事实上,三种主要的电化学储能技术从高功率到高能量储存的顺序是:双电层电容器(EDLC)、准电容器和电池[25,26]。EDLC 和准电容器统称为超级电容器。作为电化学装置,它们的典型结构由电极材料、集电器、隔膜和电解质组成。这些装置的存储容量取决于材料特性、电化学表面积、电化学性能和装置的结构。

储能纺织品的开发始于电活性材料涂层纺织品的构建,随后是纤维、纱线电极和定制的机织和针织纺织品的制造。事实上,一些最早的关于储能纺织品的报道,是通过简单的涂漆、浸涂和丝网印刷的方法,在现有的棉或聚酯纺织品上使用碳/氧化还原活性电极材料的涂层。多年来,有关力学性能优越的纤维状超级电容器和电池的报道已经开始出现在文献中。最近,这些纤维已经开始用于制造基于二维和三维纺织品的超级电容器和电池[25,26]。基于纤维的电池,也已经以各种形式进行了开发和探索,包括电缆,由多个电极(通常是阳极)组成的股线,卷绕成中空螺旋(螺旋)的芯,并由管状的外部电极(阴极)包围[26];通过将 TiO_2(B)纳米片锚固在非织造活性炭织物(ACF)上的带有薄膜电极的柔性电池[27];用 Li_4TiO_{12} 纳米片薄膜电极制成的电池[28];基于弯曲的 PPy 的可拉伸电池[29];由扭曲、对齐的多壁碳纳米管(MWCNT)/Si 复合纤维阳极制成的线形电池,比容量为 1670mA·h/g[30]。同样,正在探索的柔性超级电容器,赋予其具有吸引力的特性,如快速充电/放电、更高的功率密度和稳定的循环寿命。与在常规电容器中使用的介电材料不同,纤维基超级电容器由电解质和电极以及隔膜组成。在文献中,已有探索和开发基于纤维和纺织品的超级电容器。例如,由两根平行的三维 PPy—MnO_2—CNT 棉制成的纤维(电缆)超级电容器[31];通过放置两个平行的纤维电极(由导电纤维基材和电化学活性材料组成)填充到充满电解质的柔性塑料管中制成超级电容器[32];基于碳纳米管和聚苯胺纳米线阵列的双股绞纱超级电容器[33];通过将对齐的碳纳米管片缠绕在作为两个电极的弹性纤维上,形成同轴结构[34]。以下各节提供了有关其结构和操作方法的更多详细信息。可以预见,通过纺织、电气和电子工程的融合,可以开发出用于压电能量收集和存储的柔性和可穿戴纺织品的方法。

12.3 集能压电纺织品的开发技术

本节将讨论最常被探讨和使用到的压电材料/压电织物结构的沉积和制造的三种主要路线,包括氧化锌压电结构的电化学沉积、静电纺丝以及传统的熔融纺丝,随后进行二维和三维编织。

12.3.1 压电材料在纺织品上的物理/电化学沉积

压电材料,特别是 ZnO 的电化学沉积已在文献中进行了广泛的研究。ZnO 纳米棒和纳米线阵列由于其优异的结构、光学和压电性质而引起对各种应用的关注,如在能量收集材料和场致发射器件等方面。为了控制具有高密度和均匀性的一维 ZnO 纳米结构和形态特性,已经进行了大量的尝试,因为它们的形状、大小、分布和结晶度与其物理和压电性能密切相关[35-36]。从一维纳米线、纳米阵列结构到二维和三维结构的扩展，如 ZnO 纳米花、ZnO 纳米海胆，由于其显著的比表面积和密度，显示出器件性能的潜在增强[35-37]。事实上，已经尝试在各种柔性基材上进行 ZnO 的电化学沉积，这些基材包括氧化铟锡(ITO)涂覆的聚对苯二甲酸乙二醇酯(PET)、纤维素纤维、导电纤维和金属箔等。ZnO 本身的合成是通过首先在基材上沉积 ZnO 种子层开始。种子层通过浸涂、旋涂和溅射涂层等方法沉积，并且有时使用多次沉积来增强和确保 ZnO 种子层颗粒附着到基板上[36-39]。对于电化学沉积，通常首先在室温下用超声波浴中的乙醇和去离子水清洗柔性工作基板，然后沉积种子溶液。种子溶液本身的制备通常是将 10mM 醋酸锌水合物[$Zn(CH_3COO)_2 \cdot 2H_2O$]溶解在 50mL 乙醇中，并通过添加 1.5%(质量分数)的十二烷基硫酸钠溶液[$CH_3(CH_2)_{11}OSO_3Na$]作为表面活性剂。为了在涂覆的种子层和基材之间获得良好的黏附力，将样品在 100℃以上进行数小时的热退火。ZnO 的电化学沉积，是通过还原溶解的分子氧和锌的前体，如氯化锌、硝酸锌六水合物等来实现的。O_2 本身的电化学还原是通过 2 或 4 电子转移进行的，是电解质和阴极性质的函数，通过下面的反应式(12.6)和反应式(12.7)表示[39]：

$$O_2 + 2H_2O + 2e^- \longrightarrow H_2O_2 + 2OH^- \tag{12.6}$$

$$O_2 + 2H_2O + 4e^- \longrightarrow 4OH^- \tag{12.7}$$

氢氧根离子的产生导致阴极附近的 pH 值的局部升高，其中 Zn^{2+} 和 OH^- 离子一起反应，通过下面的电化学反应式(12.8)在阴极上沉淀出 ZnO 纳米结构[39]。

$$Zn^{2+} + 2OH^- \longrightarrow ZnO + H_2O \tag{12.8}$$

在 Lee 等进行的一项研究中，使用了两种不同压电材料的组合，提出了一种利用混合压电材料将低频(<1Hz)机械活动转换为电能的方法[3]。该装置由 ZnO 纳米线和在周围涂有导电纤维的 PVDF 聚合物组成。ZnO 纳米线充当压电电位发生器并用作增加表面接触面积的添加剂，其在浸涂过程中引导压电聚合物(即 PVDF)在纤维周围形成均匀的层。PVDF 聚合物还具有多种作用，例如在与 ZnO 纳米线的压电集合体中，作为在变形下具有高耐久性的保护材料[3]。通过拉伸或弯曲混合纤维，使得机械能转换成电能，源于两种组分(即 PVDF 和 ZnO)产生的构造性压电电势。在 0.1%应变下，混合纤维发生器达到的开路电压和闭路电流密度分别为 32mV 和 2.1nA/cm^2。通过将长度约为 2cm 的混合纤维装置连接到人体手臂，以约 90°角折叠释放肘部，输出电压、电流密度和功率密度分别达到 0.1V、

10nA/cm^2 和 16μW/cm^3[3]。

已经证明,在类似的纺织纤维和固体基质上构建的基于 ZnO 纳米线的发生器,可以从机械运动收集能量,例如通过两根纤维彼此摩擦的摩擦运动。在 Qin 等的工作中,在 Kevlar® 129 纤维上合成了 ZnO 纳米线,其表现出高的强度、模量、韧性和热稳定性[40]。通过使用电化学/水热法在纤维表面径向生长的 ZnO 纳米线是高度结晶的,具有六边形横截面,直径在 50~200nm,典型长度约为 3.5μm[40]。为了保持纳米线结晶薄膜生长后纤维的柔韧性,使用了四乙氧基硅烷(TEOS)涂层。两层 TEOS 渗透到结构中,一层在 ZnO 种子层上方,另一层在 ZnO 种子层下面作为黏合剂(图 12.5)。TEOS 中存在的 Si—O 键与 ZnO 表面上存在的 OH^- 具有高度反应性,并且其有机链牢固地结合到芳族聚酰胺纤维的主体上,从而将 ZnO 纳米线牢固地结合到结构上[40]。即使将纤维制成环状结构,在 ZnO 晶体涂层中也没有观察到裂纹或剥落,从而证明了材料在机械变形和弯曲下的韧性,这是人体运动中经常遇到的[40]。产生 1mV 的开路电压,电流值仅是 5pA,明显较低。电流值低归因于在溅射的 ZnO 层下方缺少专用的底部电极,内部阻抗高,导致电荷提取效果差。后来证明,许多这样的纤维可以在编织阵列中重叠,但也还缺少专用的底部电极,导致开路电压和短路电流比较低,分别为 3mV 和 17pA[41]。

为了解决专用底部电极的问题,用导电纺织品作为 ZnO 纳米结构形成的基材。在 Ko 等[35]进行的一项研究中,使用 10mmol/L 硝酸锌六水合物[$Zn(NO_3)_2 \cdot 6H_2O$]和 10mmol/L 六亚甲基四胺[$(CH_2)_6N_4$]在 900 mL 的去离子水中,在 74~76℃磁力搅拌下,制备 ZnO 的生长溶液[35]。然后,通过使用含有工作电极(镀镍 PET)和铂对电极的双电极系统进行 ZnO 纳米棒的电化学沉积。通常,在电化学沉积工艺中,首先在种子层的表面处形成氢氧化锌[$Zn(OH)_2$]纳米结构,然后通过脱水过程转化为 ZnO。在阴极(工作电极电位通常为-1.5~-3V),由于包括硝酸根离子和过氧化氢在内的前体的还原,在种子层产生氢氧根离子(OH^-)[35-39]。同时,Zn^{2+}离子在强电场下通过库仑吸引扩散到种子层中,以便进一步与 OH^-结合,导致具有纤锌矿晶体结构的 ZnO 自组装纳米结构的生长[见反应式(12.8)和图 12.6][35-39]。电化学沉积工艺为在刚性和柔性基材上制造垂直排列的一维 ZnO 纳米结构提供了强有力而简便的途径,如镀镍 PET 纤维[35,36]。

如前所述,通过使用水溶液的化学生长方法,ZnO 纳米针可在可商购的导电纺织品(ArgenMesh;Less EMF Inc.)上生长,该导电纺织品通过 55%银和 45%尼龙编

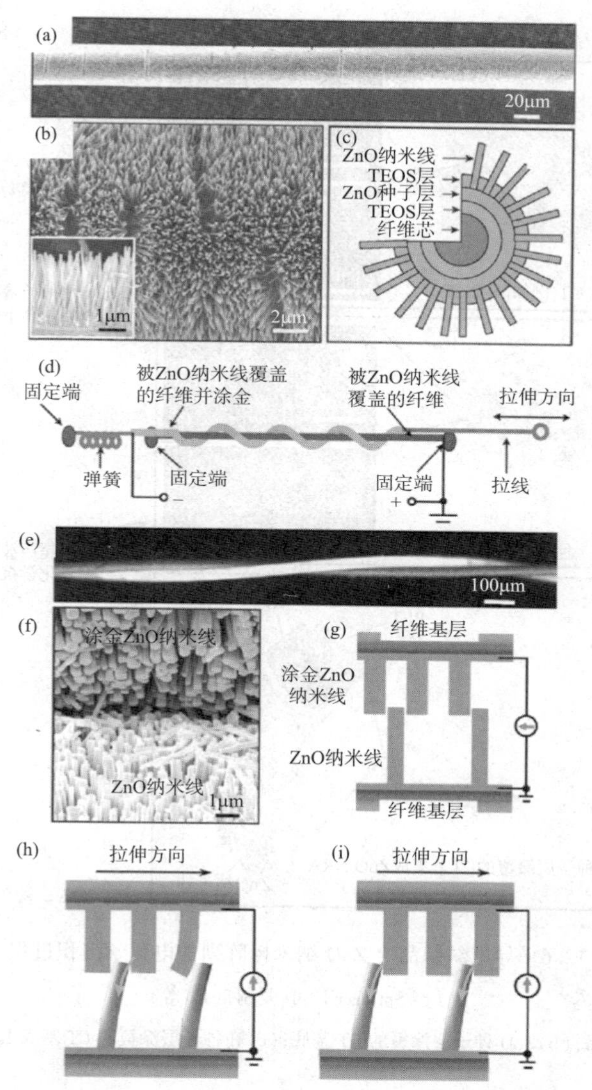

图 12.5 (a)沿径向覆盖有 ZnO 纳米线阵列的 Kevlar®纤维的扫描电镜图;(b)更高倍放大的扫描电镜图和纤维的横截面图(插图),显示了纳米线的分布;(c)为增强力学性能而设计的 TEOS 增强纤维的横截面结构;(d)由低频外部拉力驱动的纤维基纳米发电机的设计和发电机理;(e)一对缠绕纤维的光学显微镜照片,其中一个涂亮(对比较暗的);(f)在两根被纳米线(NWs)覆盖的纤维的"齿对齿"界面处的扫描电镜图;(g)被纳米线覆盖的两条纤维之间的齿对齿接触的示意图;(h)(i)由外力拉动顶部纤维,在纳米线Ⅰ和Ⅱ之间产生的压电势

(摘自 Qin 等[40],并获得了 Nature Publishing Group 的许可)

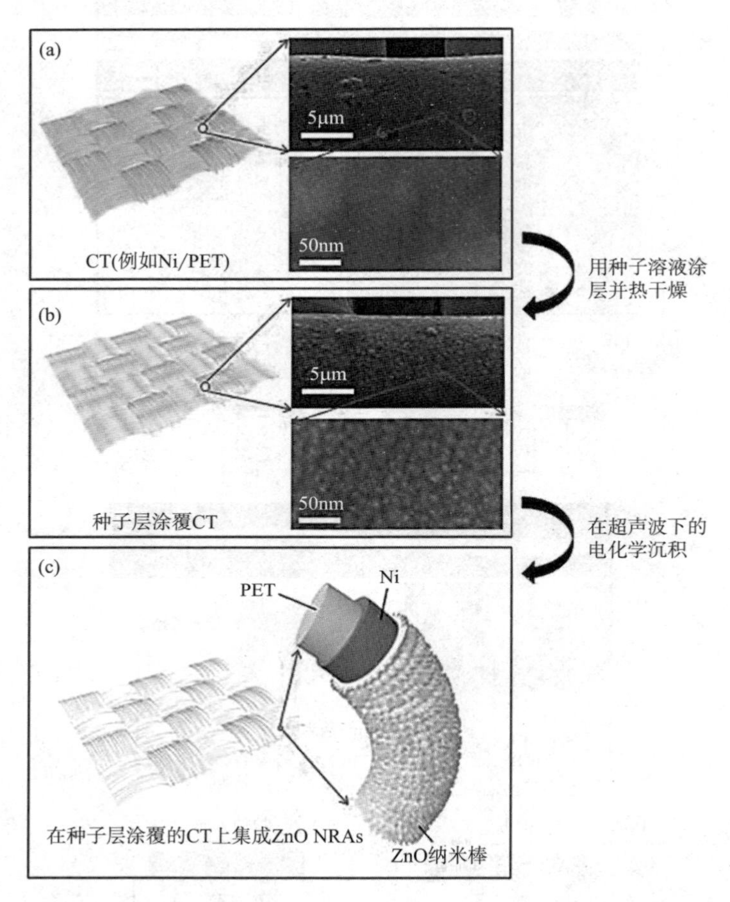

图 12.6 导电纺织品上 ZnO 纳米棒阵列的电化学沉积过程[35]

(经 Springer 许可,复制自 Ko 等)

(a)CT 基底的制备;(b)ZnO 种子层涂覆的 CT 基底;(c)在种子层涂覆的 CT 基底上整合的 ZnO NRAs

织制成,最终形成厚度为 0.3mm 的涂层[42-43]。首先,以 4000r/min 速度在清洁的纺织品基底上旋涂 ZnO 纳米颗粒 30s,沉积 ZnO 种子层,随后在 100℃加热几分钟,以实现种子层在其基材上的良好黏附。通过使用等摩尔浓度的醋酸锌和六亚甲基四胺,在 90℃下引发 ZnO 纳米针的生长 6h。使用 25%的氨溶液控制 ZnO 纳米针的直径并提高其生长速率[42-43]。通过 X 射线衍射和高分辨率透射电子显微镜对 ZnO 纳米针做进一步表征,证实 c 轴主导生长,产生纤锌矿晶体结构。使用改进的纳米压头设置进行直接压电电位测量,测量所得的输出电压是施加负载的函数。

图 12.7 显示了在典型的脉冲加载—卸载压痕测试期间施加的力和压电产生的电压。可以清楚地看到，当施加的力从 0 增加到 300mN 时，所产生的输出电压从 0 增加到 4.8mV，然后当力恢复到 0 时电压减小到 1.5mV[42-43]。

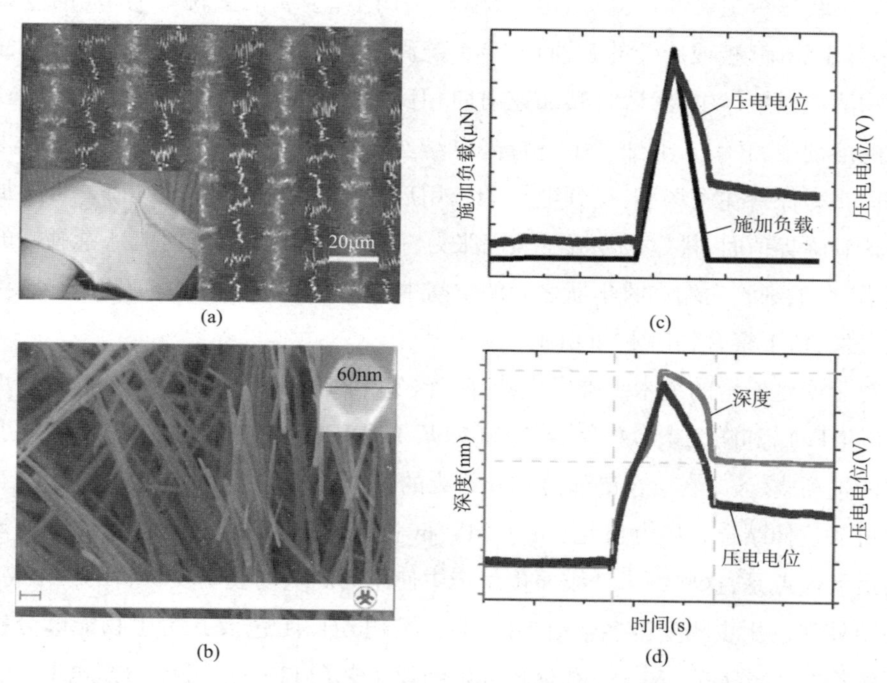

图 12.7 (a)导电织物基底的光学显微镜照片，插图所示为织物的照片；(b)导电纤维上生长的 ZnO 纳米线的 SEM 照片；(c)随时间施加的负载和产生的压电电位；(d)纳米线的变形和产生的压电电位[43]

12.3.2 静电纺丝压电纺织品

静电纺丝是一种静电纤维形成技术，利用电力产生直径 2nm 至几微米范围的天然和合成高分子聚合物纤维[44-46]。在过去的几十年中，静电纺丝受到了广泛的关注，因其不仅能纺各种聚合物纤维，而且也能连续地生产亚微米级的纤维，而用常规的纤维纺丝技术，例如熔融纺丝，则难以生产。电纺纤维具有极高的比表面积，可调节孔隙率，并且能够控制纳米纤维的直径、形状和延展性，以满足各种形状和尺寸的要求。由于具有比常规纤维更小的孔隙和更高的表面积，电纺纤维已成功应用于各领域，例如催化、组织工程支架、过滤以及压电能量收集。使用电纺聚合物和陶瓷纳米纤维/纳米线的压电纳米发电机已被证明是一种很有前途的概念,从周围环境中获取纳级和微级的能量。纳米纤维/纳米线通常被定义为一维纳米材料,其通常具有 1~100nm 的直径和 1000nm 及以上的长度。静电纺丝系统的构建主要围绕三个主要部件:高压电源、喷丝头(例如金属的尖端)和接地的收集板(通常是金属筛、板或旋转的芯轴)。该系统利用高压电源将一定极性的电荷注入聚合物溶液或熔体中,然后将其加速射向相反极性的收集器。将聚合物溶解在低沸点的溶剂中,并引入毛细管中进行静电纺丝。聚合物溶液本身通过毛细管末端的表面张力保持在电场下,受到电场的作用后在液体表面感应出电荷。当施加的电场达到临界值时,排斥力克服了表面张力。最终,带电的溶液射流从泰勒锥的尖端喷出,在毛细管尖端和收集器之间的空间中发生不稳定且快速的喷射搅动,导致溶剂蒸发,留下聚合物[图 12.8(a)、(b)][45]。

对于产生能量的纳米纤维发生器,陶瓷(如 PZT, $BaTiO_3$)、聚合物[如 PVDF,P(VDF-TrFe)]和陶瓷聚合物复合材料(如基于 PVDF-$BaTiO_3$ 的材料)已被证明是可行的选项[1-2,17,46-47]。在诸如薄膜和纤维的传统结构中,这种特定的原子排布是通过机械拉伸结合高压电极化(几个 MV/m 量级)获得的。静电纺丝压电纳米材料的最大优点是,这些纳米纤维原位生产中使用的高电场会诱发材料的铁电特性,从而使外部极化步骤变得多余(图 12.8)。静电纺丝工艺及其衍生物能够分别利用近场静电纺丝工艺(NFES)和远场静电纺丝工艺(FFES)以可控的方式生产连续的单根纳米纤维以及传统的致密纳米纤维网络[图 12.8(c)、(d)]。应该注意的是,NFES 所需的电场至少比 FFES 低一个数量级,从而减少了扰动和弯曲不稳定性,因而增加了对所得聚合物射流和产生的纳米纤维的控制[4]。

Chang 等是最早报道基于 NFES 的“直接写入”技术的团体之一,合成并将压电 PVDF 纳米纤维放置在导电基底上;然而,原始技术本身是由 Sun 等开创的[48-49]。在他们的实验演示中,单根 PVDF 纳米纤维被电纺穿过两个以光刻确定的叉指电极,电极放置间隔 100~600μm[49]。在重复的长期测试中,显示这种单根纳米纤维可产生 0.5~3nA 的电流和 5~30mV 的电压,转换效率接近 20%。为了提高系统总的电输出,分别进行串联和并联连接,以增加电压和电流输出[48-49]。同样,Fuh 等已经制造了一种直接写入、原位极化的 PVDF 发电机,是通过 NFES 封装在柔性聚合物基底上。这些微纤维以并联和串联方式连续沉积的独特极性排列,显示出能够产生约 1.7V 的峰值输出电压和约 300nA 的峰值电流,这比使用 NFES

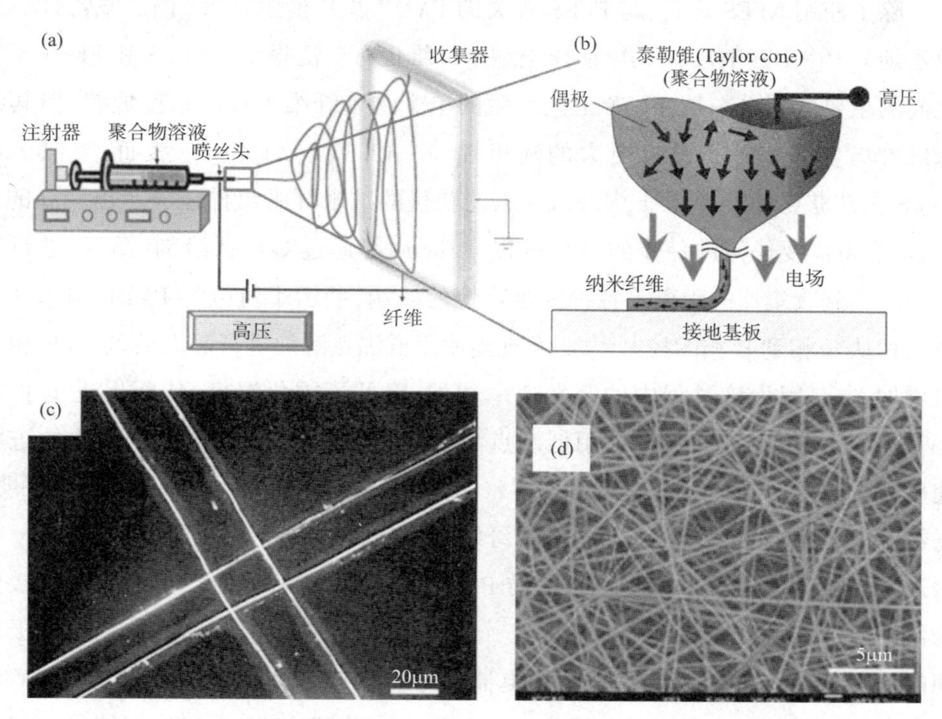

图 12.8 (a)静电纺丝装置的示意图[45];(b)喷丝头尖端形成的泰勒锥,导致纳米纤维的形成[48];(c)使用近场静电纺丝技术精确沉积和放置纳米纤维的典型实例[49];(d)使用远场静电纺丝技术随机形成纤维[54]

所生产的 PVDF 纳米纤维产生的输出电压和电流明显更高[50]。Pu 等已经证明了通过 NFES 技术沉积的 PVDF 纳米纤维的压电驱动,并且报道了平均压电系数为 -57.6pm/V,这几乎是报道中显示的 PVDF 薄膜值的两倍[51]。这些纳米纤维压电系数的提高归因于多种效应,包括提高的结晶度和链取向以及“域壁运动”[51]。最近,Fuh 等展示了使用由 NFES 技术沉积的极长(5cm)压电纳米纤维的自供电传感元件。封装的最终装置进一步组装成微型悬臂式收集器,可以连接到衣服/皮肤上,因此可以对变形和运动做出响应[52]。同一研究小组还展示了使用原位极化的 PVDF 纳米纤维在厚度约为 200μm 的铜箔电极上产生的高度柔性压电纳米纤维阵列。作者还宣称,这种结构适合于整合到织物结构中,例如舞动的旗帜,因其具有高度的灵活性和极好的顺应性,可以将飘舞运动转化为电能[53]。然而,应当指出,由于 NFES 工艺的低通量,很难大规模地应用。

除了使用 NFES 之外,与 FFES 有关的 PVDF 及其衍生物聚(偏二氟乙烯—三氟乙烯)[P(VDF-TrFe)]的电纺压电纳米纤维也有广泛报道。NFES 和 FFES 工艺之间的主要区别之一是,FFES 工艺产生的单个纳米纤维可以高精度放置,但其纳米纤维集合体实际上具有更大的随机性[图 12.8(c)、(d)]。然而,类似于从 NFES 工艺获得的纳米纤维,从 FFES 工艺获得的纳米纤维组件还显示出较高的 β 相含量,不需要任何进一步的极化过程。Zheng 等通过对包括溶剂、温度、进料速率和尖端到收集器的距离等各种因素审慎的控制,展示了对电纺 PVDF 纳米纤维结晶相从 α 相到 β 相的控制[54]。发现当使用低沸点溶剂进行静电纺丝时,β 相含量增加,这是因为该过程中的蒸发速率增加,降低了固化温度,从而促进了 β 相 PVDF 的成核和结晶。结合使用低沸点溶剂,降低静电纺丝温度和聚合物的进料速率都会导致纤维的 β 相含量增加[54]。结果与 Andrew 等的结果一致,他们证明,增加静电纺的电压生产的小直径纳米纤维,可以获得最高 75%的 β 相[55]。Fang 等报道了直径约 200nm 的无规取向电纺 PVDF 纳米纤维膜的生产,然后将其直接作为活性层,用于将机械能转换成电能。该装置由封装在顶部和底部的铝箔电极之间的 PVDF 纳米纤维膜组成,作为集电器,并且在快速压缩循环下产生接近 3V 电压和 3μA 电流。此外,该设备还显示出长期的工作稳定性,并能使用能量收集电路驱动诸如 LED 的电子元件[56]。在 Yu 等的一篇有趣的报告中,通过向 PVDF 基质中添加多壁碳纳米管,来调控电纺纳米纤维的压电发电机的输出。原始和 5%(质量分数)PVDF-MWCNT 纳米纤维毡的表面电导率从 10^{-13}S/cm 增加到 10^{-10}S/cm,显示电压输出从 2.5V 增加到接近 6V。即使 β 相含量的增加不是非常显著,仅增加 14%,但表面电阻率和体积电阻率的增加会提升毡的压电响应[57]。

Lei 等采用静电纺丝和强力纺丝,对 PVDF 纤维的分子排布进行了比较,以阐明机械力和电力的作用[58]。强力纺丝是一种力学纺丝工艺,无需施加高压电场即可工作,并依赖于产生的离心力来喷出聚合物溶液射流(图 12.9)。在他们的实验中,将 16%(质量分数)的 PVDF 和 *N*-甲基-2-吡咯烷酮/丙酮(50∶50)的聚合物溶液进行静电纺丝以及强力纺丝,并且通过红外光谱和 X 射线衍射分析对样品进一步表征。结果表明,纤维在强力纺丝时所经历的纯机械拉伸可以使 PVDF 纤维的 β 相含量高达 95%[58]。在强力纺丝过程中,离心惯性力导致聚合物从注射器针头挤出,与高速旋转的电动机一起导致纤维射流的伸长。另外,电纺纤维也显示出类似的高达 99%的高 β 相含量,从而得出结论,机械拉伸是产生高 β 相含量的主要原因。在静电纺丝过程中，机械拉伸和电极化同时发生，这有助于偶极子在优先方向上的取向，导致略微高的 β 相含量[58]。在某些报告中还指出，随机分布的电纺 PVDF 纳米纤维与整齐排列的纳米纤维中机械能到电能的转换明显不同。在 NFES 合成结构中，电势沿纳米纤维的长度形成，但在 FFES 合成结构中的电势是沿膜厚度产生。据报道，使用诸如极化的傅立叶转换红外光谱分析仪（FTIR）等各种分析工具，聚（偏二氟乙烯—三氟乙烯）［P（VDF-TrFe）］纳米纤维毡的压电性来源于 C—F 键的偶极，其优先在垂直于毡表面的方向上取向，因此在机械变形下纳米纤维的两个相对面之间产生电位差[2]。

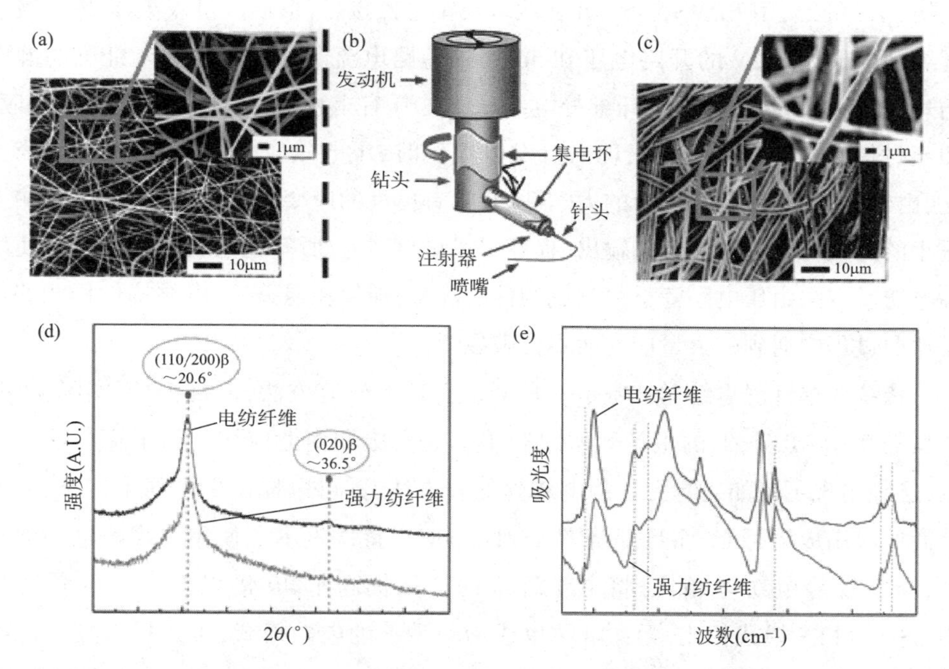

图 12.9　（a）静电纺丝原型（7.5kV，60μL/h，10cm）的 PVDF 纤维扫描电镜照片；（b）强力纺丝装置示意图；（c）高速（11000r/min）强力纺 PVDF 纤维的扫描电镜照片；（d）X 射线衍射图；（e）静电纺纤维毡和强力纺 PVDF 纤维毡的红外光谱。两种纺丝实验均使用相同的聚合物溶液［16%（质量分数），$\nu_{NMP}/\nu_{acetone}=5/5$］[58]

电纺技术不仅用于聚合物纳米纤维的沉积，而且还用于生产 PZT 陶瓷纳米纤维。PZT 常用于微观和宏观尺度的压电能量收集装置，因其机电耦合系数（d_{33} 为 500~600pC/N）比 PVDF（d_{33} 约 33pC/N）和 ZnO（d_{33} 约 12pC/N）高[46]。与可溶解在合适溶剂中然后静电纺丝的聚合物不同,陶瓷纤维需要悬浮在聚合物溶液中,以形成在其中嵌入PZT颗粒的纤维。这些纤维制成的能量收集组件已经在多种配置中应用,例如,将PZT溶胶与聚(乙烯基吡咯烷酮)(PVP)混合而产生的60nm直径、500μm长的纤维[47]。所制备的静电纺丝PZT/PVP纤维在650℃下退火以除去PVP并使钙钛矿结构中的PZT结晶。尽管静电纺丝可使纤维极化,但随后的退火引起材料中压电场的随机排列。为了重新调整方向,将退火的纤维转移到硅基底的铂电极上进行电极化。排列整齐后的结构被封装在PDMS模具中并压缩,产生1.42V的输出电压。Cui等在涂有PDMS的磁铁矿(Fe_3O_4)基底上使用排列整齐的电纺PZT纤维,用PDMS封装,并在两端与银电极接触,形成能量收集器[59]。极化纤维产生最大3.2V的开路电压和50nA的短路电流。与聚合物纳米纤维的静电纺丝相比,陶瓷基压电纳米纤维静电纺丝工艺具有多种优势:①由于弯曲电效应,即当材料由于应变梯度而表现出自发电极化时,压电效应增强;②与块状陶瓷相比,由于结晶度高,具有优异的力学性能,具有更大的应变和更高的柔韧性;③输入很小的力就可实现可测量的输出,提高了灵敏度[44]。所有这些装置都证明了使用静电纺丝方法由压电陶瓷材料制成构件的优势,即使在退火后,电纺构件仍能够承受弯曲过程中遇到的大量应变而不会破裂[44]。

传统的单针静电纺丝技术是一种经济有效的研究方法,但是,对于实际应用,典型的0.01~0.1g/h的生产效率限制了工业实施和商业应用。为了克服这些缺点,已经出现了诸如边缘无针静电纺丝的新方法,其可以提供更高的生产率,从而使商业应用成为可能,而且经济[60]。Thoppey等首次展示了使用边缘静电纺丝技术,与常规静电纺丝相比,将电纺纤维的产量提高了40倍以上[60]。与传统的NFES和FFES模式相比,无针电纺也成为一种新的电纺模式,可以更大规模地生产纳米纤维。在无针电纺中,纳米纤维是直接从没有金属针的开放液体表面产生,因此可以使用更高的工作电压,而不会发生使空气电晕放电的故障。因此,Fang等展示了使用无针电纺PVDF纳米纤维网提高机械能收集的研究[2]。使用无针静电纺丝法,生产率从常规静电纺丝的0.16g/h显著提高到近16.9g/h。例如,尺寸为60cm×30cm的PVDF“织物”样品的沉积约需要50min。还计算出,对于类似尺寸的薄膜,使用常规的针式静电纺丝方法,需要超过70h才能生产出。使用该方法生产的PVDF纳米纤维毡有高达88%的高β相,并且能在10N的压缩冲击下产生高达3V的电压和5μA的电流[2]。与单针静电纺丝相比,无针静电纺丝的新技术可实现更高的产量，这使得该方法对于大规模生产更加可行。但是，仍然需要大量的工作，使用分析建模技术和实验研究，来理解由 NFES 和 FFES 制成的结构中压电电荷产生的潜在机制。

12.3.3 二维和三维机织压电纺织品

如前所述，最早将压电材料整合到纺织品中的例子，主要是将 PVDF 薄膜基传感器通过物理嵌入将它们缝合进纺织品中。最近，已经出现了诸如 PVDF 毡的静电纺丝和将电纺陶瓷纳米纤维转移到柔性基底上的技术，通过嵌入进一步集成到纺织品结构中。然而，为了实现真正的整合，纺织品本身应该成为起作用的成分，而不仅仅是作为将活性成分物理结合到基质的适当位置。多年来，已经进行了很多尝试，通过结合使用压电、导电和其他电惰性纱线的组合来生产简单的二维织物结构。柔性压电纤维与传统纤维和导电纱线的组合被认为是制造可穿戴压电纺织结构的理想方式。与压电薄膜不同，压电纤维提供的比表面积明显更高，因此，理论上应该提供更高的压电响应。为此，Magniez 等报道了使用近 80%β 相的熔纺压电 PVDF 纤维开发的压电传感器。熔融结晶后，纤维在 120℃下拉伸至其原始长度的 25%～75%，纤维的分子取向、多态性和拉伸性质发生显著变化[61]。在拉伸过程中，发生了分子排列的增加和偶极矩的出现，将以 α 相为主转变为以 β 相为主。为了进一步组装成压电纺织结构，将 PVDF 纤维和导电纤维整合进聚酯的平纹组织和 2/2 斜纹组织[图 12.10(a)、(b)]。机织物结构包含非导电的尼龙纱线间隔物，将导电纱线彼此分开以防止电路短路。传感区域中的经线由 PVDF 纤维组成，感应区域以外的区域仅是聚酯纱线。感应区域以外的纬纱由聚酯纱线组成，在感应区域内，由涂银尼龙纱线和非导电尼龙纱线间隔组成[61]。在 70 N 的冲击载荷下以 1Hz 频率测试织物，可产生 6V 的输出，灵敏度值为 55mV/N[61]。

Nilsson 等生产了以 PVDF 为外层组分，以炭黑/高密度聚乙烯为核心组分的熔纺压电双组分纤维。研究表明，在高达 100MV/m 的高极化场中，极化温度在 60～120℃时，可以获得高的压电效应。还观察到，对于电晕极化纤维，在少于 2s 的持续时间内实现了偶极子的永久极化。暴露于 0.07%的正弦轴向应变的双组分纱线显示出近 4V 的输出电压，从 25mm 长纤维计算出的平均功率约 15nW。当将经纱中的聚酰胺纱线编织成斜纹结构的纺织品时，该结构可用于监测穿着者的心跳。纺织品的压电部分是 10mm 宽的带状，其中双组分纤维作为纬线插入，被 30mm 宽

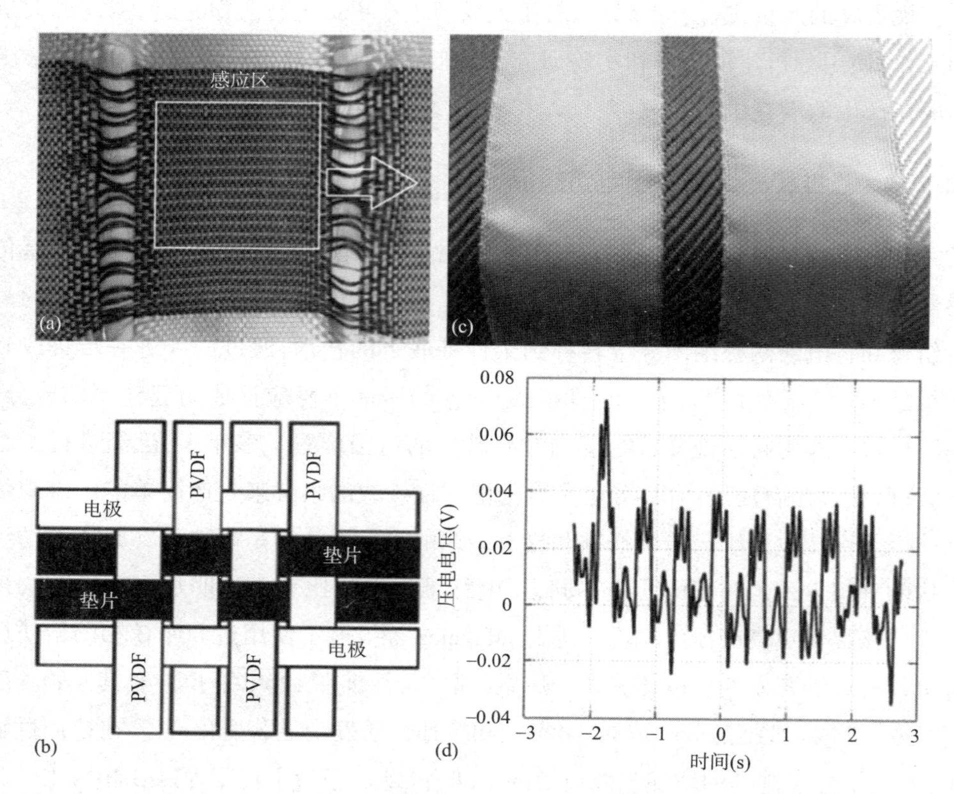

图 12.10 (a)二维柔性压电机织传感器的结构,感应区域在中间突出显示,聚酯和 PVDF 纱线为白色,尼龙间隔纱为黑色;(b)突出显示该区域的组织结构[61]。(c)PVDF 双组分纤维(灰色纤维)织进织物中以制造传感器;(d)在吸气和呼气之间的心跳信号,是由缠绕在人体胸部的机织物中的压电纤维产生的[62]

的聚酰胺纱线隔开[图 12.10(c)]。结构的内部电极是通过在 140℃下模压核心材料[HDPE+10%CB(质量分数)]的两个薄片之间的所有纤维端部制备,之后织物结构被电晕极化。织物上涂有导电硅树脂材料作为外部电极[62]。为了检测心跳,将纺织品传感器围绕测试对象的胸部拉紧,并将传感器电极连接到示波器,产生示波信号[图 12.10(d)]。

当前,二维纺织结构在使用中最重要的问题之一是容易老化,并且随着时间的推移,用久了会失效[6,63-64]。此外,需要通过导电硅树脂或金属箔附接电极,增加了加工步骤。为此,Soin 等最近展示了基于“3D 间隔”技术的纺织结构在能量收集中的应用[6]。三维织物的基本定义是,相对于 X 和 Y 维度,Z 向维度也相当大[63,64]。

织物的厚度或 Z 向维度的保持是通过使用间隔纱获得,"3D 间隔"织物的名称由此而来。编织的三维间隔织物本身可以通过使用经编或纬编技术制成。纬编间隔织物的基本结构仅限于在表盘上编织间隔纱线并将其卷在圆筒上,或将间隔纱线卷在表盘和筒针上[6,63-64]。用于压电能量收集的三维间隔结构围绕压电 PVDF 单丝构建,这些单丝与金属银涂层聚酰胺 66(Ag/PA66)纱线和聚酯纱线一起纬编,以形成坚固的三维结构。PVDF 细丝在此作为可以提供压电响应的活性元件,而金属 Ag/PA66 纱线则提供了从结构中收集和提取电荷的介质。图 12.11(a)、(b)展示了使用三种不同纱线生产的纬编结构:导电纱线 A、绝缘纱线 B 和压电纱线 C。导电纱线 A(银涂层尼龙 66,143/34 dtex,电阻率<1kΩ/m)编织在每个织物表面的外侧;绝缘纱线 B(84dtex,假捻变形聚酯纱线)编织在结构内部,使其显示在两个织物表面的内侧,最后在两个织物面内卷入压电单丝间隔纱线 C(300dtex)。PVDF 单丝本身采用熔融挤出工艺生产,拉伸比为 5 : 1,在高电场(0.6MV/m)和高温(80~90℃)下,生成接近 85%的高 β 相。该方法的优点是耗时少,因为压电纤维本身在纤维生产过程中是极化的,无需进一步修改和极化。

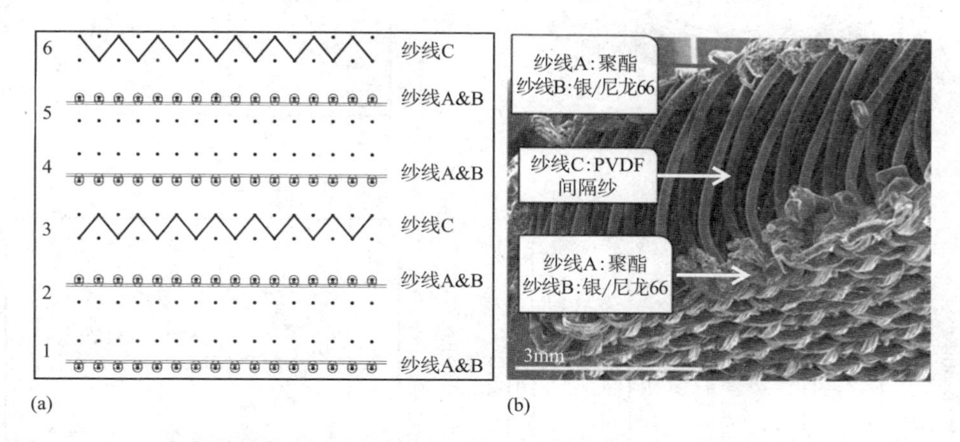

图 12.11 (a)织物结构示意图,不同纱线在结构中的位置;(b)实际织物的横截面 SEM 图,清楚地显示了压电和导电纱线的位置[6]

对于有效面积为 15cm×5.3cm 的三维间隔式压电发电机,在施加 0.106MPa 的压力下(与人行走时产生的压力相当),开路电压和短路电流的峰值分别为 14V 和 29.8μA。当结构受到冲击时,所施加的力的方向和产生的偶极子的方向是相同的,因此形成主动模式 d_{33}(横向模式)。由于 PVDF 纤维的绝缘性很大,因此所产生的电荷在相对的表面处分离,使得在整个织物的厚度上产生电位差。实际上,在 0.02~0.106MPa 的冲击测量范围内,总功率输出从 0.08mW 增加到 0.4mW,如图 12.12 所示。三维结构提供近 5 倍的输出功率密度,最大功率密度为 5.07μW/cm^2,而封装在两个用作集电器的导电莱卡织物之间的编织二维结构,最大功率密度为 1.18μW/cm^2。三维压电织物的功率密度明显高于二维非织造 $NaNbO_3$-PVDF 纳米纤维基发电机的功率密度,其功率输出为 2.15μW/cm^2(对应于在 0.2MPa 的冲击压力下,有 3.4V 和 4.48μA 的输出),电纺非织造 PVDF 织物产生的输出功率约 3.2μW/cm^2(对应于 0.05MPa 的冲击压力下,有 2.05V 和 3.12μA 的输出)[1-2]。这些值也显著高于 PVDF 纳米纤维基发电机所产生的 0.43V 和 0.78μA 输出,以及 PDMS 封装的 $NaNbO_3$ 纳米线产生的 3.2V 和 72nA 输出,其可提供的有效功率

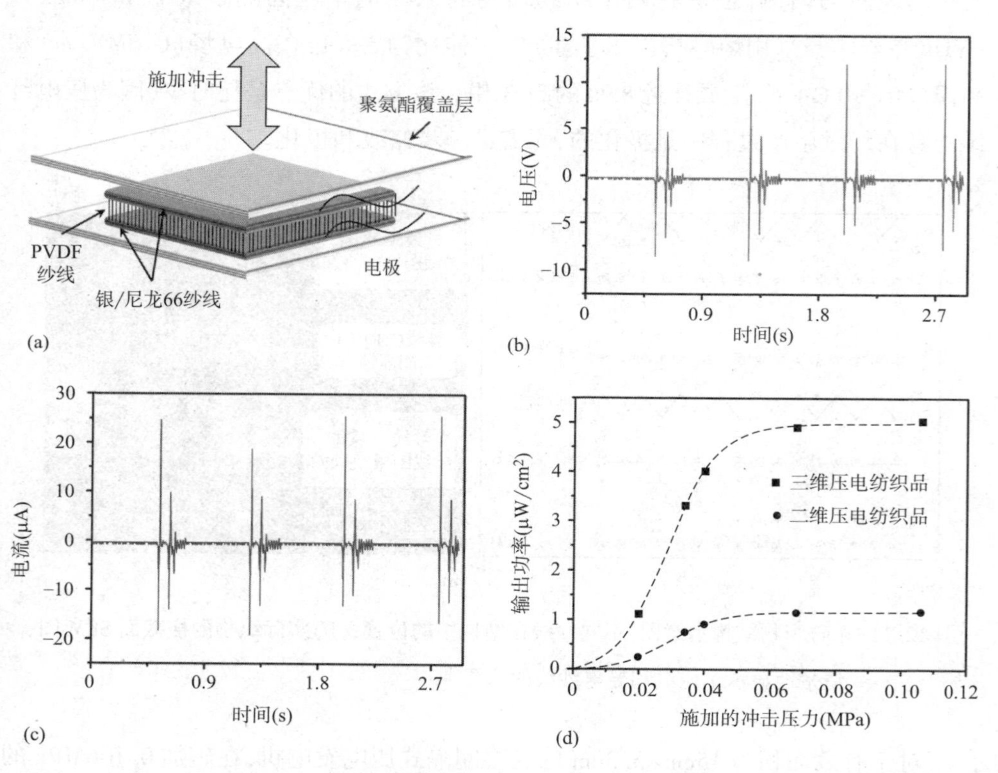

图 12.12 (a)封装式三维压电织物发电机的结构示意图;三维压电织物(在 470kΩ 负载下,0.034MPa 冲击压力下获得)的典型(b)电压和(c)电流输出;(d)对于二维和三维压电织物,总输出功率的变化是施加的冲击压力的函数[6]

输出为 0.115μW/cm²[17]。另外，还进行了电输出作为冲击循环次数的函数的测量，以评估三维压电织物的稳定性。观察到，在测试期间，显示电压输出几乎没有变化[(9.93±0.47)V]。因此，与常规的二维和电纺结构相比，三维压电织物可以提供有效且新颖的方式，来克服由金属电极的抗疲劳性差所导致的稳定性问题，同时提供明显更高的功率输出。基于三维间隔织物发电机的优异性能可归因于以下因素：①PVDF 纤维的高 β 相；②由于 PVDF 纤维与导电纱线之间的紧密接触而增强了电荷收集效率；③在织物表面上传递均匀的压缩压力[6]。织物的三维结构使其在本质上非常“多孔”，因此相对易于压缩。此外，这些能量收集纺织品可以与编织和丝网印刷的碳纤维基超级电容器相结合，用于可穿戴电子产品的能量存储，开辟了一个基于纺织品的能量收集和存储的全新领域。

12.4 储能纺织品的进展

正如本章所讨论的，在基于压电的能量收集纤维和纺织品领域，已有大量报道。然而，这些技术仍然缺乏集成的能量存储解决方案，也就是说，这些智能纺织品收集的能量仍然存储在传统的固态电池和电容器中。毋庸置疑，为了实现真正的集成，需要开发可穿戴的基于纺织品的柔性电池和超级电容器，它们可以直接与产生能量的纺织品结合，以提供产生和存储电能的完整结构。可以设想，这些可穿戴能源系统可以提供电力以驱动监测生命体征的传感器、植入物和穿戴式通信设备等。通常，基于纺织品的能量存储领域的大多数文献都集中于电化学能量存储的原理，包括：①双电层电容器(EDLC)；②准电容器/法拉第电容器；③电池。与传统的电解电容器相比，由于能量密度高，EDLC 和准电容器通常被称为超级电容器。虽然关于电荷存储机制的广泛讨论超出了本章的范围，但是此处对该机制进行简要描述，有助于理解在这些装置中电荷存储期间发生的电化学反应。有关进一步详细的阐释，读者可以查阅参考文献中的大量综述[65-66]。

EDLC 通过使用电解质离子在高比表面积材料(通常为活性炭)上的可逆吸附来存储静电荷。电荷分离发生在电极—电解质界面的极化上，在 1853 年由 Helmholtz 首次将其描述为双层电容[65]。其数学定义为：

$$C=\frac{\varepsilon_r\varepsilon_0 A}{d} \tag{12.9}$$

其中:ε_r 是电解质介电常数,ε_0 是真空的介电常数,d 是双层的有效厚度(电荷分离距离),A 是电极表面积。

由于静电荷的存储,在 EDLC 电极上没有法拉第(氧化还原)反应,这导致这些设备与准电容器相比能量密度受限[65]。EDLC 材料通常是具有不同程度微孔(<2nm)、中孔(2~50nm)和大孔(>50nm)的多孔炭颗粒。通过对各种孔径活性炭的大量实验,表明比表面积与比电容之间不存在线性关系,然而,在含有大量小微孔的介孔炭中观察到高电容[65]。在有机电解质和水电解质中,活性炭双电层电容分别达到 100~120F/g 和 150~300F/g。然而,水电解质中电容的这种增加,受到较低的电池电压的限制,这是由于水电解质的使用将电压窗口限制在水的分解值以下[65]。

除了 EDLC,金属氧化物如 RuO_2、MnO_2、IrO_2 等,以及导电聚合物如聚苯胺和聚吡咯能在其表面上实现快速可逆的氧化还原反应,以增强比电容,这通常称为“准电容”。这些准电容器通过电极和电解质之间的电子电荷转移来储存电能,并且由于在表面上发生的氧化还原反应,在循环期间缺乏稳定性。在准电容材料中,含水氧化钌(RuO_xH_y 或 $RuO_2 \cdot xH_2O$)是研究得最多的体系,因为它在 1.2V 的宽电位窗中具有大约 2000F/g 的超高理论电容,在室温下接近金属的电导率(10^5S/cm),以及优异的化学稳定性[65,67]。RuO_2 在酸性环境中的准电容特性可以用反应式(12.10)描述:

$$RuO_2 + xH^+ + xe^- \longleftrightarrow RuO_{2-x}(OH)_x \tag{12.10}$$

其中 $0 \leqslant x \leqslant 2$。在质子的插入和提取过程中 x 的连续变化发生在 1.2V 电位窗口中,能观察到高的比电容。尽管基于 RuO_2 体系的理论电容大约为 2000F/g,但由于 RuO_2 的高度结晶性和小尺寸,限制了离子/电子的插入和提取,因此文献中报道的理论电容最大值明显更低,从而导致电阻增加和比容量降低。所报道的基于 RuO_2 的超级电容器的最高理论电容值是使用由阳极氧化铝(AAO)膜制备的介孔水合 RuO_2 纳米管阵列实现的,其在 1000mV/s 下显示出 1300F/g 的比电容[65,67]。水性钌氧化物的高成本和约 1V 的小工作电压窗口限制了它们在小型电子器件中的应用。已对比 RuO_2 更便宜的 Fe、Ni、Co 和 Mn 氧化物进行了广泛测试。特别是 MnO_2 已被深入研究,其电荷储存机制是基于电解质离子 C^+(K^+,Na^+)的表面吸附,

以及质子掺入开放的晶体骨架内,按照反应式(12.1)进行[67]:

$$MnO_2 + xC^+ + yH^+ + (x+y)e^- \longleftrightarrow MnOOC_xH_y \qquad (12.11)$$

由于低扩散系数的 H^+($10^{-13}cm^2/Vs$)和碱性阳离子进入 MnO_2 颗粒内部,在黏合剂和导电添加剂的存在下,含水电解质中 MnO_2 电极的比电容经常被抑制,低于 200F/g。与 RuO_2 显示出 10^5S/cm 的高电导率不同,MnO_2 的电导率非常低(~10^{-5}S/cm)。为了防止 Mn^{4+}的不可逆还原,电化学稳定窗口被限制在 0~0.9V,相对于 Ag/AgCl 电极,这再次限制了它们仅用于小型电子器件[65,67]。

与超级电容器不同,电池通过可逆反应(例如将 Li^+离子嵌入石墨中,将电能转换为化学能)来存储电荷[26,66]。在此类电池中,在充电/放电循环过程中,锂离子在电解质中分别从电极插入和提取,并在电解质中来回迁移,典型的反应可由反应式(12.12)表示:

$$2LiCoO_2 \longleftrightarrow Li^+ + e^- + 2Li_{0.5}CoO_2 \qquad (12.12)$$

利用锂基阴极材料如 $LiCoO_2$、$LiMn_2O_4$、$LiFePO_4$ 等的 Li^+离子电池,通常产生约 3.5V 的输出电压。

2010 年,斯坦福大学的 Cui 团队首次推出了基于纺织品的超级电容器。通过使用极其简单的"浸渍—干燥"工艺,将单壁碳纳米管(SWCNT)涂覆到棉织物上,生产电导率为 125S/cm 的高导电纺织品。大的范德瓦耳斯力和氢键将 SWCNT 与下面的棉织物附着在一起,涂有 SWCNT 的棉织物具有很高的柔韧性和延展性[25,68]。然后,使用 $LiPF_6$ 作为超级电容器测试的电解质,将这些 SWCNT—棉织物组装堆叠成几何形状。使用 SWCNT—棉织物作为电极产生高达 480mF/cm^2 的导电性能,从而使得质量归一化电容为 120F/g,这归因于 SWCNT—棉织物多孔结构中更好的离子可接近性。使用 SWCNT—棉织物作为集电器以及电极材料,能获得比基于金属集电器的超级电容器高 10 倍的比能量。在 130000 个测试周期内,比电容的变化仅为 2%,纺织设备表现出优异的稳定性[68]。Bao 等通过高温退火工艺,将棉 T 恤炭化制成高度多孔的活性炭纺织品(ACT)[69]。该工艺包括将纺织品浸入 1M NaF 溶液中,然后在 120℃下干燥,随后在惰性气氛条件下在 800~1000℃退火(图 12.13)[69]。据报道,即使在将纤维素纤维转化为活性炭纤维的退火处理后,ACT 仍具有机械稳定性和柔韧性。ACT 作为超级电容器电极的循环伏安扫描显示,在 1M Na_2SO_4 电解质溶液中具有准矩形的、稳定的电化学性能,这是典型的

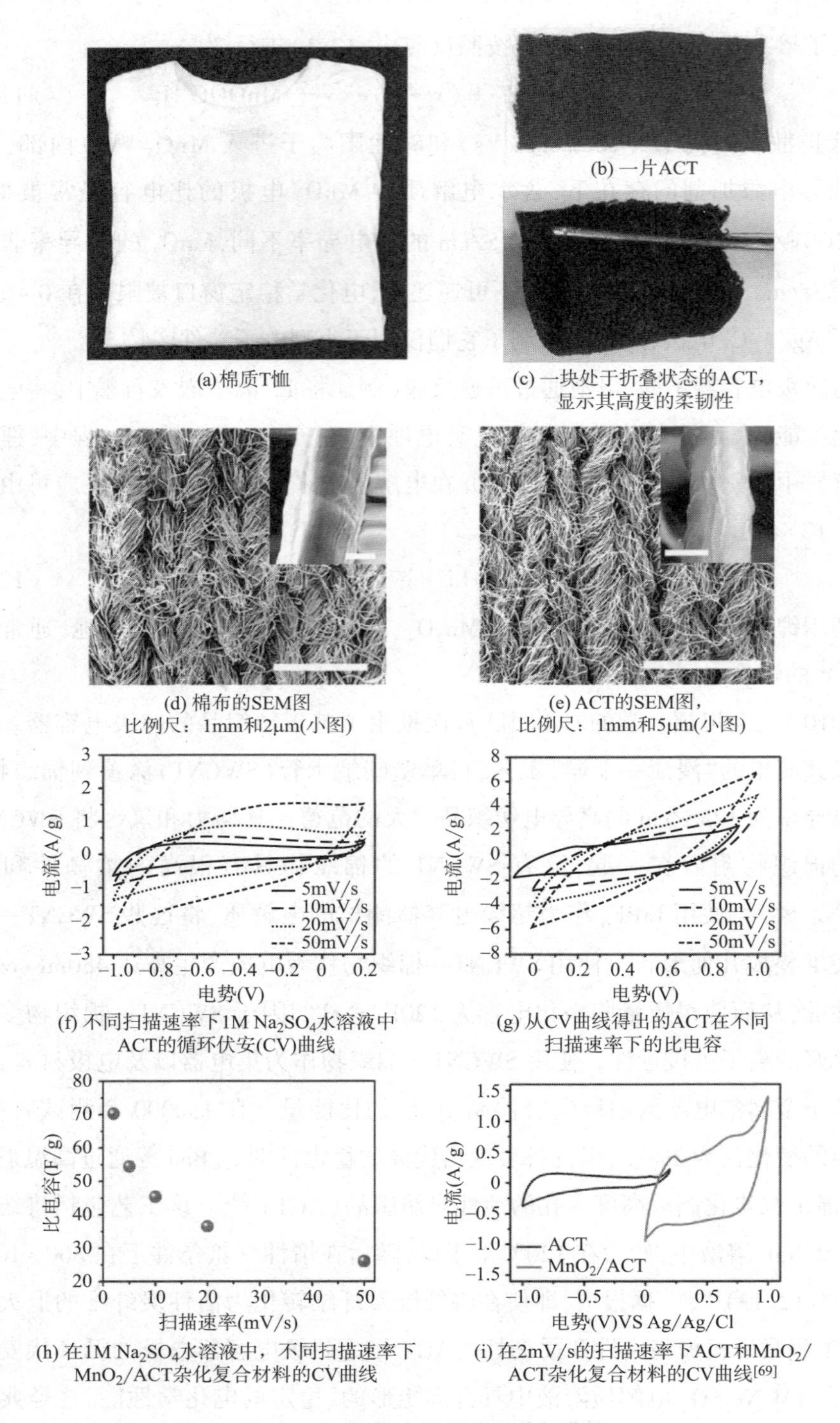

(a) 棉质T恤

(b) 一片ACT

(c) 一块处于折叠状态的ACT，显示其高度的柔韧性

(d) 棉布的SEM图，比例尺：1mm和2μm(小图)

(e) ACT的SEM图，比例尺：1mm和5μm(小图)

(f) 不同扫描速率下1M Na_2SO_4水溶液中ACT的循环伏安(CV)曲线

(g) 从CV曲线得出的ACT在不同扫描速率下的比电容

(h) 在1M Na_2SO_4水溶液中，不同扫描速率下MnO_2/ACT杂化复合材料的CV曲线

(i) 在2mV/s的扫描速率下ACT和MnO_2/ACT杂化复合材料的CV曲线[69]

图 12.13　织物光学照片及分析曲线

超级电容行为。在10mV/s的扫描速率下,获得了接近45F/g的比容量,约相当于112mF/cm²。需要注意的是,在更高的扫描速率下,循环伏安扫描逐渐变为非矩形,表明器件具有高的等效串联电阻值。作者还试图通过使用ACT作为骨架材料来制备基于MnO_2的准电容器。对于MnO_2杂化纳米结构的合成,ACT用作在$1mA/cm^2$下从$Mn(CH_3COO)_2$和Na_2SO_4溶液进行电化学沉积的工作电极,沉积速率约为40μg/min。在扫描速率为10mV/s时,MnO_2-ACT准电容器具有更高的比电容,接近150F/g,这是由于碱金属阳离子(如Na^+)在电极还原中的快速嵌入和在氧化中的脱除。涉及Mn的Ⅲ和Ⅳ价氧化态之间的氧化还原反应[69]:

$$MnO_2 + xC^+ + yH^+ + (x+y)e^- \longleftrightarrow MnOOC_xH_y \quad (12.13)$$

同样,Yu等已经证明经上述溶液处理的石墨烯/MnO_2纳米结构纺织品可用作超级电容器[70]。通过简单的浸渍—干燥方法,用石墨烯溶液在聚酯纺织品上涂覆厚度达5nm的石墨烯纳米片保形涂层。在$0.1mA/cm^2$下,通过$Mn(NO_3)_2$和$NaNO_3$溶液的电化学沉积工艺,在导电石墨烯涂覆的纺织品上沉积纳米结构的MnO_2,沉积速率约为5μg/min。在10mV/s的扫描速率下,MnO_2—石墨烯准电容器的比电容接近225F/g,其原因是:①聚酯纺织品的多孔微观结构;②石墨烯涂层为电子转移提供了高比表面积和导电通路;③MnO_2的电化学活性表面积大,用于电荷转移和减少离子扩散位移。此外,5000次循环测量的电容变化仅5%,证明了其优异的稳定性[70]。Jost等报道了丝网印刷活性炭"YP17"到机织棉和聚酯织物上,与Hu等使用的浸—涂方法相比,具有更高的质量负荷[71,68]。使用Li_2SO_4和Na_2SO_4作为电解质,作者报道的面电容为$0.43F/cm^2$,比电容接近90F/g(图12.14)[71]。从图12.14可观察到,尽管棉和聚酯电极的质量比电容相似,但相比于涤纶织物,棉电极显示出较低的电阻值。此外,据报道,密集填充的圆柱形聚酯纤维不允许碳渗透,而碳纤维的有机结构改善了碳渗透和离子传输。与浸—涂工艺相比,丝网印刷可以更有效和均匀地涂覆更大的织物表面积,碳质量的差异更小。浸—涂工艺也在很大程度上取决于材料的亲水性,这可能导致在同一织物上的涂层不均匀[71]。

尽管在更小、更薄和更轻的电池具有更高的电荷存储方面的研究有很大进展,电池本身仍被认为是刚性的平面设备。对于下一代可穿戴技术,需要采取一种更具颠覆性的方法,让电池变得高度灵活以便用于可穿戴设备[25]。为此,柔性纤维和基于纺织品的电池被认为是有前景的解决方案,而且在文献中已有某些报道的实例。Hu等报道了使用简单的复印纸作为隔膜,使用自支撑的碳纳米管(CNT)薄

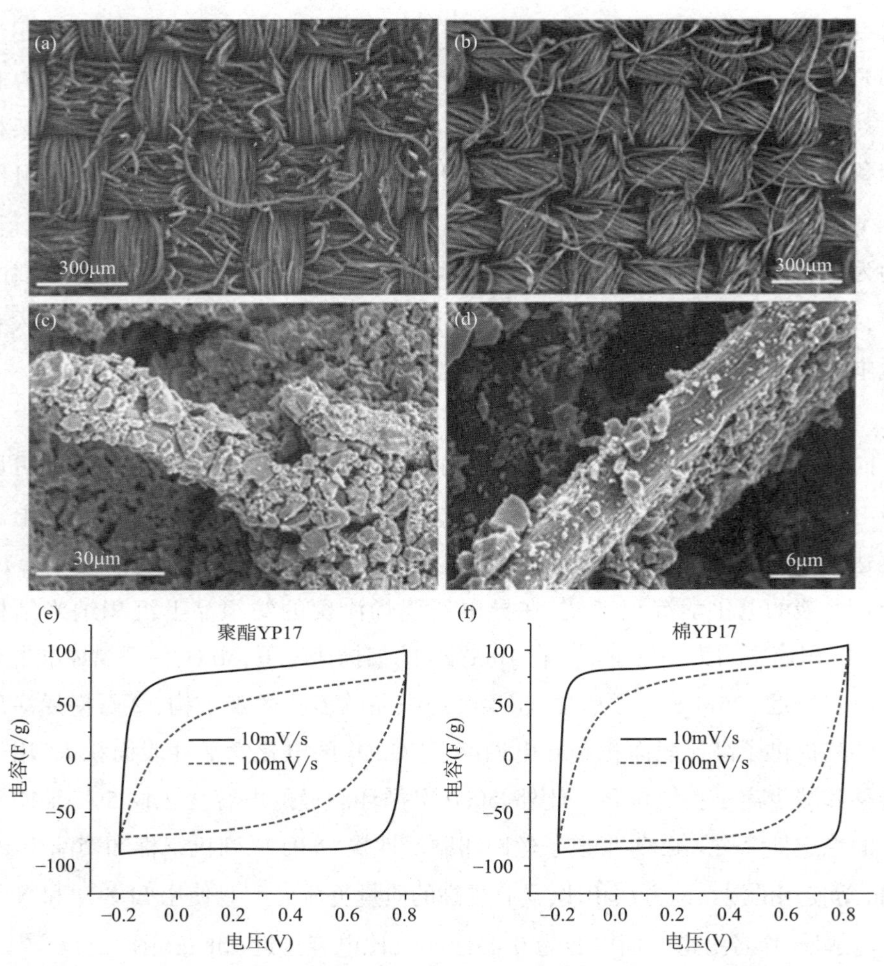

图 12.14 织物及其相应纤维的 SEM 图:(a)涂覆前的聚酯微纤维斜纹编织结构;(b)涂覆前的棉纤维平纹组织;(c)丝网印刷 YP17 的聚酯纤维;(d)丝网印刷 YP17 的棉纤维;(e)在 10mV/s 和 100mV/s 条件下,在 1M Na_2SO_4 中用循环伏安法测试聚酯纤维的电容与电压的关系;(f)在 1M Na_2SO_4 中用循环伏安法测试棉织物的电容与电压的关系[71-72]

膜作为阴极和阳极集电器的全柔性锂离子电池[72]。据报道,复印纸不仅可以作为机械强度高的基材,还可以作为比商用膜电化学阻抗明显更低的隔板膜。通过将电弧放电合成的 CNT 以十二烷基苯磺酸钠(SDBS)作为表面活性剂分散在水中,来制备 CNT 阳极和阴极膜。然后,将 CNT 油墨刮涂到不锈钢基材上,并进一步干燥以产生高柔韧的 CNT 膜,其薄层电阻约为 5Ω/sq,密度为 0.2mg/cm^2(图 12.15)。

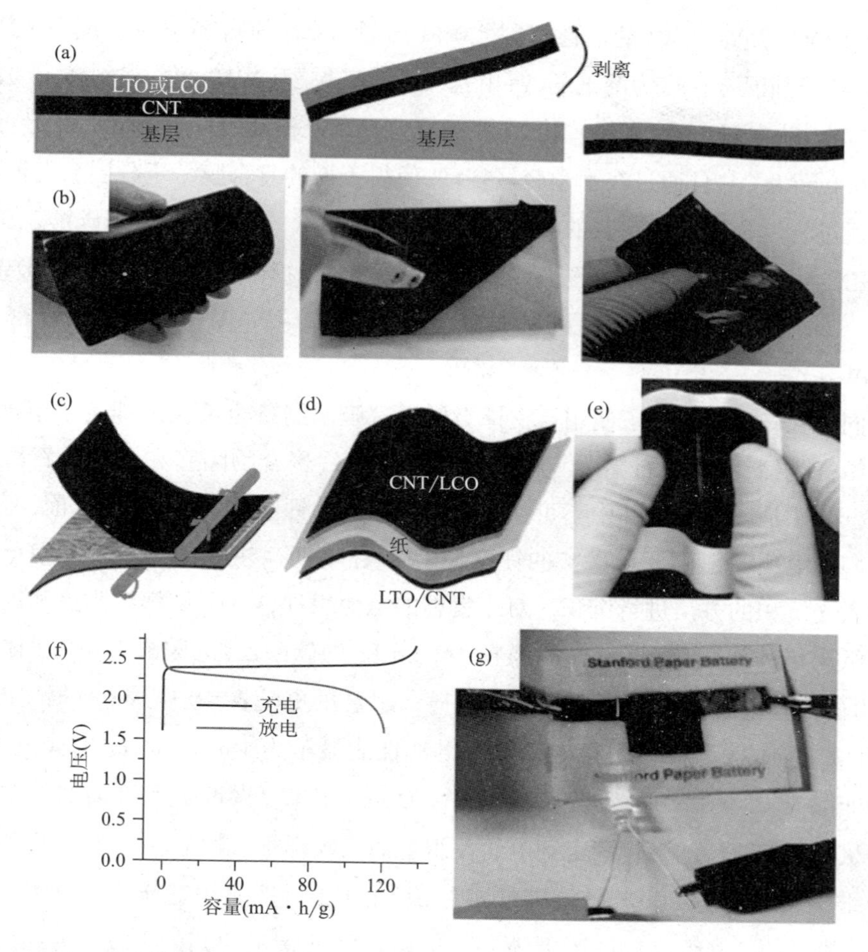

图 12.15 (a)自支撑 LCO/CNT 或 LTO/CNT 双层薄膜的制造工艺示意图,将整个基板浸入去离子水中,由于 CNT 与 SS 基板的黏附性差,使得 LTO/CNT 或 LCO/CNT 的双层很容易剥离;(b)5 英寸❶×5 英寸 LTO/CNT 双层膜涂于 SS 基板上,(中间)双层膜在去离子水中很容易与 SS 基板分离,(右)干燥后的最终自支撑膜;(c)层压工艺示意图:用杆将自支撑膜层压到薄的湿 PVDF 纸上;(d)最终的纸质锂离子电池装置结构的示意图,用 LCO/CNT 和 LTO/CNT 层压到纸质基材的两侧;(e)封装前以供测量的锂离子纸电池图片;(f)层压 LTO-LCO 纸电池的恒流充放电曲线;(g)用锂离子纸电池点亮 LED,电池用约 10μm PDMS 封装[72]

❶ 1 英寸 = 2.54cm。

通过将70%(质量分数)的活性材料、20%(质量分数)的碳和10%(质量分数)的PVDF黏合剂混合在作为溶剂的*N*-甲基-2-吡咯烷酮(NMP)中,来制备$Li_4Ti_5O_{12}$和$LiCoO_2$的电池材料浆料。将浆料直接刮涂在SS基材上的CNT膜上,达到125μm的厚度,并且通过在水中轻轻摇动,使得干燥的复合膜易于分层。电池的组装是通过将复合膜层压完成的,复合膜层压到复印纸的两侧,并使用碳酸乙酯/碳酸二乙酯中的$LiPF_6$作为电解质,在充满氩气的手套箱中,用10μm厚的PDMS膜密封。该电池表现出强大的机械柔韧性,当在1.6~2.6V循环时,能量密度为108mW·h/g[72]。

同样,Gwon等报道了使用自支撑石墨烯薄膜来制备全柔性的锂离子电池[73]。电池结构包括,沉积在石墨烯薄膜上的V_2O_5阴极、聚合物隔膜和锂化的石墨烯纸阳极。为了消除首次循环中不可逆反应中不想要的锂吸收,在电池集成前,将石墨烯纸阳极电化学锂化至0.02V的锂电位[73]。在氧气存在下,阴极材料V_2O_5通过脉冲激光沉积的方法进行沉积。对于完整的电池组件,V_2O_5/石墨烯阴极和锂化石墨烯纸阳极通过隔膜分隔开,隔膜在1M $LiPF_6$的碳酸乙酯/碳酸二甲酯(体积比1∶1)的液体电解质中浸渍后作为电解质。组装的电池在10mA/cm^{2}的恒定电流下,在3.8~1.7V测量充—放电循环。电池性能显示为15mA·h/cm^{2}的典型容量,具有非晶V_2O_5阴极的典型充电—放电行为[73]。Liu等报道了无添加剂的柔性薄膜电极,是将TiO_2纳米片固定到电纺非织造活性碳纤维织物上[27]。与市售的机织碳纤维织物(由数百微米厚的碳纤维组成)相比,活性非织造碳纤维织物(由约300nm直径的纤维组成)可提供明显更大的比表面积,具有更高的吸收能力和机械柔韧性[27]。碳纤维织物由聚丙烯腈(PAN)电纺丝,在750~900℃的高温下在CO_2中活化。为了在活性碳纤维(ACF)上生长TiO_2纳米片,需要在搅拌下将$TiCl_4$(0.1mL)溶解在80mL乙二醇中,2h后加入2mL氢氧化铵(25%,质量分数)。然后将溶液与小样品(3cm×3cm)的ACF一起转移到100mL特氟龙衬不锈钢高压釜中,并在150℃下保持24h。冷却至室温后,收集产物并在超声波作用下用去离子水和乙醇洗涤数次,然后在空气中于350℃下退火2h,以除去有机残余物。在1.0~3.0V的电压窗口和335mA/g的电流速率内,初始放电和充电容量分别为307mA·h/g和230mA·h/g。当分别以2、5、10、20和30C的高速率循环时,电极提供接近210mA·h/g、180mA·h/g、160mA·h/g、140mA·h/g和97mA·h/g的容量。薄的活性碳纤维织物形成了一个三维网络,在不限制电荷传输的情况下,可容易地接触到电解液。TiO_2纳米片本身提供了大的电化学表面积,减小了扩散的位移以及准电容的锂储存行为[27]。

电缆型电池的基本设计包括几个阳极电极线,这些电极线盘绕成空心螺旋芯,由作为阴极的管状外围电极包围(图 12.16)[26]。该设计使电解液易于浸润电池组并充满中空空间,以补偿作用在电池上的机械力。电池的制造是通过在 150μm

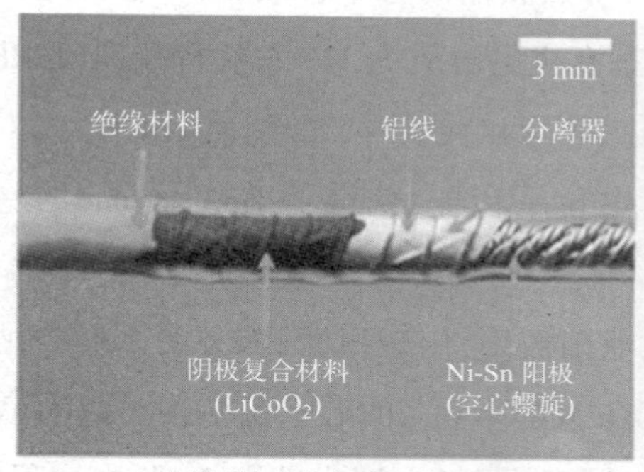

(a) 电缆型电池各组成层的侧视图

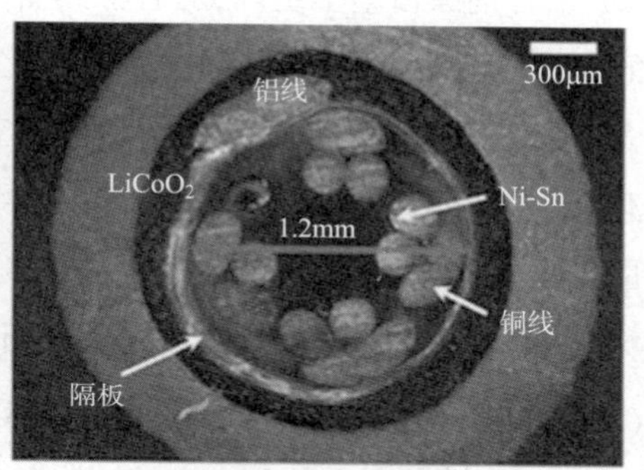

(b) 带空心阳极的电缆电池的横截面光学显微镜照片，外径为1.2mm

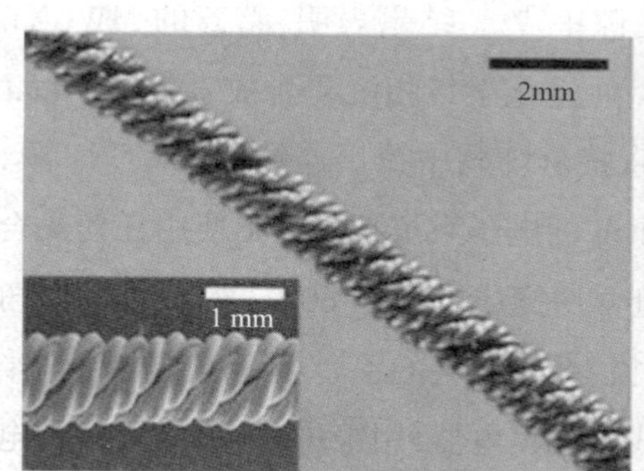

(c) 由包含12股Ni-Sn涂层的铜线盘绕的空心螺旋阳极的SEM图

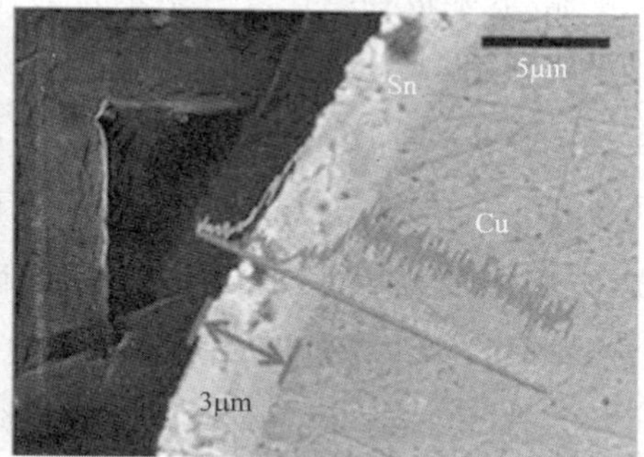

(d) 在铜线(直径为150μm)上电沉积的Ni-Sn层(厚度约为3μm)的横截面扫描电子显微镜—能谱(SEM-EDS)图

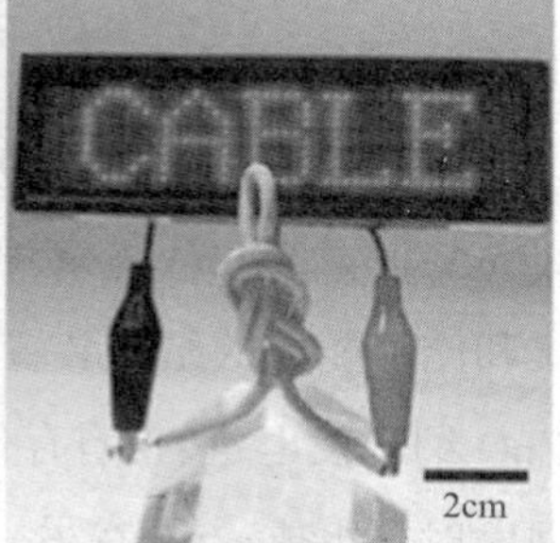

(e) 高柔性电缆电池在各种形式的弯曲和扭曲下的照片，即使在弯曲时，电缆电池也表现出稳定的工作状态

图 12.16 电缆型电池组件[26]

直径的铜线上电沉积 Ni-Sn 材料形成中空螺旋阳极,然后将这样的 Ni-Sn 涂覆的三股铜线捻合在一起,形成直径约 1.2mm 的纱线,将四根这样加捻的纱线缠绕在 1.5mm 直径的杆上。然后将改性的聚对苯二甲酸乙二醇酯(PET)隔膜和作为阴极的铝线缠绕在中空螺旋的阳极上,然后用质量比为 90 : 5 : 5 的 $LiCoO_2$、乙炔黑和 PVDF 黏合剂涂覆整个组件,随后将其插入可热收缩的管中。最后,在电极组件中心的中空空间注入液态有机电解质,该液态有机电解质为 1M 六氟磷酸锂($LiPF_6$)和含 3%(质量分数)碳酸乙烯酯的碳酸乙二醇酯和碳酸丙二醇酯(体积比为 1 : 1)的混合液[26]。在电化学测试中,在 3.5V 电位平台下,获得了 1mA·h/cm 的稳定容量[26]。

Lin 等报道了在柔性纤维状锂离子电池阳极中,用于扭曲、整齐的多壁碳纳米管(MWCNT)/Si 复合纤维的进展[30]。Si 在 MWCNT 上的芯—鞘结构可以有效并同时利用 Si 的高比容量和 MWCNT 的高电导率,而 Si 在锂中的嵌入/脱嵌过程中,体积膨胀/收缩被容纳在复合纳米管的孔隙中[30]。结果表明,整齐的 MWCNT/Si 纤维电极显示出高比容量和循环稳定性。通过化学气相沉积合成直径约 10nm 和高度为 250 μm 的可纺 MWCNT 阵列,可直接从阵列中拉出连续的 MWCNT 膜,密度为 1.41g/cm^3;然后以 1Å/s 的速率进行 Si 的电子束沉积。在不使用任何黏合剂情况下,将复合 MWCNT/Si 片材进一步组合加捻成直径约 60μm 的纤维。以扭曲的复合纤维作为工作电极,锂线作为对电极,在充氩气的手套箱中组装电化学半电池。将复合纤维和锂线进一步连接到铜线作为集电器,用银进行电化学分析,电解质为在体积比为 1 : 1 : 1 的碳酸乙二醇酯、碳酸二乙酯和碳酸二甲酯中的 $LiPF_6$[30]。将整齐的 MWCNT/Si 复合纤维作为锂离子电池的阳极,在 0.02~1.20V 的电压窗口内(对应 Li/Li^+)进行恒电流充放电,观察到复合纤维的比容量显著增加。随着 Si 质量百分比从 0、18.7%、26.7%增加到 38.1%,比容量也在增加,分别为 82mA·h/g、554mA·h/g、1090mA·h/g 至1670mA·h/g。在一些文献中介绍了具有采集和储存能力的组合装置开发的实例[74,75]。Hu 等展示了自供电无线传输系统,由 ZnO 纳米发电机、带有存储电容器的低损耗全波桥式整流器、红外探测器和无线数据发射器组成[74]。在另一个例子中,制造了由 ZnO 纳米线发电机驱动的基于单壁碳纳米管阵列的独立、自供电环境传感器,用于检测水中的 Hg^{2+}[76]。然而,人体活动的自供电设备仅限于低功率设备,如液晶显示器、发光二极管等。

12.5 展望与结论

随着可穿戴技术的快速发展以及从平面设备到柔性纤维基技术的重点转移，基于纤维和纺织品的能源收集和存储的未来是非常有前途的。与坚硬的平面技术相比，纤维基装置具有微型化、柔韧性好、易加工的优点，最重要的是，可以将其编织/针织到传统纺织结构中，以备可穿戴应用。这需要对器件结构、沉积技术、材料和纤维结构进行审慎而明智的选择，而且最重要的是，从电子学的角度来看，收集元件和存储介质之间的阻抗要匹配。对于自供电设备和持续性的可穿戴能源收集，最具决定性的因素之一将是进一步开发能源发电技术和储能材料，以提供可在各种条件下运行的高可靠性的电源[75]。几乎所有展示过的原型都是用诸如微加工和静电纺丝这样的技术制造的，这些技术有多个加工步骤，因此不适合大规模生产。技术规模的放大需要将当前的工业路线和实践相结合，例如三维间隔织物的开发。然而，正如每项技术发展的情况一样，即使对于三维间隔织物来说也存在一些可预见的技术挑战，其中包括：①优化间隔压电纱线的位置、间距、厚度及其在三维结构中的排布，以增进压电响应；②优化不同应用的间隔织物的密度和厚度；③在编织过程中或在切割过程中，确保相对面上使用的导电纱线不会相互接触；④由于纺织品是作为可穿戴能量采集纺织品来用，因此需要测试和控制诸如透气性、芯吸性、延展性和回复性等重要因素，以便为使用者提供高度的舒适性；⑤还需要验证磨损、清洗和常规使用的影响，以确保压电响应的再现性，并为织物提供一定的寿命。特别是，需要在三维压电织物的寿命期间仔细监测涂银的尼龙 66 纱线的导电性，银负责在织物表面进行电荷转移。最后，为了实现自供电系统能够自给自足和可持续运行，材料必须是环境友好的、生物相容的和可生物降解的。当这些问题完全得到解决时，可穿戴式能量收集系统将在提供可充电电池的替代品方面发挥关键作用。

参考文献

[1] Zeng W, Tao X, Chen S, Shang S, Chan HLW, Choy AS. Highly durable all-fi-

ber nanogenerator for mechanical energy harvesting. *Energy Environ Sci* 2013;6:2631.

[2] Fang J, Niu H, Wang H, Wang X, Lin T. Enhanced mechanical energy harvesting using needle-less electrospun poly(vinylidene fluoride) nanofibre webs. *Energ Environ Sci* 2013;6:2196.

[3] Lee M, Chen CY, Wang S, Cha SN, Park YJ, Kim JM, et al. A hybrid piezoelectric structure for wearable nanogenerators. *Adv Mater* 2012;24(13):1759.

[4] Chang J, Dommer M, Chang C, Lin L. Piezoelectric nanofibers for energy scavenging applications. *Nano Energy* 2012;1(3):356.

[5] Wu W, Bai S, Yuan M, Qin Y, Wang ZL, Jing T. Lead zirconate titanate nanowire textile nanogenerator for wearable energy-harvesting and self-powered devices. *ACS Nano* 2012;6(7):6231.

[6] Soin N, Shah TH, Anand SC, Geng J, Pornwannachai W, Mandal P, et al. Novel "3-D spacer" all fibre piezoelectric textiles for energy harvesting applications. *Energy Environ Sci* 2014;7(5):1670-9.

[7] O'Connor B, Pipe KP, Shtein M. Fiber based organic photovoltaic devices. *App Phys Lett* 2008;92(19):193306.

[8] Bedeloglu A. *Progress in organic photovoltaic fibers research*. Intech Open Access Publisher;2011.

[9] Krebs FC, Biancardo M, Winther-Jensen B, Spanggard H, Alstrup J. Strategies for incorporation of polymer photovoltaics into garments and textiles. *Sol Energ Mater Sol Cell* 2006;90(7):1058-67.

[10] Qi Y, McAlpine MC. Nanotechnology-enabled flexible and biocompatible energy harvesting. *Energy Environ Sci* 2010;3(9):1275-85.

[11] Ramadan KS, Sameoto D, Evoy S. A review of piezoelectric polymers as functional materials for electromechanical transducers. *Smart Mater Struct* 2014;23(3):033001.

[12] Erhart J, Kittinger E, Privratska J. *Fundamentals of piezoelectric sensors*. New York: Springer;2010.

[13] Berlincourt D. Ultrasonic transducer materials: piezoelectric crystals and ceramics. In: Mattiat OE, editor. London: Plenum;1971.

[14] Crisler DF, Cupal JJ, Moore AR. Dielectric, piezoelectric, and electromechanical coupling constants of zinc oxide crystals. *Proc IEEE* 1968;56:225-6.

[15] Bowen CR, Kim HA, Weaver PM, Dunn S. Piezoelectric and ferroelectric materials and structures for energy harvesting applications. *Energy Environ Sci* 2014;7(1):25-44.

[16] Safari A, Akdogan EK. *Piezoelectric and acoustic materials for transducer applications*. Springer Science and Business Media. Springer US; 2008. http://link.springer.com/book/10.1007%2F978-0-387-76540-2.

[17] Zeng W, Shu L, Li Q, Chen S, Wang F, Tao XM. Fiber-based wearable electronics: a review of materials, fabrication, devices, and applications. *Adv Mater* 2014;26(31):5310-36.

[18] Soin N, Boyer D, Prashanthi K, Sharma S, Narasimulu AA, Luo J, et al. Exclusive self-aligned β-phase PVDF films with abnormal piezoelectric coefficient prepared via phase inversion. *Chem Comm* 2015;51:8257-60.

[19] Martins P, Lopes AC, Lanceros-Mendez S. Electroactive phases of poly(vinylidene fluoride): determination, processing and applications. *Prog Polym Sci* 2014;39(4):683-706.

[20] Kotrotsios G, Luprano J. *Wearable monitoring systems*. Springer US; 2011. p. 277-94.

[21] Bonfiglio A, De Rossi D. *Wearable monitoring systems*. Springer US; 2011.

[22] Hadimani RL, Bayramol DV, Soin N, Shah TH, Qian L, Shi S, et al. Continuous production of piezoelectric PVDF fibre for e-textile applications. *Smart Mater Struct* 2013;22(7):075017.

[23] Lund A, Hagström B. Melt spinning of poly(vinylidene fluoride) fibers and the influence of spinning parameters on β-phase crystallinity. *J Appl Polym Sci* 2010;116(5):2685-93.

[24] Gomes J, Nunes JS, Sencadas V, Lanceros-Mendez S. Influence of the β-phase content and degree of crystallinity on the piezo-and ferroelectric properties of poly(vinylidene fluoride). *Smart Mater Struct* 2010;19(6):065010.

[25] Jost K, Dion G, Gogotsi Y. Textile energy storage in perspective, *J Mater Chem*

A 2014;2(28):10776-87

[26]Kwon YH,Woo SW,Jung HR,Yu HK,Kim K,Oh BH,et al. Cable-type flexible lithium ion battery based on hollow multi-helix electrodes. *Adv Mater* 2012;24:5192.

[27]Liu S,Wang Z,Yu C,Wu HB,Wang G,Dong Q,et al. A flexible TiO_2(B)-based battery electrode with superior power rate and ultralong cycle life. *Adv Mater* 2013;25:3462.

[28]Li N,Zhou G,Li F,Wen L,Cheng H-M. A self-standing and flexible electrode of $Li_4Ti_5O_{12}$ nanosheets with a N-doped carbon coating for high rate lithium ion batteries. *Adv Funct Mater* 2013;23:5429.

[29]Wang C,Zheng W,Yue Z,Too CO,Wallace GG. Buckled,stretchable polypyrrole electrodes for battery applications. *Adv Mater* 2011;23:3580.

[30]Lin H,Weng W,Ren J,Qiu L,Zhang Z,Chen P,et al. Twisted aligned carbon nanotube/ silicon composite fiber anode for flexible wire-shaped lithium-ion battery. *Adv Mater* 2014;26:1217.

[31]Liu NS,Ma WZ,Tao JY,Zhang XH,Su J,Li LY,et al. Cable-type supercapacitors of three-dimensional cotton thread based multi-grade nanostructures for wearable energy storage. *Adv Mater* 2013;25:4925.

[32]Fu YP,Cai X,Wu HW,Lv ZB,Hou SC,Peng M,et al. Fiber supercapacitors utilizing pen ink for flexible/wearable energy storage. *Adv Mater* 2012;24:5713.

[33]Wang K,Meng QH,Zhang YJ,Wei ZX,Miao MH. High-performance two-ply yarn supercapacitors based on carbon nanotubes and polyaniline nanowire arrays. *Adv Mater* 2013;25:1494.

[34]Yang ZB,Deng J,Chen XL,Ren J,Peng HS. A highly stretchable,fiber-shaped supercapacitor. *Angew Chem Int Ed* 2013;52:13453.

[35]Ko YH,Kim MS,Park W,Yu JS. Well-integrated ZnO nanorod arrays on conductive textiles by electrochemical synthesis and their physical properties. *Nanoscale Res Lett* 2013;8(1):1-8.

[36]Khan A,Abbasi MA,Hussain M,Ibupoto ZH,Wissting J,Nur O,et al. Piezoelectric nanogenerator based on zinc oxide nanorods grown on textile cotton fabric.

Appl Phys Lett 2012;10(19):193506.

[37]Qiu Y, Yang D, Lei J, Zhang H, Ji J, Yin B, et al. Controlled growth of ZnO nanorods on common paper substrate and their application for flexible piezoelectric nanogenerators. *J Mater Sci Mater Electron* 2014;25(6):2649-56.

[38]Singh D, Narasimulu AA, Garcia-Gancedo L, Fu YQ, Soin N, Shao G, et al. Novel ZnO nanorod films by chemical solution deposition for planar device applications. *Nanotechnology* 2013;24(27):275601.

[39]Elias J, Tena-Zaera R, Lévy-Clément C. Electrochemical deposition of ZnO nanowire arrays with tailored dimensions. *J Electroanal Chem* 2008;621(2):171-7.

[40]Qin Y, Wang X, Wang ZL. Microfibre-nanowire hybrid structure for energy scavenging. *Nature* 2008;451(7180):809-13.

[41]Bai S, Zhang L, Xu Q, Zheng Y, Qin Y. Wang Zl. Two dimensional woven nanogenerator. *Nano Energy* 2013;2:749.

[42]Khan A, Hussain M, Nur O, Willander M. Mechanical and piezoelectric properties of zinc oxide nanorods grown on conductive textile fabric as an alternative substrate. *J Phys D Appl Phys* 2014;47(34):345102.

[43]Khan A, Hussain M, Nur O, Willander M, Broitman E. Analysis of direct and converse piezoelectric responses from zinc oxide nanowires grown on a conductive fabric. *Phys Status Solidi A* 2015;212(3):579-84.

[44]Briscoe J, Dunn S. Piezoelectric nanogenerators-a review of nanostructured piezoelectric energy harvesters. *Nano Energy* 2015. http://dx. doi. org/101016/jnanoen 201411059.

[45]Bhardwaj N, Kundu SC. Electrospinning: a fascinating fiber formation technique. *Biotechnol Adv* 2010;28(3):325-47.

[46]Chen X, Xu S, Yao N, Shi Y. 1. 6V nanogenerator for mechanical energy harvesting using PZT nanofibers. *Nano Lett* 2010;10:2133.

[47]Wu W, Bai S, Yuan M, Qin Y, Wang ZL, Jing T. Lead zirconate titanate nanowire textile nanogenerator for wearable energy-harvesting and self-powered devices. *ACS Nano* 2012;6:6231.

[48]Chang C, Tran VH, Wang J, Fuh YK, Lin L. Direct-write piezoelectric poly-

meric nanogenerator with high energy conversion efficiency. *Nano Lett* 2010;10(2):726-31.

[49]Sun D, Chang C, Li S, Lin L. Near-field electrospinning. *Nano Lett* 2006;6(4):839-42.

[50]Fuh YK, Chen SY, Ye JC. Massively parallel aligned microfibers-based harvester deposited via in situ, oriented poled near-field electrospinning. *Appl Phys Lett* 2013;103(3):033114.

[51]Pu J, Yan X, Jiang Y, Chang C, Lin L. Piezoelectric actuation of direct-write electrospun fibers. *Sensor Actuat A- Phys* 2010;164(1):131-6.

[52]Fuh YK, Chen PC, Huang ZM, Ho HC. Self-powered sensing elements based on direct-write, highly flexible piezoelectric polymeric nano/microfibers. *Nano Energy* 2015;11:671-7.

[53]Fuh YK, Ye JC, Chen PC, Huang ZM. A highly flexible and substrate-independent self-powered deformation sensor based on massively aligned piezoelectric nano-/microfibers. *J Mater Chem A* 2014;2(38):16101-6.

[54]Zheng J, He A, Li J, Han CC. Polymorphism control of poly (vinylidene fluoride) through electrospinning. *Macromol Rapid Commun* 2007;28(22):2159-62.

[55]Andrew JS, Clarke DR. Effect of electrospinning on the ferroelectric phase content of polyvinylidene difluoride fibers. *Langmuir* 2008;24(3):670-2.

[56]Fang J, Wang X, Lin T. Electrical power generator from randomly oriented electrospun poly (vinylidene fluoride) nanofibre membranes. *J Mater Chem* 2011;21(30):11088-91.

[57]Yu H, Huang T, Lu M, Mao M, Zhang Q, Wang H. Enhanced power output of an electrospun PVDF/MWCNTs-based nanogenerator by tuning its conductivity. *Nanotechnology* 2013;24(40):405401.

[58]Lei T, Cai X, Wang X, Yu L, Hu X, Zheng G, et al. Spectroscopic evidence for a high fraction of ferroelectric phase induced in electrospun polyvinylidene fluoride fibers. *RSC Advances* 2013;3(47):24952-8.

[59]Cui N, Wu W, Zhao Y, Bai S, Meng L, Wang ZL. Magnetic force driven nanogenerators as a noncontact energy harvester and sensor. *Nano Lett* 2012;12:3701.

[60] Thoppey NM, Bochinski JR, Clarke LI, Gorga RE. Edge electrospinning for high throughput production of quality nanofibers. *Nanotechnology* 2011; 22 (34): 345301.

[61] Magniez K, Krajewski A, Neuenhofer M, Helmer R. Effect of drawing on the molecular orientation and polymorphism of melt-spun polyvinylidene fluoride fibers: toward the development of piezoelectric force sensors. *J Appl Polym Sci* 2013; 129 (5): 2699-706.

[62] Nilsson E, Lund A, Jonasson C, Johansson C, Hagström B. Poling and characterization of piezoelectric polymer fibers for use in textile sensors. *Sensor Actuat A-Phys* 2013; 201: 477-86.

[63] Yip J, Ng SP. Study of three-dimensional spacer fabrics: physical and mechanical properties. *J Mater Process Technol* 2008; 206 (1): 359.

[64] Hou X, Hu H, Silberschmidt VV. A study of computational mechanics of 3D spacer fabric: factors affecting its compression deformation. *J Mater Sci* 2012; 47 (9): 3989.

[65] Simon P, Gogotsi Y. Materials for electrochemical capacitors. *Nat Mater* 2008; 7 (11): 845-54.

[66] Hu Y, Sun X. Flexible rechargeable lithium ion batteries: advances and challenges in materials and process technologies. *J Mater Chem A* 2014; 2 (28): 10712-38.

[67] Zhao X, Súnchez BM, Dobson PJ, Grant PS. The role of nanomaterials in redox-based supercapacitors for next generation energy storage devices. *Nanoscale* 2011; 3 (3): 839-55.

[68] Hu LB, Pasta M, Mantia FL, Cui LF, Jeong S, Deshazer HD, et al. Stretchable, porous, and conductive energy textiles. *Nano Lett* 2010; 10: 708-14.

[69] Bao L, Li X. Towards textile energy storage from cotton T-shirts. *Adv Mater* 2012; (24) 3246-52.

[70] Yu G, Hu L, Vosgueritchian M, Wang H, Xie X, McDonough JR, et al. Solution-processed graphene/MnO2 nanostructured textiles for high-performance electrochemical capacitors. *Nano Lett* 2011; 11 (7): 2905-11.

[71] Jost K, Perez CR, McDonough JK, Presser V, Heon M, Dion G, et al. Carbon

coated textiles for flexible energy storage. *Energy Environ Sci* 2011;4(12):5060-7.

[72] Hu LB, Wu H, La-Manita F, Yang Y, Cui Y. Thin, flexible secondary Li-ion paper batteries. *ACS Nano* 2010;4:5843-8.

[73] Gwon H, Kim HS, Lee KU, Seo D, Park YC, Lee YS, et al. Flexible energy storage devices based on graphene paper. *Energy Environ Sci* 2011;4:1277-83.

[74] Hu Y, Zhang Y, Xu C, Lin L, Snyder RL, Wang ZL. Self-powered system with wireless data transmission. *Nano Lett* 2011;11(6):2572-7.

[75] Wang ZL, Wu W. Nanotechnology-enabled energy harvesting for self-powered micro-/nanosystems. *Angew Chem Int Ed* 2012;51:11700-21.

[76] Lee M, Bae J, Lee J, Lee C-S, Hong S, Wang ZL. Self-powered environmental sensor system driven by nanogenerators. *Energ Environ Sci* 2011;4:3359-63.

13 缆绳、绳索、合股线和织带

J. W. S. Hearle

曼彻斯特大学,英国曼彻斯特

13.1 引言

13.1.1 张力纺织品

尽管大多数纺织品都是二维的片材,但最早出现的可能是一维的形式(绳和较细的线)。从史前时代开始,它们就被用于单轴拉伸应用,范围从重物提升到捆扎木棍。最古老的记录,可能是1万年前或更早的一幅西班牙的洞穴壁画,显示一个人从悬崖上爬下来收集蜂蜜(图13.1)[1]。支撑物可能是天然的攀缘植物,但也可

图13.1 约公元前8000年的西班牙洞穴壁画[1]

能是绳索。大约 5000 年前的埃及墓葬展示了芦苇帆船[图 13.2(a)][2],其绳索的布置方式与现代游艇上的大致相同[图 13.2(b)]。大约在公元前 700 年,尼尼微的塞纳切里卜宫的浅浮雕中可以看到清晰可见的三股绳索,这种形式的绳索今天仍然大量应用(图 13.3)[3],这些绳子被用来拉动装载着巨大公牛雕像的马车。到更近一些时期,两个半世纪前的一幅图画显示,物资被提到希腊的一处岩石柱顶上的一座修道院中(图 13.4)。

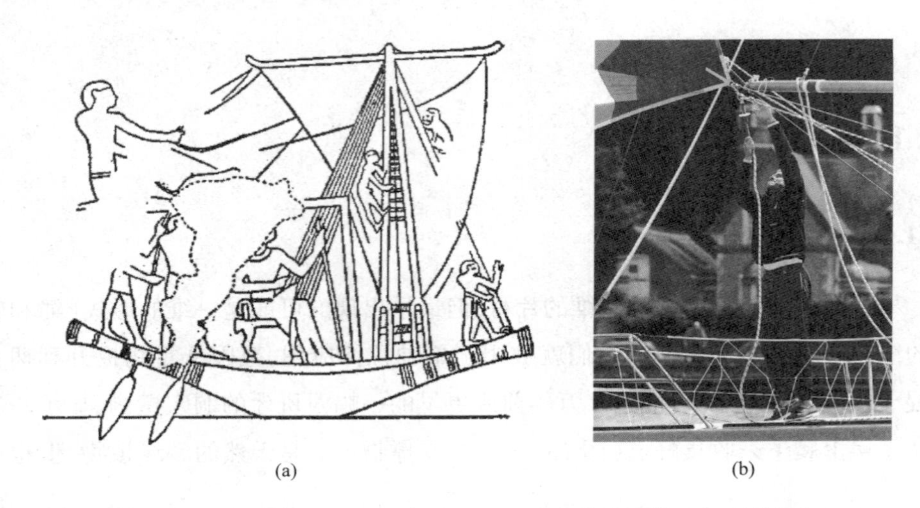

(a) (b)

图 13.2 (a)约公元前 2400 年埃及一座墓中的绘画[2];(b)现代游艇

(由 Gleistein 提供)

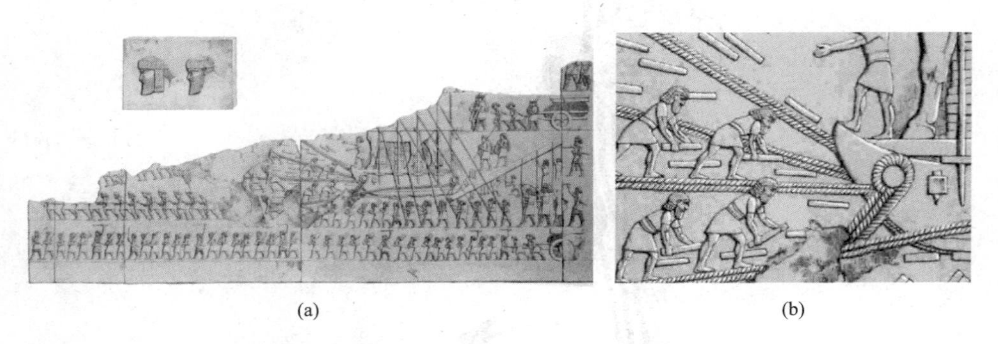

(a) (b)

图 13.3 (a)尼尼淮的浅浮雕:顶部中央是一头公牛(无头)的雕像;(b)牵引绳的细节[3]

(由英国曼彻斯特大学 John Rylands 图书馆提供)

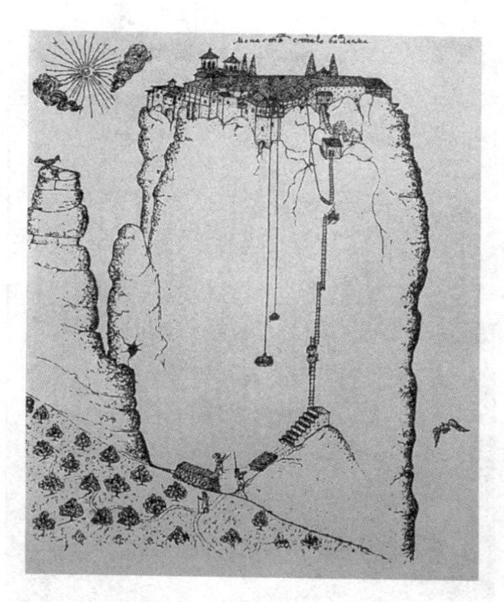

图 13.4　希腊米特奥拉修道院

（由 B Barkskij 于 1745 年绘制）

13.1.2　绳索的形式

缆绳和绳索除了更具体的属性外，基本要求是构造应连贯。这通常是通过加捻来实现的。传统上，短纤维例如麻、剑麻和棉被纺成加捻纱，然后再将纱线组合成两股或三股的线，主要的替代形式是圆形编织，或对于织带为扁平编织。

由于连续长丝纱线的出现，20 世纪下半叶出现了新的绳索类型，不需要加捻就可以得到强度，但仍然需要连贯性，一组平行的细丝，是不合适的。

缆绳和绳索的长度很长，并根据特定的用途切断。为了反映出这种几何形状，它们通常被称为线。除了严格的一维形式外，还有其他形式。吊索用于提起重物（图 13.5）。织带、捆扎带是狭窄的、机织或编织的二维织物，可作为准一维张力纺织品。网是由绳索或细绳打结而成的组合件，形成的二维结构比其他材料的孔更大。

13.1.3　绳索的端头

绳索的自由端会磨损，因此通常将其终止。拇指打结是最简单的方法，麻线打

图 13.5　用于吊起游艇的吊索

结是另一种方法,最常用的是捻接。

三股绳索的后接点是沿绳索将三股线交织制成,但是,在绳的末端设置一个可放置在金属或塑料配件周围的套环通常会更有用。图 13.6(a)显示了准备进行拼接的 Z 形扭曲三股绳索,然后将自由端塞入 S 路径中的连续股线下。图 13.6(b)显示了八股编织绳的捻接过程。对于某些较新的绳索类型,必须修改拼接步骤。编织绳索的捻接,是通过将外部编织层的一节推入绳索内部,而内部编织层的一部分被移除[图 13.6(c)]。

已经开发了机械端接作为捻接的替代方法,如用于 Parafil 绳索的桶状端接(图 13.7)。

13.1.4　绳索的多种用途

亨利·麦肯纳(Henry McKenna)是当时的张力技术国际公司总裁,他在《纤维绳技术手册》[4]表 8.3 中介绍了 48 种绳索的用途,列出了典型的绳索类型、重要性能以及说明。较小的绳索有更多的用途,如在医疗应用中。这种多样化从实用到

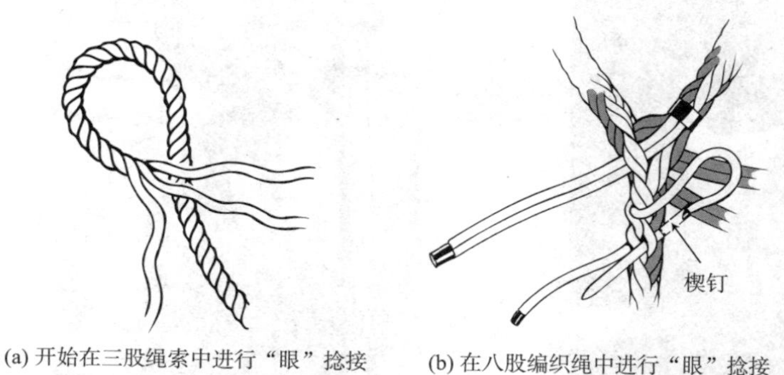

(a) 开始在三股绳索中进行“眼”捻接 (b) 在八股编织绳中进行“眼”捻接

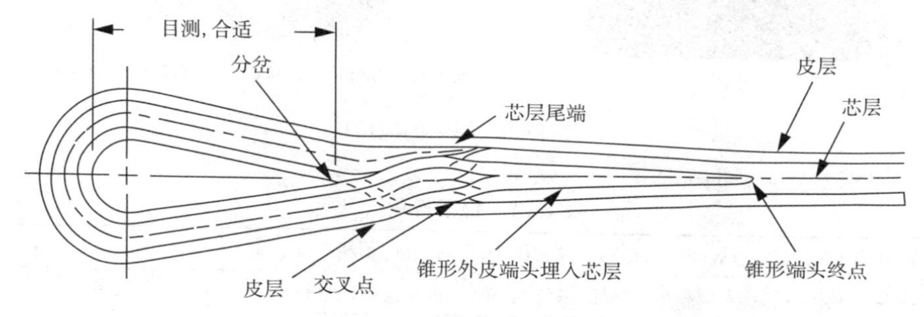

(c) 在双层编织绳中进行“眼”捻接

图 13.6 各种绳索端头的捻接方式

[(a)和(b)由 Gleistein 提供;(c)由 Samson Rope 提供]

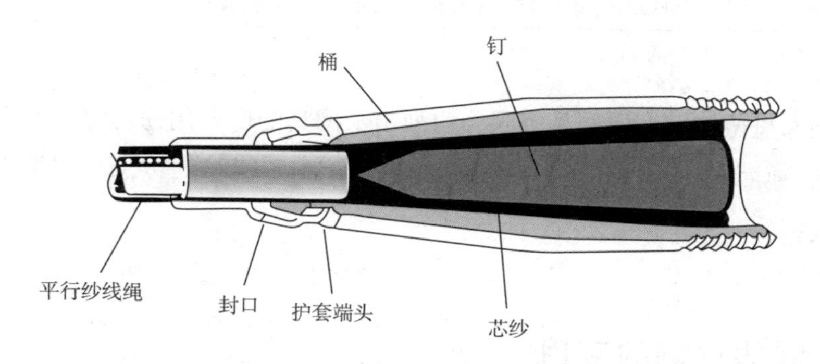

图 13.7 Parafil 绳索的桶状端接

娱乐、从家庭到商业、从追求快乐[图 13.8(a)[5]]到令人毛骨悚然[图 13.8(b)]的应用不等。表 13.1 列出了按用途分类的绳索,它以更简洁的形式说明了绳索的各种用途。

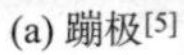

(a) 蹦极[5]

(b) 绞刑(出自JB Smith的*Stabled with a Bridport Dagger*)

图 13.8　绳索的应用

表 13.1　绳索应用[4]*

商业海事	远洋船只,拖船和驳船作业,运河运输,军舰
海洋休闲	大型和小型帆船,系泊缆,旗绳,滑水拖绳,帆板
个人娱乐	登山,洞穴探险,救援绳
工业	电气和通信电线、电缆、架线,起重吊索,负载固定,传送带,伐木,农业,采矿,土木工程,林木服务,窗户清洗下降绳,救生索和安全线
消费零售	晾衣绳,固定索具,园艺,通用工具,装饰
定制绳索	特殊用途,海上救助,深海系泊,太空系绳,绷绳,套索

*摘自参考文献[4]中的表 11.2。

英国布里德波特海岸网具有限公司列出了网具的广泛用途:捕鱼、安全、体育、害虫防治、地面网、干草网,还有在石油钻塔上放的巨大网罩,以保护立管不受驶入船只的侵害。

13.2　零售市场的应用

13.2.1　家用

绳索在家庭应用中并不突出,在窗帘拉环和绑带等用途中因其装饰性魅力被选作审美的形式,晾衣绳是表 13.1 中仅有的两个范例之一。晾衣绳为非常光滑、直径约 6mm 的圆形,并且必需是牢固的,具有低的延展性且成本低。另一个例子是吊窗绳,对强度和耐用性的要求更为重要,8mm 编织棉线可很好地满足市场需求。

较小的绳索具有更广泛的用途,例如窗帘绳、窗帘拉绳、纹饰带、百叶帘拉绳、室内装饰、挂画等。绳子无所不在,其五花八门的用途包括捆扎包裹、紧固果酱罐上的盖子以及把肉串起来等。

13.2.2 室外

在花园中,缆绳、绳索和细绳有多种用途:将植物绑在木桩上以作支撑,支撑较大的树枝,容纳一排树莓或蚕豆,等等。

网具也可在户外应用,图 13.9 是网具户外应用的几个实例。

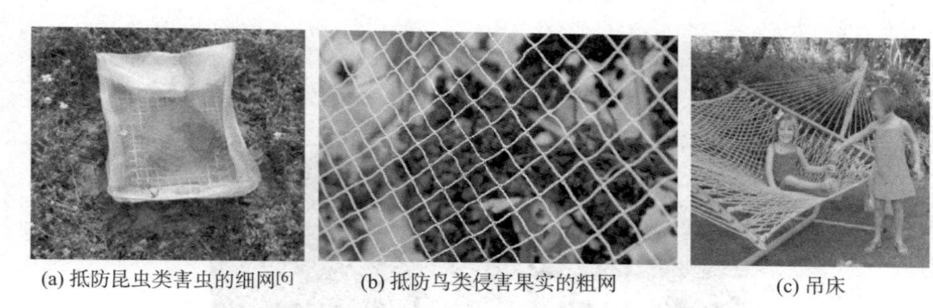

(a) 抵防昆虫类害虫的细网[6]　(b) 抵防鸟类侵害果实的粗网　(c) 吊床

图 13.9 网具户外应用实例

[图(b)来源于 https://ms.wikipedia.org/wiki/Pertanian#/media/File:Birdúu netting.jpg]

13.2.3 服装

服装中的绳带有许多功能,如用来系紧上衣的腰带、兜帽系带和鞋带,通常是圆形或扁平的编织物。除了基本的力学性能,还需要良好的打结性。

13.3 海洋中的应用

13.3.1 商用和海军舰船

13.3.1.1 系泊

船和绳索似乎是连在一起的,修建在港口的索道就是典型的例子。现在,乘船航行是为了娱乐,并将在下一节中介绍,但是蒸汽和其他动力源的变化仍然使船上的绳索有许多用途。

港口的系泊是一项主要功能,当船接近码头,并且固定在系船柱上时,会引起激烈的动作(图 13.10)。对于商用和海军远洋船,八股编织聚丙烯缆绳由于其低成本、足够的力学性能以及浮力的附加优点而成为最受欢迎的选择,也可使用三股绞绳。聚酯纤维具有更好的耐磨性,并使用寿命较长;尼龙虽不那么坚固,但能很好地吸收能量,并且较低的模量(抗延展性)使其能够适应潮汐和吃水变化。芳纶和高分子量聚乙烯(HMPE)等高性能纤维会增加成本,但高性能纤维的强度意味着可以使用较轻的绳索,这会使操作更轻松,并且可以减少乘员人数,由于它们的延展性低,需要经常关注潮汐和吃水变化。

图 13.10　用减少后坐的芳纶/尼龙绳将船系泊在码头

在大型的远洋船上,系泊缆绳收放在绞车驱动的卷筒上[图 13.11(a)]。较小的承力索或撇抛缆绳附接以拉动码头的系泊缆。类似的绳索也可用于在公海中将船系泊至浮标[图 13.12(a)],并为石油钻井平台补给[图 13.12(b)]。在较小的船上,使用的是较细的缆绳,当未展开时,它们会松散地盘绕[图 13.11(b)]。

利用国际张力技术有限公司(TTI)开发的计算机程序 Optimoor,来寻找最佳的系泊方式。该程序还可以用于事故调查,例如在加勒比海港口发生飓风时大型货船的破裂(图 13.13)[4],测试确定绳索的力学性能。如果知道了风和海况,Optimoor 可以确定线缆上的作用力,以及随之而来的连续的缆绳故障。

(a)

(b)

图 13. 11 (a)将缆绳收放在卷筒上;(b)松开缠绕的缆绳

(a)

(b)

图 13. 12 (a)将油轮系泊在海面浮标上;(b)将补给船系泊在石油钻井平台上

13. 3. 1. 2 搬运、牵引和推动

船舶控制缆用于在港口拖船操纵船舶(图 13. 14)。通常使用聚酯或尼龙绳,具有足够的伸长率以吸收冲击的能力。HMPE 绳索较轻且易于操纵,但由于断裂伸长率低,因此需要特殊的程序来应对冲击。

通常用于拖曳的钢丝缆绳需要弹簧来调节浪涌的影响。尼龙或聚酯绳具有足够的弹性,不需要弹簧,因而可以更短,并且在水中的阻力更小,可以选择粗细以满足工作需要。打捞作业中经常需要拖曳,一个更不寻常的应用是拖曳冰山以在干旱地区提供淡水[图 13. 15(a)]。更常规的用途是将石油钻井平台或其他浮动平台从建造它们的地方移动到需要它们的地方[图 13. 15(b)、(c)]。

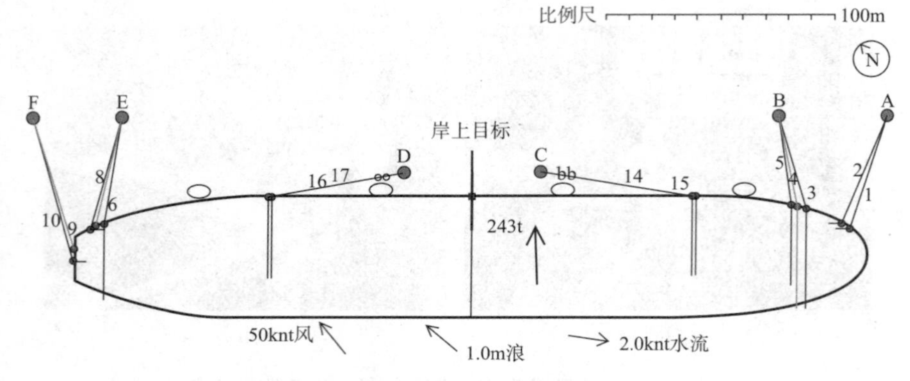

(a) 重新绘制船体，以用于Optimoor屏幕抓取

(b) 23条折断的系泊缆之一

图 13. 13　加勒比海风暴使船体破裂

(a) 拖船控制一艘船

(b) 拖船绞车上的HMPE船舶控制缆，同等强度的聚酯缆线或钢丝绳至少需要两个人来应付(图片由Puget提供)

(c) 用于世界上最大拖船的直径为25cm的HMPE缆绳(Seattle Times，1994年4月17日)

图 13. 14　用于拖船的各种绳索

(a) 拖曳冰山

(b) 准备通过炸毁系泊缆绳来释放平台

(c) 将石油钻井平台拖到海上驻地

图 13.15　缆绳在海上的应用(一)

与拖曳相对的是推动,以移动在内陆水道上的驳船。在船闸中,拖船是由系泊缆绳制动的,系泊缆绳通常是聚酯/聚丙烯混纺的三股绳索(图 13.16)。

(a) 拖船拉动一串驳船

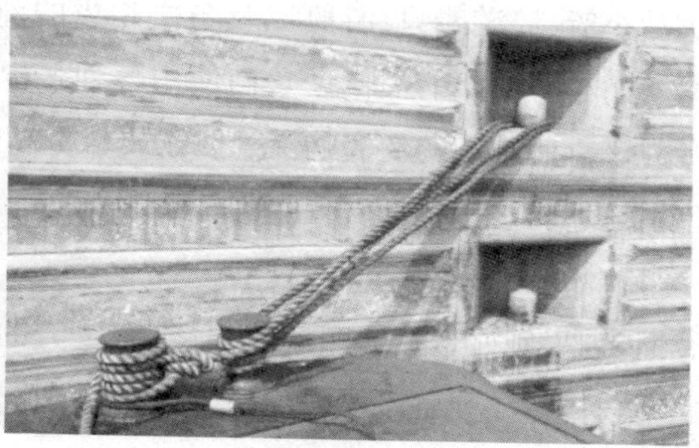
(b) 系泊锁

图 13.16　缆绳在海上的应用(二)

13.3.1.3　锚定

绳索的另一种用途是固定在锚上,锚可以是浮标或石油钻井平台的永久性锚,也可以是船运的临时性锚,选择绳索时应考虑它们的强度和可延展性。

1983 年开始使用芳纶时的一次故障说明了可能出现的问题。一艘名为 Ocean Builder 的船被用于在墨西哥湾架设石油钻井平台,通过 Kevlar®绳索将 12 个浮标固定在锚上。据报道,当 Ocean Builder 到达并系泊缆索时,有四根绳索在 20%的断裂载荷时断裂了,其原因是浮标的上下运动导致 Kevlar 纤维的轴向压缩疲劳。

13.3.1.4　断裂危险

在高张力下处理绳索时,存在特别的危险。如果绳索断裂,则存储的能量将导致巨大的后坐力,如果有人被击中,可能会造成伤害。在一位船长因此死亡后,美国海军采取了更严格的安全措施。

一种选择是使用芳纶/尼龙复合绳,如图 13.10 所示,这样可以降低后坐力。芳纶纱首先断裂,吸收了部分能量,而绳索仍被尼龙拉紧。

锚固可能比绳索本身弱,配件可能折断并飞到空中。有一个令人遗憾的例子,强度为 36t 的聚丙烯系泊缆绳穿过滑轮,以 45°的角度旋转到 15t 的绞盘。滑轮由一条强度为 7.5t 的钢丝缆绳固定,由于钢丝断裂,滑轮在甲板上疾速飞过,导致一名甲板水手毙命。

13.3.2 游船

13.3.2.1 动力船

机动小艇、巡游船只、游艇以及与之相当的商队(自有或租赁的驳船)的水上活动均遵循小型商船的惯例。它们使用各种各样的绳索,这些绳索可以从五金商店或专为该行业开设的商店购买。对于要求更高的用途,例如滑水拖曳带,通常使用彩色 12 股编织聚丙烯绳,且须格外小心。

13.3.2.2 帆船

大型帆船,例如老式的四桅帆船,带有垂直的桅杆和水平的船坞,曾经是随处可见的运载货物或装备海军的船只。现在,有几艘经过翻新或仿制的老式帆船作为文物景点或学员培训的船仍在航行,它们使用各种各样的绳索。

纵帆船,前后浮动的纵帆船和简单的渔船已变成游艇和小艇,成为受欢迎的体育和休闲活动,这些游艇上使用了许多绳索。有一些普通的用途,例如系泊、锚固和吊旗,但也有一些更苛刻的用途,必须根据其功能选择绳索,并具有适当的延展性。对于桅杆的牵索,需要接近零蠕变,所以会使用芳族聚酰胺而不是 HMPE。由于尼龙编织物的强度和伸展性,它们通常被用作锚线。

13.3.3 捕鱼

钓鱼线主要由合成聚合物制成,既可以是单丝也可以是编织线。经专家评估,可以根据特定需求定制属性。除了基本的力学性能和其他特性(例如浮力)外,还包括一些特殊功能,例如,聚偏二氟乙烯(PVDF)的折射率接近水的折射率,因此鱼类是看不见的。

渔网是捕鱼的主要工具之一，从儿童使用的钓小鱼的杆子末端的细网，到远洋拖网渔船使用的大网。一个典型的网由打结的绳子或麻线组成，网眼的大小由要捕获的鱼的大小决定。绳索通常由合成纤维制成，例如尼龙、聚酯、聚乙烯或聚丙烯。如果需要低延展性和高强度，则使用 HMPE。将小网连接到手柄上，以便将鱼从水中拉出[图 13.17(a)]。大型商业捕鱼网，如图 13.17(b)所示，就像是有一个开口端的大袋子，它们的形状可以是半球形或管状。

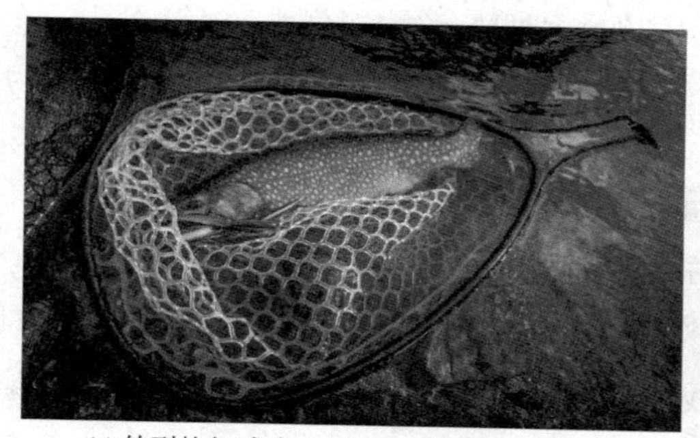

(a) 钓到的鱼(来自www.indepthangler.com.au)

(b) 大型商业捕鱼(来自AGRIBUSINESS NIGERIA)

图 13.17 各种鱼网

其他用途也需要使用缆绳和绳索。要拖运超过 50t 鱼的回收线，以前可能是沉重的钢丝绳，但是现在更轻的 HMPE 绳是首选。在围网中，用串金属环的麻线来封闭网口。绳索可以编织在铅芯上，并用来增加鱼网底部的重量。

绳索也用于刚性结构，龙虾网笼[图 13.18(a)]是用网覆盖的坚固框架。在水产养殖中，将鱼网附着在金属或塑料框架上，既可以放在小笼子里进行孵化[图 13.18(b)]，也可以放在大型鲑鱼养殖场[图 13.18(c)]。

13.3.4 停泊在深水中

早期从海底油井中采油时，钢链或钢丝绳用于停泊深度达 500m 的石油钻机。在 20 世纪 80 年代后期，石油公司希望这一深度超过 1000m，现在深度达到了 3000m，这样钢就太重了，需要使用纤维绳。因此，建立了一个联合产业项目(JIP)，由海洋顾问诺贝尔·丹顿(ND)和绳索顾问国际张力技术公司(TTI)领导。石油公司期望制造出轻型绳索，新型的高强度高模量纤维、芳纶和 HMPE 成为选择。TTI 的 MR Parsey 根据他的经验提出了不同的想法，建议将标准聚酯绳作为参考，事实

(a) 龙虾网笼(来自英国Bridport的沿海网)

(b) 小型鱼缸(来自加拿大不列颠哥伦比亚省的坎贝尔河Netloft)

(c) 鲑鱼养殖场(来自澳大利亚塔斯马尼亚州Tassal有限公司)

图 13.18　刚性结构网

证明,这是正确的材料。因为尼龙的模量太低并且容易遭受严重的湿磨,因此不考虑采用,这进一步促使 JIP 编制了深水系泊工程师指南[8]。

钢丝和纤维系泊的机械表现不同[图 13.19(a)]。钢丝绳是松弛的悬臂,索具上的力是由绳索的重量引起的。纤维线绷紧,力是由于绳子伸长而产生的。系泊设备必须限制由于风和水流引起的侧向运动,但由于波浪作用,钻机也可能会升降,后者是应变驱动而不是应力驱动。对于高模量、低断裂伸长率的纤维,应变将导致断裂。高韧性聚酯,加上适当的船用饰面以限制循环磨损,可提供合适的性能。

钻机操作员需要一种能在 20 年的时间内随风和海况变化而预测系泊性能的方法,ND 有一个可以预测钢系泊的偏移量和峰值载荷的程序。对于绷紧的聚酯系泊设备,有必要考虑聚酯纤维复杂的大应变黏弹性以及绳索在初始循环加载过程中的构造变化。图 13.19(b)显示了循环加载过程中聚酯绳的典型响应。随着平均载荷的增加,模量(刚度)也会变化。该研究表明,需要在平静和暴风雨条件下使用不同的刚度值,并提出了一个测试程序来确定这些值,以用作预测聚酯绳系泊的钻机性能的程序输入。

系泊绳性能随时间的变化也是一个问题,因为石油钻机的预期寿命至少为 20 年。安装绳索之前,要测试绳索长达 20 年的数据显然是不可能的,需要精心设计加速测试。外部磨损可以通过良好的设计来避免并通过提前检查来预防。在 JIP 期间,进行了数千次循环测试,以研究内部磨损、轴向压缩疲劳(芳族聚酰胺较严重)和蠕变(HMPE 较严重)。

除了已经提到的力学性能之外,还必须考虑以下因素:

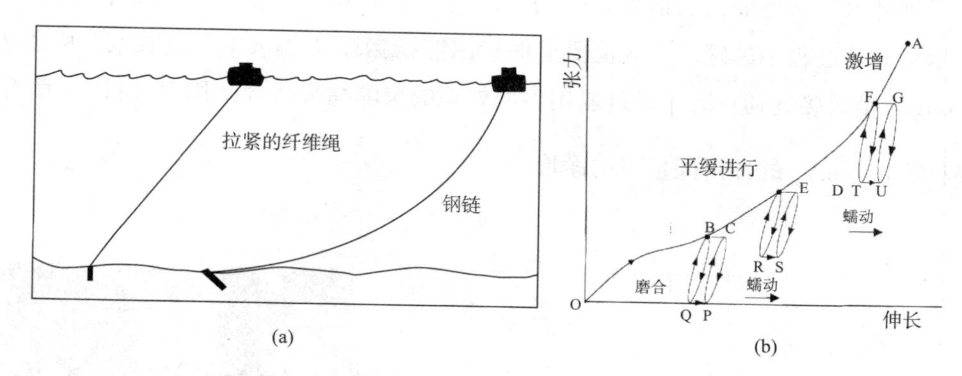

图 13.19　(a)绷紧的纤维和松弛的钢制系泊设备；(b)循环载荷下典型聚酯绳响应的示意图

影响搬运便利性的重量；弯曲和扭转特性；耐切割性；环境的影响(沙子或其他颗粒进入、海洋生物的生长、鱼咬等)；组件之间存在的空气、水或填充剂；经济性等。

在 1995 年之后的 10 年中，巴西国家石油公司在巴西沿海地区安装了 20 台钻机(图 13.20)。这些系泊绳已受到监控，并表现良好。一个出乎意料的问题是海洋甲壳类动物在特定海水深度对系泊绳的渗透，这个问题可以通过在系泊绳中插入一段钢丝绳来克服。

(a) 深水系泊的示意图[7]

(b) 巴西Roncador油田1400m深的P36钻机，有16条聚酯纤维线用于吸锚(由Petrobras提供)

图 13.20　深水系泊绳

这里提及另一个应用：立管保护网。TTI 的 HA McKenna 于 1992 年为墨西哥湾的 Auger 平台设计了首批性能良好的产品。石油生产平台中心下方的立管很容易受到补给或其他船只的损害。图 13.21(a)显示了典型的网络设计,图 13.21(b)显示了安装过程中的网络。规范要求保护网能抵挡以 7.2km/h 的速度、排水量为 5000t 的船只接近到立管。经过船用表面处理的聚酯绳最适合此用途,设计过程需要计算在$\frac{1}{2}mV^2$ 的冲击能量下的净形变。

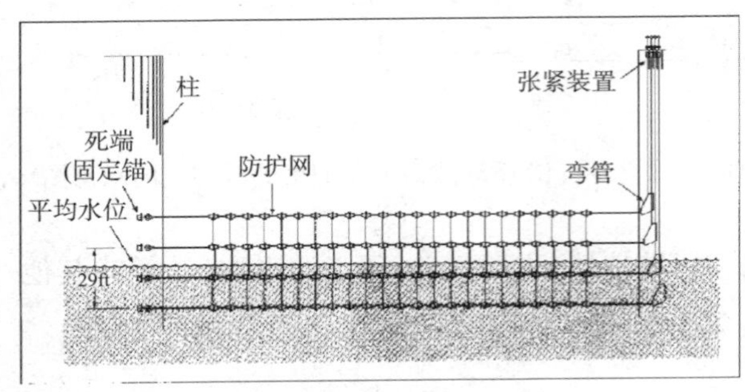

(a) 立管保护网的设计

(b) 部分安装的立管保护网

图 13.21 立管保护网的设计及应用实例

深水系泊的另一个潜在需求是美国海军计划建造一个大型浮动平台,作为军事基地和简易机场。在 1980 年代中期,美国海军土木工程实验室制定系泊计划,并与 TTI 签约以制定绳索建模程序。

深水打捞具有与系泊设备类似的要求,除了绳索在有限的使用期限后可以丢弃之外。

聚酯绳适用于当今 1000~3000m 的深度。如果要用于更深的情况,则需要较高模量的纤维(如 HMPE 或芳纶),因为绳的长度会延长以适应波浪运动的能力。

13.4 工业中的应用

13.4.1 制造和采矿

在工厂使用中央蒸汽机的时代,绳索是向机器传输动力的一部分,但是当单个电动机代替蒸汽机时,这种应用就变得过时了。现在,仅在张力纺织品(例如卷扬机和捆绑货物以进行发运)的常见用途中,才能找到缆绳和其他绳索。

在采矿中,还需要将工人、设备和材料下放到作业面,都需要用到缆绳。

13.4.2 电梯、起重机和电缆

缆绳的主要用途是在升降机(电梯)和起重机中,必须将重物升高或降低。要求缆绳具有高强度和低延展性,以及对滑轮运动中的弯曲疲劳和腐蚀的抵抗力。在深层矿井中或自由下落的电梯制动中产生的热量对缆绳会有严重影响,一般用芳纶和 HMPE 等高性能纤维缆绳。

钢索的缺点是重量,当建筑物的高度达到 1000m,矿井的高度下降到 4000m,这成为一个更加严重的问题。但是,与系泊缆绳不同,该行程可以分为多个阶段。钢索在使用中不是手动操作,因此在密西西比驳船上用纤维代替钢的理由并不适用。

需要进行技术经济评估,以证明使用纤维绳的合理性,并且需要富于想象力的建筑师和工程师所在的企业采用它们。芬兰电梯公司 Kone 正在进行一项研究[11],在芬兰的一个深矿中,他们正在测试一种新的 UltraRope™ 缆索,该缆索具有碳纤维的芯和特殊的化学涂层。400m 长的缆索重 1250kg,而相同长度的钢索重 20000kg,因此这种缆索能增加单个升降机的高度并减少功耗。

还有其他一些相关用途,其中钢丝绳可用纤维绳代替,如用于卸船的起重机中以及在建筑物或其他操作中吊起重物的吊塔,钢索用于在水平距离上(如从采石场到装载点)支撑货物的运输。

13.4.3 桥梁

以前,纤维绳通常用于人行横道的悬索桥,现在仍然可以找到一些纤维绳悬索桥的实例(图 13.22)。

13.4.4 建筑物

也有将纤维绳用作建筑物中的抗拉绳的例子。如英国剑桥的一个公交车站(图 13.23),建于 1991 年。[12] 该结构设计有四根立柱,每根立柱都有一对前牵索和背牵索,以支撑 7m 悬臂式屋顶。牵索由具有 Kevlar 纤维芯的 Parafil 绳索制成,它们的功能主要是抵抗积雪,但是它们承受着永久的应力,以确保即使风力很大,屋

(a) 日本的一座旧索桥

(b) 在新几内亚的一座索桥

图 13.22　纤维绳悬索桥的实例

顶也能保持坚固。安装 15 年后进行检查时,Parafil 牵索和端接处没有显示视觉劣化的迹象。

图 13.23　由 Parafil 牵索支撑的剑桥公交车站屋顶

绳索还可用于在需要维修的建筑物中提供额外的支撑。Burgoyne 描述了一个例子[13],英国约克郡一家电站的冷却塔出现了垂直裂缝,通过用 Parafil 绳索包缠进行维修。

在施工过程中,需要使用起重机将材料或组件移至适当位置或将其吊到较高的脚手架上,缆绳吊索用于支撑重物(图 13.24)。建筑物外部的工作也使用缆绳,为了在高层建筑物上进行维护和清洁窗户,工人可立于笼子里自由升降。

图 13.24　将 70t 钢基础件吊到由缆绳吊索支撑的位置

13.4.5　电力设施和通信中的应用

电力设施的安装和维修必须使用绳索以用于各种目的。动臂车的绞车上工作的编织聚酯绳用于搬运变压器杆等。对于电力线路的架线,可以使用几公里长的编织聚丙烯小绳作为引导线;然后用一条较粗的聚酯编织物连接到拉动电导体的钢丝绳上。另外,芳纶或 HMPE 绳索可以代替聚酯和钢丝绳。

电缆通常不被视为绳索。但是,许多电缆都具有技术纺织品成分,例如,图 13.25 所示为带有胶带和编织护套的局域网(LAN)电缆。

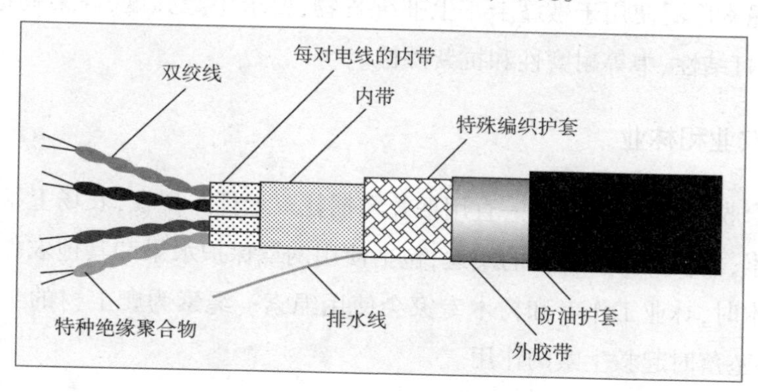

图 13.25　LAN 电缆(来自 Oki 电缆有限公司)

天线牵索在拉力作用下一直保持笔直,是 Parafil 绳索的用途之一,图 13.26 所示为英格兰哈罗盖特附近一个海军信号站设施。

图 13.26　英国约克郡北部森林沼泽地带牵索的天线杆

13.4.6　交通运输

各种绳索广泛使用于敞篷卡车上捆绑货物,要求中等强度、高柔韧性、低拉伸性、良好的打结性、中等耐磨性和抗紫外性。

13.4.7　农业和林业

在联合收割机问世之前,一直用捆扎绳捆扎玉米秆。现在,农场上很少有专门使用的绳索,但仍有各种各样的用途,包括使用网罩保护水果和其他农作物。伐木或修剪树木时,林业工作者和树木专家会使用绳索。绳索为爬上树的工人提供了支撑,并在坠落时起救生索的作用。

13.5 军事中的应用

军队也有很多场合使用缆绳和其他绳索。有两种特殊用途值得一提,动能回收绳(KERR)是为特定目的而设计的,即将从卡在沟渠中的诸如坦克之类的车辆拉出[图 13.27(a)]。使用极限延伸率约为 2%的钢缆的问题在于,一旦坦克开始移动,张力就会下降,车辆会再次被卡住,如果使用具有高弹性的尼龙绳,大量能量存储在绳中,当车辆开始移动时,随着车辆继续移动而回复,该势能被转换为动能。

美军想在新墨西哥州"白沙"导弹靶场的两个数英里远的山顶之间安装空中靶标,钢制缆就太重,然后使用 Kevlar®缆绳来支撑移动的靶标[图 13.27(b)]。

(a) KERR绳拉出被卡住的坦克

(b) "白沙"导弹靶场Kevalar®缆绳上的靶标

图 13.27 军事中应用绳索的实例

13.6 探险、运动和休闲中的应用

13.6.1 攀岩和登山

安全攀岩需要选择正确的绳索。这项运动在 19 世纪末期开始普及时,人们使用普通的麻绳或其他绳索[图 13.28(b)][14]。在 20 世纪 30 年代以前几乎没有变化[图 13.28(c)],但在 20 世纪 40 年代之后,合成纤维成为更适合这种活动的绳索。尼龙具有低模量,可以避免在松弛时吸收突然的冲击,对于需要高断裂强度的场合是理想的选择。对于需要使用短吊索将登山者牢牢固定在适当位置的固定

件,其他材料可能会更好。一个现代的“杂技般的”登山者[图 13.28(d)]会小心地选择绳索。

在较长的登山旅行中,需要用绳索将登山者与裸露的地方连接在一起。在较长距离的上升期间,如果登山者或搬运工经常重复使用,则可以选择固定的绳索。

探洞选择的绳索还需要满足特别的要求。

除这些活动外,还可以使用救生索和安全绳来预防坠落,例如在建筑物或树木上工作时[图 13.28(a)]。

(a) 植物学家在工作

(b) 19世纪晚期的攀岩者[13]

(c) 30年代在夏慕尼的攀岩者

(d) 现代攀岩

图 13.28 救生和攀岩用绳索

13.6.2 帐篷

无论是在登山大本营、登山途中的岩架上、海边露营地、露天游乐场还是在其他地方,帐篷、露台和遮棚都使用绳索作为撑杆和拉线的牵索,以支撑帆布账篷。

13.6.3 运动

网是网球和类似运动不可或缺的一部分,对球拍线的要求很高。弦线传统上是天然肠线,但现在是单丝或复丝的合成聚合物纱线。尼龙是最流行的材料,但据说聚酯可以使玩家获得更多的上旋球,也有使用芳纶线。

网也可以用于围住网球场,在用于板球击球练习的“网”中,在足球的球门柱之间,在篮球运动中用作“篮”。

13.6.4　娱乐

绳索是马戏团空中表演的重要辅助工具，在坠落的情况下，为了确保安全，也会使用网。

套索(图 13.29)用于牧场，但现在更常见于牛仔竞技场上，在比赛中用绳子拴住动物。套索绳上有一层蜡涂层，使弯曲的绳索平滑而僵硬。

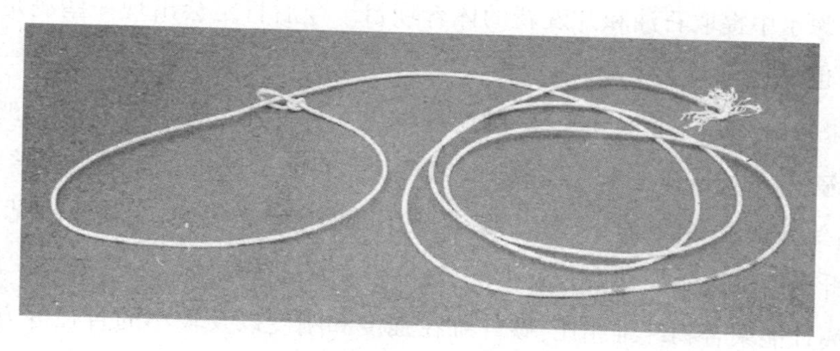

图 13.29　套索绳

在下面两个应用示例中，选择"任何旧绳索"似乎就足够了，但是要正确应用，有必要考虑所涉及的技术特征。对于拔河比赛，足够的断裂强度显然是必要的，但断裂后的回缩也可能是致命的，因此，低伸长率的绳索更安全。另外，还需要能够抓住绳索，传统天然纤维绳索的毛状表面能满足这一要求，应避免使用光滑的编织物或单丝聚丙烯。除儿童外，小直径绳索对抓握不利，并且可通过将现代绳索包裹在有毛的短纤维纱中来增强抓握力。现代合成聚合物绳索具有良好的力学性能，但必须对绳索的末端进行改造以提供良好的抓握力。

13.7　结论

13.7.1　多样性和选择

从锚泊石油钻机到捆扎包裹，各种各样的人类活动中都有缆绳和绳索的应用。缆绳和绳索作为一维张力纺织品，其用途非常多样化，此处并非全部都被提及。救援绳用于许多场合，缝合伤口、滑雪牵引绳、太空行走用的栓绳，不胜枚举。

即使在很平常的活动中,也必须了解如何来适当应用并正确选择绳索。如果选择错误,则会发生事故,可能是选择错误的绳索、制造缺陷、安装责任或无法正确使用绳索等原因导致伤害或死亡发生。

13.7.2 未来趋势

缆绳和绳索应用的重大变化出现在20世纪下半叶,并引发了其他技术的新发展,如从深水中提取石油和开发新的体育项目。今后肯定会出现一些满足新需求的应用,也许是在太空探索中。

如果可以克服工业保守主义,则应该发生一种变化。钢制链和缆仍被广泛用作抗拉构件,尤其是在土木工程中。纤维绳可以以更轻的重量匹配其力学性能,有时,当需要高强度和低伸长率时,可以直接用高模量纤维代替;在其他情况下,尼龙和聚酯纤维的更大延展性会是一个优势。

与高性能聚合物纤维相比,碳纤维在强度和刚度以及较小的直径等方面具有优势,但是其脆性不利于在缆绳和绳索中使用。如果应用中不涉及高曲率,它们将具有作为绳芯的潜力。碳纳米管和石墨烯在强度上有更大的提高,但是将其转化为纺织纱线的方法仍然是一个挑战,如果实现了这一点,则可以开发一些绳索方面的应用。

生态和可持续性问题,可能使天然纤维在缆绳和绳索中的应用卷土重来。

13.7.3 信息来源

关于绳索的经典著作《绳索纤维和绳索技术》[15](*The Technology of Cordage Fibres and Ropes*)由美国海军的主要绳索制造商编写,简要介绍了尼龙,但它仍然是由传统的天然绳索纤维制造三股缆绳的重要信息来源。后来同等版本的《纤维绳索技术手册》[4](*Handbook of Fibre Rope Technology*),主要介绍了合成聚合物纤维,是由国际张力技术公司(TTI)的三位专家撰写。Smith 和 Padgett[16]的书,尽管主要针对洞穴探险者,但包含了许多与登山相关的信息。

与目前的所有技术一样,即使本手册可能是主要参考,但网络上也提供了许多使用缆绳和绳索的示例,也可以在缆绳、绳索和网具制造商的网站上找到许多技术细节。

参考文献

[1]Oakley KP. *Man the toolmaker*. 2nd ed. London: British Museum;1950.

[2]Gilbert KR. In: Singer C,Holmyard EJ,Hall AR,editors. *A history of technology*,vol. 1. Oxford: Clarendon Press;1954. p. 452-5.

[3]Layard AH. *A second series of the monuments of nineveh including bas-reliefs from the palace of Sennacherib and Bronzes from the ruins of Nimroud*. London: John Murray;1853.

[4]Mckenna HA,Hearle JWS,O'Hear N. *Handbook of fibre rope technology*. Cambridge: Woodhead Publishing;2004.

[5]Chang I-C,Yu JC,Chang C-C. A forgery detection algorithm for exemplar-based inpainting images using multi-region relation. *Image Vis Comput* 2013;31:57-71.

[6]Tixier T,Lumaret J-P,Sullivan GT. Contribution of the timing of the successive waves of insect colonisation to dung removal in a grazed agro-ecosystem. *Eur J Soil Biol* 2015;69:88-93.

[7]Denton AA. The loss of a jack-up under tow. *Mar Struct* 1989;2:213-31.

[8]TTI and ND,Tension Technology International Ltd and Noble Dento Europe Ltd. *Deepwater fibre moorings: an engineers' design guide*. Ledbury: Oilfield Publications Ltd;1999.

[9]Leech CM,Hearle JWS,Overington MS,Banfield SJ. Modelling tension and torque properties of fibre ropes and splices. *Proc Int Offshore Polar Eng Conf,Singapore* 1993;Ⅱ:370-6.

[10]Hearle JWS,Parsey MR,Overington MS,Banfield SJ. Modelling the long term fatigue performance of fibre ropes. *Proc Int Offshore Polar Eng Conf,Singapore* 1993;Ⅱ:377-83.

[11]Gizmodo. 2014. http://gizmodo.com/the-tallest-elevators-on-earth-are-being-tested-inan-o-1588181296 [accessed 20. 12. 14].

[12] Linear Composites. 2014. www.linearcomposites.net/media/parafil_case_

study_09. pdf [accessed 29. 12. 14].

[13] Burgoyne CI. Structural applications of Type G *Parafil* ropes. London: Imperial College of Science and Technology; 1988. p. 39-47.

[14] Jones OG. *Rock climbing in the English Lake District*. 2nd ed. Manchester: E J Morten; 1973.

[15] Himmelfarb D. *The technology of cordage fibres and ropes*. London: Leonard Hill; 1957.

[16] Smith B, Padgett A. *On rope*. Huntsville, Alabama, USA: National Speleological Society; 1996.